互联网＋珠宝系列教材

Rhino 首饰建模案例训练

余　娟　周玉阶　张荣红　编著

前 言

近年来，我国加大了对职业教育的投入力度，逐步深化职业教育改革。在新的时代背景下，怎样做好职业院校珠宝首饰设计专业3D软件教学工作？编者认为，应从两方面入手：一是根据当前珠宝企业对人才的实际需求情况，开设实用性强的课程；二是要摸清学生特点，有针对性地提供教学方案。基于此，教材《Rhino首饰建模案例训练》应运而生。

作为一款小巧而强大的NURBS建模软件，Rhino因具有众多明显的优势而在珠宝企业的电绘部门得到了广泛应用。所以，熟练掌握该软件的操作技巧和首饰建模的基本方法，成为珠宝设计师的必备能力之一。为了满足职业院校学生的具象学习特点，本教材抛弃了传统的以理论知识为主的结构体系，凸显案例特色。

教材先以使用软件必须掌握的入门知识铺垫，从基础训练开始，引导学生逐步进入综合练习。全书共有28个首饰建模案例，采用任务驱动训练的模式，先以"任务描述"阐释建模思路，再以详细操作步骤和演示截图让学生在具体情境中掌握建模常用命令的使用技巧，最后通过"案例小结"来提示操作重点与难点。为方便学生对照练习，在短时间内学会独立操作，所有案例均附有配套的操作视频，扫描图书勒口处二维码即可获取。

通过对本书的系统学习，学生可以掌握Rhino软件操作技能和首饰建模的基本方法，也将获得独立处理首饰设计相关数据与尺寸的能力，具备首饰设计师助理的基本素质。在从基础到进阶的练习之后，学生会发现，这些操作远比想象中简单和直观，进而一步一步强化技能，对设计领域的了解也会逐渐加深。

本教材不仅适合高职和中职院校珠宝首饰设计专业教学及培训使用，也适合Rhino软件爱好者及首饰电绘人员自学。无论学生的基础如何，都可以根据自身需求在本书中选择合适的内容进行学习与训练。

本书的出版，得到了郑敬诒职业技术学校领导和各位老师的推动及协助，各大珠宝龙头企业一线成熟设计师们也给予了大力的支持。由于作者学识及相关经验所限，教材难免有疏漏和不足，敬请相关专家及读者提出宝贵意见。

编著者

2020年3月

目　录

上篇　Rhino软件的基础知识

中篇　Rhino首饰建模基础案例

下篇 Rhino首饰建模进阶案例

上篇　Rhino软件的基础知识

1　Rhino 软件入门

Rhino 软件，英文全名是 Rhinoceros，中文称之为“犀牛”，1998 年由美国 Robert McNeel 公司推出，是一套强大的概念设计与造型工具，它能轻易整合 3ds Max、Softimage 的模型功能，对要求精细、弹性与复杂的 3D NURBS 模型，有点石成金的效能。

Rhino 是第一套将 NURBS 造型技术功能引入到 Windows 操作系统中的软件。从诞生之日起，它就受到很多人的喜爱，最重要的原因是，作为一款小巧而强大的 NURBS 建模软件，它的应用领域十分广泛，包括工业设计、建筑设计、机械设计、科学研究等。本书主要介绍 Rhino 软件在珠宝首饰设计领域中的应用。

1.1　Rhino 界面介绍

Rhino 软件界面包括菜单栏、指令栏、工具栏、辅助建模命令栏和工作视图 5 个部分（图 1-1-1）。

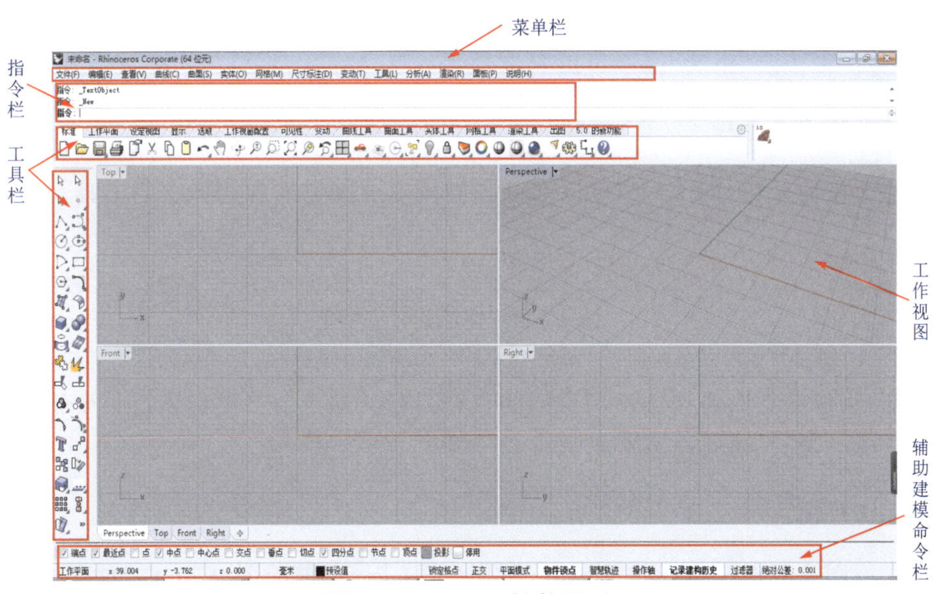

图 1-1-1　Rhino 软件界面

1. 菜单栏

菜单栏位于 Rhino 操作界面的最上方(图 1-1-2)。

文件(F) 编辑(E) 查看(V) 曲线(C) 曲面(S) 实体(O) 网格(M) 尺寸标注(D) 变动(T) 工具(L) 分析(A) 渲染(R) 面板(P) 说明(H)

图 1-1-2　菜单栏

其中,“文件”“编辑”“查看”菜单可以对模型进行保存和编辑;“曲线”“曲面”“实体”菜单是建模时要用到的基本命令;“网格”“尺寸标注”“变动”“工具”“分析”“渲染”“面板”“说明”菜单主要是对模型进行加工、分析的一些命令。

2. 指令栏

在操作界面上方有一个指令栏,选择某个命令之后,我们可以根据它的提示进行操作,所以在建模过程中要注意看指令栏的指示。指令栏上面一栏是操作的历史步骤(图 1-1-3)。

图 1-1-3　指令栏

3. 工具栏

工具栏里有建模需要用到的各类命令(图 1-1-4)。

工作平面 标准 设定视图 显示 选取 工作视窗配置 可见性 变动 曲线工具 曲面工具 实体工具 网格工具 渲染工具 出图 5.0 的新功能

图 1-1-4　工具栏

其中,蓝色框内的命令与工作平面的设定有关;红色框内的命令是进行立体建模的主要工具;紫色框内的“出图”命令可以对模型进行尺寸标注,也可以对模型添加剖面线。

4. 辅助建模命令栏

辅助建模命令栏(图 1-1-5)可以帮助我们精确地固定或者选择点的工具。

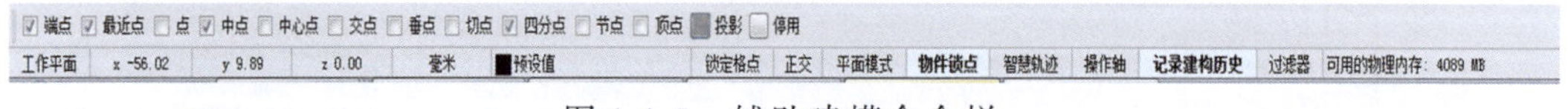

图 1-1-5　辅助建模命令栏

打开“物件锁点”,再勾选不同类型的点,如勾选“端点”,当鼠标靠近某个物体时,它就会选中物体的端点,提高命令的精确度。

5. 工作视图

工作视图是我们进行操作的地方,有顶视图(Top)、前视图(Front)、右视图(Right)和立体视图(Perspective)4 个,其中前 3 个都属于平面视图。以戒指建模为例,它在 4 个视图中的呈现角度如图 1-1-6 所示。

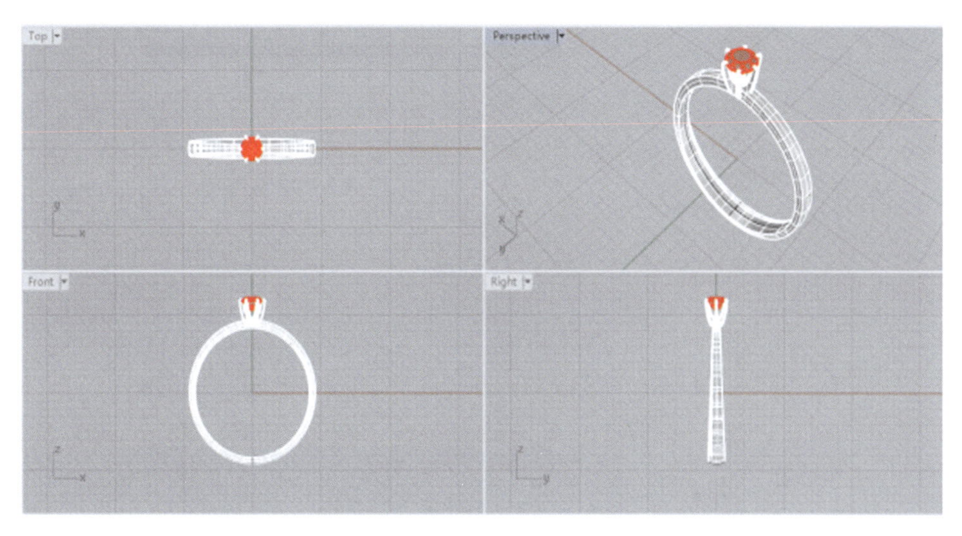

图 1-1-6　Rhino 戒指建模工作视图呈现效果

1.2　Rhino 常见问题的操作方法

(1)恢复预设界面。若 Rhino 软件打开时显示界面跟正常的不一样,点击“工具—选项”,在弹出的“Rhino 选项”中选择“工具列”,然后点击“还原预设值”,重新启动就可以了(图 1-2-1)。

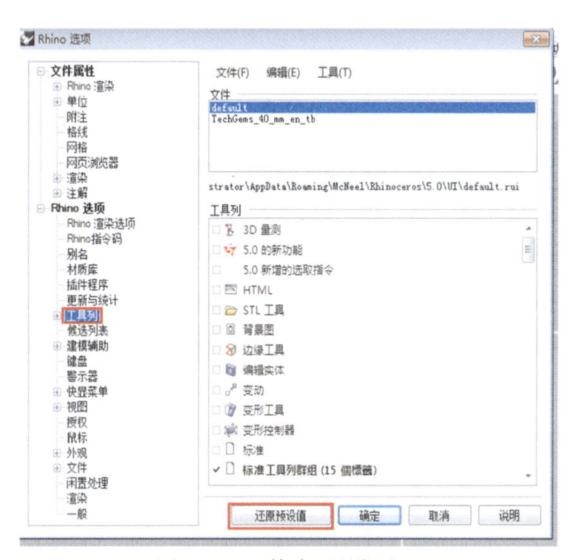

图 1-2-1　恢复预设界面

(2)恢复工具列。当操作界面左边的工具列消失时,点击“工具—选项”,在弹出的“Rhino 选项”中勾选“主要 1”“主要 2”,即可恢复原来的工具列(图 1-2-2)。

(3)移动视图。若要移动平面视图(顶视图、前视图、右视图),按住鼠标右键不放就可

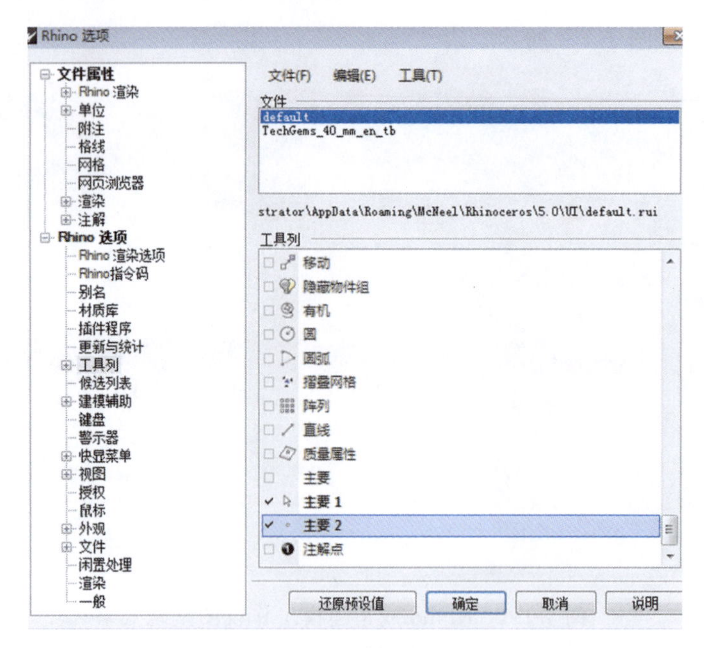

图 1-2-2　恢复工具列

以了。但立体视图不一样，按住右键不放时会出现一个旋转的图标，此时可对视图进行旋转；如果想要移动立体视图，可以按住 Shift＋鼠标右键平移，或者点击快捷工具栏中的手形图标，然后按住鼠标左键进行平移。

(4)添加命令。点击鼠标中间的滚轮，会弹出一个对话框，如图 1-2-3 所示。如果想添加其他命令进来，点击“工具—选项”，在弹出的“Rhino 选项”中点击“鼠标”，然后在鼠标中键处进行设置。

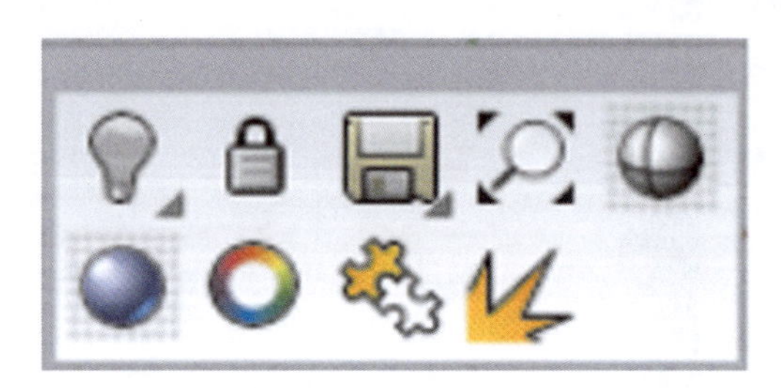

图 1-2-3　点击鼠标中间的滚轮弹出的对话框

(5)放大视图。用鼠标左键双击某个视图的左上部分，可以将视图放到最大，便于进行细节上的操作。

(6)重复使用命令。当执行某个命令操作以后，若还想重复上一个使用命令，可以右击鼠标继续操作。

(7)拖出命令。对于那些可以展开的命令，展开之后左击鼠标，按住不放，就可以将该命令栏拖出。

2 Rhino 软件在首饰建模中的应用

2.1 Rhino 首饰建模常用命令

Rhino 软件中的命令多达三四百种，下面我们具体来介绍在首饰建模中常用的一些命令。

1. "取消选择"命令

该命令可以用来取消刚刚选择的命令，然后再选择其他的命令。

2. "点"命令

该命令可以用来建立点，包括单点、多点等。单点是指每点击一次该命令只能建立一个新的点；多点指点击一次命令可以建立多个点。

3. "线段分段"命令

线段可以按长度来分，也可以按数目来分，其中前者需点击鼠标左键，后者需点击鼠标右键。

4. "直线"命令

点击右下角的小三角形可以将其展开，以不同方式建立直线。如点击"从中点建立直线"命令，然后根据指令栏提示输入中点，再输入终点，即可建立一条直线。

5. "曲线"命令

与"直线"命令同理，展开之后能以不同的方式建立曲线。

6. "圆、椭圆、圆弧、矩形与多边形"命令

点击右下角的小三角形将其展开，选择某种方式，按指令栏的提示输入相应数据即可建立相应图形。

7. "曲线圆角"命令

点击右下角的小三角形将其展开后有很多子命令，可选择"曲线斜角""曲线混接"等

命令，对曲线间进行斜角、混接等操作，也可以对曲面上的曲线执行“投影曲线”命令、“偏移曲面上的曲线”命令等。现对这4种命令分别进行介绍。

1)“曲线斜角”命令

用曲线命令在顶视图中画两条曲线，点击“曲线斜角”命令，对这两条曲线进行斜角操作，然后根据指令栏提示，输入相应的数值即可。需要注意的是，曲线斜角指令栏中输入的“距离”(图2-1-1)是指两条曲线延伸以后的交点到最终直线延伸终点的距离。

选取要建立斜角的第一条曲线 (距离(D)=13,10　组合(J)=否　修剪(T)=是　圆弧延伸方式(E)=圆弧):

图2-1-1　曲线斜角指令栏

2)“曲线混接”命令

该命令可以将两条分开的曲线连接起来，点击之后会出现对话框，“连续性”中常用的3个选项为“位置”“正切”“曲率”，选择不同则效果不一样。

3)“投影曲线”命令

该命令可用于在曲面上绘制曲线，即通过投影的方式将不在曲面上的曲线投影到曲面上。具体使用方法将在下文“12.‘投影曲线’命令”详细介绍。

4)“偏移曲面上的曲线”命令

在曲面上偏移曲线，即偏移后的曲线依然会在曲面上，如果不用该命令进行偏移，那么偏移之后的曲线就不一定在曲面上了。

8.“曲面”命令

它包含多个子命令，可以用不同的方式建立曲面。

1)“指定3、4个角建立曲面”命令

点击该命令后，根据指令栏的提示依次选好点，就可以以这几个点建立一个平面区域。

2)“以平面曲线建立曲面”命令

在顶视图中画一条曲线，然后点击该命令，根据指令栏的提示进行选取就可以建立曲面。需要注意的是，该命令只能对在同一平面内的曲线进行操作。

3)“从网格建立曲面”命令

在顶视图中画几条交叉的曲线，点击该命令，然后按提示进行操作就可以得到相应的曲面。

4)“放样”命令

“放样”命令可以建立一个通过数条断面曲线的放样曲面。

使用方法：在顶视图中画两条不相交的曲线，点击该命令，按照指令栏的提示依次选择曲线即可在曲线间建立曲面。选择好曲线之后按 Enter 键，会弹出对话框，可以在对话框内对曲面进行相应的改动。

5)“嵌面”命令

主要用于在某个区域内嵌进去一个面，有点镶嵌东西的感觉。比如，在顶视图内用矩形命令画一个矩形，然后使用“嵌面”命令，就可以在矩形区域嵌入一个平面。

6)“挤出封闭的平面曲线”命令

点击该命令，指令栏显示“选取要挤出的曲线”，选择曲线确认后，可以将平面曲线挤成曲面。展开以后，里面还有“沿曲线挤出”“挤出成锥”等命令。

“沿曲线挤出”命令的使用举例如下：在顶视图中用“圆”命令画一个圆，输入圆心坐标(0,0)，半径 10mm，在前视图中用“曲线”命令画一条曲线，输入起点坐标(10,0)，然后画其他的点(曲线长度自定)，右击鼠标或者按 Enter 键完成曲线的绘画。接下来点击“沿曲线挤出”命令，根据指令栏的提示先选择需要挤出的曲线(圆)，再选择曲线作为路径，右击 Enter 键结束，曲线就被挤成了曲面。

需要注意的是，指令栏中“实体”的量值(图 2-1-2)可以决定挤出的东西是否为实体，比如上例中，如果点击“实体(S)＝是”，那么挤出的就会是一个圆柱体，否则挤出的就是圆柱面。

选取要挤出的曲线:

选取路径曲线在靠近起点处 (实体(S)=否 删除输入物件(D)=否 子曲线(U)=否 至边界(T) 分割正切点(P)=否

图 2-1-2 指令栏中的“实体”

7)单轨扫掠 和双轨扫掠 命令

在顶视图中画一个圆，再在右视图中画一条曲线，此处可以打开物件锁点的“四分点”，以此来确定曲线的起点，曲线终点定在纵轴线上，接下来点击“单轨扫掠”命令，指令栏提示选择路径，选择圆作为路径，选择刚绘制的曲线作断面曲线，右击鼠标或者按 Enter 键即可完成扫掠。按 Enter 键之后，会弹出如图 2-1-3 所示的对话框，也可以对它的造型进行改造。

8)“旋转成型”命令

顾名思义，就是以一条曲线旋转成一个曲面。在前视图纵轴旁边画一条曲线，然后点击“旋转成型”命令，指令栏显示“选取需要旋转的曲线”时选取刚绘制的曲线，旋转轴起点为纵轴上的一个点，旋转轴终点为纵轴上的另一个点，起始角度为 0，旋转角度为 360°，按

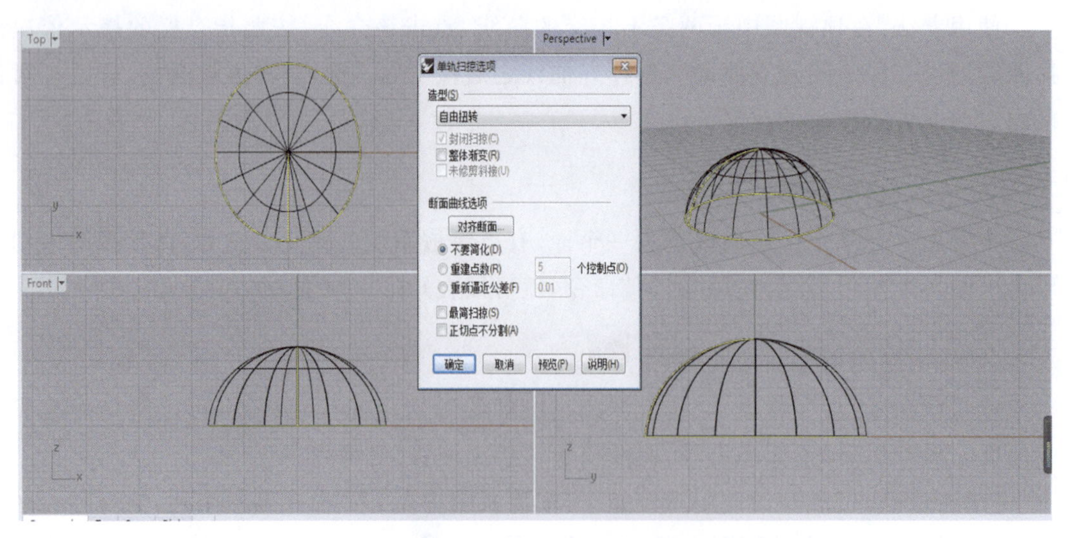

图 2-1-3　单轨扫掠选项对话框

Enter 键或右击鼠标就可得到旋转之后的图形。

9.“曲面圆角”命令

“曲面圆角”命令展开后包括多项子命令，如“曲面圆角”“曲面斜角”“延伸曲面”“不等距曲面圆角”“不等距曲面斜角”“混接曲面”“显示边缘”等。

1)“曲面圆角”命令

“曲面圆角”命令和“曲线圆角”命令是相似的，只是针对的对象不一样，一个针对曲面，一个针对曲线。在顶视图和前视图中建立两个不相交的曲面，点击“曲面圆角”命令，按照指令栏进行操作即可。有时在选择第二个曲面之后，在指令栏上方的历史记录里会显示“无法建立圆角”，如图 2-1-4 所示。出现这种情况的原因，可能是设置的半径小于两个曲面边缘的距离，重新输入一个大点的半径即可。

选取要建立圆角的第二个曲面 (半径(R)=8.000　延伸(E)=是　修剪(T)=是):
正在建立曲面圆角... 按 Esc 取消
FilletSrf 无法建立圆角。

图 2-1-4　无法建立圆角

2)“曲面斜角”命令

基本操作与“曲面圆角”命令一样，在点击之后按照指令栏的提示进行操作。

3)“延伸曲面”命令

该命令适用于已经建好的曲面。选择要延伸的边缘,然后输入延伸系数(即长度),就可完成曲面延伸。

4)“不等距曲面圆角”和“不等距曲面斜角”命令

两者操作基本一致,它们与“曲面圆角”命令、“曲面斜角”命令的区别在于,不等距的可以通过调整控制杆或数值来改变曲面两端圆角或者斜角的大小,使物体呈现出一种渐变的感觉。

5)“混接曲面”命令

可以使两个分开的曲面连接起来。在顶视图中绘制曲面1,在前视图中绘制曲面2,点击该命令,按照指令栏的提示选择相应的边缘,按Enter键或者右击鼠标之后会出现如图2-1-5所示的对话框,选择“曲率”连接,就可以得到光滑连接的曲面。需要注意的是,在选择曲面边缘时要点击同一侧,比如都点击靠近左端点的地方,否则无法得到想要的连接效果。

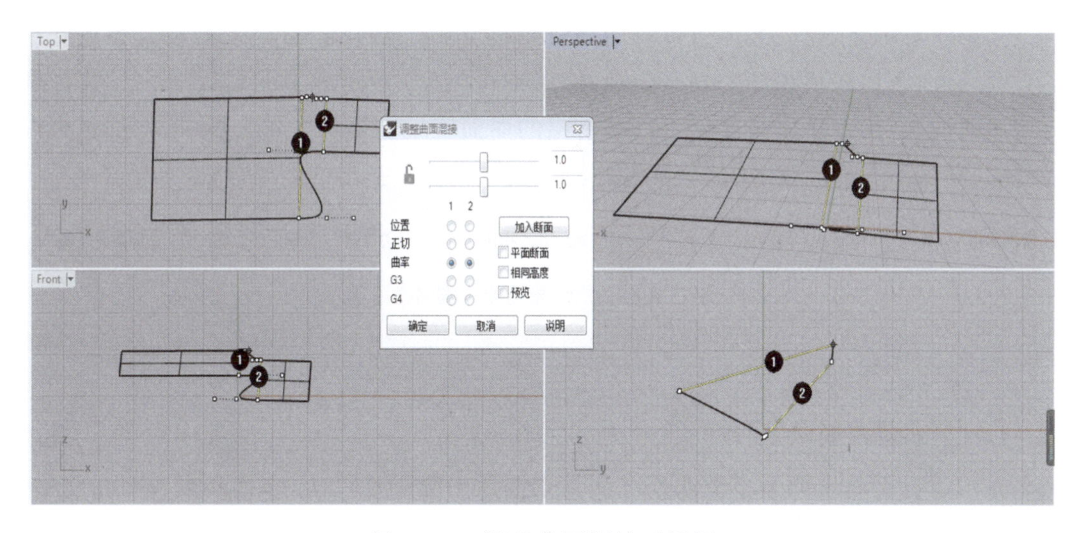

图2-1-5 调整曲面混接对话框

6)“显示边缘”命令

用于将物体的边缘显示出来。点击该命令后选择需要显示边缘的物体,会弹出如图2-1-6所示的对话框,如果想增加显示其他物体的边缘,就点击“新增物件”按钮。在该命令的多项子命令(图2-1-7)中,“分割边缘”命令可以将一条边缘线分成很多段。先选择要进行分割的边缘,再选择边缘线上的分割点,就可以将物体边缘分断。

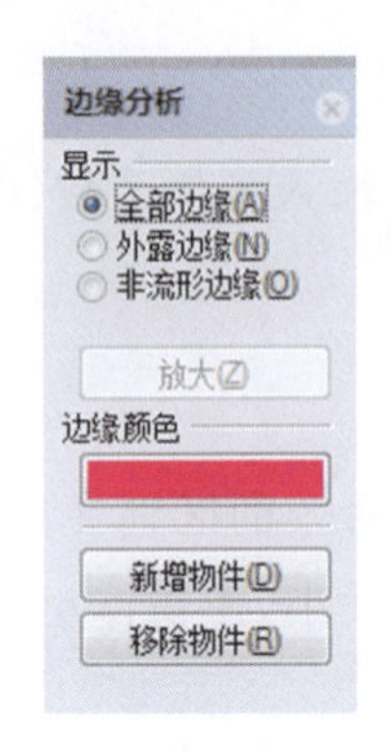

图 2-1-6　边缘分析对话框

图 2-1-7　“显示边缘”命令展开后

10.“建立实体”命令

该命令可以用来建立各种实体，如长方体、球体、椭球体等。以建立球体为例，先将该命令展开，点击“球体”命令，在顶视图中输入圆心坐标(0,0)，然后输入半径即可。建立其他实体也是如此，先点击相应的命令，然后根据指令栏的提示进行操作。

需要注意的是，建立实体也可以用“挤出封闭的平面曲线”命令来实现。如建立一个实心圆柱体，可以在顶视图中画一个圆，然后点击“挤出封闭的平面曲线”命令，选择圆作为挤出曲线，再确定挤出高度就可以将挤出的曲面变成实体。在指令栏中，将红色框内的“实体”(图 2-1-8)量值改为“是”，挤出的即为实体；否则，挤出的就是曲面。

挤出长度 < 46 > (方向(D) 两侧(B)=否 实体(S)=是 删除输入物件(L)=否 至边界(T) 分割正切点(P)=否 设定基准点(A)):

图 2-1-8　更改指令栏“实体”量值

11.“布尔运算联集”命令

布尔运算是处理两个多重曲面之间关系的逻辑数学计算法，包括联集、差集、交集等。点击右下角小三角形将命令展开，里面还有很多子命令，试举例如下。

1)“布尔运算联集”命令

用“建立实体”命令画两个相交的长方体，点击“布尔运算联集”命令，根据指令栏的提示选取要并集的曲面或者多重曲面(此处选择两个长方体)，按 Enter 键或者单击鼠标右键，此时两个长方体就被合并为了一个整体。

2)“布尔运算差集”命令

根据指令栏提示先选择要被减去的曲面或者多重曲面，再选择删减用的曲面或多重曲面，按 Enter 键或者单击鼠标右键即可完成布尔运算差集，相应的部分就被减去了。

3)“布尔运算交集”命令

依次选择第一组、第二组曲面，按 Enter 键或者右击鼠标完成“布尔运算交集”命令，得到的结果是两个实体相交的部分留了下来，其余部分都被删除。

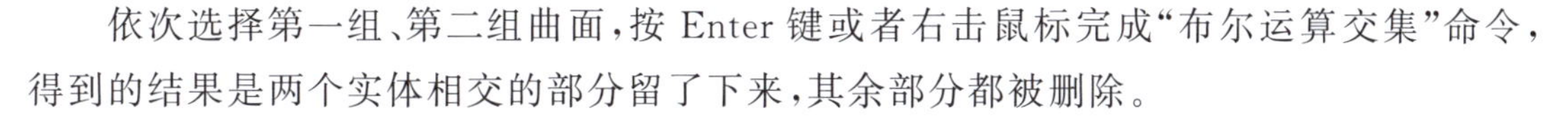

4)“布尔运算分割”命令

先选取待分割的多重曲面，再选取切割用的曲面，按 Enter 键或右击鼠标之后结束命令，待分割的多重曲面就被分开了，但是它没有被删掉，只是一个多重曲面成为了两部分。

5)“不等距边缘圆角”命令

点击该命令，指令栏显示如图 2-1-9 所示，然后点击“半径”，输入圆角半径，再根据指令栏提示依次选择需要变成圆角的边缘，最后按 Enter 键即可实现。若要使一个长方体所有的棱都变成圆角的形式，可以在点击“不等距边缘圆角”命令后直接按住鼠标左键，拖出一个矩形，将物体全部选中，最后按 Enter 键或者右击鼠标即可。“不等距边缘斜角”命令和“不等距边缘圆角”命令相似，可参照上面的操作进行，此处不再赘述。

选取要建立圆角的边缘（显示半径(S)=是 下一个半径(N)=1 连锁边缘(C) 上次选取的边缘(P)）:

图 2-1-9 “不等距边缘圆角”命令指令栏

12.“投影曲线”命令

点击右下角将命令展开，常用的子命令有投影曲线、拉回曲线和抽离结构线等。

1)“投影曲线”命令

该命令可以将曲线投影到曲面上，是一种在曲面上绘制曲线的方法，只是有时不能准确地落到我们需要的位置上。例如，在顶视图中先建立半圆形曲面，再画一螺旋线，在立体视图中点击“投影曲线”命令，先点击要投影的曲线，再点击要投影到的曲面，按 Enter 键或右击鼠标结束命令，曲线即被投影到了曲面上(图 2-1-10)。

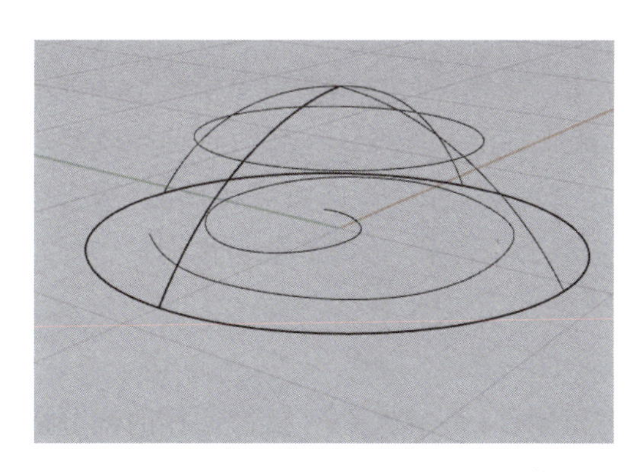

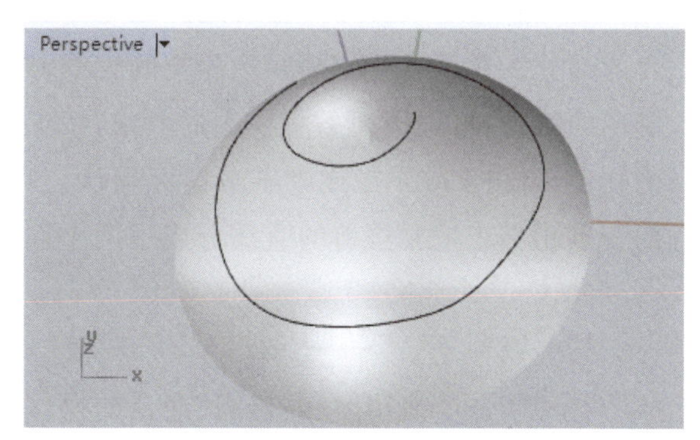

图 2-1-10 立体视图投影前(图左)后(图右)的区别

2)“拉回曲线”命令

它和“投影曲线”命令的操作基本相同,二者区别在于,“投影曲线”相当于是一束垂直的光线照到曲面上,而“拉回曲线”相当于是一个点光源发出的光使曲线投影到曲面上。

3)“抽离结构线”命令

该命令用于抽取出曲面的结构线,可实现曲线与曲面的精确连接(抽离出结构线之后就可以用“曲线混接”命令进行连接)。在前视图中画一条曲线,在顶视图中用“挤出封闭的平面曲线”命令挤出一个曲面,然后点击“抽离结构线”命令,根据指令栏提示选择曲面,确认之后指令栏显示如图 2-1-11 所示。可以点击“切换”来切换结构线的方向,根据鼠标在曲面上的位置,结构线的位置也会跟着变动,选好结构线的位置后左击鼠标进行确定(此处可以打开相应的物件锁点进行精确定位,如选择“中点”就可以在移动鼠标的过程中找到曲面边缘中点的位置)。

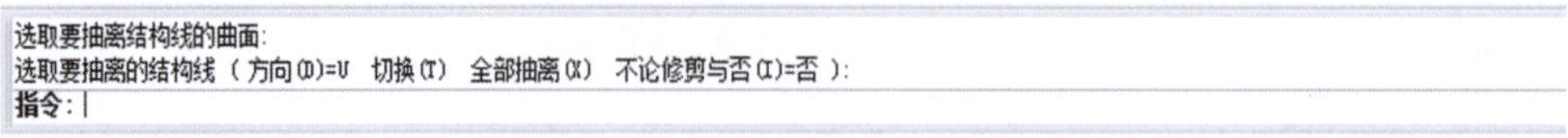

选取要抽离结构线的曲面:
选取要抽离的结构线 (方向(D)=U 切换(T) 全部抽离(X) 不论修剪与否(I)=否):
指令: |

图 2-1-11 “抽离结构线”命令指令栏

13.“炸开”  与“组合”  命令

用“建立实体”命令画一个长方体,点击“炸开”命令,选择长方体作为炸开的对象,按 Enter 键或者右击鼠标结束命令,可以在指令栏上方的历史记录中看到显示“已将一个挤出物件炸开成 6 个曲面”。如果想恢复成原来的一个整体,就点击“组合”命令,然后选择需要组合的物件即可。另外,鼠标右击“炸开”命令可对实体进行“抽离曲面”操作。

14.“修剪”命令

“修剪”命令主要是用来有选择地删除直接相交或异面相交的两个或多个物件上不需要的部分。在顶视图中画两条相交的直线,然后点击“修剪”命令,根据指令栏提示选择切割用的物件,可选择两条直线中的一条,按 Enter 键或右击鼠标确认。然后再选择要修剪的物件,再按 Enter 键或者右击鼠标确认。需要注意的是,选择要修剪的物件时,两直线的交点相当于把要修剪的直线分成了两个部分,选取哪个部分,该部分就会被切掉。

15.“分割”命令

“分割”命令使用时和“修剪”命令的操作基本相同,只是前者并不会将选择的部分删掉,比如以之前修剪的直线为例,用“分割”命令来执行时,待分割的直线只是被分成了两段,而没有被删除。

16.“群组”命令

“群组”命令展开后包括多项子命令，试举例如下。

1)“群组”命令

该命令可以将几个接触或分开的物体组合在一起，在某些比较复杂的建模中，为了保证各部分位置不发生改变就可以使用该命令，它还方便一次选取多个物件，执行同一操作。如用“建立实体”命令画出几个不相交的实体，它们之间并没有什么联系，选择“群组”命令后就可以将它们组合起来。也就是说，没有建立群组时，可以单独选择某一个实体，执行“群组”命令后就不能单独选择了。

2)“解散群组”命令

若要将执行了“群组”命令的物体拆开，就要用“解散群组”命令。

3)“加入至群组”命令

即将一个物体加入到之前已知的群组中去。

4)“从群组中去除”命令

和“加入至群组”命令相反，“从群组中去除”命令就是将某一个物体从群组中去除。

5)“对不同的群组进行命名”命令

为了方便区分群组，我们可以对不同的群组进行命名。

17.“打开/关闭点”命令

使用该命令时，单击鼠标左键为打开控制点，单击右键为关闭控制点。该命令展开后包括多项子命令，较常用的有“打开控制点”“打开编辑点”“插入一个控制点”“插入节点”等命令。

1)“打开控制点”命令

该命令可用来打开曲线上的控制点以对曲线进行调整。

2)“打开编辑点”命令

左击鼠标为打开，右击鼠标为关闭。在顶视图中画一条曲线，然后点击“打开编辑点”命令，就可以看到曲线的编辑点，用鼠标按住某一个编辑点就可以对该曲线进行调整。

3)“插入一个控制点”命令、“插入节点”命令

如果曲线无法调整到想要的弧度，可能是编辑点数目不够，可以在打开控制点后，选择“插入一个控制点”命令或者“插入节点”命令，以便增加曲线的控制点或者编辑点，这样

就可以对曲线进行更细微的调节。

18.“文字物件”命令

点击该命令，会弹出如图 2-1-12 所示的对话框，可以输入你想建立的文字并设置字型，还可以选择建立的文字是曲线、曲面还是实体。选择“实体”时，在“文字大小”一栏就可以输入厚度，再点击确定，用鼠标拖着文字到指定的位置，最后左击鼠标就完成了对文字的建立。

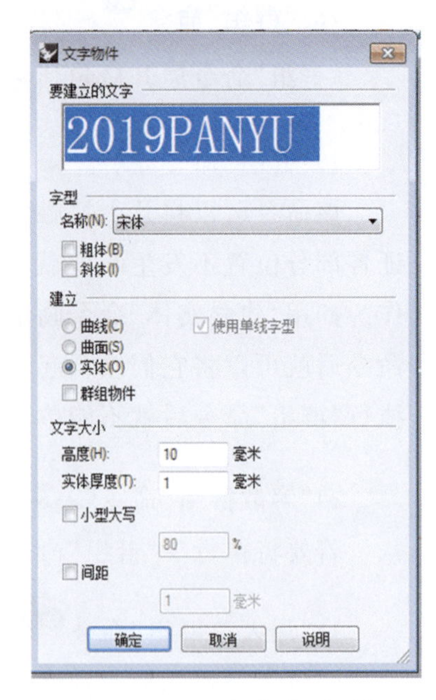

图 2-1-12　文字物件对话框

19.“移动”命令

“移动”命令展开后包含多项子命令，常用的有“平移”“复制”“旋转”“缩放”“镜像”“阵列”“扭转”“弯曲”等命令。

1)“平移”命令

即对物件进行平移操作。如在顶视图中用“画矩形”命令(角对角)画一个矩形，输入坐标(0,0)(20,20)。点击“平移”命令，选择矩形，确定后先选择平移的起点，再确定平移的终点，平移操作即可完成。为了提高平移的精确度，可以借助“物件锁点”命令捕捉对应点，或者在指令栏输入数据进行垂直或平行移动。

2)“复制”命令

同样，在顶视图中画一个矩形，点击“复制”命令，选择要复制的矩形，然后在矩形边缘线上或任意位置选择起点，再选择终点位置，按 Enter 键或者右击鼠标进行确定。用快捷键 Ctrl+C 或鼠标右键单击该命令可原地复制。

3)“旋转”命令

同样以矩形为例，在顶视图中画矩形，点击“旋转”命令，选择要旋转的物体后，将指令栏中“复制(C)”的量值改为“是”，就可以保留原来的图形而旋转复制的图形。输入旋转中心点，接着依次输入第一参考点、第二参考点，就可以使物体旋转。也可以在选择旋转中心和第一参考点(默认初始位置)后，直接输入要旋转的角度，数值为正则沿逆时针方向旋转，数值为负则沿顺时针方向旋转。注意在旋转操作中，旋转角度是以第一参考点为基准点进行的。

4)“缩放”命令

点击右下小三角展开，有“单轴缩放”“二轴缩放”“三轴缩放”3 个子命令，意思分别是沿着 1 个、2 个和 3 个坐标轴方向对物体进行缩放。下面以“二轴缩放”命令为例进行讲解，其他两个使用方法与之一致。

在顶视图中画一个矩形，点击“二轴缩放”命令，选择矩形，确认之后根据指令栏提示输入缩放比或者第一参考点，此时可以打开“物件锁点”中的“端点”，选择矩形的一个端点作为第一参考点，然后再确定第二参考点，矩形就沿两个坐标轴方向缩放相应的比例。

5)“镜像”命令

点击该命令后，输入镜像平面的起点和终点，物体就可以镜像了。镜像后的物体与原来的物体关于镜像平面对称。

6)“阵列”命令

阵列命令展开后包括几个子命令，其中以“矩形阵列”命令、“沿着曲线阵列”命令较常用。

(1)“矩形阵列”命令。用“建立实体”命令画一个长方体，点击“矩形阵列”命令，x 轴方向输入 5 个，y 轴方向输入 5 个，z 轴方向输入 2 个，按 Enter 键或右击鼠标确认，在顶视图中按住鼠标左键不放进行拖动(精确的阵列就按要求输入数据)，可以将物体拖至想要的效果，确认之后阵列就完成了。

(2)“沿着曲线阵列”命令。画一个物体，并在前视图中画一条与其相接的曲线，点击“沿着曲线阵列”命令，根据指令栏提示选好之后会弹出对话框，在“项目数”处输入阵列物体的个数，定位确定物体沿着曲线阵列的方式，点击确定之后就可完成阵列。

7)“扭转”命令

画两个相切的圆柱体，点击“扭转”命令，根据指令栏提示输入数据，点击确认即可将两圆柱体沿指定的轴线完成扭转。

8)“弯曲”命令

建立一个圆柱体，点击该命令，按指令栏提示输入数据，输入或选择“骨干起点”和“骨干终点”之后，移动鼠标就可以进行弯曲了。

20.“分析”命令

“分析”命令可以用来分析点的坐标、距离、长度、角度、半径等。以点的坐标分析为例，在任意一个视图中画一个点，在分析命令中选择“点的坐标分析”子命令，然后点击刚才画的点，就可以在指令栏上方的历史记录中看到该点的坐标。

2.2　Rhino 首饰建模的优势

在当今的珠宝行业，常见的首饰建模软件有 JewelCAD、Rhino(需搭配 Teachgems 插件)、Matrix 和 3Design 等。笔者从事 JewelCAD 和 Rhino 软件教学多年，对这两款软件有一定的了解，现对其比较如下。

JewelCAD 是国内使用最多的一款首饰 CAD/CAM 一体化软件。它的优点表现在很多方面:界面简洁直观，操作简单;学习起来容易，只需要具备基本的电脑知识，几周就能学会操作软件;它拥有丰富的资料库，包含几百个配件和镶口，资源库扩展性强，可以由绘图员自己添加所需要的素材资源库;渲染速度快;拥有灵活的绘图工具，能够灵活地创建和修改复杂的设计;在设计中能很方便地计算金重。另外，JewelCAD 还可以接受切片式或 SLC、STL 文件格式，广泛应用于 CNC 机器和各种快速成型机。

Rhino 软件具备了 JewelCAD 的很多优点，比如它也可以计算出模型金重，可以直接出蜡版，它还可以输出 obj、DXF、IGES、STL、3dm 等不同格式，并适用于几乎所有的 3D 软件。它甚至在某些方面比 JewelCAD 更好，如 JewelCAD 的工具只有几十种，而 Rhino 的工具多达三四百种;与 JewelCAD 效果欠佳的渲染相比，Rhino 可以通过 Flamingo 渲染器渲染出极其逼真的三维效果。此外，Rhino 的优势还体现在:它的精确度更高;拥有记录建构历史、沿曲面(曲线)流动、定位至曲面、沿曲线阵列等一些功能更强大的命令;兼容性更好，适合安装各种插件;更便于后期修改;等等。

2.2.1　Rhino 精确度更高

(1)Rhino 对建模数据的控制精度非常高，因此能通过各种数控成型机器加工或直接制造出来，这就是它在精工行业中的巨大优势。如在首饰建模时，Rhino 的预设单位为毫米，预设的绝对公差为 0.001mm。

(2)物件锁点和各种数据参数让 Rhino 精确度更高。在 JewelCAD 软件中，缺少相关的数据参数输入，对曲线的绘制精确度要求不是太高。比如在 JewelCAD 软件中可以用“对称”命令绘制左右对称形，Rhino 中虽然没有“对称”命令，但它的镜像工具功能更强大，操作也十分方便。另外，借助“物件锁点”选项捕捉相关关键点，不仅精确度高，而且方便快捷，能收到事半功倍的效果。如图 2-2-1 所示，在对物体进行扭转时，角度输入 50°后，可得到如图 2-2-2 所示效果，而这样精确的角度在 JewelCAD 中很难把握好。

当然，除了“扭转”命令外，像“复制”“移动”“旋转”和“缩放”等命令都可以根据需要提供精确数据参数，这些都对提高 Rhino 的精确度有非常大的作用。

2.2.2　Rhino 命令的功能更强大

1. 记录建构历史命令

Rhino 的 4.0、5.0 版本中都有“记录建构历史”(图 2-2-3)这个新的命令，它非常重要，

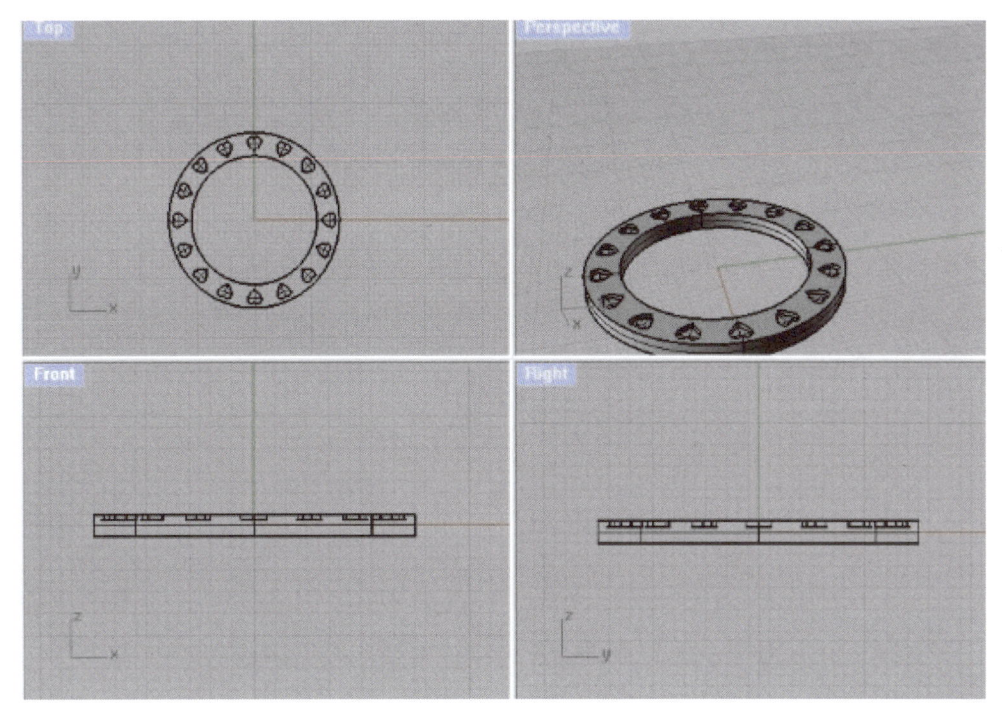

图 2-2-1　物体扭转前

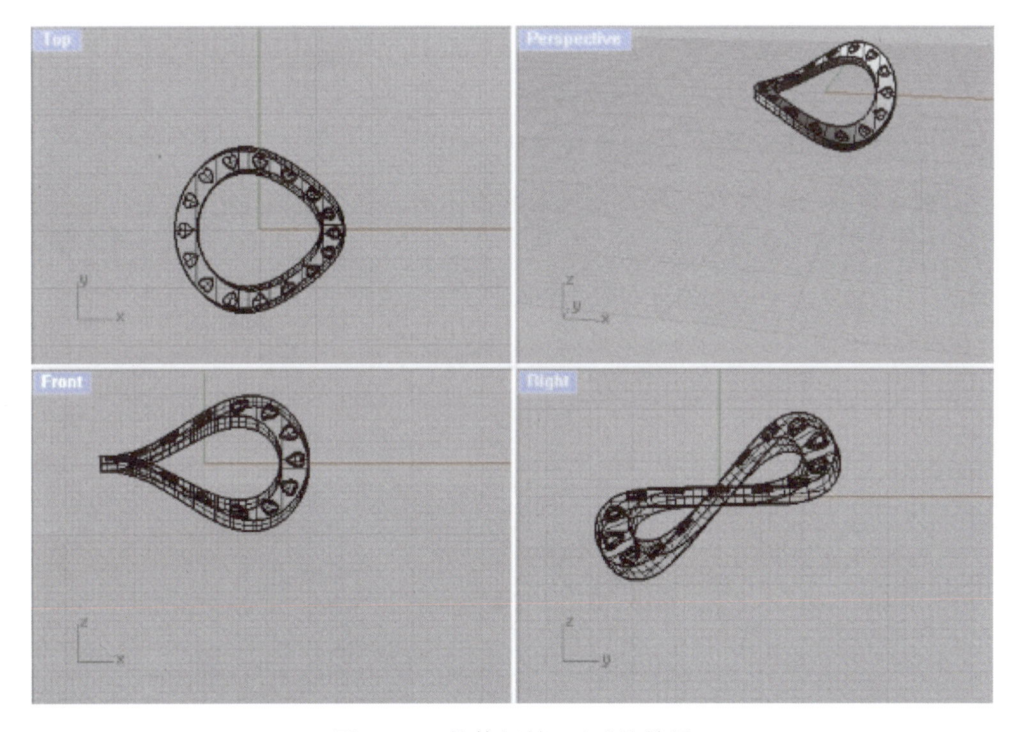

图 2-2-2　物体扭转 50°后的效果

因为绘图员经常要根据客户需求对模型进行反复修改，而有记录建构历史的物体只需要调整初始线，修改起来更快、更方便。

锁定格点 | 正交 | 平面模式 | 物件锁点 | 智慧轨迹 | 操作轴 | 记录建构历史 | 过滤器 | 内存使用量: 237 MB

图 2-2-3　“记录建构历史”命令

“记录建构历史”命令常用于曲线对称复制或者偏移等情况下。如图 2-2-4 所示，在进行复制前选中“记录建构历史”命令，复制后再调整原始曲线时，被复制出来的曲线会自动随之调整(图 2-2-5)。

图 2-2-4　选择“记录建构历史”后再左右复制

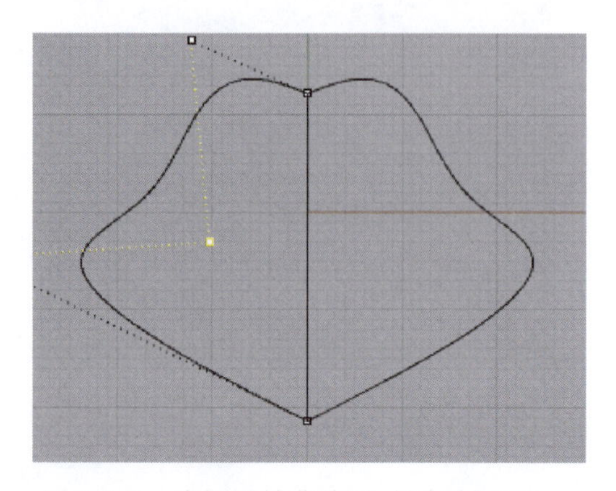

图 2-2-5　编辑原始曲线时，被复制出的曲线自动调整

2. “沿曲面流动”命令 、“沿曲线流动”命令

“沿曲面流动”命令主要是指将要流动的物体铺满整个曲面，这个功能可以使得在平面中绘制的一些图形转换到曲面中。使用该命令时，首先要把将进行流动命令的曲面摊平(图 2-2-6)，把要流动的物体分布好后，再进行曲面流动，常用于制作戒指网底和较复杂的戒面。图形沿曲面流动后的效果见图 2-2-7。

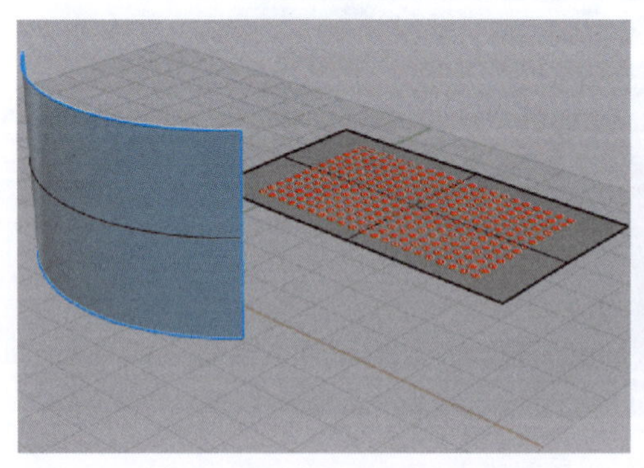

图 2-2-6　曲面摊平后

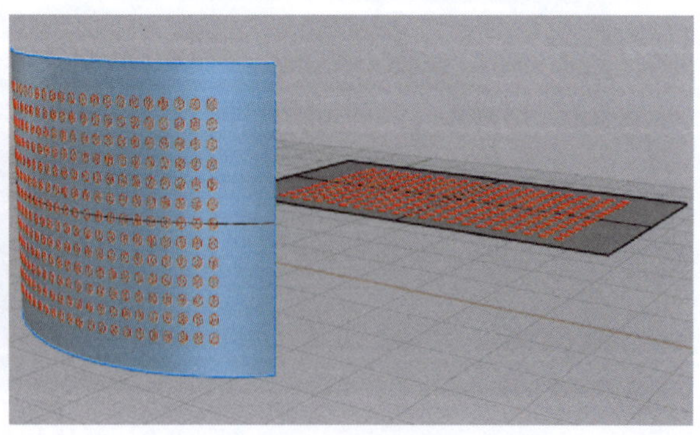

图 2-2-7　图形沿曲面流动后的效果

“沿曲线流动”的命令常用于将物体沿着曲线进行变形。使用该命令时，首先要测量目标曲线的长度，再画一条与曲线等长的线段作为基准线，再执行“沿曲线流动”命令。图2-2-8和图2-2-9为物体沿曲线流动前后的效果图。

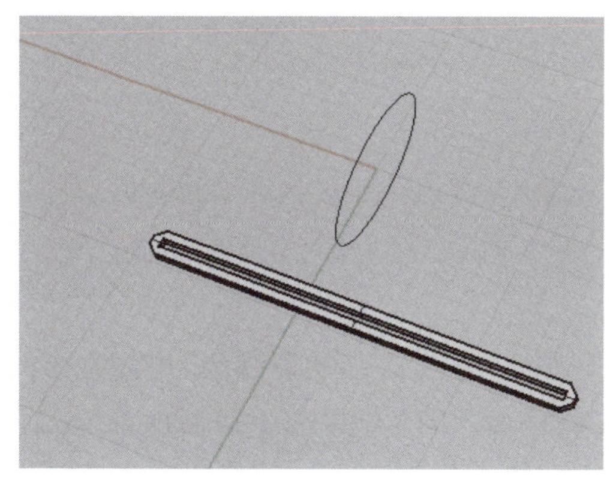

图 2-2-8 物体流动前

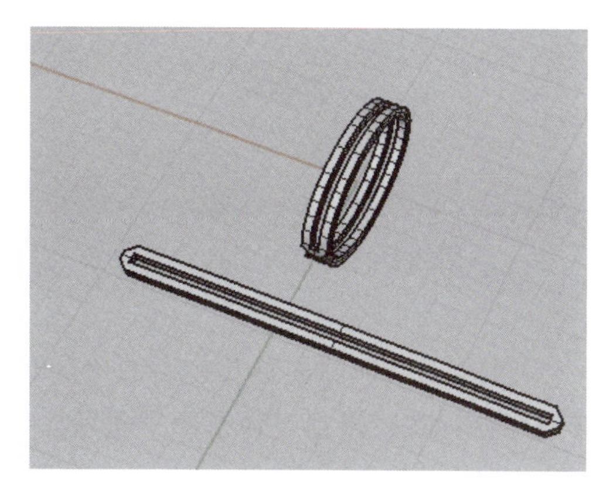

图 2-2-9 物体流动后

3.“定位至曲面”命令

“定位至曲面”命令适用于小宝石的镶嵌，镶嵌好的宝石台面与戒面持平，再进行“环形阵列”命令等操作。

使用该命令时，首先确认将要定位的物体，给它一个参考点并提供一个方向后，再选择要定位到的曲面，并在对应的对话框中选好后，在曲面上选择要定位至的点。图2-2-10、图2-2-11为执行“定位至曲面”命令前后的效果。

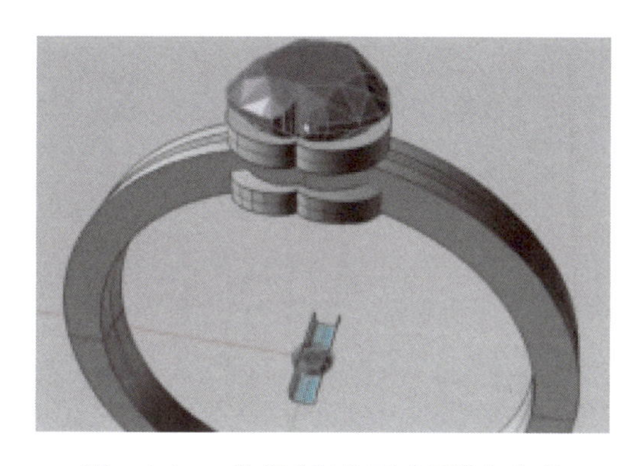

图 2-2-10 执行“定位至曲面”命令前

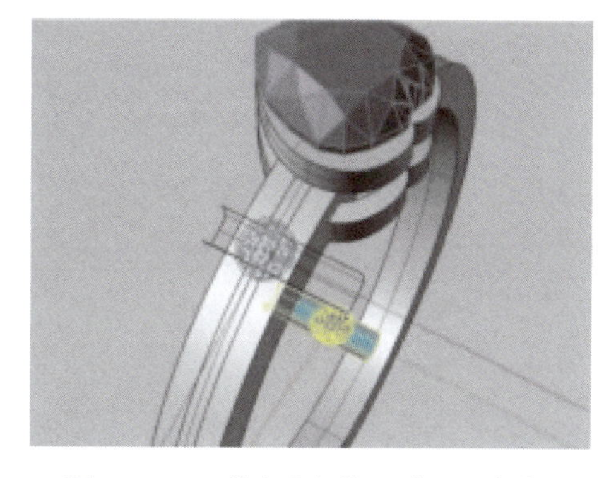

图 2-2-11 执行“定位至曲面”命令后

4.“沿曲线阵列”命令 、“沿曲面上的曲线阵列”命令

Rhino 中可以利用“沿曲线阵列”命令排列宝石，效果见图2-2-12、图2-2-13，也可以使用“沿曲面上的曲线阵列”命令进行排石，并可以精确控制宝石之间的距离。

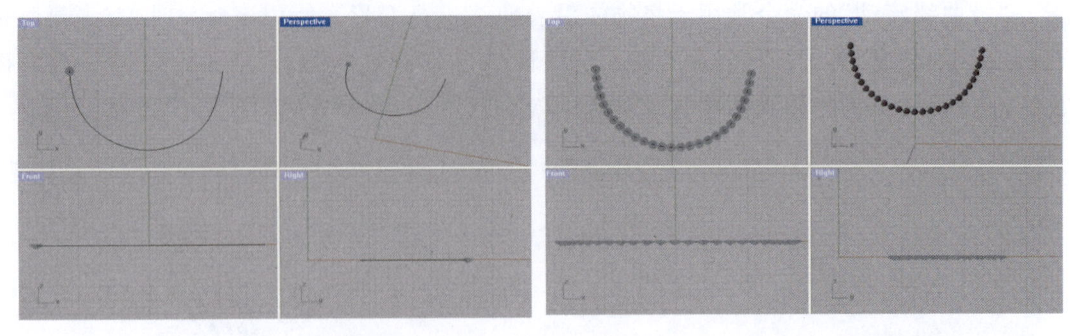

图 2-2-12　宝石沿曲线阵列前　　　　图 2-2-13　宝石沿曲线阵列后

当然，Rhino 除了这几方面的命令有明显优势外，还有许多功能强大、快捷方便的工具或命令，如“投影到工作平面”“重新对应到工作平面”“圆角”和“将平面洞加盖”等命令，其中“投影到工作平面”命令能迅速使所绘曲线在同一个平面内，而“重新对应到工作平面”命令能快捷修正建模中的视图错误。

2.2.3　Rhino 兼容性更好

Rhino 可以广泛地应用于三维动画制作、工业制造、科学研究以及机械设计等领域。它的兼容性很强，尤其是针对第三方插件。为了让 Rhino 软件更适合于首饰建模的实际操作，珠宝企业往往会在 Rhino 软件中安装 TechGems、T-splines 等插件（图 2-2-14）。这一点 JewelCAD 软件就无法满足。

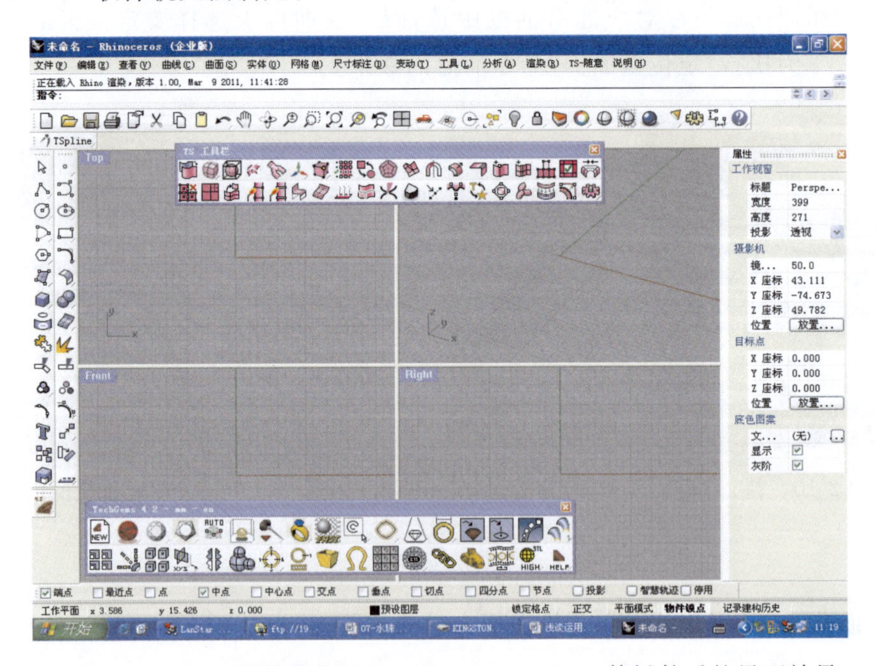

图 2-2-14　Rhino 软件安装了 TechGems、T-splines 等插件后的界面效果

2.2.4 Rhino 更便于后期修改

很多电脑绘图员都遇到过类似的麻烦——在 JewelCAD 软件中，模型建好后，输出 STL 格式时有时会发生破面现象，尤其是在进行过布尔运算的情况下。此时，绘图员都会将原文件导入到 Rhino 中进行修补。

以四爪镶女戒的应用为例，在前视图中，戒指的镶口下端部分不够(图 2-2-15)，不能很好地与戒圈部分贴合，在 Rhino 软件中修正时，可以将 4 个镶爪和镶口下层部分炸开，然后直接用“延伸曲面”命令将镶口下端部分延伸，加盖组合，再与戒指内圈的延伸曲面进行布尔差集运算，得到如图 2-2-16 所示效果。这样就避免了对镶口上端部分重新建模。

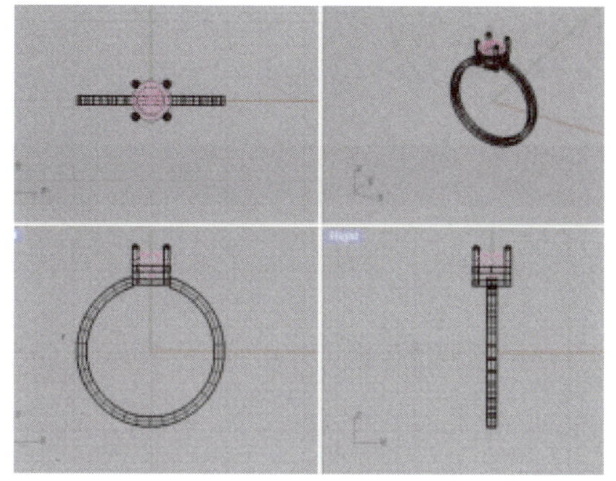

图 2-2-15 修改前效果

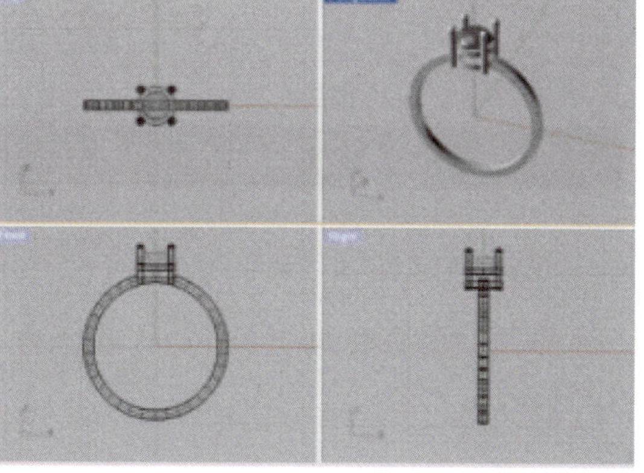

图 2-2-16 修改后效果

另外，Rhino 建成曲面后，还能进行再编辑(通过调整节点的位置等)，而且修改时可以使用“抽离曲面”或者“复制边框”等命令。与 JewelCAD 相比，Rhino 修改起来更快、更方便。

尽管 Rhino 具有众多明显的优势，但作为一名电脑首饰设计师必须明白，同时熟练掌握 Rhino 和 JewelCAD 的软件操作技巧很有必要。这是因为，在珠宝企业的电绘部门，这两种软件的综合运用随处可见，比如当 JewelCAD 中建好的模型需要再编辑时，设计师会导出 STL 格式，再导入到 Rhino 中进行操作(如曲线的再编辑，含加减控制点)，之后再返回 JewelCAD 中继续建模，或者在 JewelCAD 中完成建模后到 Rhino 中进行镶石。

在熟练掌握 Rhino 和 JewelCAD 这两种软件操作方法的基础上，再灵活地综合运用，不仅能提升首饰设计品质，也能使设计师的工作效率大幅提高。

中篇 Rhino首饰建模基础案例

3 素金戒指建模

3.1 简易男性婚戒的制作

任务描述

制作一个直径为 18.10mm，厚度为 1.00mm，宽度为 4.00mm 的简易男性婚戒（图 3-1-1）。

图 3-1-1 简易男性婚戒效果图

所用命令

操作中将用到如下命令图标：

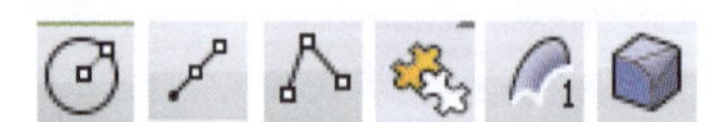

依次为“圆（中心点、半径）”命令、“从中点建立直线”命令、“多重直线”命令、“组合”命令、“单轨扫掠”命令、“不等距边缘圆角”命令，请对照使用。

操作步骤

(1)选择“文件”菜单中的“新建”,弹出的对话框如图 3-1-2 所示;选择“小模型-毫米.3dm”,首饰建模均选择此项,所有尺寸单位默认为“mm”。

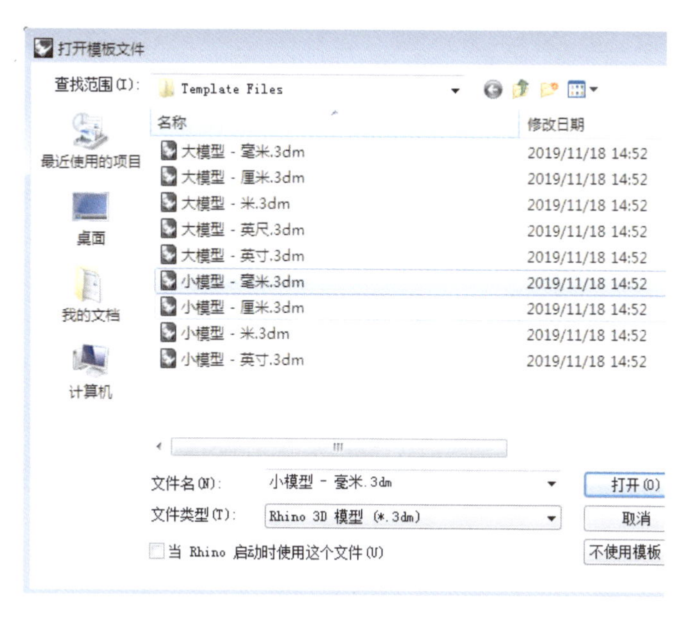

图 3-1-2　弹出的对话框

(2)在前视图中,利用“圆(中心点、半径)”命令,根据指令栏提示画一个圆心在原点、直径为 18.10mm 的圆(图 3-1-3)。

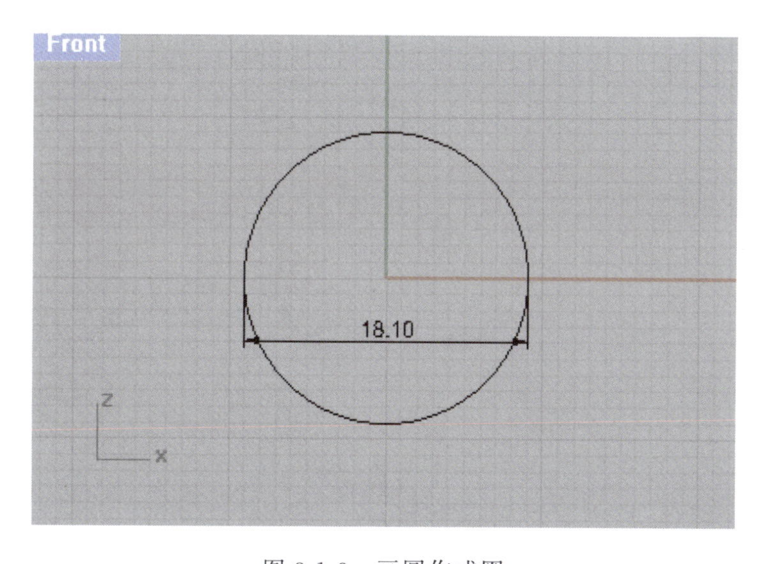

图 3-1-3　画圆作戒圈

(3)在右视图中,以圆的四分点为圆心(在辅助建模命令栏“物件锁点”中勾选“四分点”项),利用“从中点建立直线”命令画一条长度为 4.00mm 的线段(图 3-1-4)。

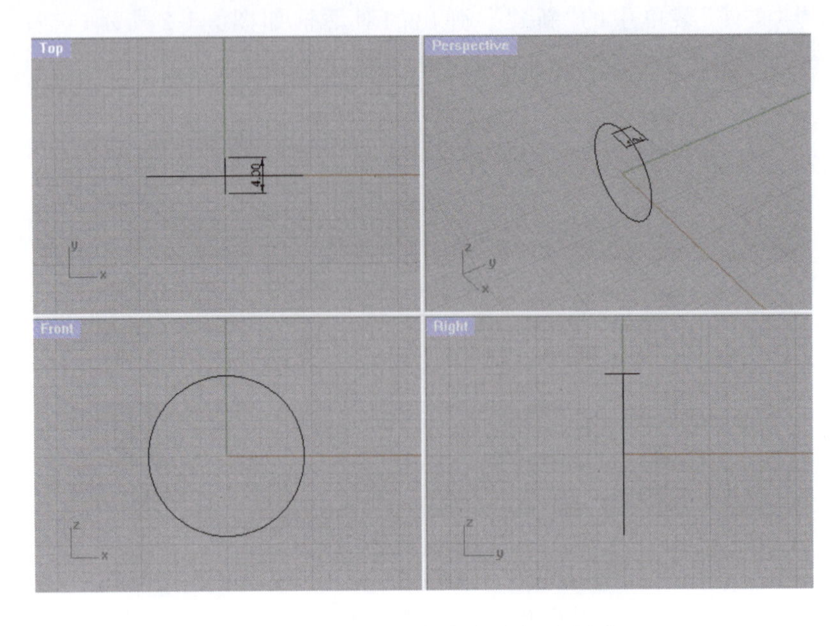

图 3-1-4　画线段确定戒指侧边厚度

(4)在右视图中,利用“多重直线”命令画一条尺寸如图 3-1-5 所示的折线,并与下面的线段组合成一条封闭的曲线。

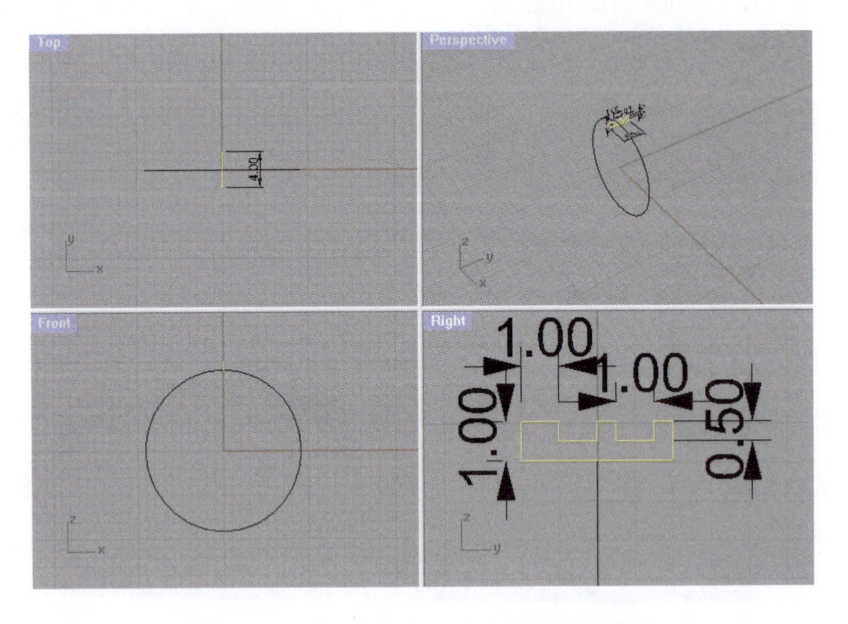

图 3-1-5　画折线并确定单轨扫掠断面曲线

(5)利用“单轨扫掠”命令完成婚戒的初步制作(选择圆为路径,选图中的线条为断面曲线)(图 3-1-6)。

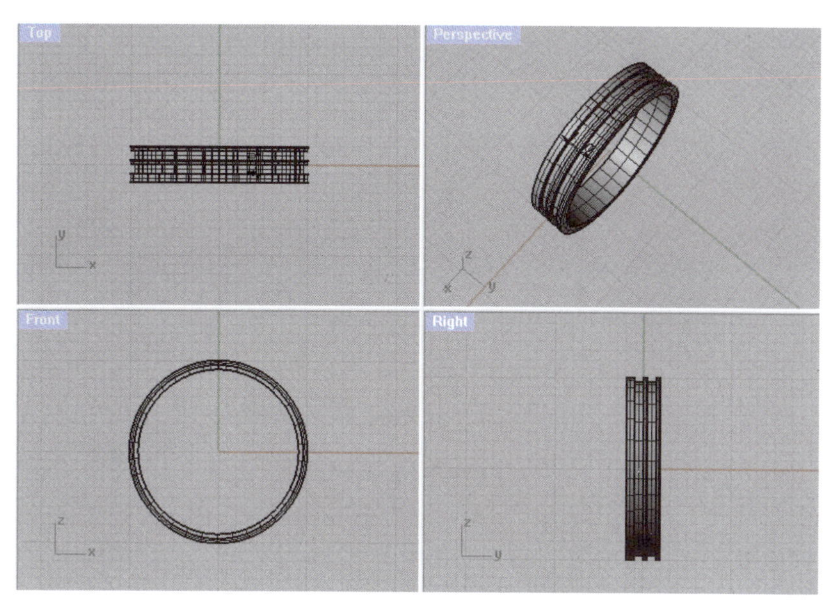

图 3-1-6　单轨扫掠后的效果图

(6)选择男戒两侧的内外两圆为圆角边缘,运用“不等距边缘圆角”命令对男戒边缘进行圆角处理,圆角半径为 0.1～0.3mm,最终效果如图 3-1-7 所示。

图 3-1-7　圆角处理后的男戒效果图

案例小结

在每一步操作前要看清楚操作的视图,画线段时须使用“物件锁点”命令。

3.2 三环女戒的制作

任务描述

制作一个直径为16.80mm,最大厚度为2.00mm,最小厚度为1.00mm,最大宽度为4.00mm,最小宽度为2.00mm的女戒(图3-2-1)。

图3-2-1　三环女戒效果图

所用命令

操作中将用到如下命令图标:

依次为"圆(中心点、半径)"命令、"从中点建立直线"命令、"复制"命令、"移动"命令、"圆弧"命令、"重建曲线"命令、"曲线圆角"命令、"镜像"命令、"修剪"命令、"组合"命令、"单轨扫掠"命令,请对照使用。

操作步骤

(1)在前视图中,以原点为中心画一个直径为16.80mm的圆(图3-2-2)。

(2)在右视图中,以圆的上下四分点为圆心,利用"从中点建立直线"命令画两条长度分别为4.00mm和2.00mm的线段(图3-2-3)。

(3)在右视图中,将两线段复制,并分别向上、向下移动2.00mm和1.00mm(复制起点为原来的位置,复制终点分别为2和－1)(图3-2-4)。

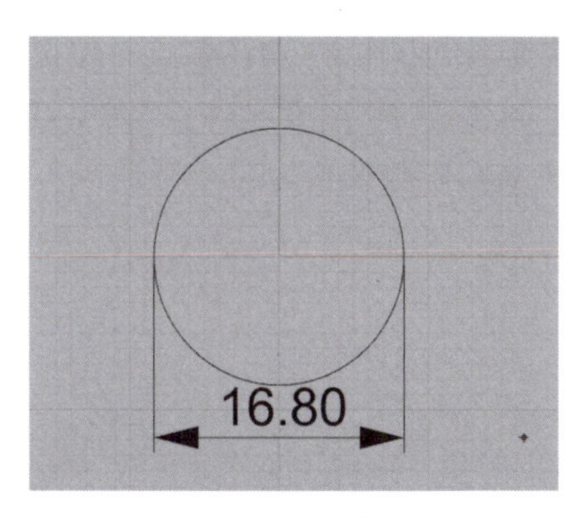

图 3-2-2 画圆作戒圈

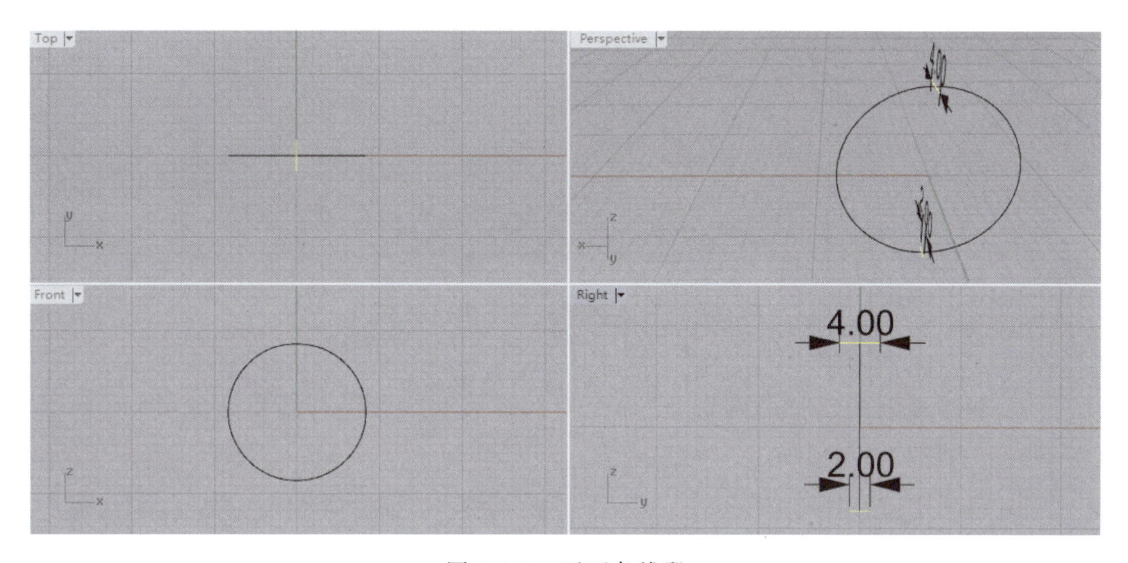

图 3-2-3 画两条线段

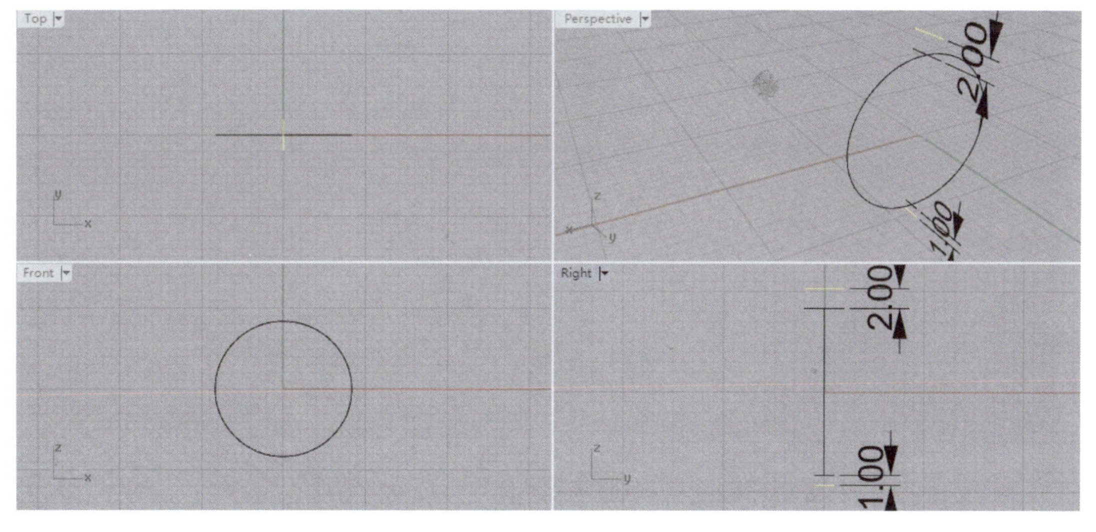

图 3-2-4 复制辅助线并上移

(4)在右视图中，通过捕捉端点和中点(物件锁点中勾选“端点”和“中点”项)，利用“圆弧”命令画出如图 3-2-5 所示圆弧线，并用“重建曲线”命令对圆弧线重建 4 个控制点(在重建曲线对话框里将点数设置为 4，阶数设置为 3)。

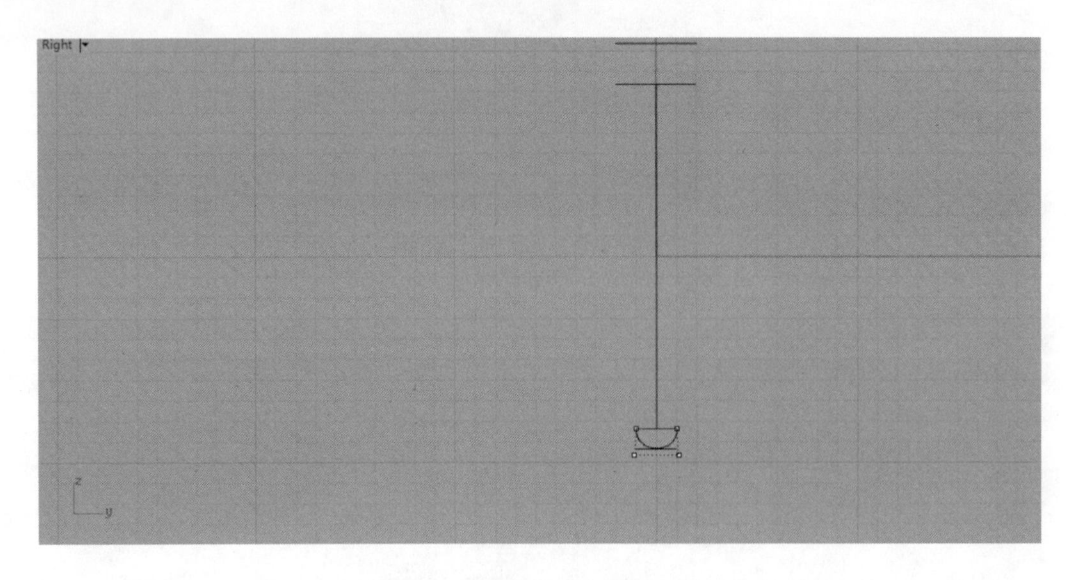

图 3-2-5　画圆弧并重建控制点

(5)删除辅助线，用“曲线圆角”命令对圆弧线和线段进行圆角处理(圆角半径为 0.30mm)，再将其组合(图 3-2-6)。

图 3-2-6　对圆弧线和线段进行圆角处理

(6)通过捕捉中点画一个圆(直径起点设置在线条中点,直径终点设在纵轴线上),打开端点(物件锁点中勾选"端点"项),用"圆弧"命令画一段流畅的圆弧线(图 3-2-7)。

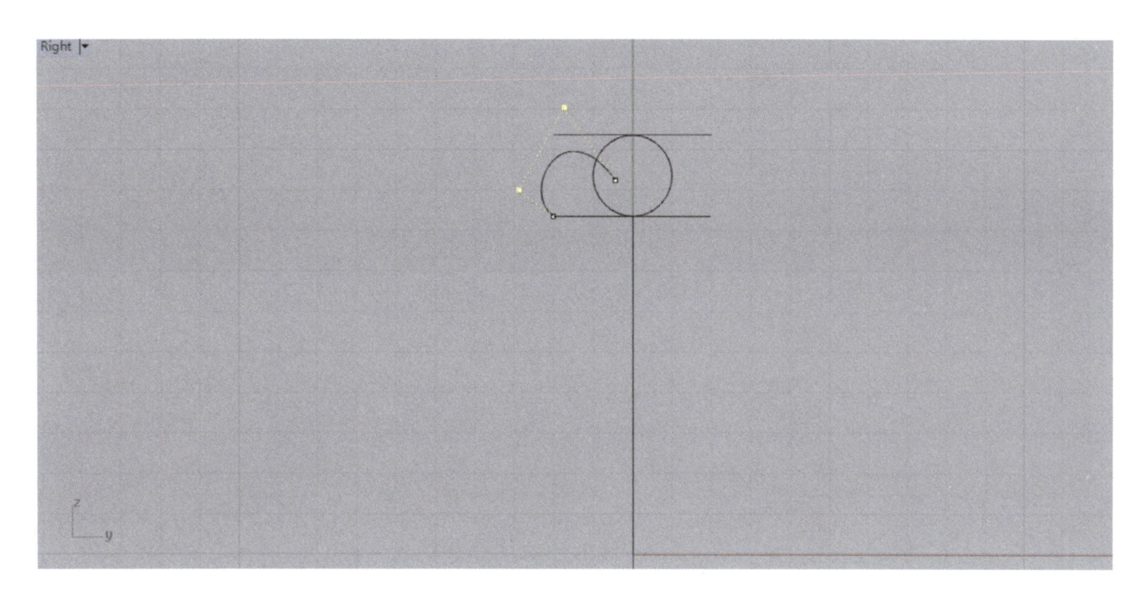

图 3-2-7 画圆及圆弧线

(7)用"镜像"命令将圆弧线镜像(镜像平面起点选 y 轴),删除辅助线(图 3-2-8)。

图 3-2-8 将圆弧线垂直镜像

(8)全选上端所有曲线段,用"修剪"命令删除多余线条,使用"组合"命令后,得到如图 3-2-9 所示封闭线条。

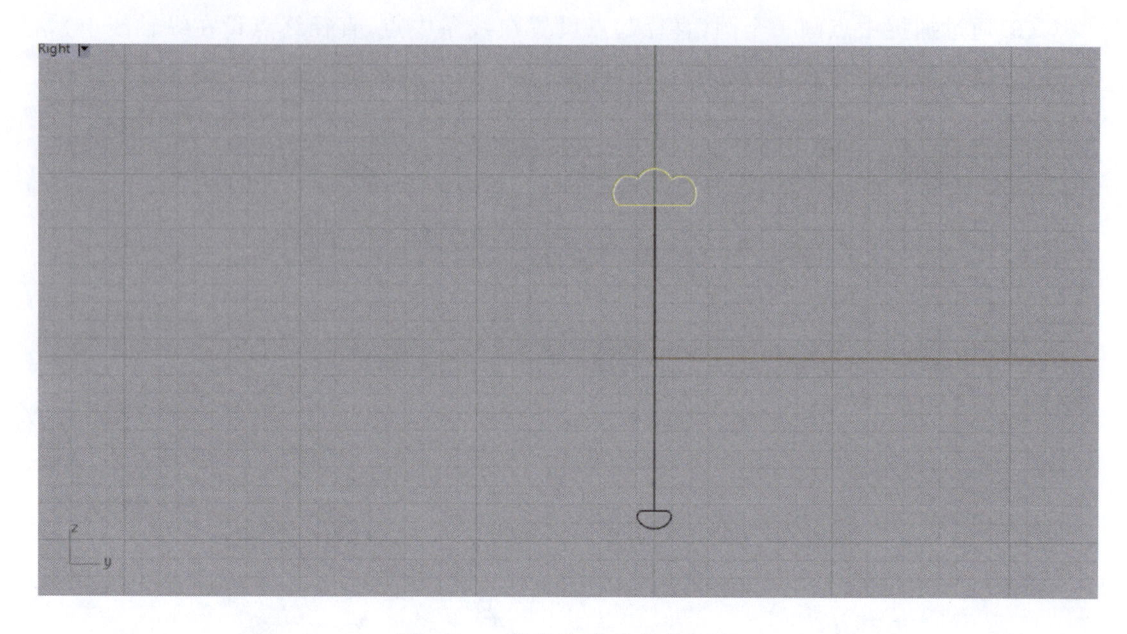

图 3-2-9　修剪多余线条并组合

(9)用“曲线圆角”命令对圆弧线和直线段进行圆角处理(圆角半径为 0.30mm),再将其组合(图 3-2-10)。

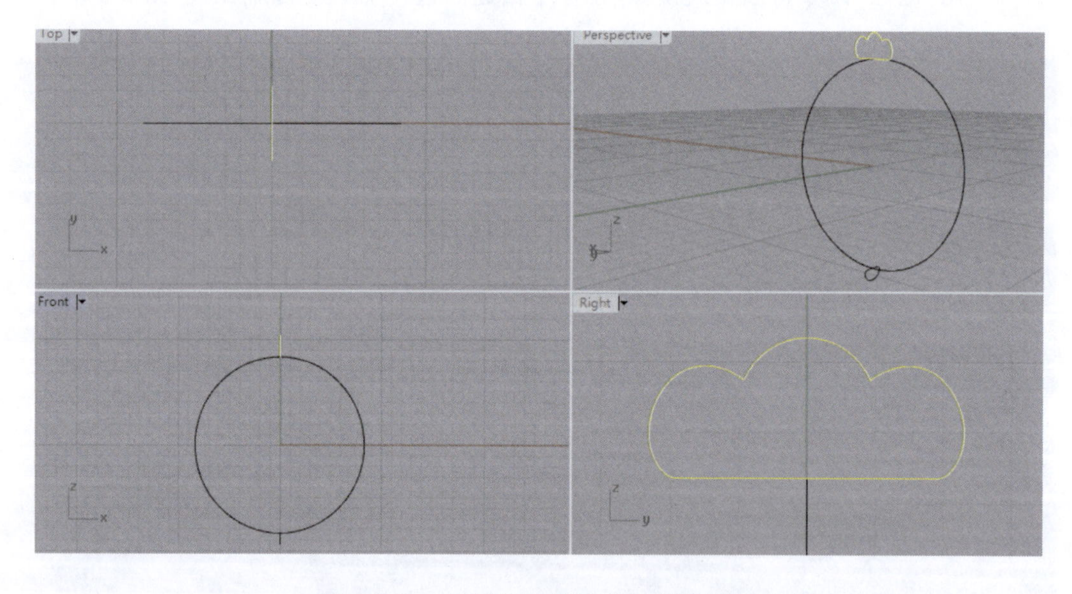

图 3-2-10　对线条进行圆角处理并组合

(10)运用“单轨扫掠”命令完成戒圈实体的制作,注意选定路径和两条断面曲线后,须调节上下接缝线在同一垂直线上并保持方向一致,确认后选择封闭扫掠(图 3-2-11、图 3-2-12)。

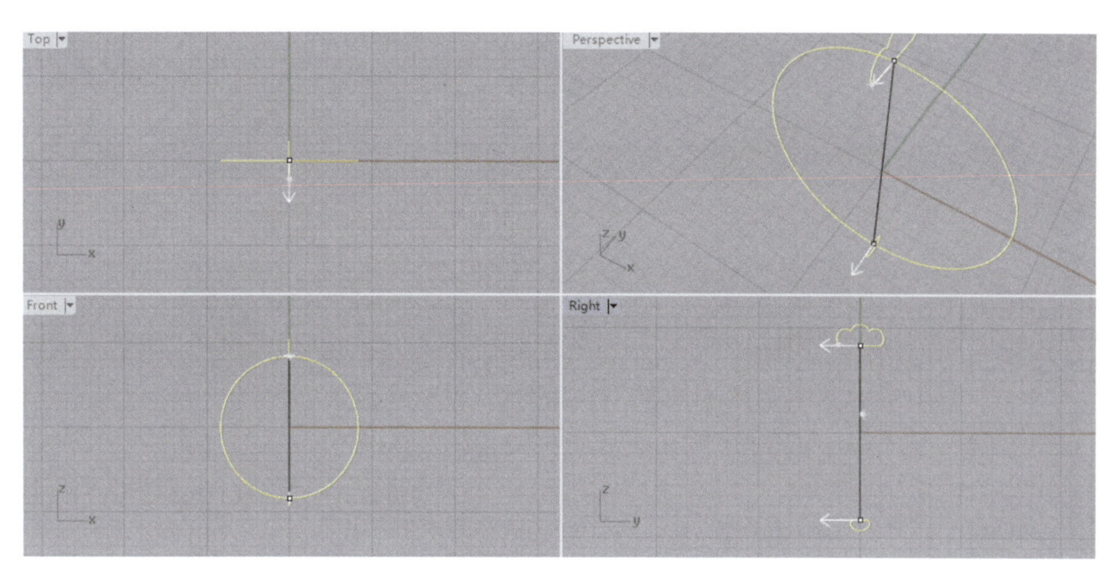

图 3-2-11 “单轨扫掠”时曲线的上下接缝线方向要一致

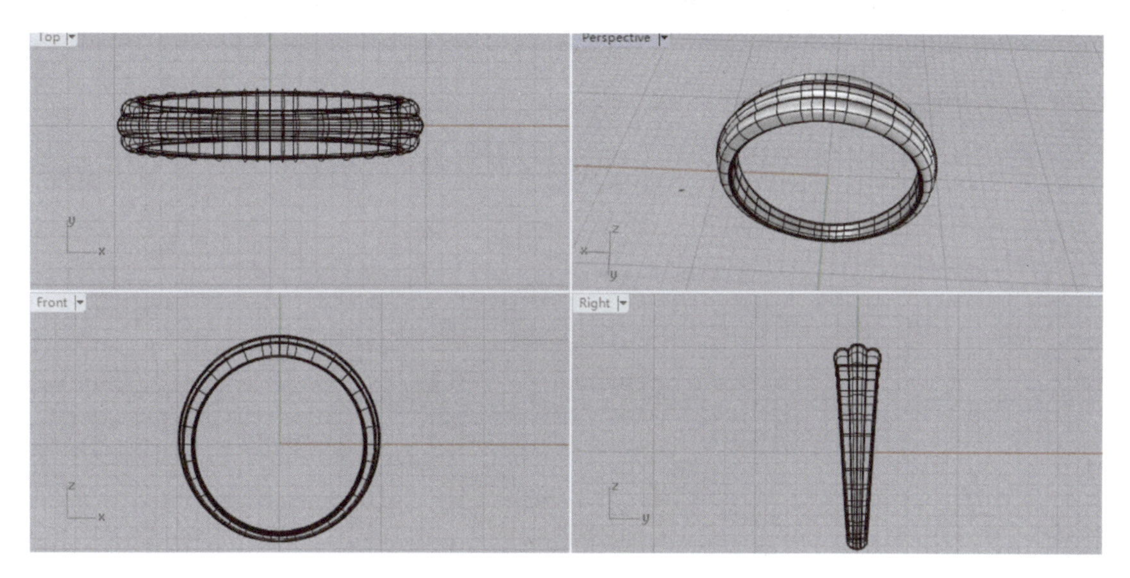

图 3-2-12 使用“单轨扫掠”命令后的效果

(11)删除所有线条,上色后的效果如图 3-2-13 所示。

案例小结

(1)在进行每一步操作前要看清楚操作的视图,画线段时须使用“物件锁点”命令(如画圆弧时要捕捉端点和中点,利用“圆弧”命令画出)。

(2)要注意区分“修剪”命令与“分割”命令。

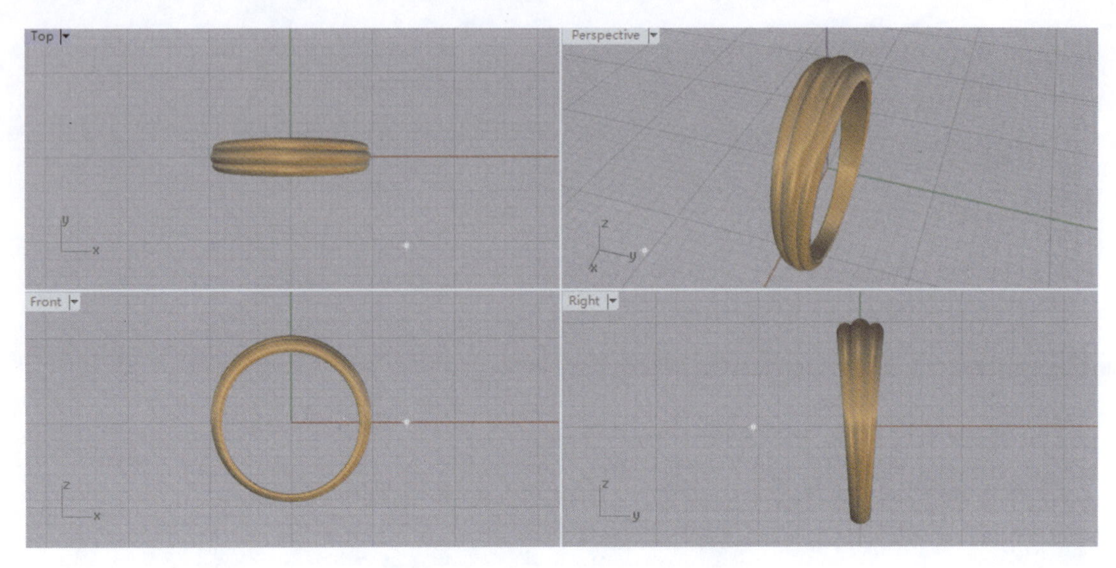

图 3-2-13　三环女戒上色效果图

3.3　变化女戒的制作

任务描述

制作一个直径 16.80mm，最大厚度为 2.00mm，最小厚度为 1.50mm，最大宽度为 3.00mm，最小宽度为 1.50mm 的女戒(图 3-3-1)。

图 3-3-1　变化女戒效果图

所用命令

操作中将用到如下命令图标：

依次为“圆(中心点、半径)”命令、“圆(直径)”命令、“移动”命令、“从中点建立直线”命令、“直线”命令、“旋转”命令、“镜像”命令、“以平面曲线建立曲面”命令、“双轨扫掠”命令、

“选取曲线”命令、“组合”命令、“不等距边缘圆角”命令,请对照使用。

操作步骤

(1)在前视图中,运用“圆(中心点、半径)”命令画一个以原点为圆心、直径为16.80mm的圆(图3-3-2)。

(2)通过捕捉四分点,运用“圆(直径)”命令分别在圆的上、下端画一个直径为1.50mm和2.00mm的小圆(图3-3-3)。

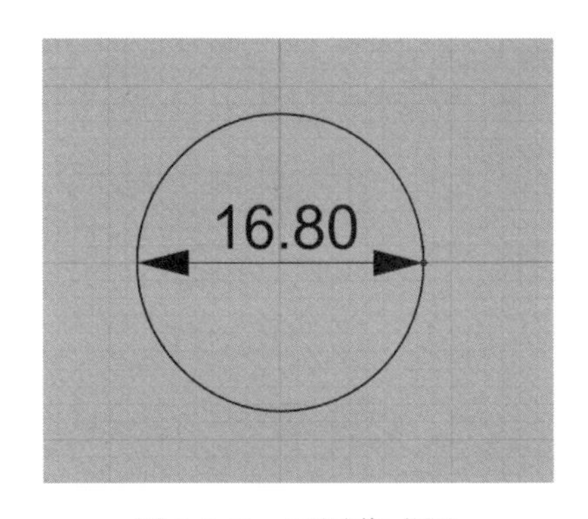

图3-3-2 画圆作戒圈

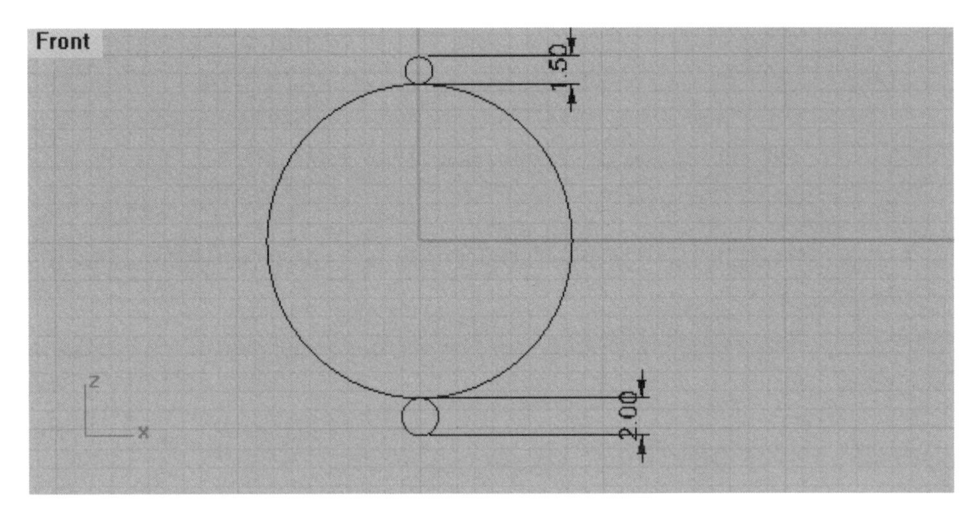

图3-3-3 在圆的上、下四分点分别画小圆

(3)过两个小圆的上、下四分点画一个外切圆(图3-3-4)。

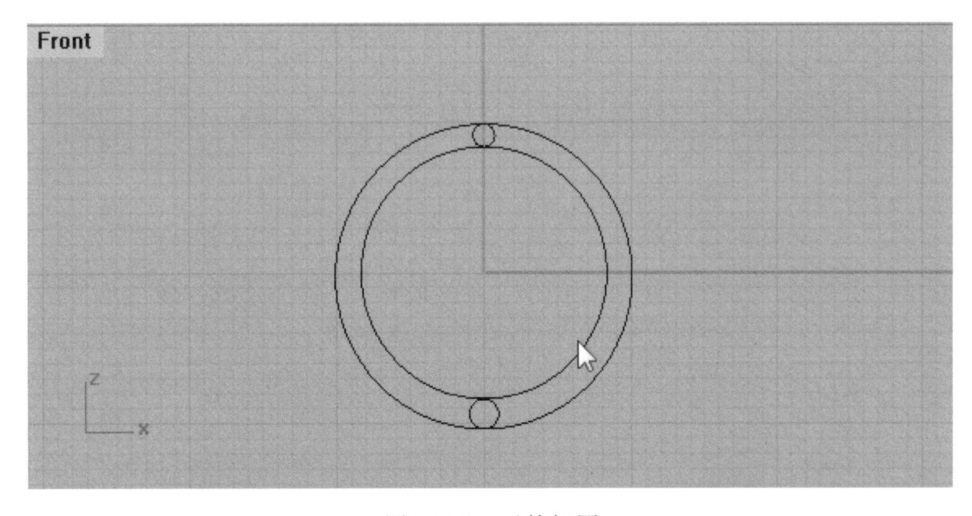

图3-3-4 画外切圆

(4)删除两个辅助小圆，选择内外两圆，在右视图中利用“移动”命令(同时按住 Shift 键)将其水平左移 1.50mm(图 3-3-5)。

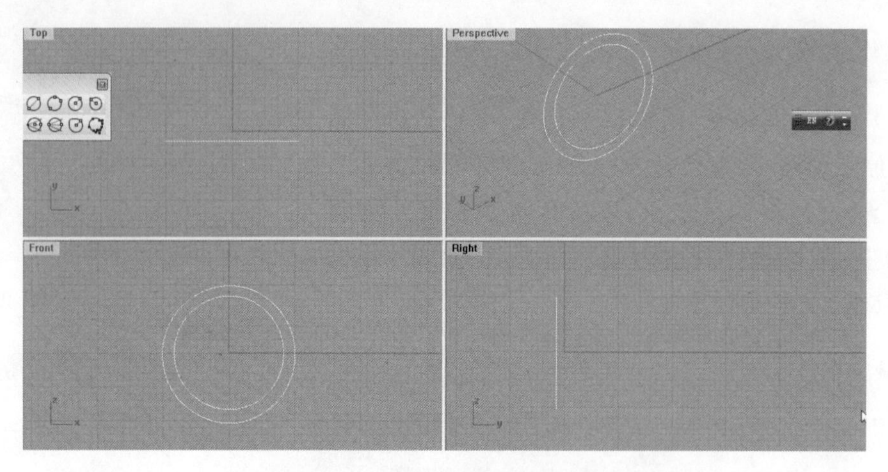

图 3-3-5　将内外两圆水平左移

(5)在右视图中，运用“从中点建立直线”命令画一条过原点的辅助垂直线(图 3-3-6)。

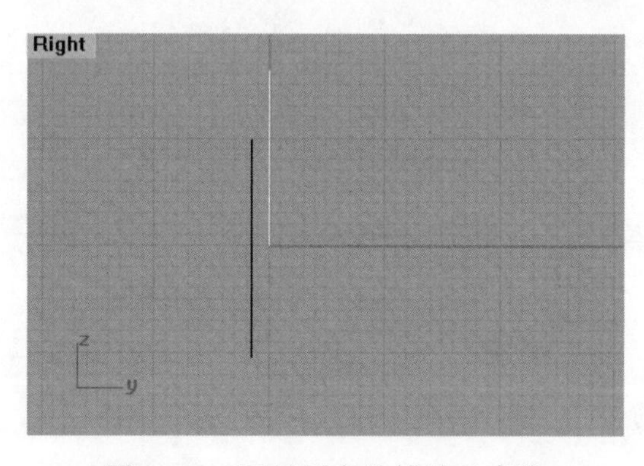

图 3-3-6　画过原点的辅助垂直线

(6)利用“移动”命令将该直线水平向左偏移 0.75mm(图 3-3-7)。

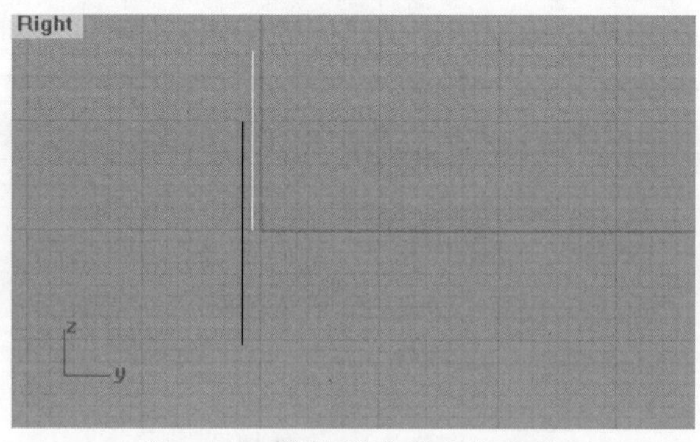

图 3-3-7　将辅助直线向左偏移

(7)选择内外两圆，以下端点为旋转圆心，运用“旋转”命令，通过捕捉四分点和交点将上端点刚好旋转到辅助直线上(图 3-3-8)。

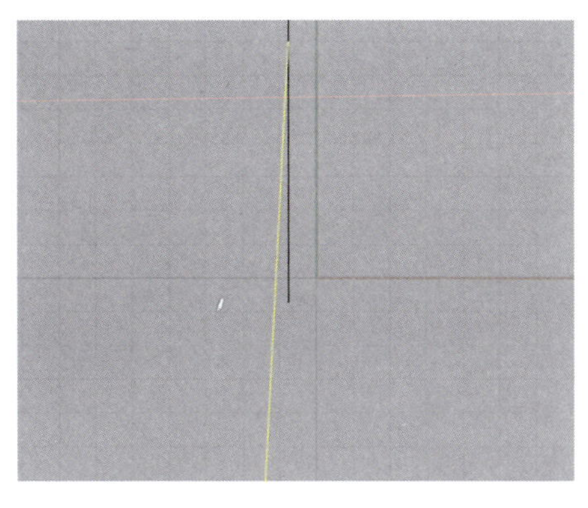

图 3-3-8 旋转后的效果

(8)删除垂直辅助直线，利用“镜像”命令将旋转后的内外圆左右镜像(镜像平面起点选 y 轴)(图 3-3-9)。

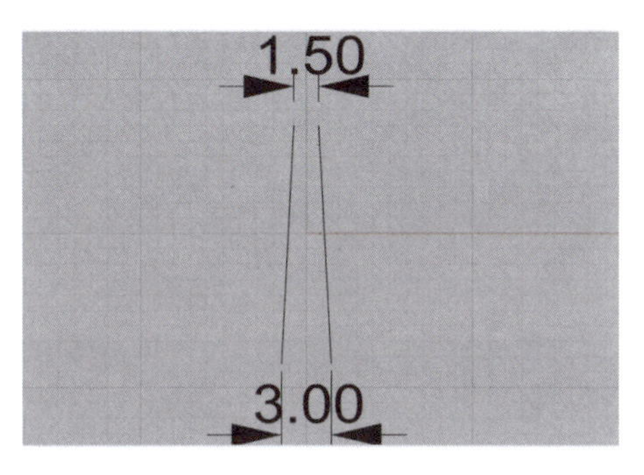

图 3-3-9 镜像后的效果

(9)分别选择左右内外两圆，利用“以平面曲线建立曲面”命令完成戒圈的两个侧面的制作(图 3-3-10)。

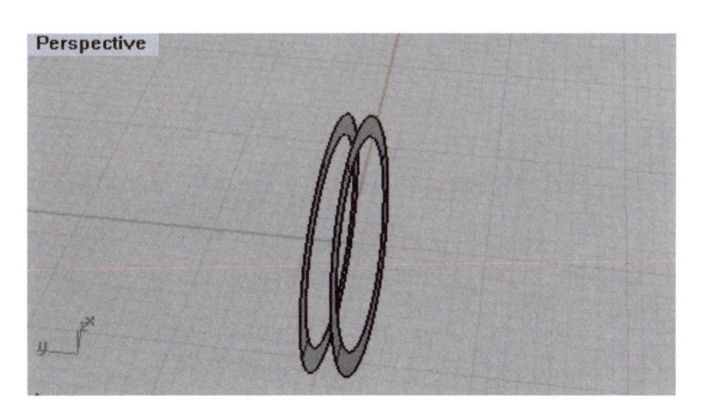

图 3-3-10 完成戒圈两个侧面的制作

(10)用“直线”命令画一条直线,连接左右两内圆的下四分点(图 3-3-11)。

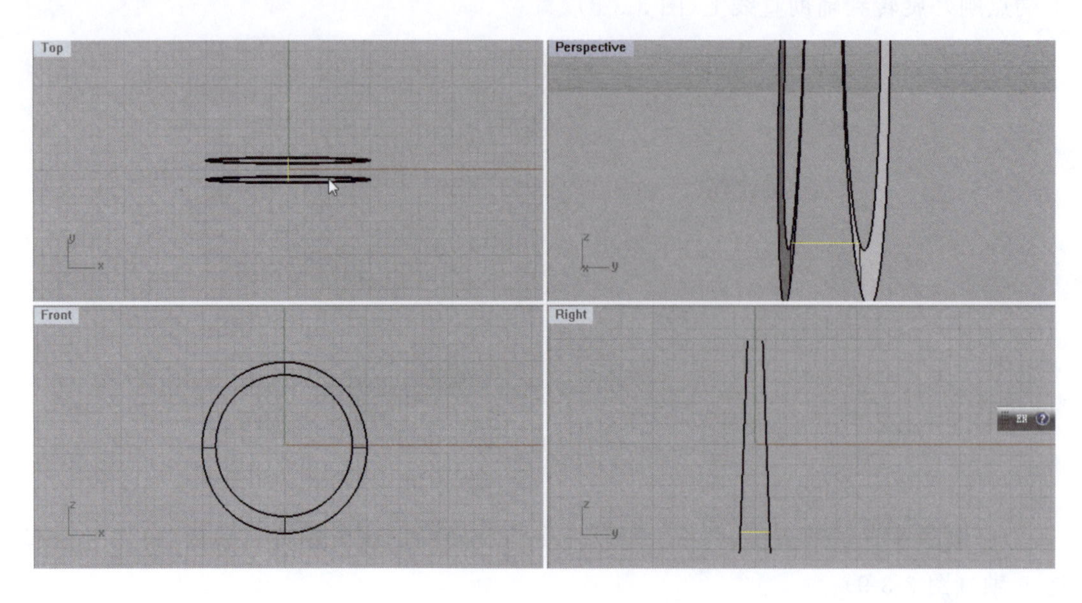

图 3-3-11　画直线连接左右两内圆的下四分点

(11)选择左右内圆为路径曲线,利用“双轨扫掠”命令完成戒圈内表面的制作(图 3-3-12)。

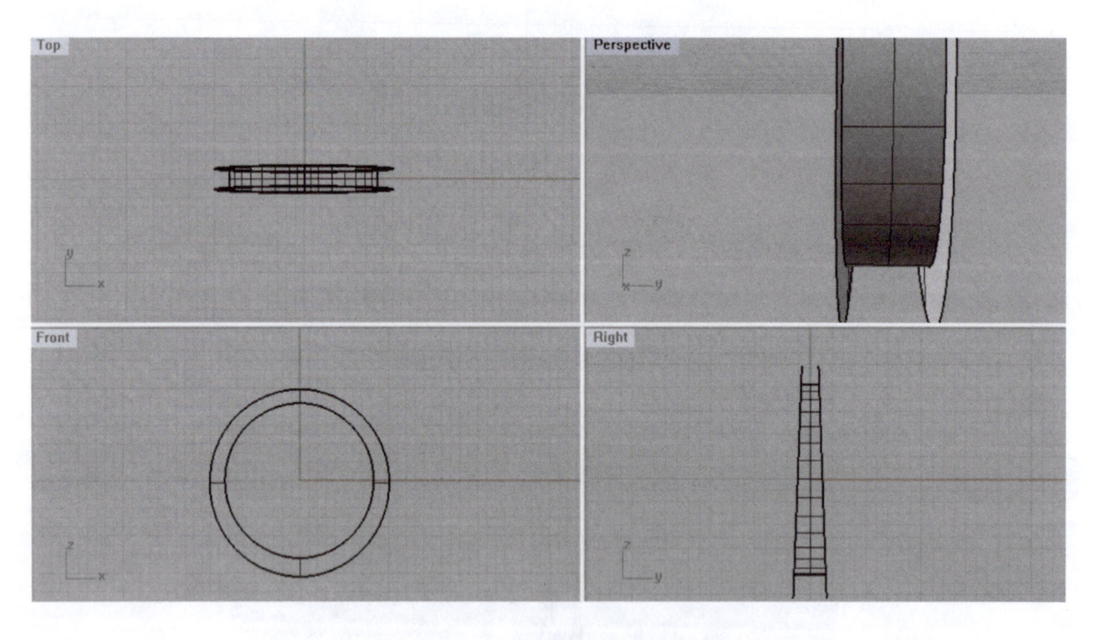

图 3-3-12　完成戒圈内表面制作

(12)用“直线”命令过左右两外圆的下四分点作一条线段(图 3-3-13)。

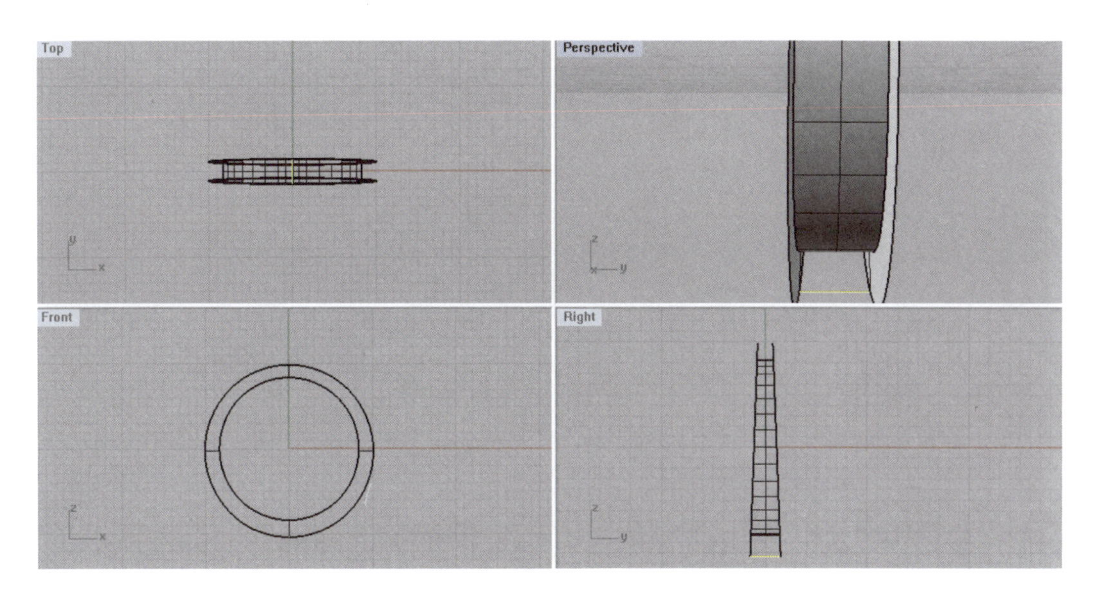

图 3-3-13 过两外圆四分点作线段

(13)使用“双轨扫掠”命令,根据指令栏的提示选择左右外圆为路径曲线,过四分点的线段为断面线,完成戒圈外表面的制作(图 3-3-14)。

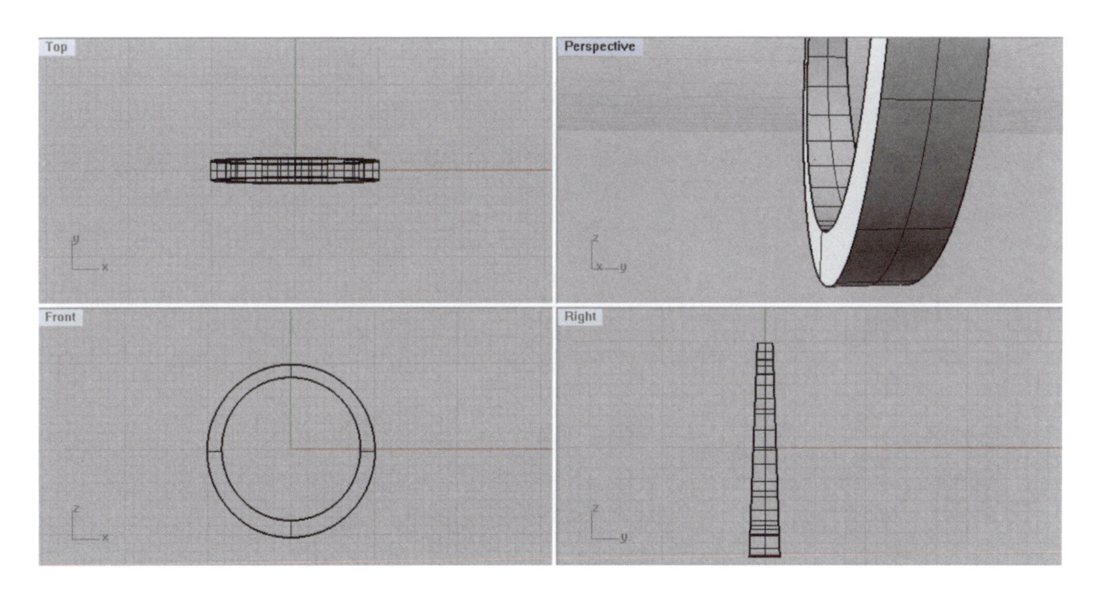

图 3-3-14 完成戒圈外表面的制作

(14)利用“选取曲线”命令(在“全部选择”命令下)选择所有线条并删除,选择戒圈的4个表面并将其组合成1个实体(图3-3-15)。

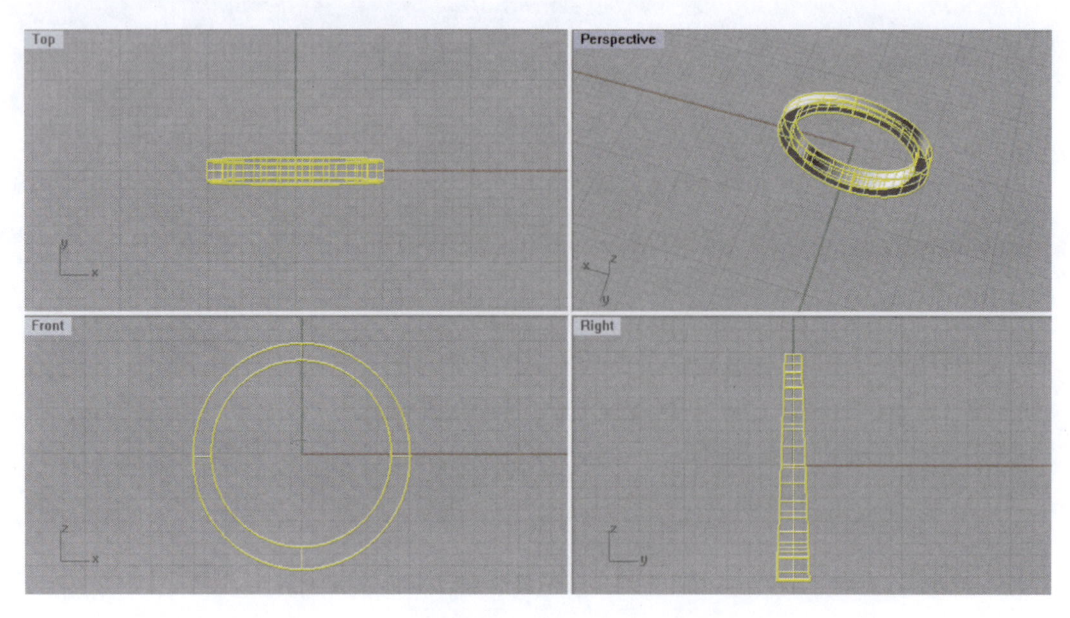

图3-3-15　将戒圈的4个表面组合成1个实体

(15)单击“不等距边缘圆角”命令,框选整个戒圈,选择所有边缘曲线,对戒圈进行圆角(圆角半径为0.10mm)处理(图3-3-16)。

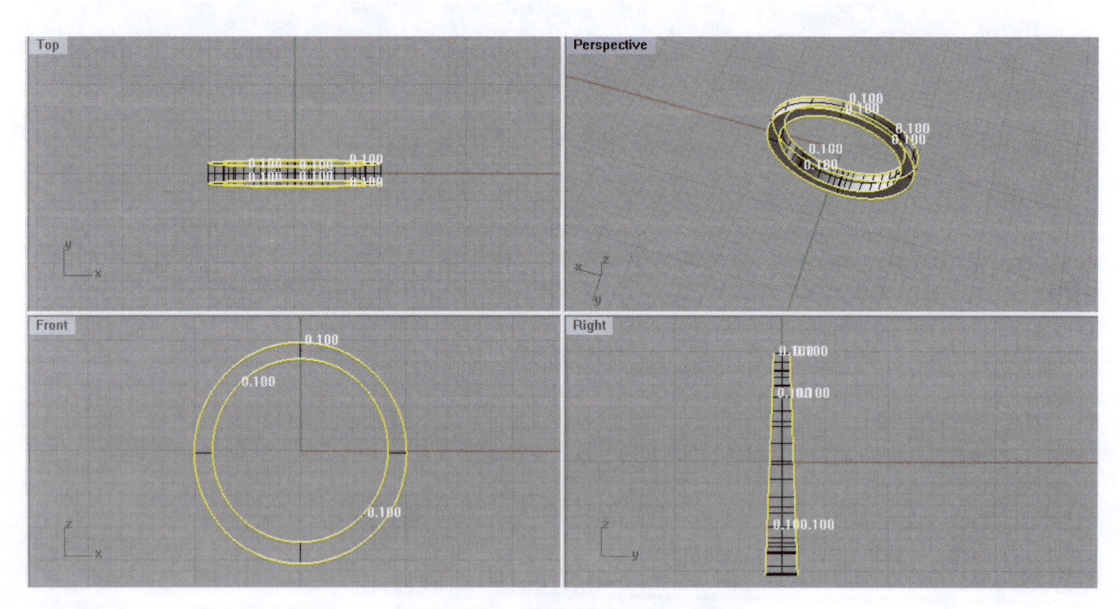

图3-3-16　对戒圈进行圆角处理

(16)最终的效果如图 3-3-17 所示。

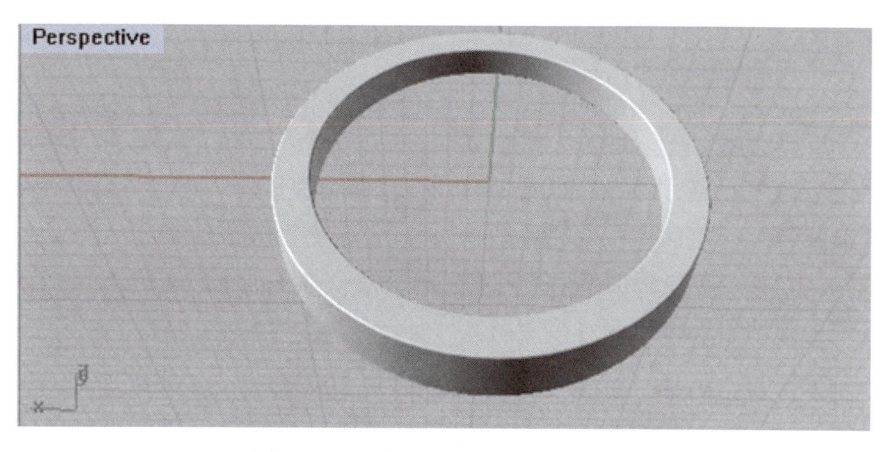

图 3-3-17　变化女戒的最终效果图

案例小结

在进行“双轨扫掠”时,选择的断面曲线必须为连接两条路径的曲线。

3.4　星形女戒的制作

任务描述

制作一个直径为 16.70mm,厚度为 2.00mm,宽度为 3.00mm 的星形女戒。建模思路为:先完成戒圈的制作,再完成 24 个五角星形状的花纹(图 3-4-1)。

图 3-4-1　星形女戒效果图

所用命令

操作中将用到如下命令图标：

依次为“圆（中心点、半径）”命令、“偏移曲线”命令、“移动”命令、“镜像”命令、“挤出封闭的平面曲线”命令、“直线”命令、“环形阵列”命令、“旋转”命令、“多边形”命令、“炸开”命令、“隐藏/显示”命令、“投影曲线”命令、“修剪”命令、“偏移曲面”命令、“布尔运算差集”命令、“不等距边缘圆角”命令，请对照使用。

操作步骤

(1)在前视图中运用“圆（中心点、半径）”命令作一个圆心在中心原点、直径为16.70mm 的圆(图 3-4-2)。

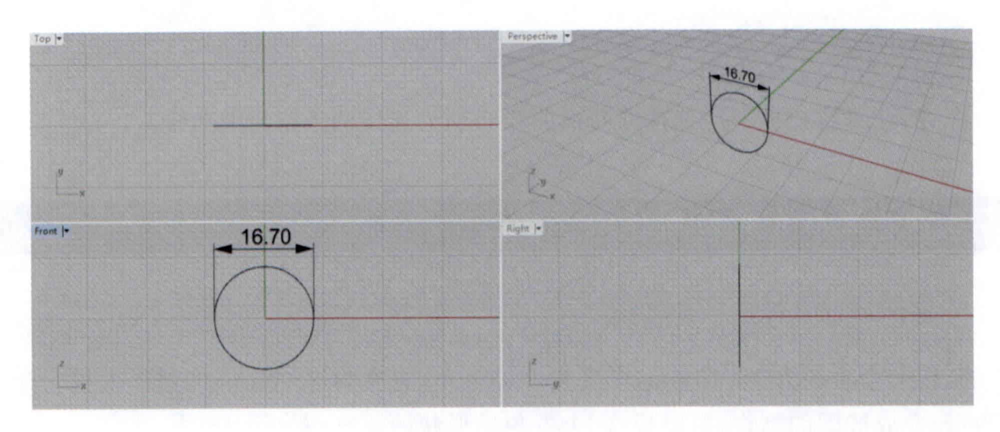

图 3-4-2　画戒圈内圆

(2)利用“偏移曲线”命令作出戒圈的外圆，偏移距离为 2.00mm(图 3-4-3)。

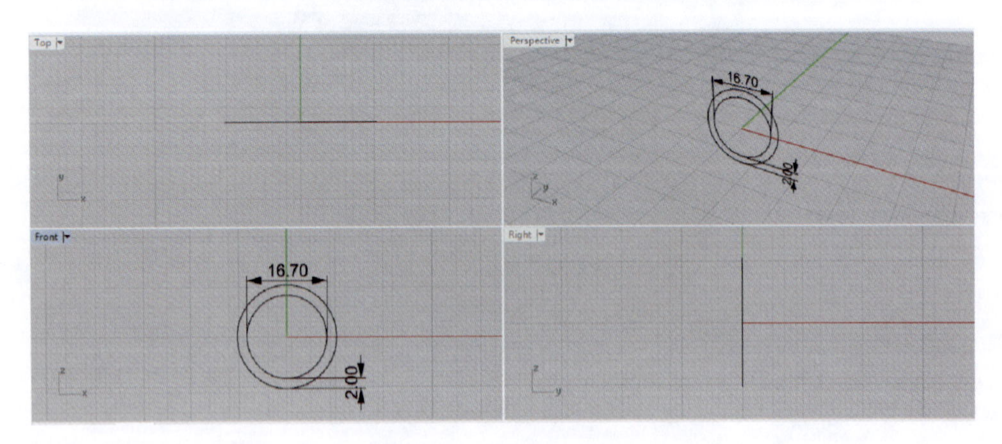

图 3-4-3　画戒圈外圆

(3)在右视图中利用“移动”命令将内外圆向右移动1.50mm,再利用“镜像”命令复制出另外两个内外圆(图3-4-4)。

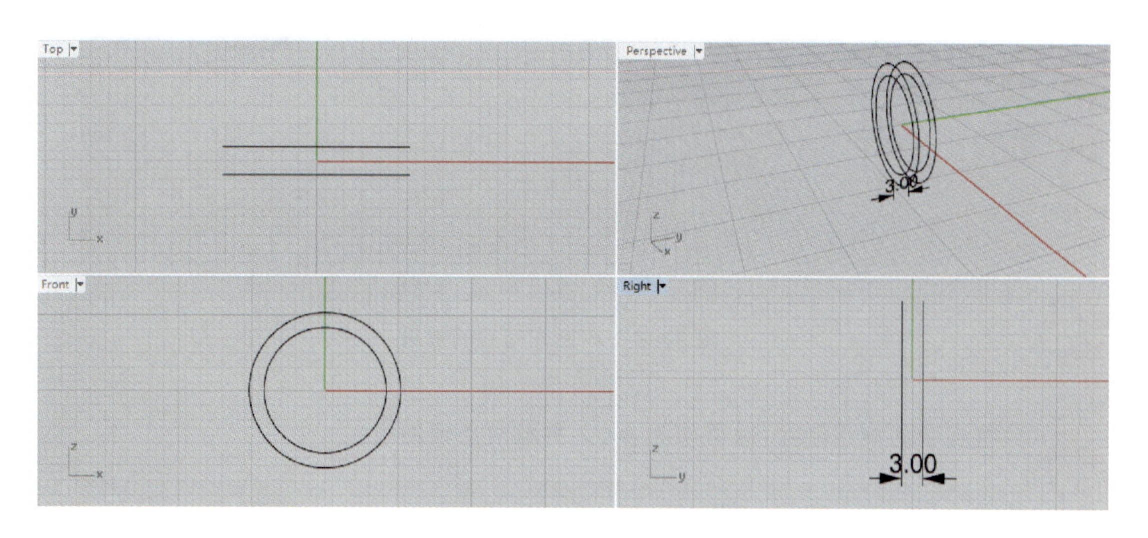

图3-4-4　右移内外圆并镜像

(4)在右视图中选择左侧的内外圆,利用“挤出封闭的平面曲线”命令直接生成戒圈实体(图3-4-5)。

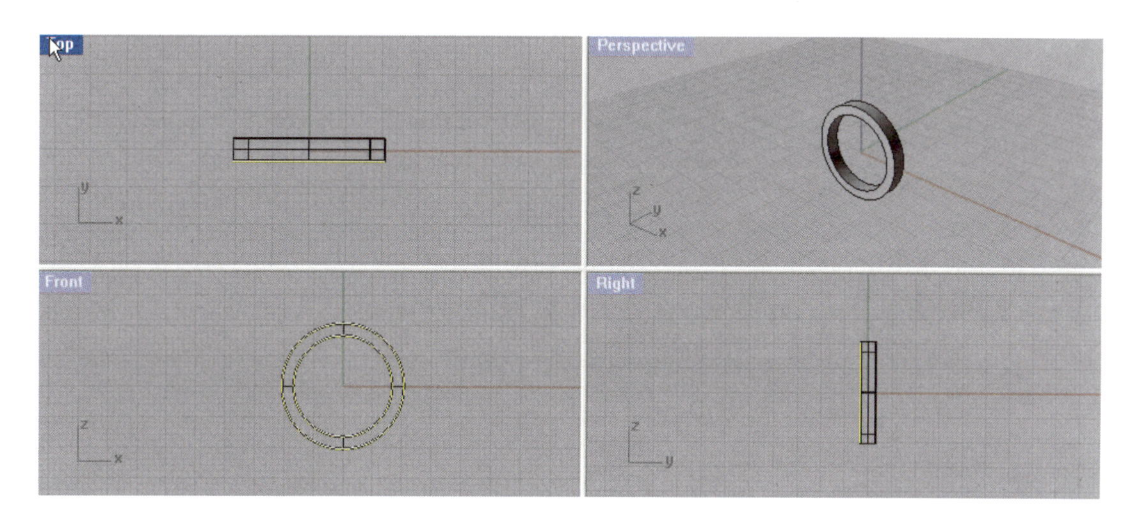

图3-4-5　生成戒圈实体

(5)在前视图中,使用“直线”命令画一条直线(起点为原点,终点为纵轴上方的一点,需按住Shift键),再利用“环形阵列”命令进行复制,其中环形阵列的圆心为原点,阵列数为24,旋转角度为360°,得到如图3-4-6所示的效果。

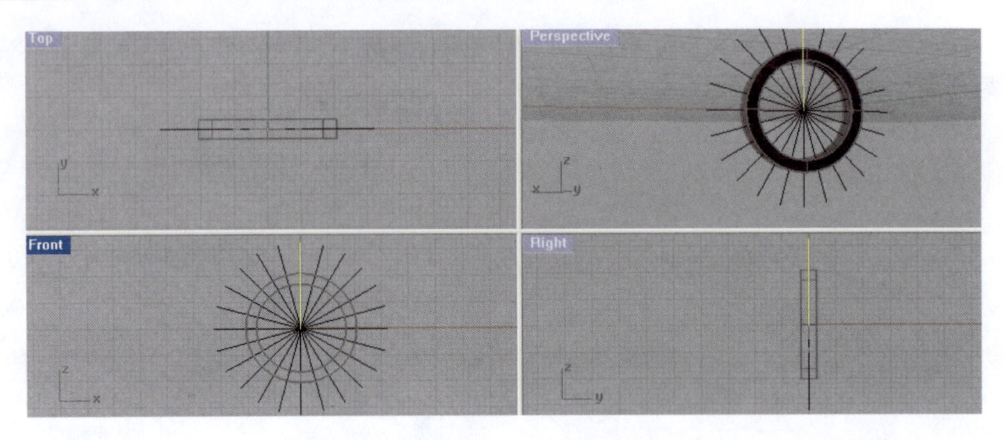

图 3-4-6　环形阵列后的效果

(6)将多余的线条删除,保留如图 3-4-7 所示两条辅助线。

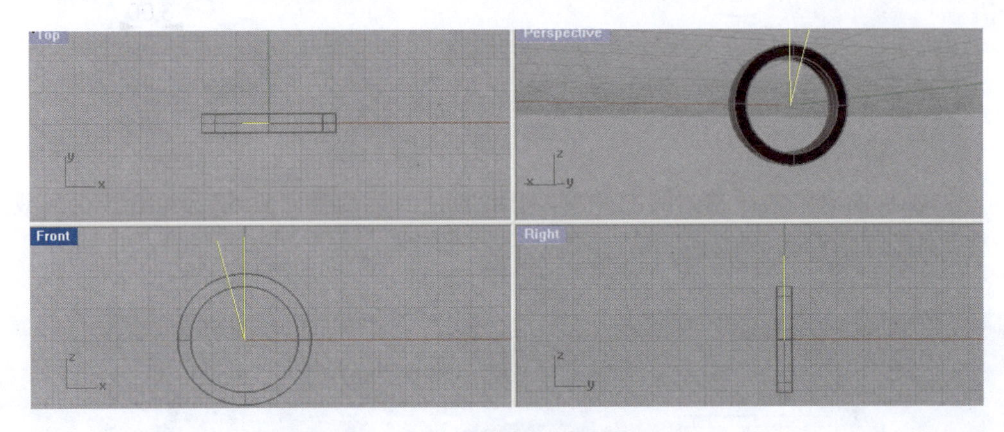

图 3-4-7　保留的两条辅助线

(7)在前视图中,利用“旋转”命令将两条辅助线旋转 7.5°(旋转圆心为原点,旋转角度为−7.5°),使两条辅助线对称分布在 y 轴两侧(图 3-4-8)。

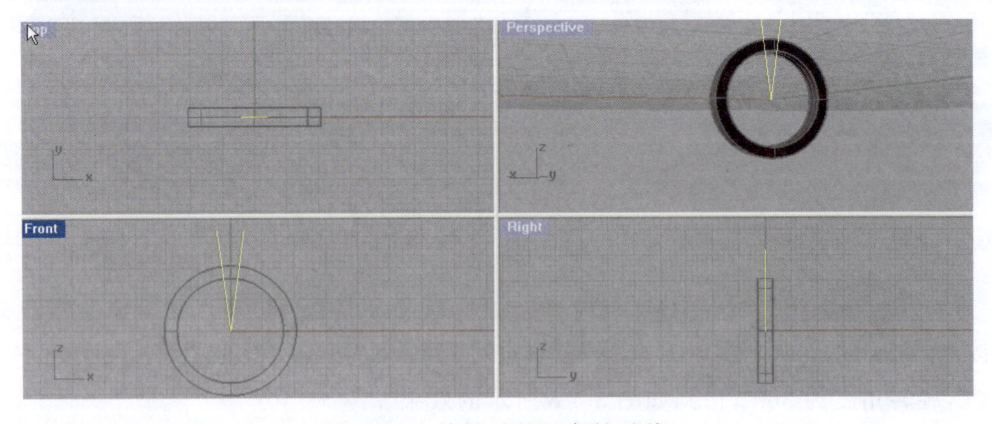

图 3-4-8　旋转后的两条辅助线

(8)在顶视图中,利用“多边形”命令在两条辅助线圆心作一个大小合适的五角星(图3-4-9)。方法是:选择“多边形”命令后,在内接多边形中选择星形,星形圆心点为原点,捕捉辅助线的端点作为星形的大小。

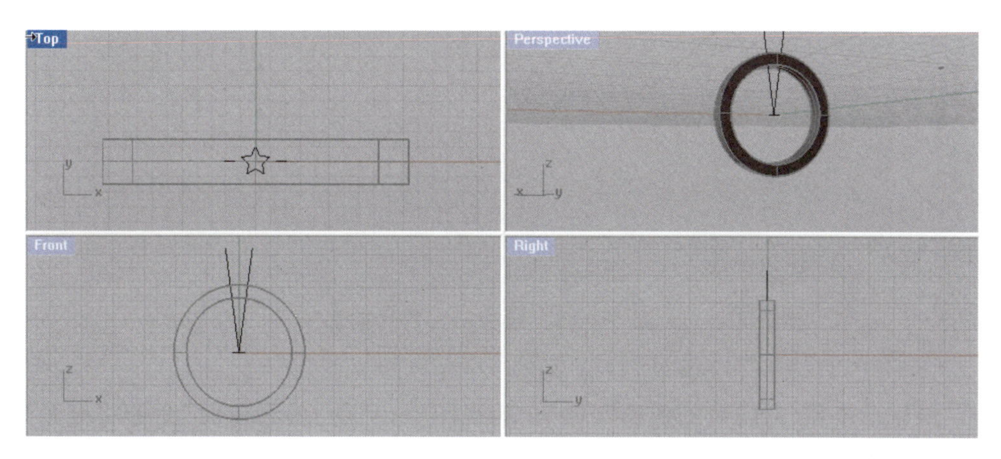

图 3-4-9　在辅助线圆心作五角星

(9)删除辅助线,利用“炸开”命令将戒圈实体炸开,按 Ctrl+C 键将戒圈外表面复制,按 Ctrl+Z 键后退一步后将戒圈隐藏,按 Ctrl+V 键粘贴出一个被复制出的曲面(图 3-4-10)。

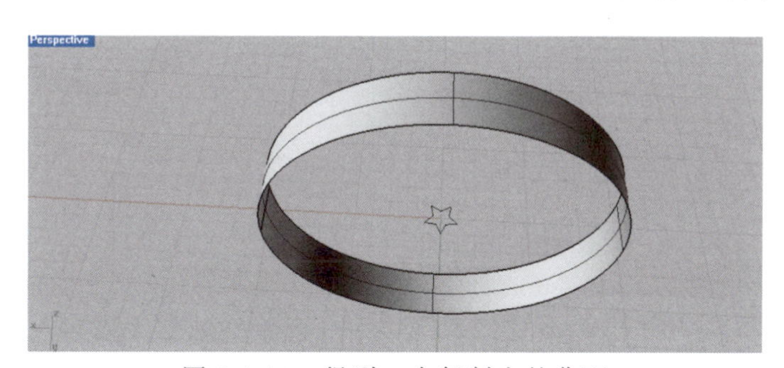

图 3-4-10　得到一个复制出的曲面

(10)在顶视图中,利用“投影曲线”命令将五角星投影到曲面上,删除原本的五角星和曲面下部的投影五角星,只保留曲面上部那个(图 3-4-11)。

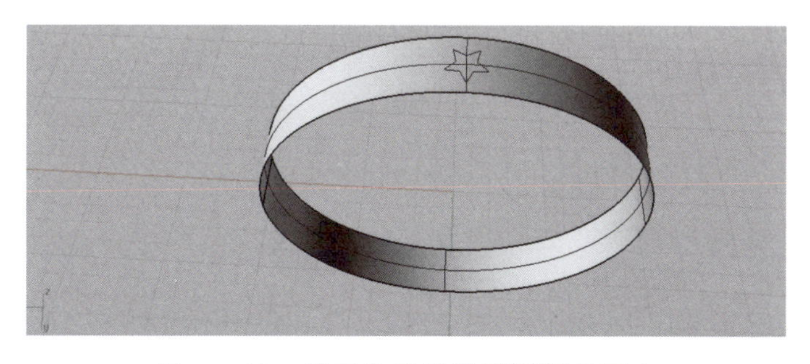

图 3-4-11　将五角星投影到圆周曲面上

(11)选定五角星和曲面，利用“修剪”命令得到紧贴曲面的1个五角星曲面(图3-4-12)。

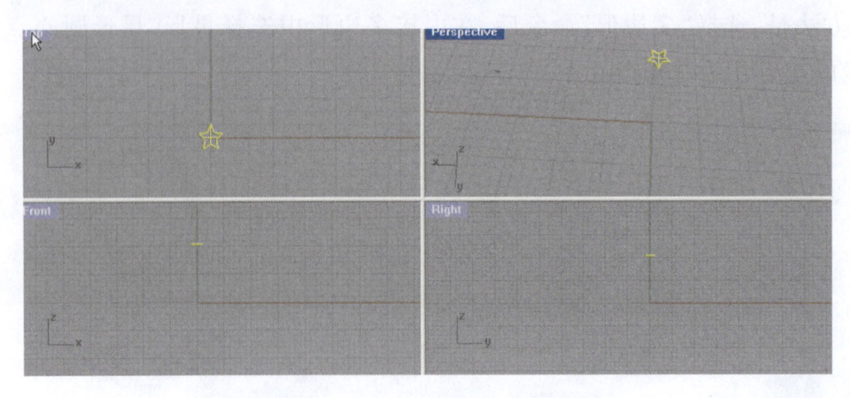

图3-4-12　修剪出五角星曲面

(12)显示步骤(9)隐藏的戒圈实体，在前视图中，利用“偏移曲面”命令将五角星曲面向两侧偏移，距离为0.50mm，得到一个五角星实体(图3-4-13)，由于是两侧偏移，偏移后的实体厚度为1.00mm。

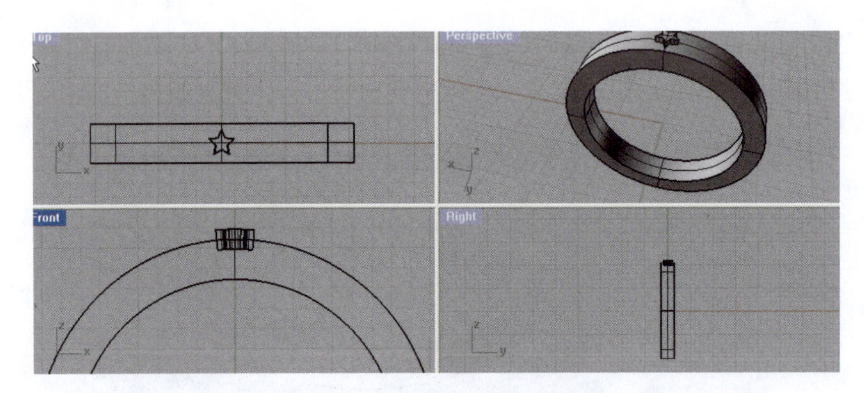

图3-4-13　偏移出五角星实体

(13)在前视图中，利用“环形阵列”命令将五角星实体沿圆心复制24个(图3-4-14)。

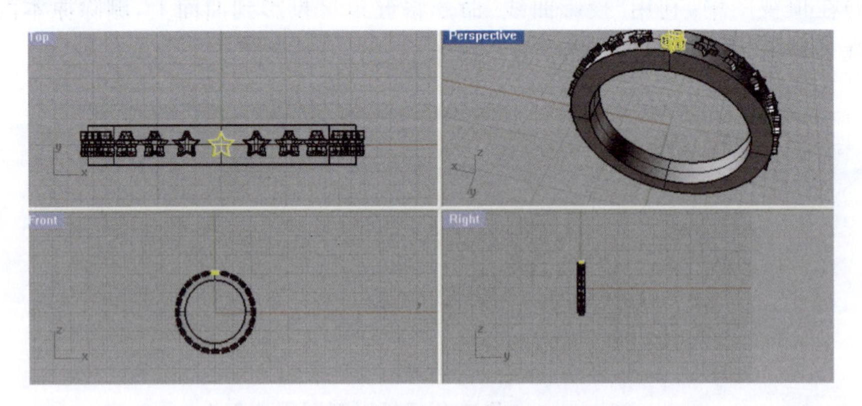

图3-4-14　沿圆心复制五角星实体

(14)将所有五角星实体群组,利用"布尔运算差集"命令,将戒圈作为被减去的多重曲面,五角星实体群组作为要减去的多重曲面,最后得到星形女戒圈(图 3-4-15)。

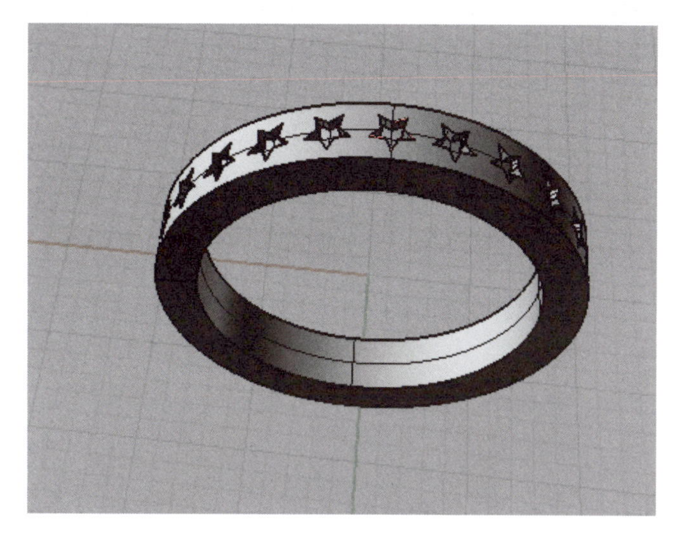

图 3-4-15 星形女戒圈

(15)利用"不等距边缘圆角"命令对戒圈实体的四条边缘线进行圆角处理,圆角半径为 0.10mm,最后得到星形女戒成品(图 3-4-16)。

图 3-4-16 圆角处理后的星形女戒成品

案例小结

(1)使用"隐藏/显示"命令时,左击图标为"隐藏",右击图标为"显示"。

(2)使用"多边形"命令画五角星时,除了边数要选择"5"外,还需要选择"星形"。

(3)如果"布尔运算差集"命令操作失败,需要检查进行差集的两个物体是否为实体。

(4)使用"投影曲线"命令时,要注意选择合适的视图进行操作,此案例中是顶视图。

3.5 车花女戒的制作

任务描述

制作一个直径为16.70mm,戒圈厚度为2.00mm,宽度为3.00mm的女戒,该戒圈由8个相同的曲面组成,建模思路为:先建1/8块曲面,再环形阵列复制8个,最后组合成一个戒圈(图3-5-1)。

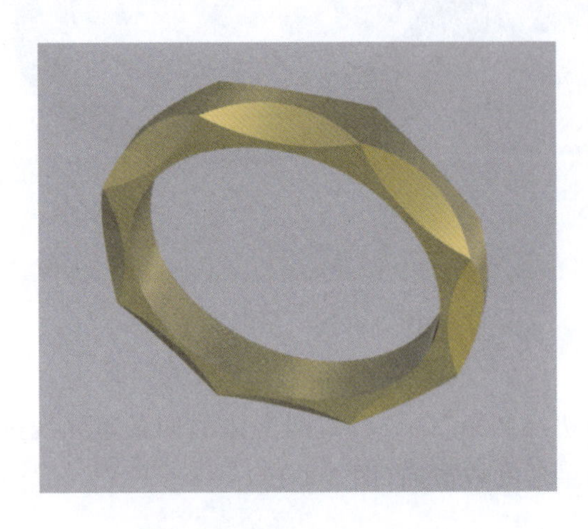

图3-5-1　车花女戒效果图

所用命令

操作中将用到如下命令图标:

依次为"圆(中心点、半径)"命令、"偏移曲线"命令、"旋转"命令、"镜像"命令、"修剪"命令、"选取曲线"命令、"移动"命令、"打开/关闭控制点"命令、"放样"命令、"隐藏/显示"命令、"组合"命令、"环形阵列"命令,请对照使用。

操作步骤

(1)在前视图中画一个圆心为原点、直径为16.70mm的圆,然后利用"偏移曲线"命令使之向外偏移2.00mm,得到另一个外圆(图3-5-2)。

(2)在前视图中,过原点画一条垂直向上的直线。用"旋转"命令使之绕原点22.5°,然后再用"镜像"命令将其左右复制(图3-5-3)。

(3)选择内外两圆及两直线,用"修剪"命令删除不需要的曲线,只保留两直线间的两段圆弧线(图3-5-4)。

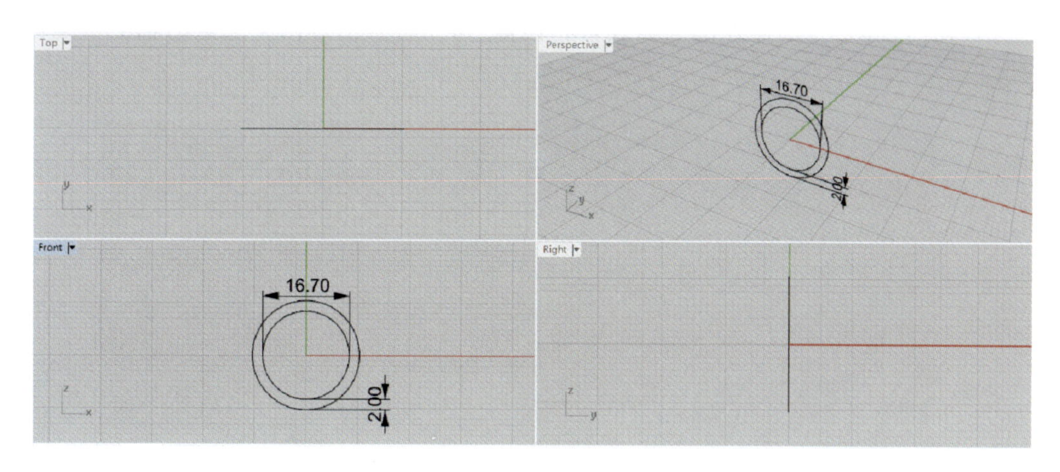

图 3-5-2　画圆并向外偏移

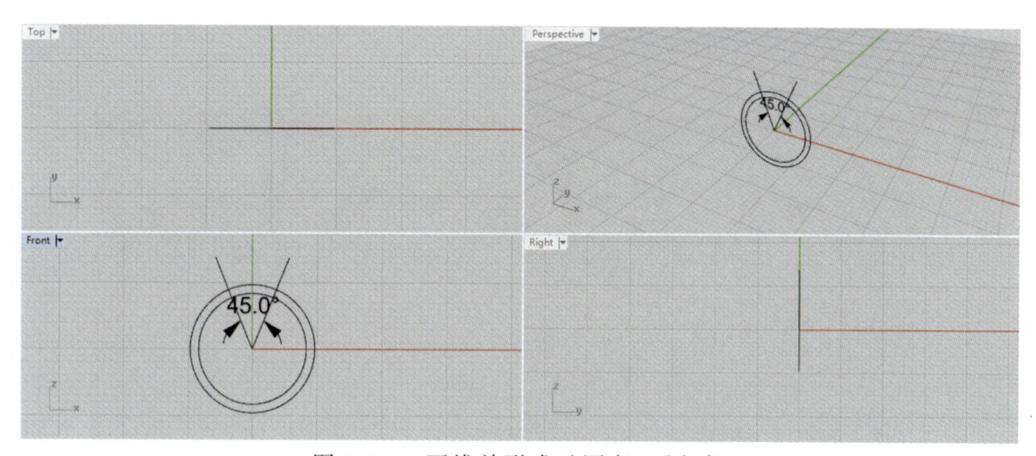

图 3-5-3　画线并形成过原点 45°夹角

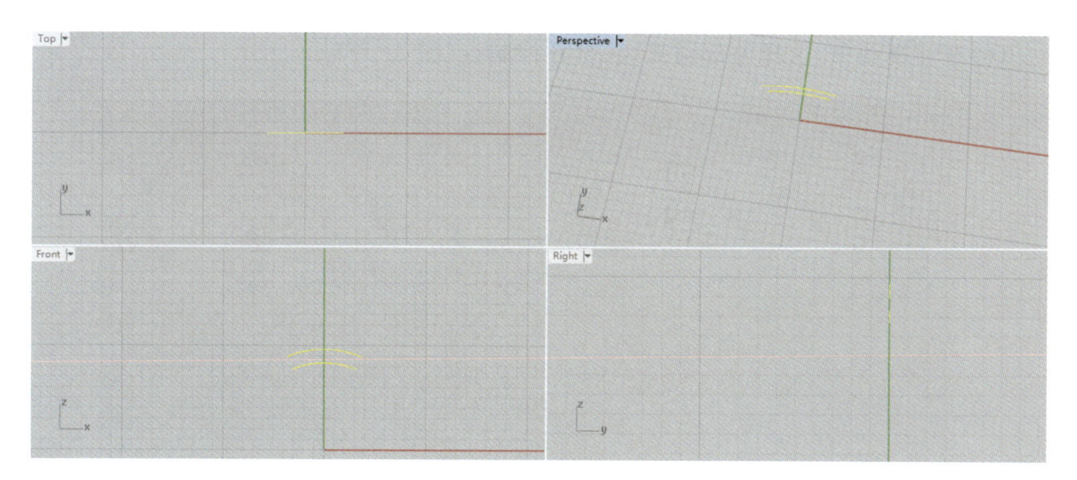

图 3-5-4　修剪曲线

(4)在前视图中,选择外部圆弧线,用“镜像”命令将其沿过两个端点的轴上下镜像(图3-5-5)。

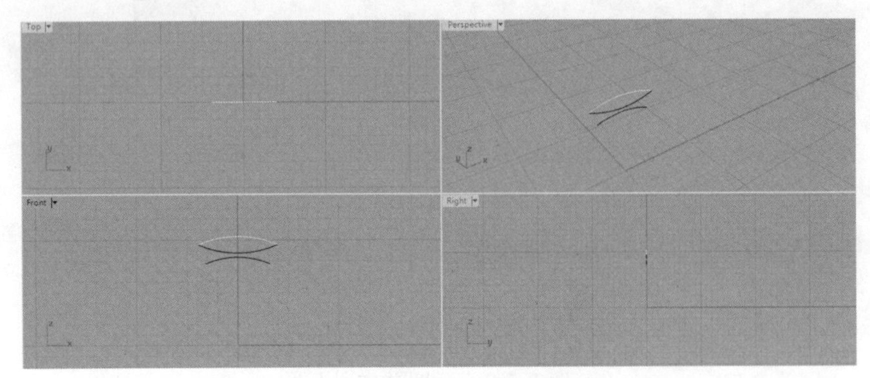

图 3-5-5　将外部圆弧线镜像

(5)在顶视图中,用“选取曲线”命令选择所有曲线后,用“移动”命令将其垂直下移1.50mm(图 3-5-6)。

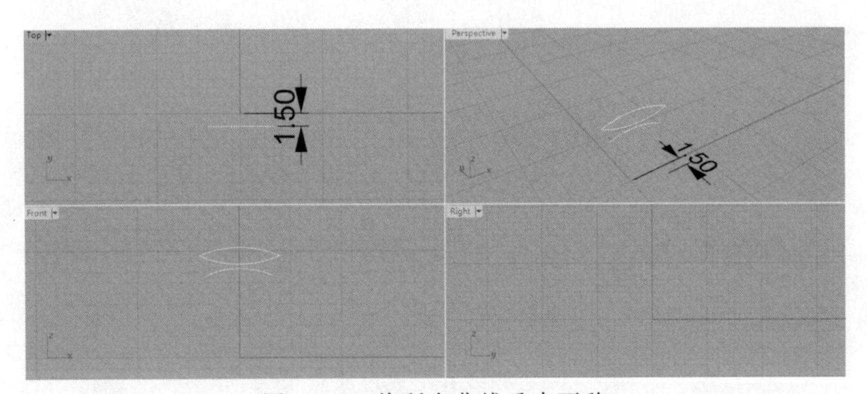

图 3-5-6　将所有曲线垂直下移

(6)在前视图中,选择外部圆弧线,打开控制点(图 3-5-7)。

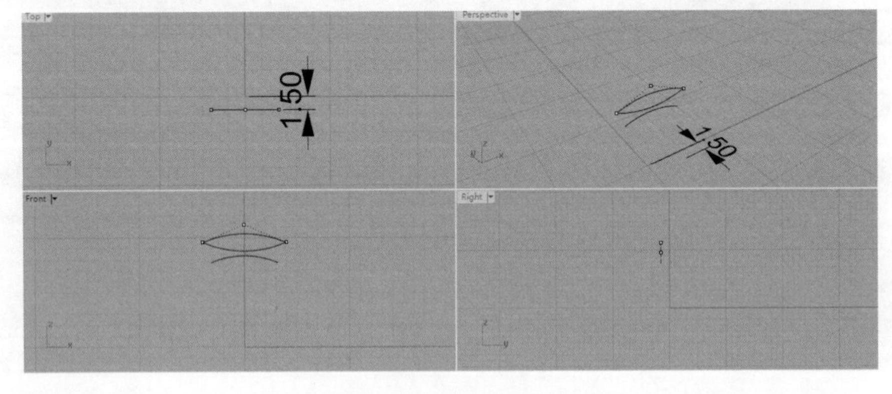

图 3-5-7　打开外部圆弧线控制点

(7)用鼠标左键选择中间控制点,在顶视图中将其上移,使其呈现一定的弧度(图 3-5-8)。

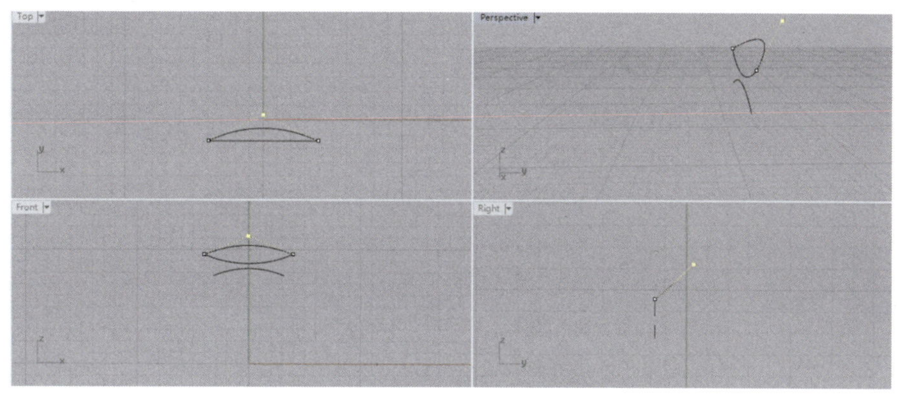

图 3-5-8 上移外圆弧的中间控制点

(8)关闭控制点,再次选择 3 条曲线,用“镜像”命令将其在顶视图中关于原点上下镜像(图 3-5-9)。

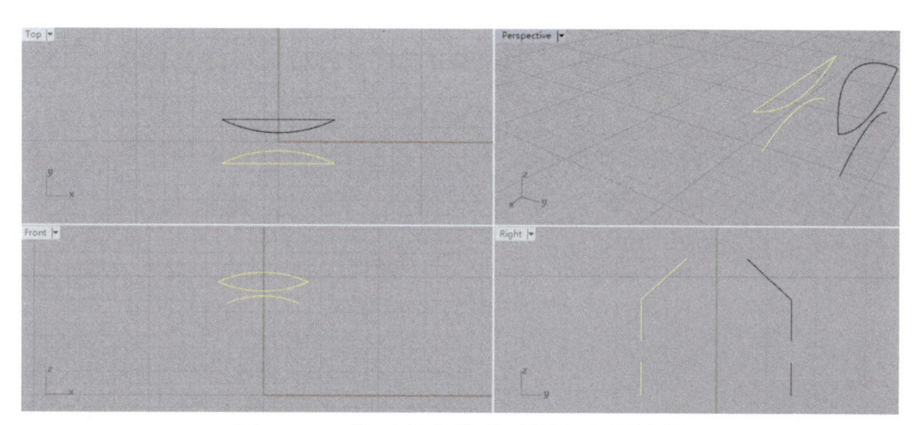

图 3-5-9 使三条曲线关于原点上下镜像

(9)点击“放样”命令,按顺序选择 6 条曲线,完成多重曲面的制作(图 3-5-10)。

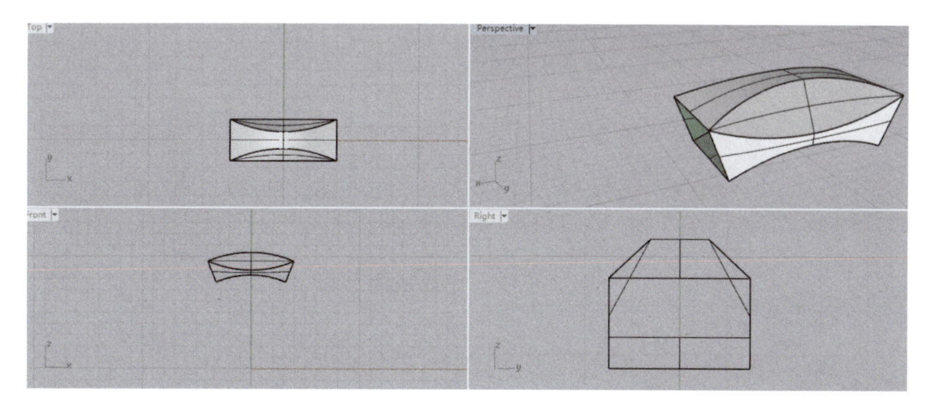

图 3-5-10 完成多重曲面的制作

(10)在放样选项对话框中,造型选择"平直区段"和"封闭放样"(图 3-5-11)。

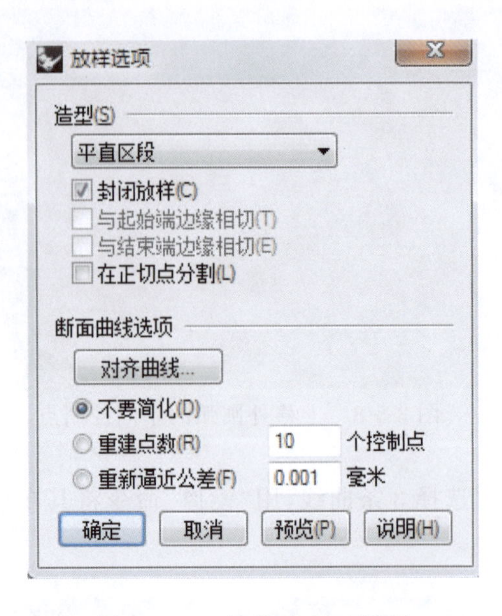

图 3-5-11　放样选项对话框

(11)用"选取曲线"命令选择所有线条并将其隐藏,在前视图中用鼠标左键框选所有曲面并将其组合,然后执行"环形阵列"命令,圆心点为原点,陈列数为 8。最后组合 8 个多重曲面,完成戒圈的制作(图 3-5-12)。

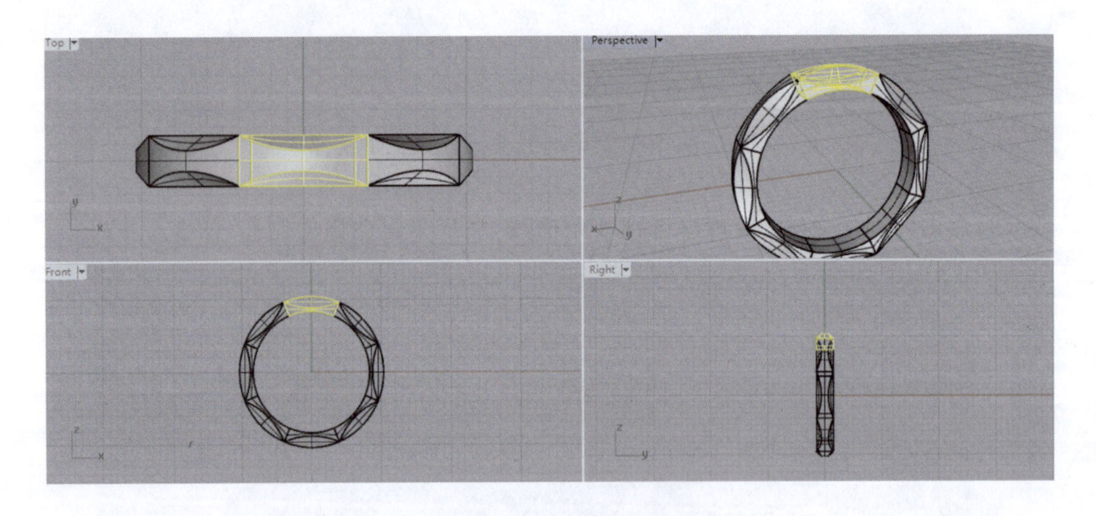

图 3-5-12　完成戒圈制作

(12)车花女戒最终的效果如图 3-5-13 所示。

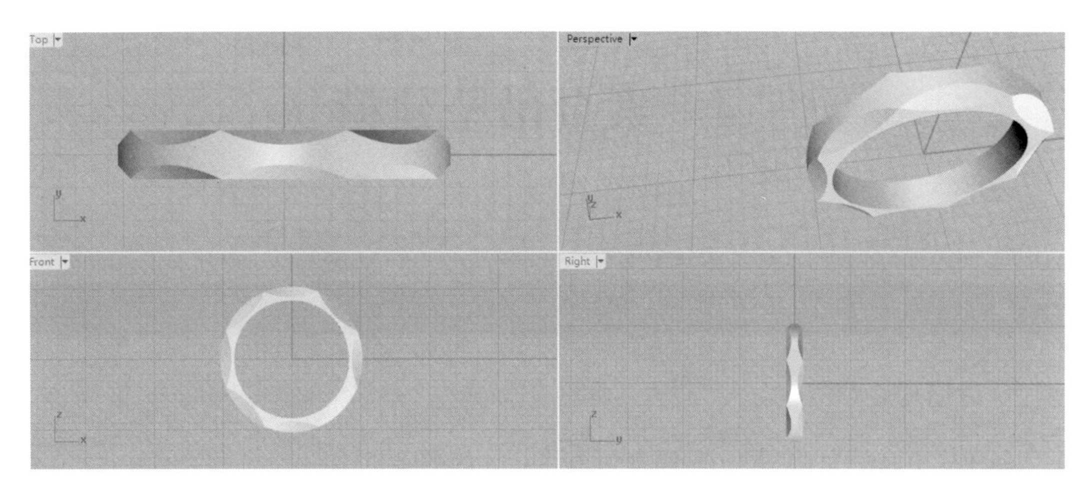

图 3-5-13 车花女戒最终效果图

案例小结

(1)调整曲线的弧度时一定要结合 4 个视图进行观察。

(2)步骤(2)中的旋转角度为 22.5°,这一数据源于算式 360÷8÷2=22.5。

(3)使用“放样”命令时,要按顺序依次选择 6 条曲线。

(4)在放样选项对话框中,造型要选择“平直区段”和“封闭放样”。

(5)使用“打开/关闭控制点”命令时,左击鼠标为“打开控制点”,右击鼠标为“关闭控制点”。

4 素金吊坠建模

4.1 平安扣吊坠的制作

任务描述

制作一个直径为 15.00mm，厚度为 1.00mm 的平安扣(图 4-1-1)。

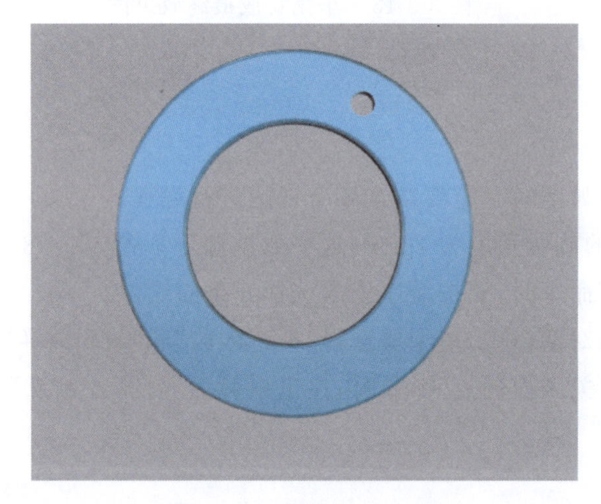

图 4-1-1 平安扣效果图

所用命令

操作中将用到如下命令图标：

依次为“圆(中心点、半径)”命令、“偏移曲线”命令、“挤出封闭的平面曲线”命令、“圆(直径)”命令、“布尔运算差集”命令、“不等距边缘圆角”命令、“选取曲线”命令，请对照使用。

操作步骤

(1)在顶视图中画一个圆心为原点，直径为 15.00mm 的圆(图 4-1-2)。

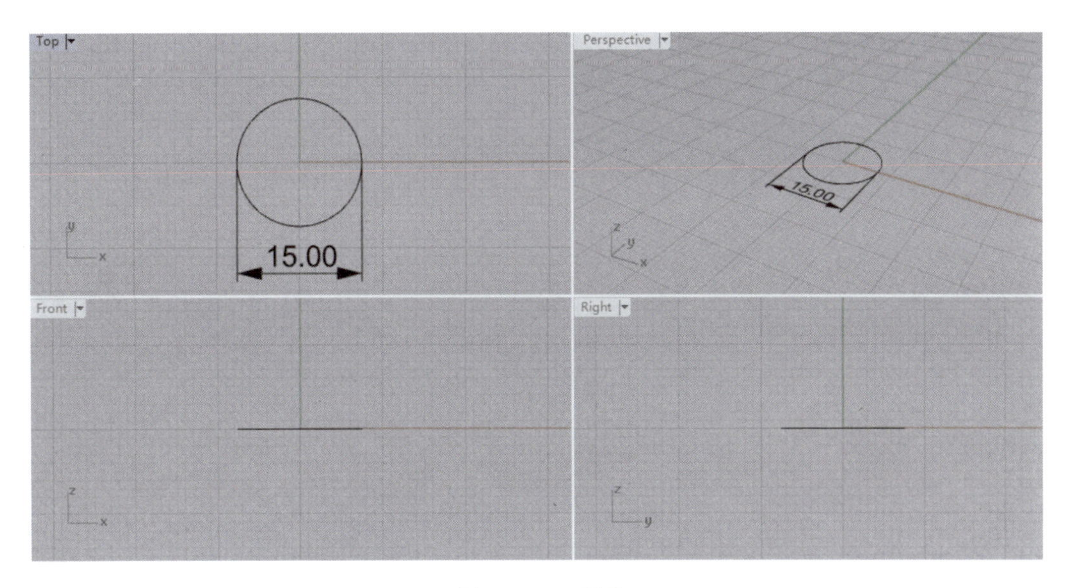

图 4-1-2 画圆

(2)利用“偏移曲线”命令将圆向内偏移 3.00mm,得到另一个内圆(4-1-3)。

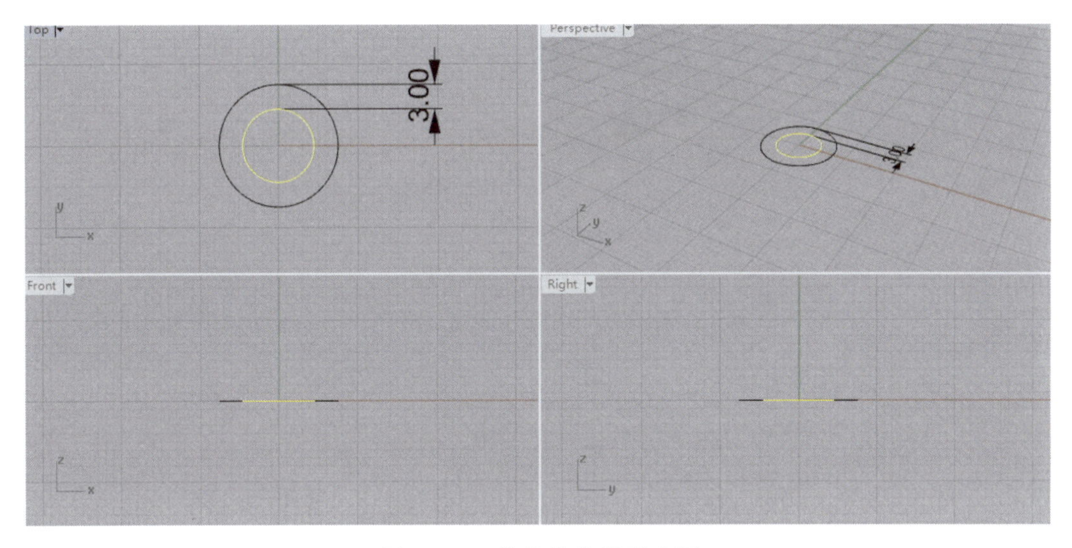

图 4-1-3 偏移曲线得到内圆

(3)在前视图或右视图中用鼠标左键框选内外两圆,用“挤出封闭的平面曲线”命令在单侧挤出一个厚度为 1.00mm 的圆盘实体(指令栏选项中注意加盖,挤出距离为 −1.00mm)(图 4-1-4)。

(4)在“物件锁点”选项中勾选“四分点”,在顶视图中,利用内、外圆的四分点画一个与内外边缘相切的圆,并利用“偏移曲线”命令将其向内偏移 1.00mm(图 4-1-5)。

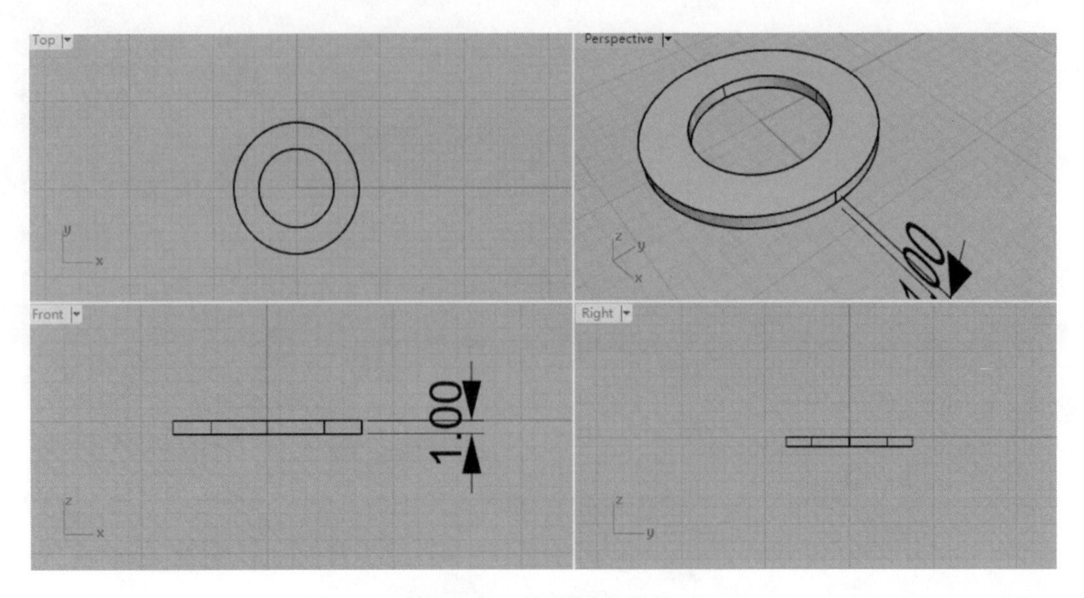

图 4-1-4　挤出圆盘实体

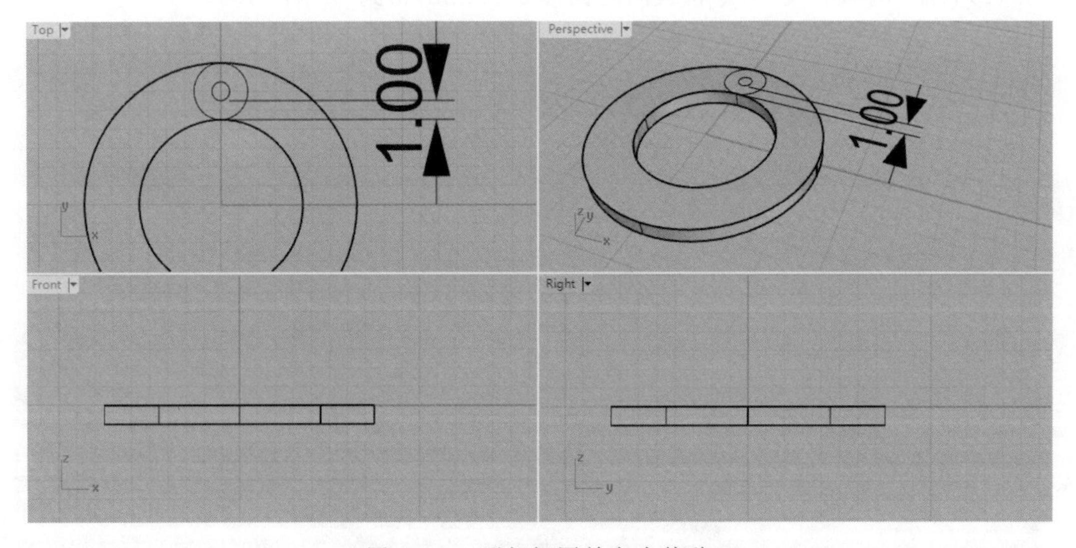

图 4-1-5　画相切圆并向内偏移

(5)用鼠标左键选择外圆并删除,在前视图中利用“挤出封闭的平面曲线”命令将内圆沿垂直方向向两侧挤出,得到一个穿过圆环的圆柱体(图 4-1-6)。

(6)利用“布尔运算差集”命令将圆环与圆柱体进行布尔差集运算,得到一个开了孔的平安扣(4-1-7)。

(7)利用“不等距边缘圆角”命令对平安扣的边缘进行圆角处理(圆角半径为 0.20mm),完成平安扣的制作(图 4-1-8)。

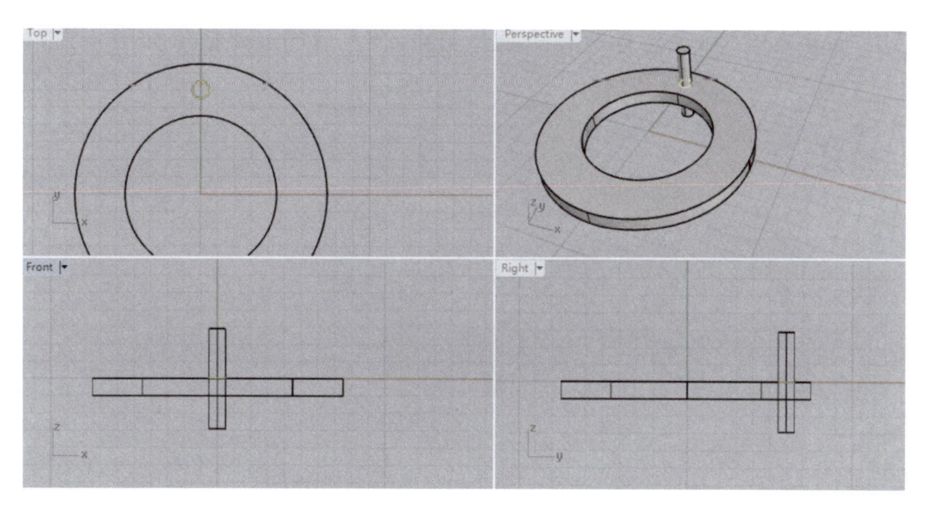

图 4-1-6 挤出穿过圆环的圆柱体

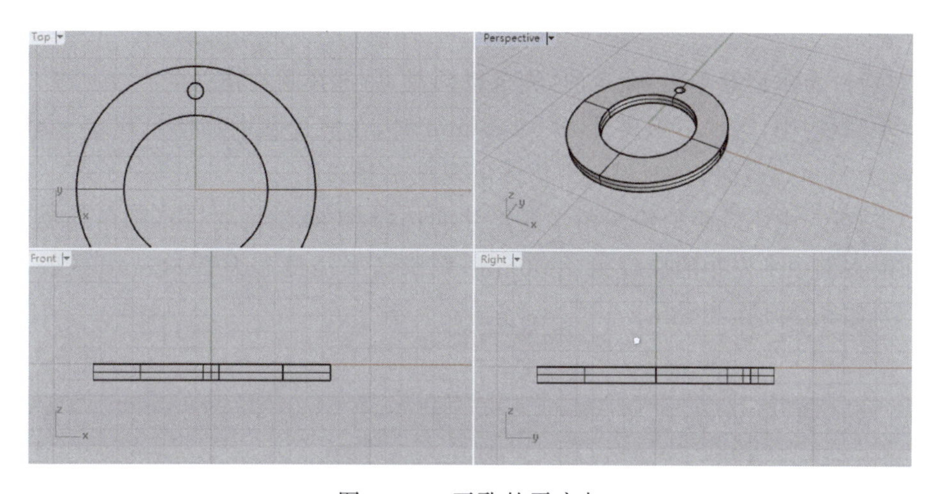

图 4-1-7 开孔的平安扣

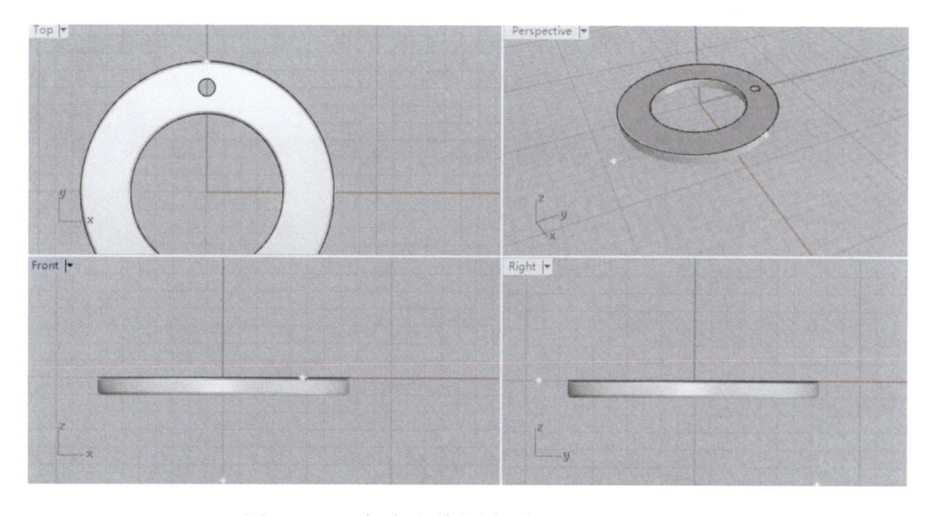

图 4-1-8 完成边缘圆角处理后的平安扣

(8)用“选取曲线”命令选择所有线条并删除，上色后的最终效果如图 4-1-9 所示。

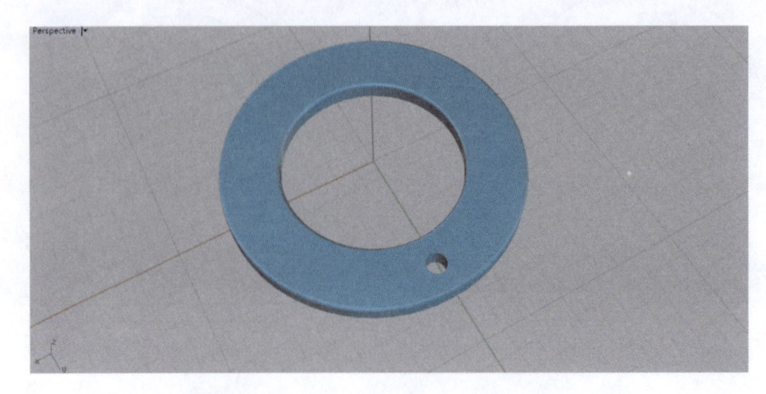

图 4-1-9　平安扣吊坠上色效果图

案例小结

(1)执行“布尔运算差集”命令时，先选择圆盘，后选择圆柱体。

(2)步骤(3)中，当挤出距离设为－1.00mm 时，在前视图中物体出现在 x 轴以下；当挤出距离为 1.00mm 时，在前视图中物体出现在 x 轴以上。

(3)步骤(7)中不等距边缘圆角半径尺寸的选择，应小于将要进行圆角的物体厚度的一半，如本案例中平安扣的厚度为 1.00mm，则圆角半径最大为 0.50mm，一般会选择稍小的数字，如 0.20～0.30mm。

4.2　方形耳坠的制作

任务描述

制作一个由 3 个边长分别为 10.00mm、8.00mm、6.00mm 的方形组成的耳坠(图 4-2-1)。

图 4-2-1　方形耳坠效果图

所用命令

操作中将用到如下命令图标：

依次为“矩形”命令、“旋转”命令、“偏移曲线”命令、“挤出封闭的平面曲线”命令、“复制”命令、“三轴缩放”命令、“对齐尺寸标注”命令、“圆（直径）”命令、“选取曲线”命令、“圆管”命令、“对齐物件”命令、“不等距边缘圆角”命令，请对照使用。

操作步骤

（1）在顶视图中利用“矩形”命令画一个中心在原点、边长为 10.00mm 的正方形（图 4-2-2）。

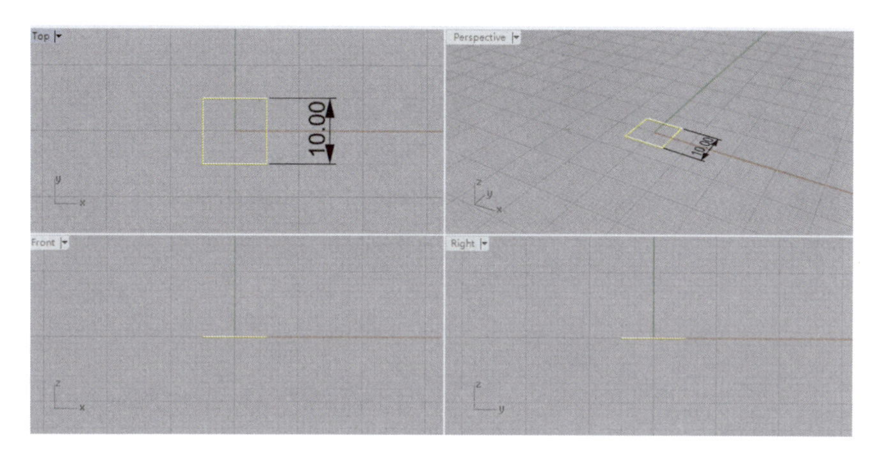

图 4-2-2 画正方形

（2）在顶视图中利用“旋转”命令将正方形以原点为圆心旋转 45°（图 4-2-3）。

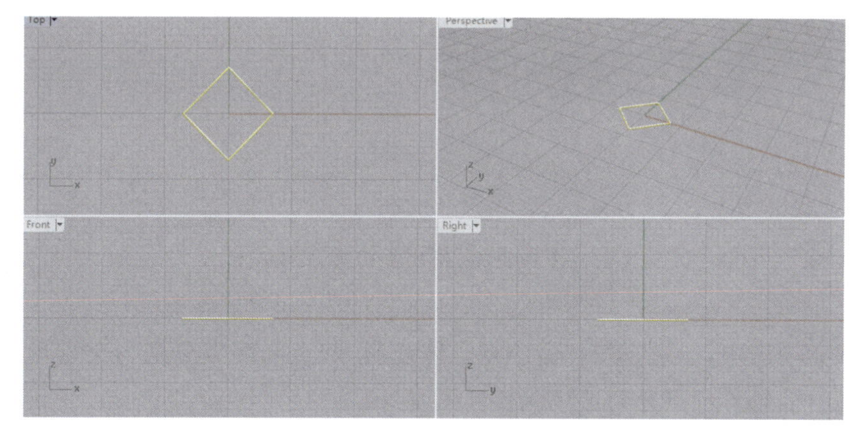

图 4-2-3 将正方形旋转 45°

(3)利用“偏移曲线”命令将正方形向内偏移 1.50mm,得到第二个正方形(图 4-2-4)。

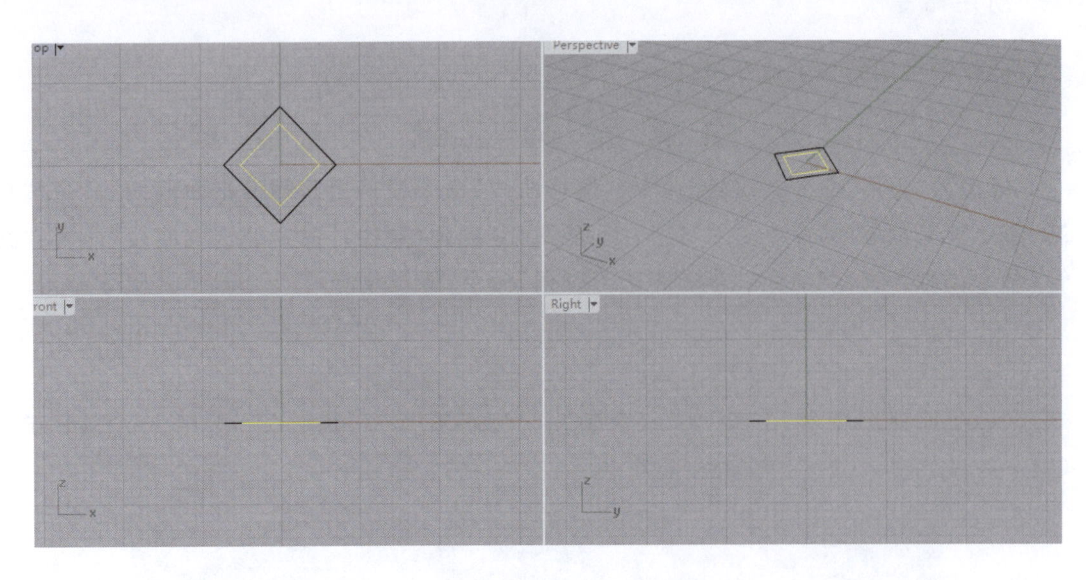

图 4-2-4　得到第二个正方形

(4)选择内外正方形,在前视图或右视图中利用“挤出封闭的平面曲线”命令将其向两侧挤出一个厚度为 1.00mm 的正方形实体(注意加盖,挤出距离为 0.50mm)(图 4-2-5)。

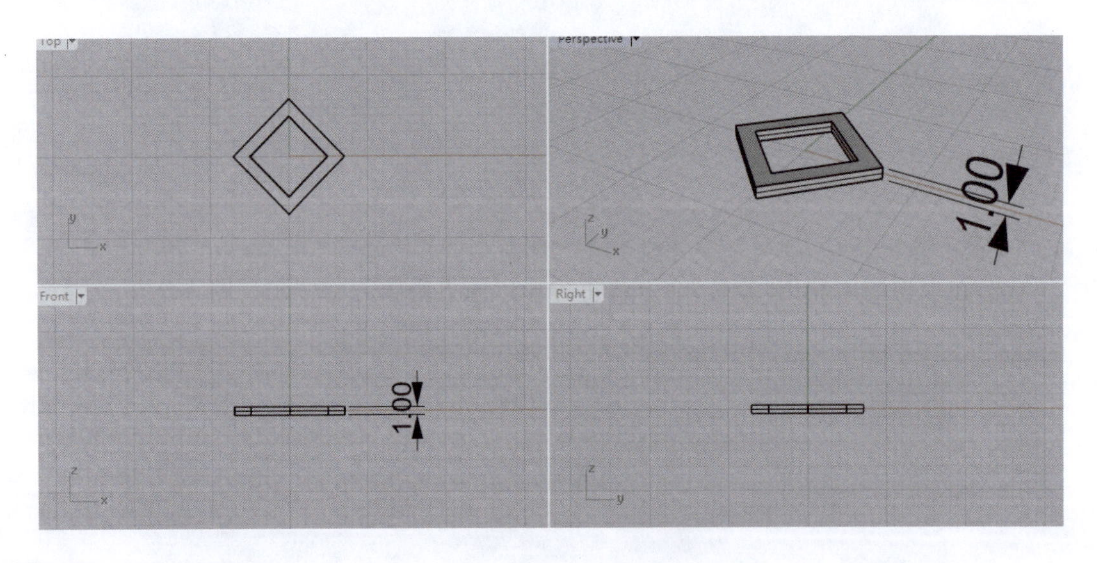

图 4-2-5　挤出正方形实体

(5)在顶视图中,运用“复制”命令将实体复制,起点和终点分别为正方形实体的上下端点(注意开启物件锁点并勾选“端点”)(图 4-2-6)。

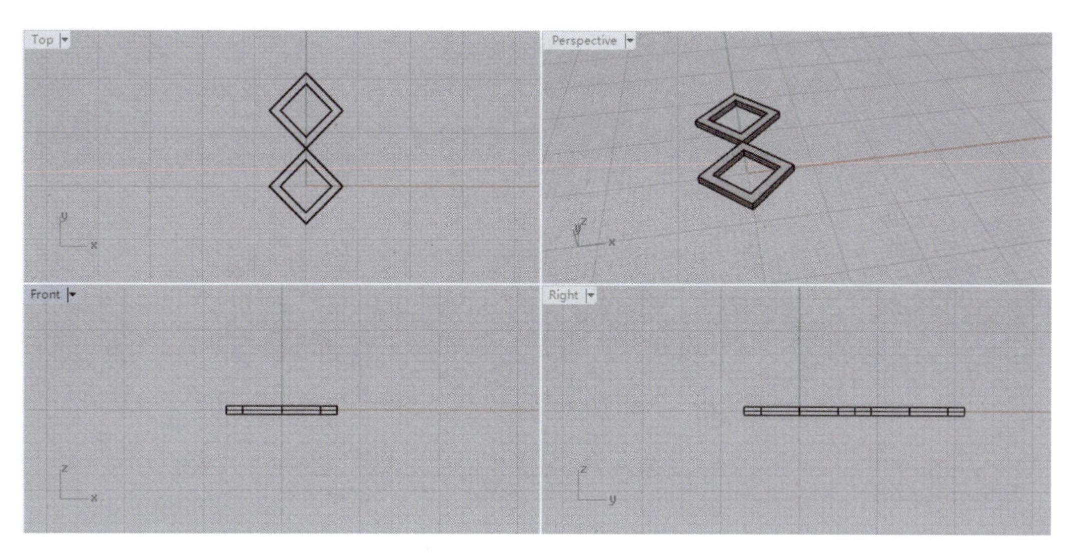

图 4-2-6 复制正方形实体

(6)在顶视图中,利用"三轴缩放"命令将复制的实体缩小,用"对齐尺寸标注"命令测量边长,确认长度为 8.00mm(缩放比为 0.8)(图 4-2-7)。

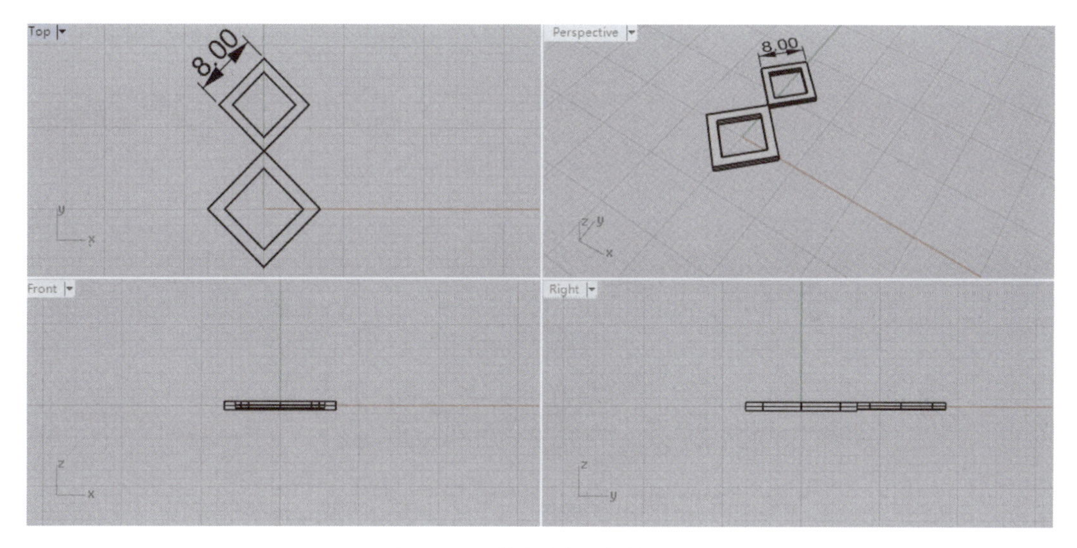

图 4-2-7 将复制的实体缩小

(7)重复步骤(5)、(6),得到第三个边长为 6.00mm 的正方形实体(三轴缩放时缩放比为 0.6)(图 4-2-8)。

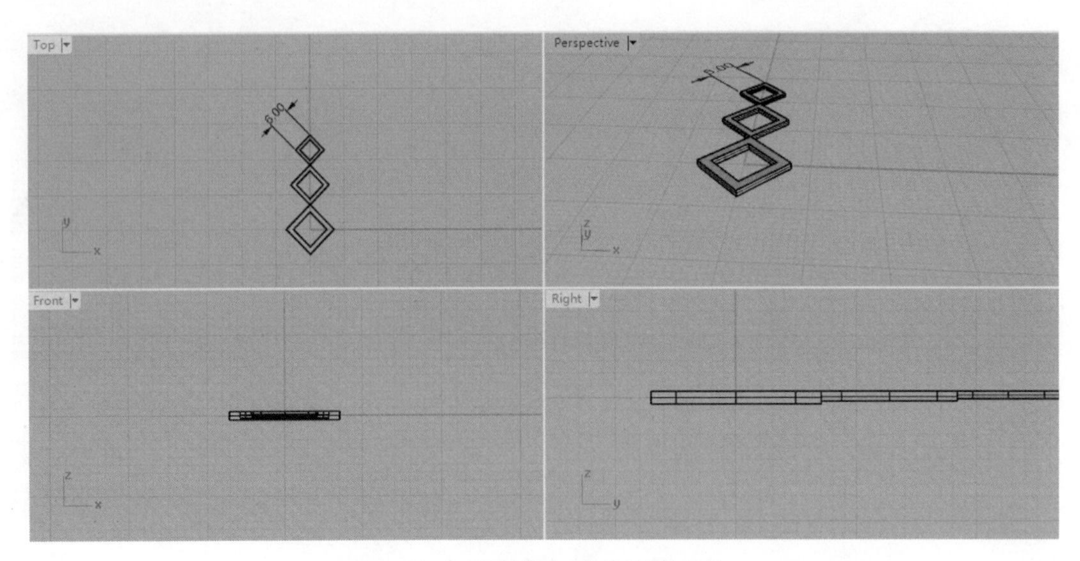

图 4-2-8　得到第三个正方形实体

(8)在顶视图中,通过捕捉端点,利用“圆(直径)”命令画一个直径为 1.50mm 的圆,再利用“圆管”命令(圆管半径为 0.20mm)将圆转化为圆环实体(图 4-2-9)。

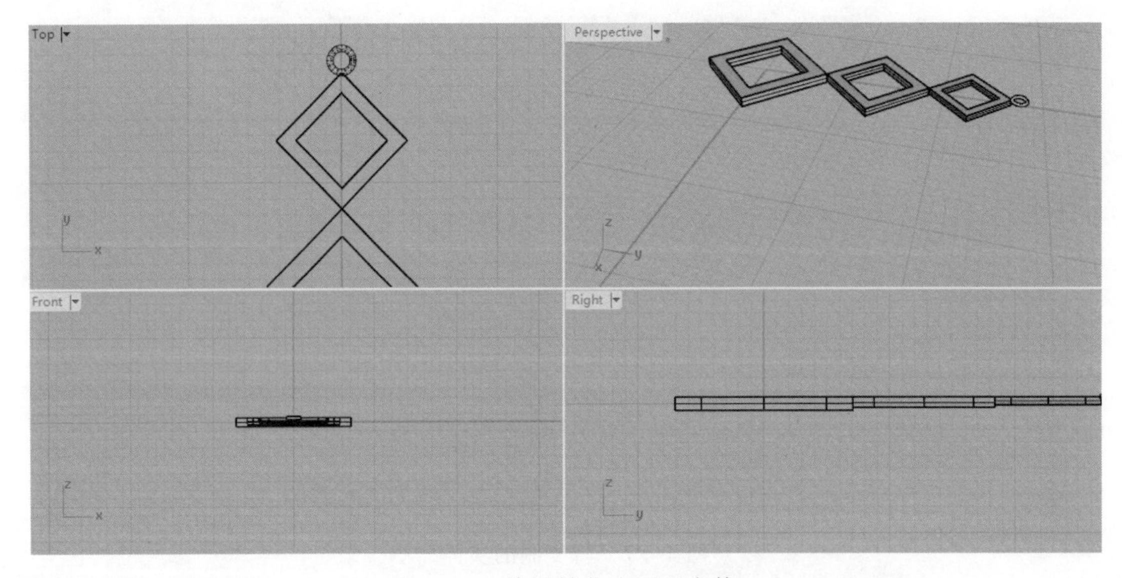

图 4-2-9　将圆转化为圆环实体

(9)利用“选取曲线”命令选择所有线条并删除,选择 3 个正方形实体及圆环,在右视图中运用“对齐物件”命令使四者水平居中对齐(图 4-2-10)。

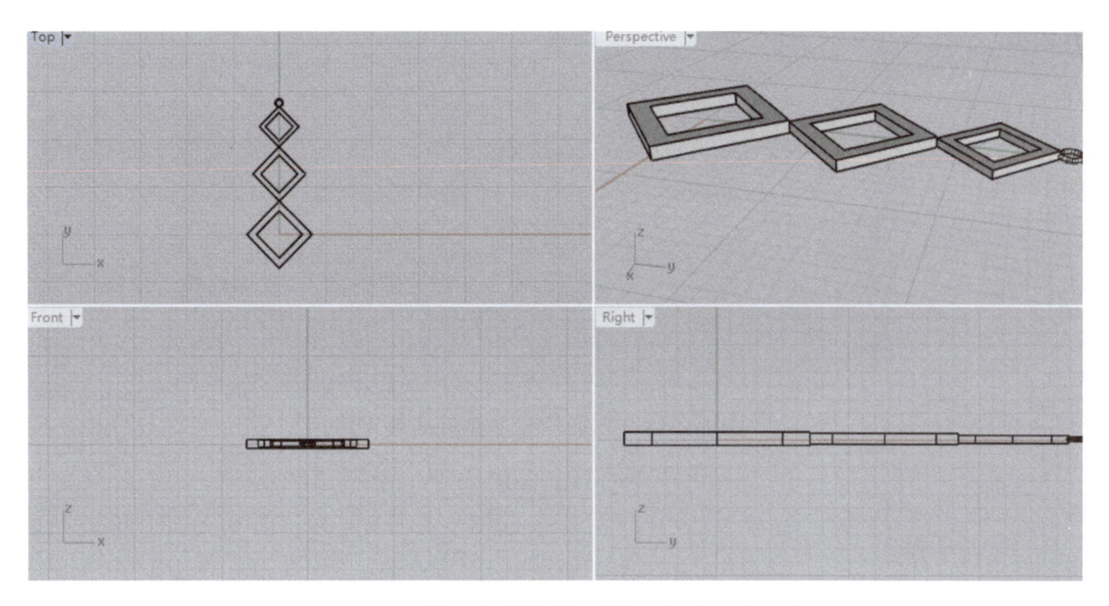

图 4-2-10 使正方形实体及圆环水平居中对齐

(10)利用“不等距边缘圆角”命令对所有边缘进行圆角处理(圆角半径为 0.10～0.20mm),最终的效果如图 4-2-11 所示。

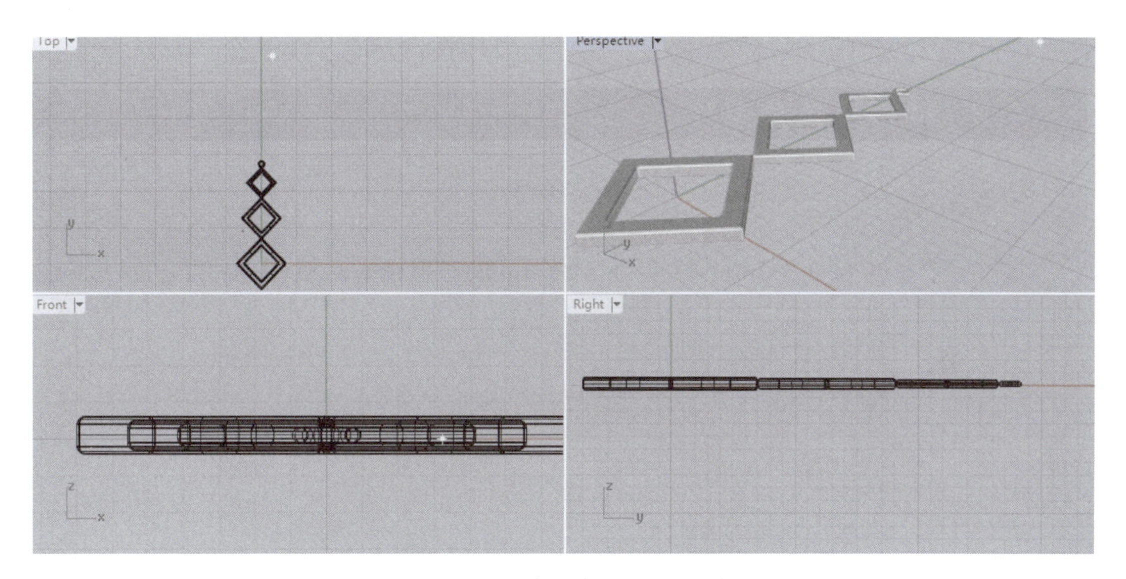

图 4-2-11 边缘圆角处理后的效果

(11)方形耳坠上色后的最终效果如图 4-2-12 所示。

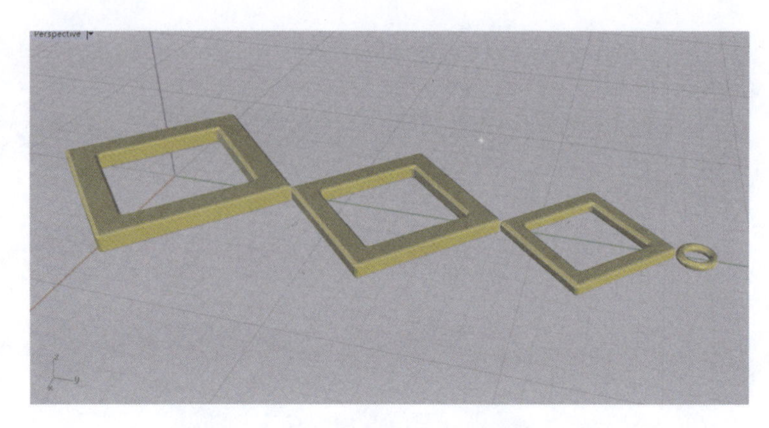

图 4-2-12　方形耳坠上色后的效果图

案例小结

(1)对非水平方向的线条进行测量时,需要使用“对齐尺寸标注”命令,且使用时要在“物件锁点”中勾选“端点”项。

(2)使用“对齐物件”命令时,要注意结合不同的视图,选择不同的对齐方式。如步骤(9)中,在顶视图里进行对齐需要使用 ,在右视图中对齐则使用 。

4.3　心形吊坠的制作

任务描述

制作一个宽度为 30.00mm,厚度为 2.00mm 的心形镂空吊坠(图 4-3-1)。

图 4-3-1　心形吊坠效果图

所用命令

操作中将用到如下命令图标：

依次为“圆(中心点、半径)”命令、“从中点建立直线”命令、“修剪”命令、“重建曲线”命令、“打开/关闭控制点”命令、“镜像”命令、“组合”命令、“偏移曲线”命令、“挤出封闭的平面曲线”命令，请对照使用。

操作步骤

(1)在顶视图中，用“圆(中心点、半径)”命令作一个圆心在原点、直径为 30.00mm 的圆(图 4-3-2)。

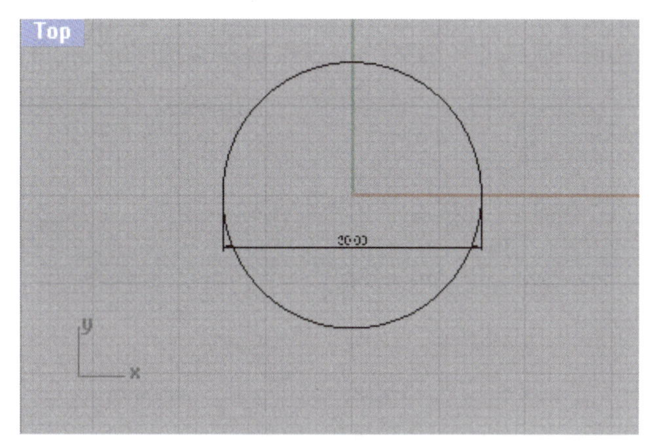

图 4-3-2　画圆

(2)用“从中点建立直线”命令过圆心作一条与圆相交的垂直线(可通过开启辅助建模命令栏中正交模式或按 Shift 键实现垂直)(图 4-3-3)。

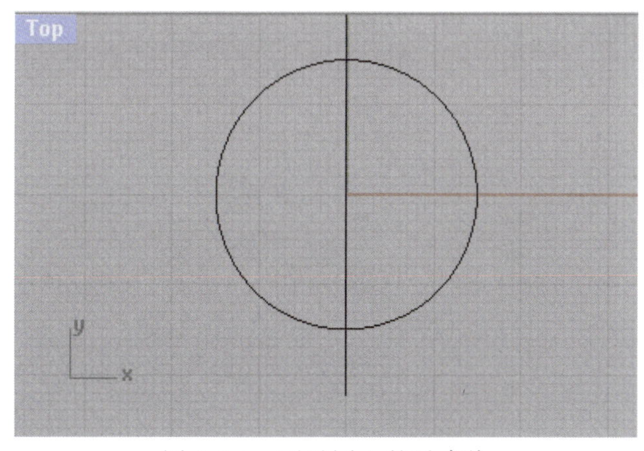

图 4-3-3　画过圆心的垂直线

(3)选择圆和直线,利用“修剪”命令将不需要的部分删除,得到一个直径为 30.00mm 的半圆弧(图 4-3-4)。

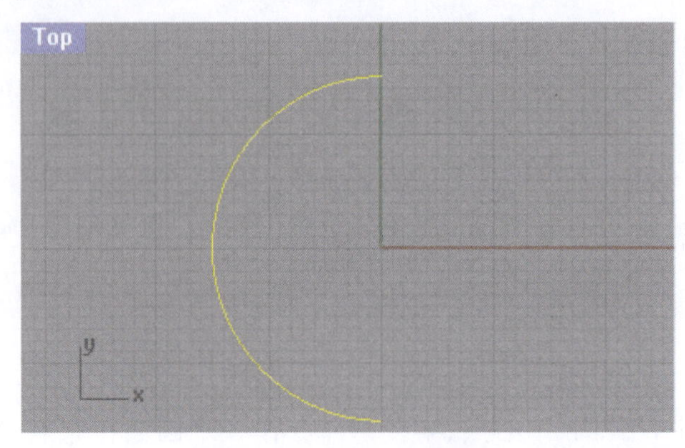

图 4-3-4　修剪出半圆弧

(4)利用“重建曲线”命令将半圆弧的控制点数设置为 7 个,打开控制点(图 4-3-5)。

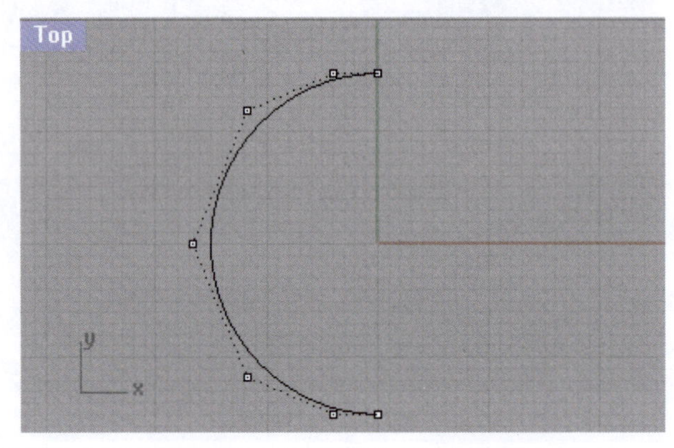

图 4-3-5　打开半圆弧的控制点

(5)用鼠标左键选择控制点,开启正交模式或按 Shift 键左右上下调整控制点,使曲线流畅呈半心形(图 4-3-6)。

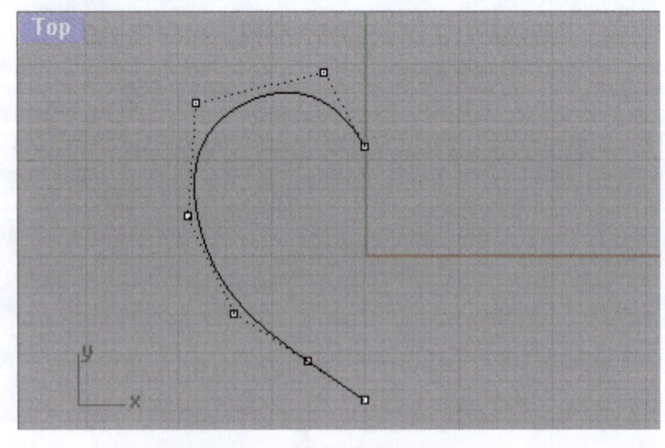

图 4-3-6　调节曲线至半心形

(6)关闭所有控制点,利用“镜像”命令得到另一半心形曲线,全选后使用“组合”命令得到一个完整的心形(图 4-3-7)。

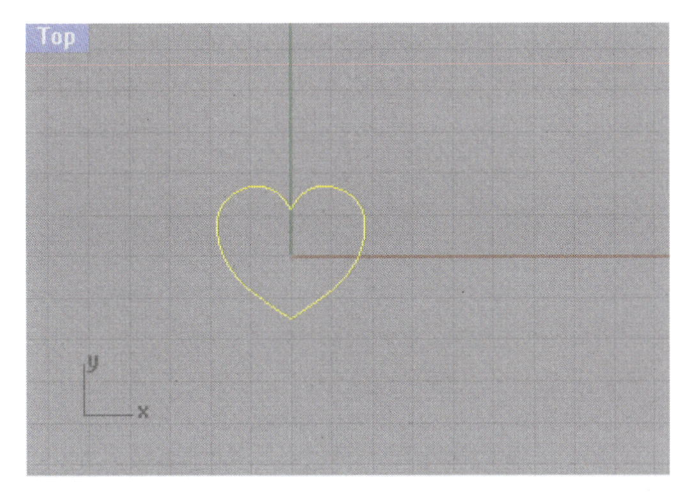

图 4-3-7 镜像、组合成完整心形

(7)在顶视图中,利用“偏移曲线”命令将心形曲线向内偏移 3.00mm(图 4-3-8)。

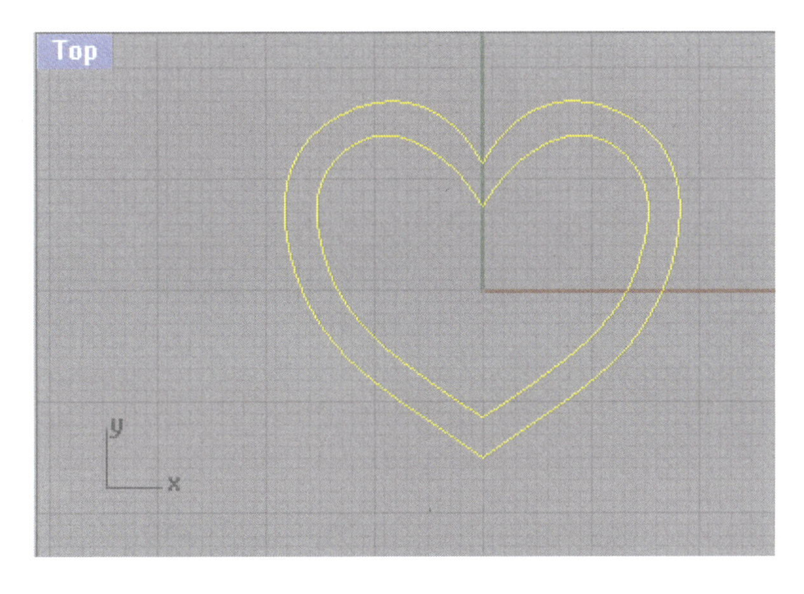

图 4-3-8 将心形曲线向内偏移

(8)利用“挤出封闭的平面曲线”命令将选定的内外两条心形曲线挤出一个厚度为 2.00mm 的实体(图 4-3-9)。

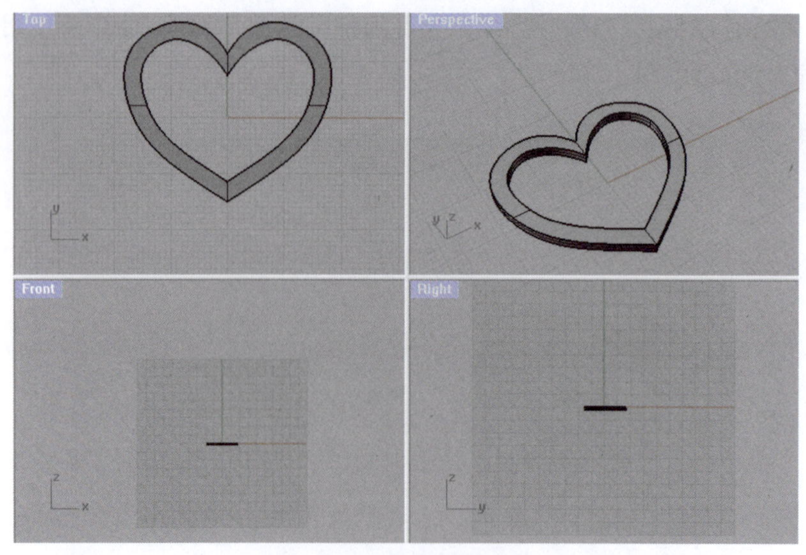

图 4-3-9　挤出心形实体

(9)在顶视图中,画一个直径为 8.00mm 的圆(圆的起点为外部心形曲线与 y 轴的交点)(图 4-3-10)。

图 4-3-10　画圆

(10)利用“偏移曲线”命令将圆向内偏移 1.50mm(图 4-3-11)。

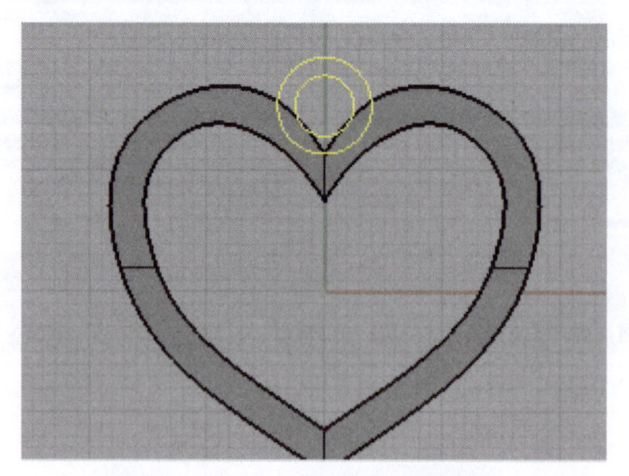

图 4-3-11　将圆向内偏移

(11)利用“挤出封闭的平面曲线”命令将选定的两个圆挤出一个厚度为 2.00mm 的环形实体(图 4-3-12)。

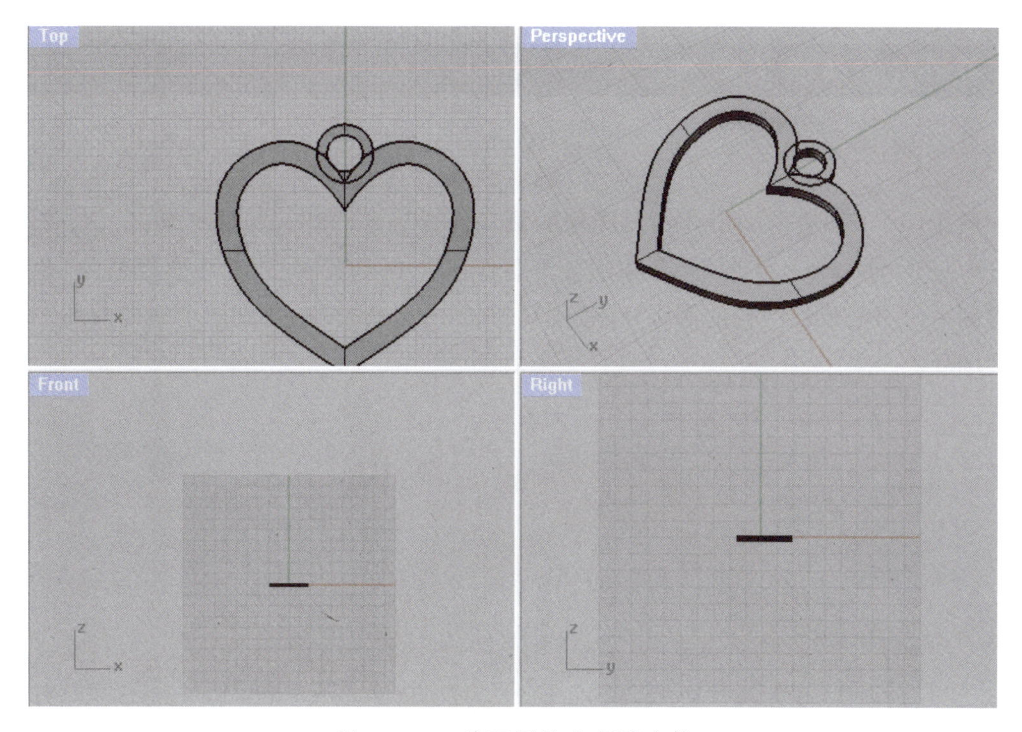

图 4-3-12　将两圆挤出环形实体

(12)心形吊坠最后的效果如图 4-3-13 所示。

图 4-3-13　心形吊坠最终效果图

案例小结

(1)步骤(4)中“重建曲线”命令使用时,应在对话框中将点数设置为“7”,阶数设置为“3”,勾选“删除输入物件”。

(2)步骤(6)中使用“镜像”命令复制得到另一半曲线后，使用“组合”命令可得到一个封闭的心形，若组合失败则需要检查线条的交接位是否有问题。

4.4　扭曲吊坠的制作

任务描述

制作一个扭曲吊坠(图 4-4-1)，圆环的最宽位置为 30.00mm，厚度为 2.00mm。建模可分为三步：①制作一个圆环；②在圆环上制作一个心形实体，并将环形复制为 16 个，相减得到一个有心形镂空位的圆环；③将圆环扭转，并进行复制，得到两个扭曲圆环；④制作吊挂圆环。

图 4-4-1　扭曲吊坠效果图

所用命令

操作中将用到如下命令图标：

依次为“圆(中心点、半径)命令、“偏移曲线”命令、“挤出封闭的平面曲线”命令、“控制点曲线”命令、“镜像”命令、“组合”命令、“移动”命令、“环形阵列”命令、“隐藏/显示”命令、“群组”命令、“布尔运算差集”命令、“扭转”命令、“复制”命令、“旋转”命令、“圆管”命令，请对照使用。

操作步骤

(1)在顶视图中,用"圆(中心点、半径)"命令画一个圆心在原点、直径为 30.00mm 的圆(图 4-4-2)。

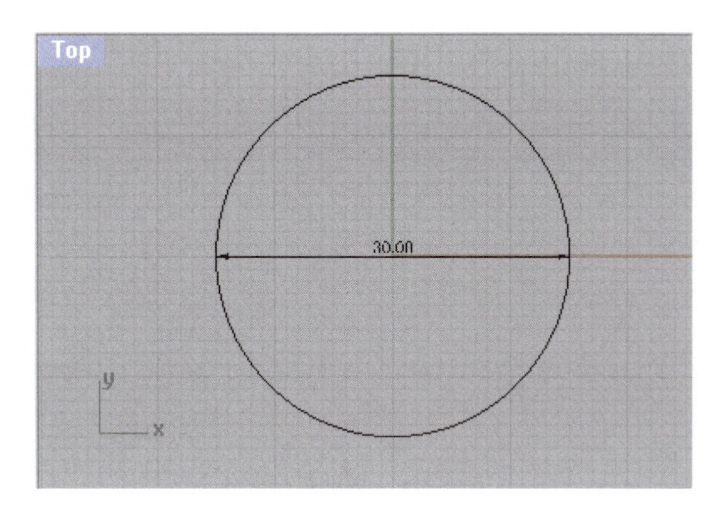

图 4-4-2　画圆

(2)利用"偏移曲线"命令将圆向内偏移 4.00mm(图 4-4-3)。

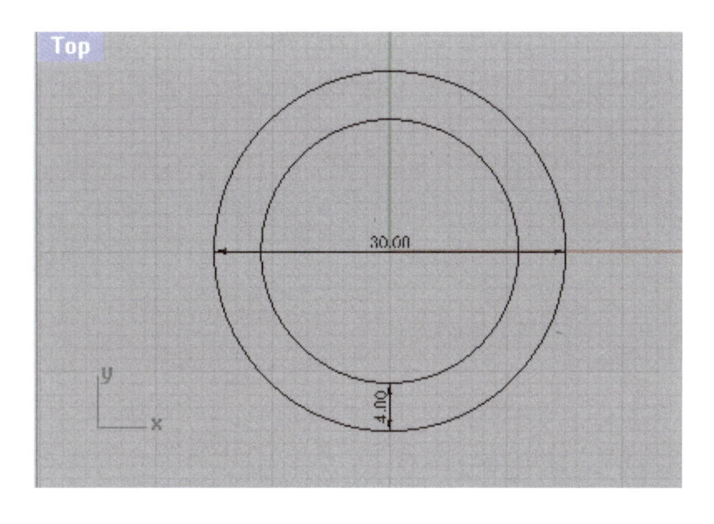

图 4-4-3　将圆向内偏移

(3)利用"挤出封闭的平面曲线"命令将两圆挤出一个厚度为 2.00mm 的圆环实体(两侧挤出,挤出距离为 1.00mm)(图 4-4-4)。

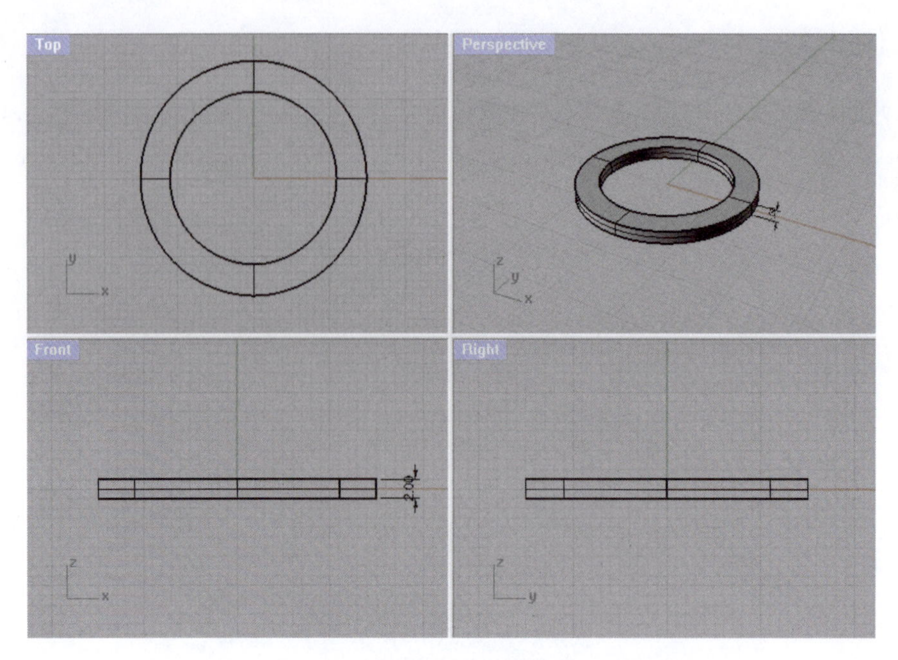

图 4-4-4　挤出圆环实体

(4)在顶视图中,利用"控制点曲线"命令画出心形的一半,再使用"镜像"命令复制出另外一半,最后使用"组合"命令将两部分组合成一条封闭的心形曲线(注意曲线画在两圆之间,且位于纵轴左边或右边,再进行镜像复制)(图 4-4-5)。

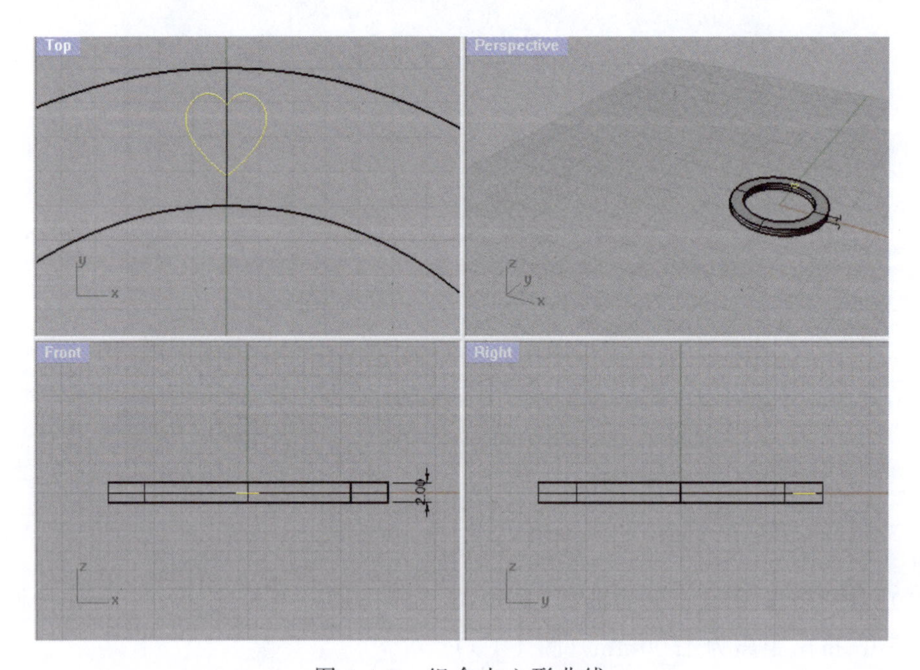

图 4-4-5　组合出心形曲线

(5)在前视图中,利用“移动”命令将心形曲线垂直向上移动1.00mm,使其与圆环实体表面齐平(图4-4-6)。

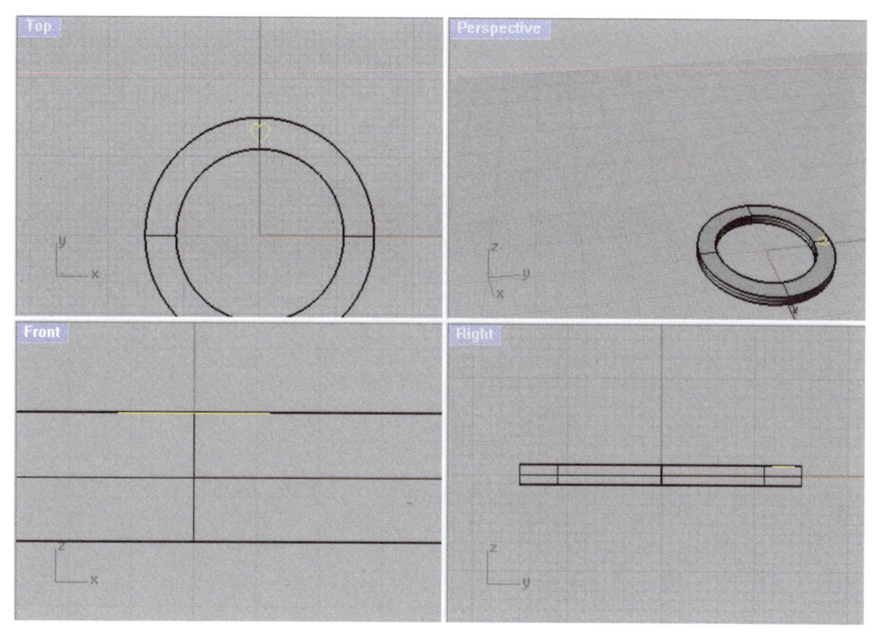

图4-4-6 上移心形曲线使其与圆环实体表面齐平

(6)在前视图中,利用“挤出封闭的平面曲线”命令将心形曲线挤出一个实体(两侧挤出,挤出距离为0.50mm,最后挤出的厚度为1.00mm)(图4-4-7)。

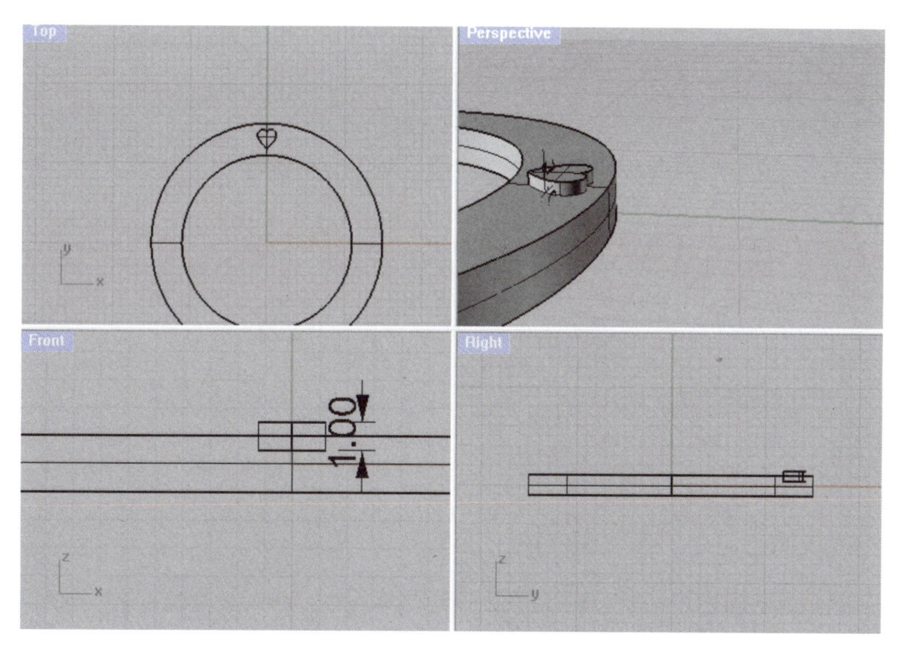

图4-4-7 挤出心形实体

(7)在顶视图中,利用"环形阵列"命令进行环形复制,选择要阵列的物体为心形实体,环形阵列中心点为原点,阵列数为16,旋转角度为360°,效果如图4-4-8所示。

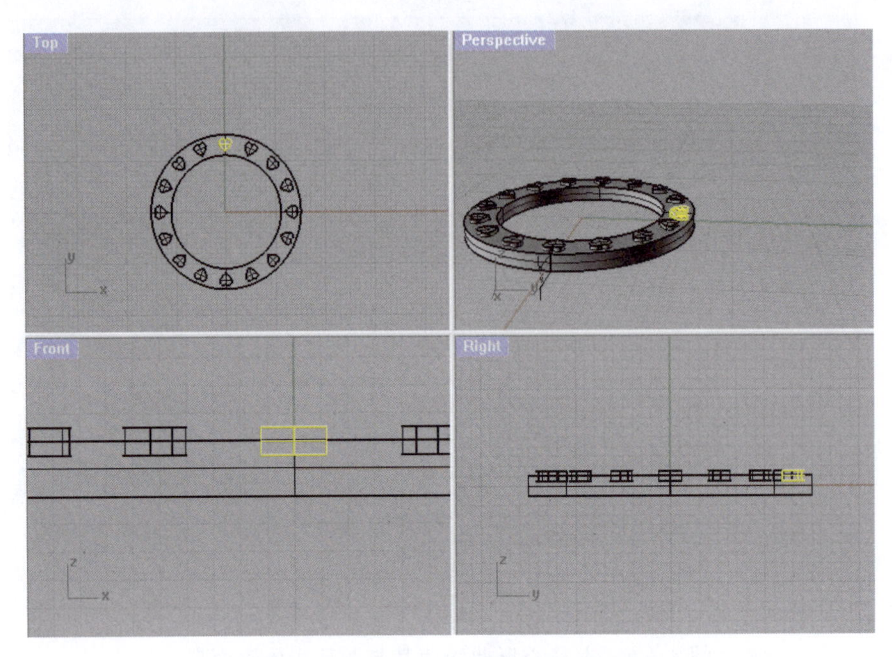

图4-4-8　16个心形实体沿圆周阵列

(8)隐藏圆环实体,选择16个心形实体,并使其建立群组(图4-4-9)。

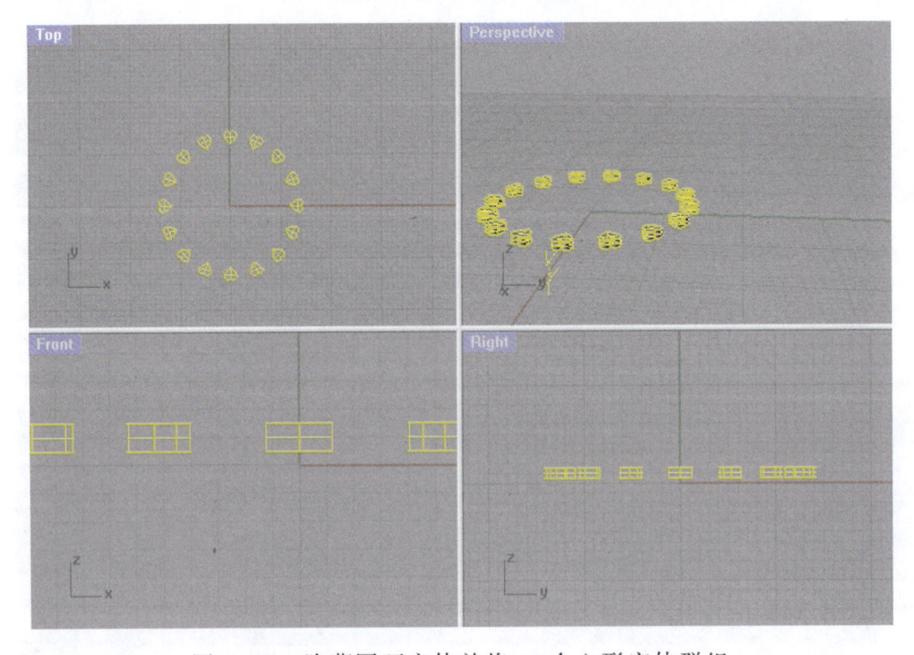

图4-4-9　隐藏圆环实体并将16个心形实体群组

（9）显示圆环实体，将心形群组与圆环实体进行布尔差集运算，得到有心形镂空位的圆环实体（图 4-4-10）。

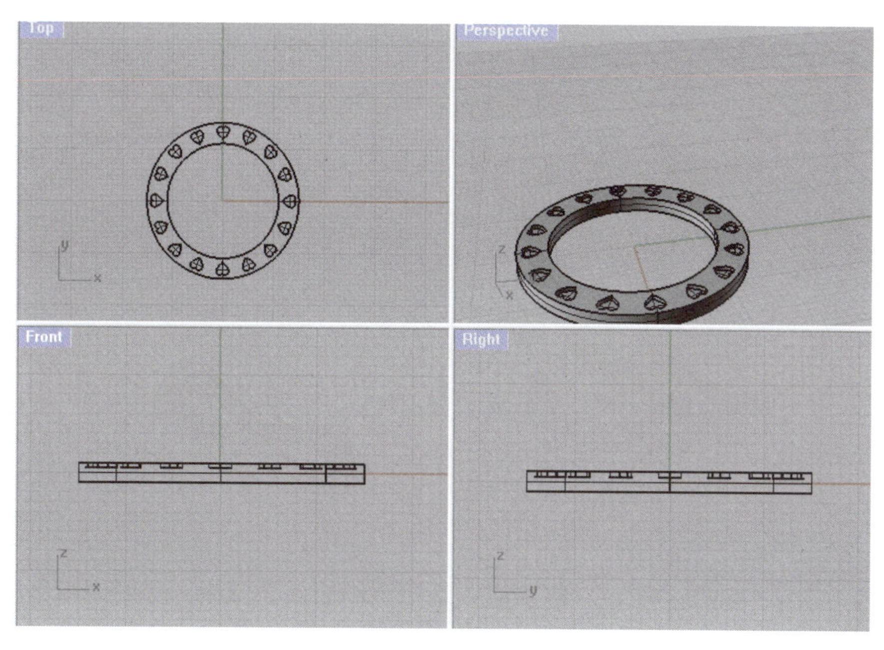

图 4-4-10　有心形镂空图案的圆环实体

（10）在顶视图中，利用“扭转”命令将圆环实体扭转 50°，扭转轴的起点和终点分别选左右两个四分点（图 4-4-11）。

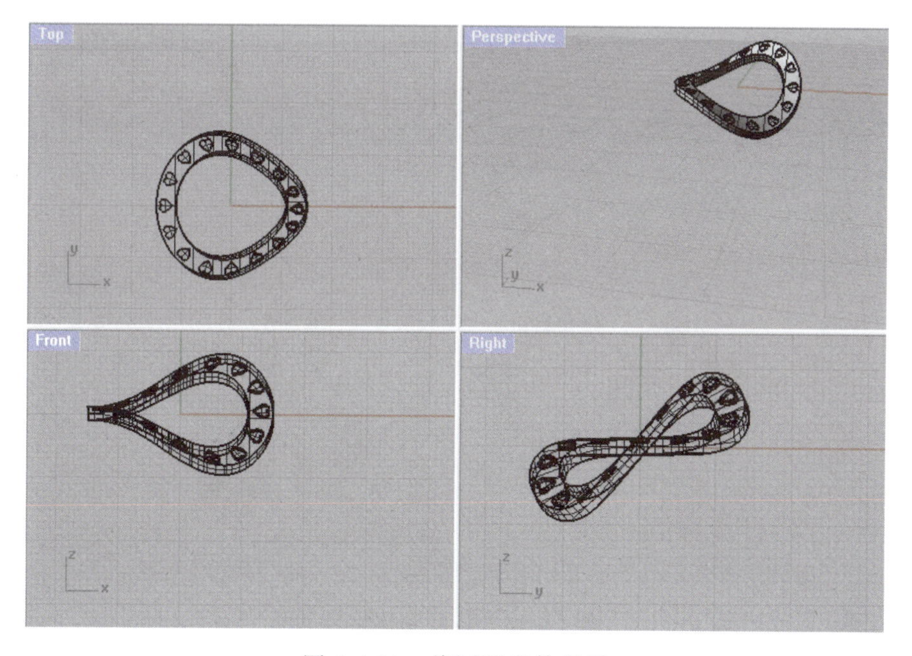

图 4-4-11　将圆环实体扭转

(11)在顶视图中,利用“复制”命令将扭曲的圆环实体复制,并水平移动到合适位置(移动时可以在正交模式下进行,或者按住 Shift 键)(图 4-4-12)。

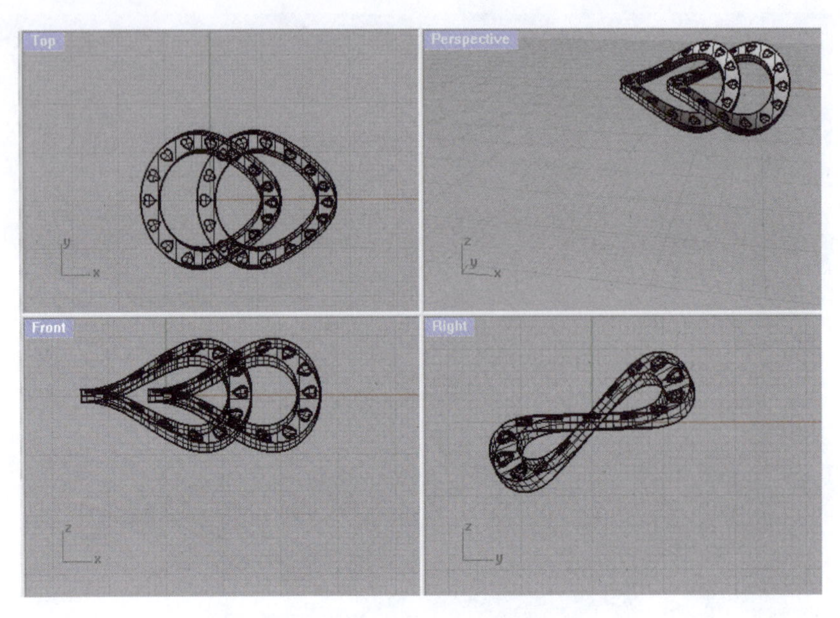

图 4-4-12　复制并平移扭曲的圆环实体

(12)在顶视图中,利用“旋转”命令(右键)将复制体旋转(3D)90°,旋转轴为过原点的水平直线(图 4-4-13)。

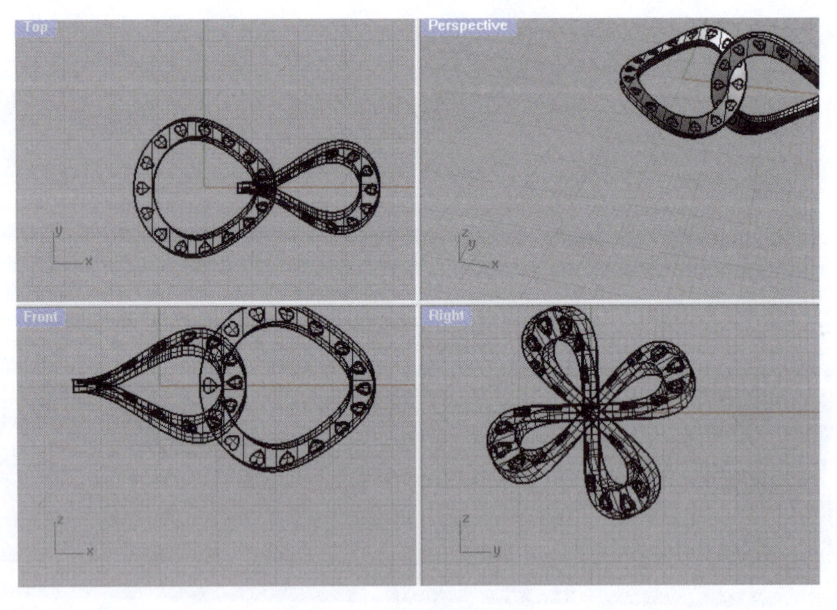

图 4-4-13　将复制体旋转 90°

(13)在前视图中,用"圆(中心点、半径)"命令画一个以原点为圆心,半径为 5.00mm 的圆,然后水平向左移动到合适位置(移动时可以在正交模式下进行,或者按住 Shift 键)(图 4-4-14)。

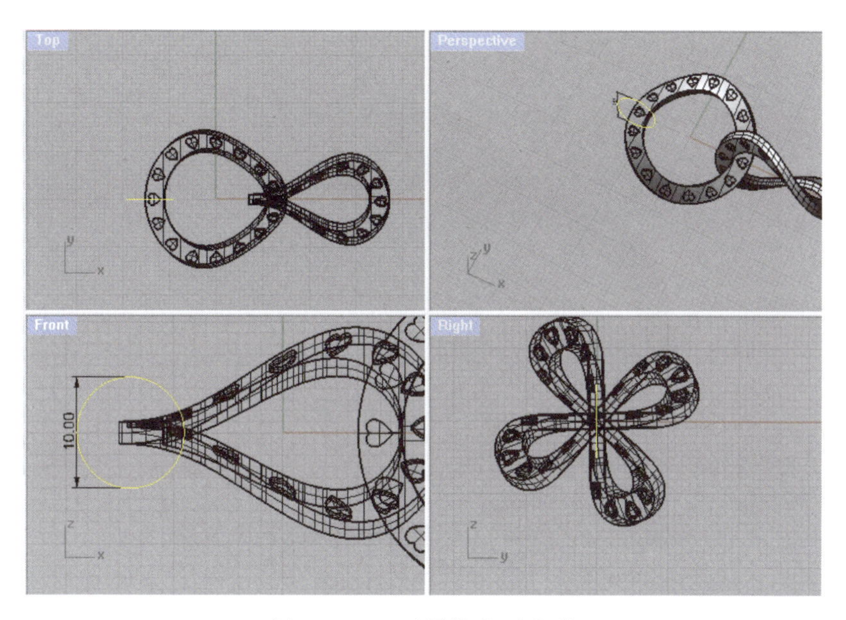

图 4-4-14 画圆并水平左移

(14)在前视图中,利用"圆管"命令将圆变成一个直径为 2.00mm 的圆管实体(图 4-4-15)。

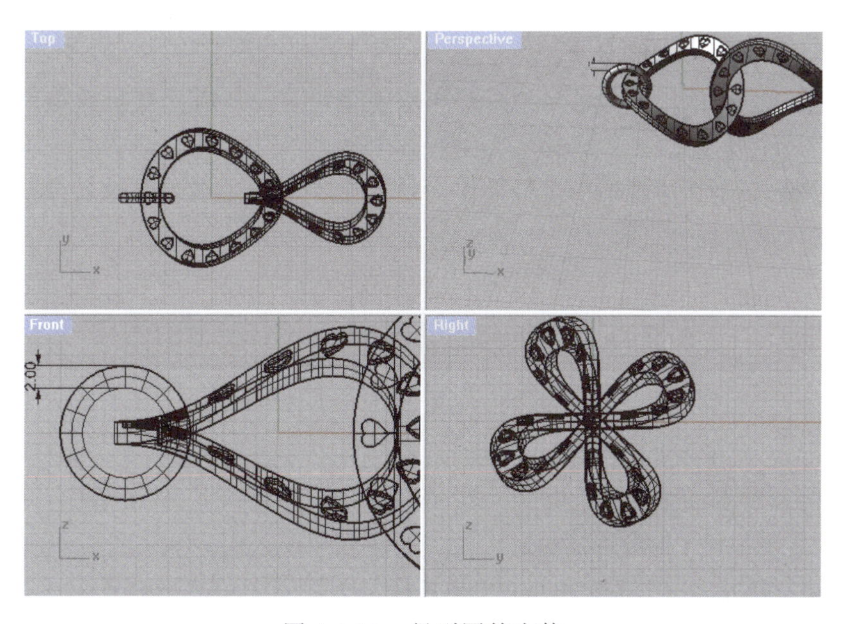

图 4-4-15 得到圆管实体

(15)最终的扭曲吊坠效果如图 4-4-16 所示。

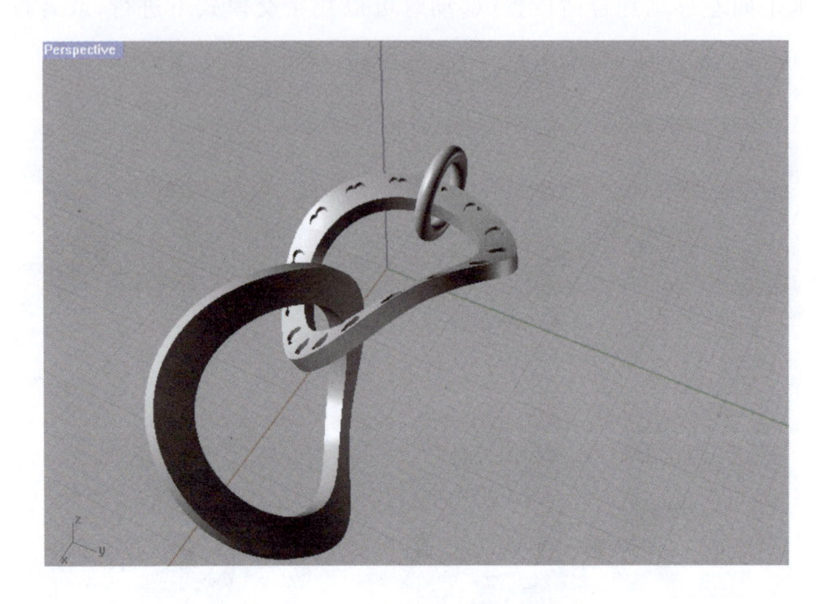

图 4-4-16　扭曲吊坠最终效果图

案例小结

(1)心形曲线的绘制方式主要有两种:①将圆分割成半圆弧,利用“曲线重建”命令改变其控制点和阶数,再调整成一半的心形曲线,通过“镜像”命令复制出另一半,组合成一条封闭的心形曲线;②用“曲线”命令绘制心形曲线的一半,再利用“镜像”命令复制出另一半,组合成一条封闭的心形曲线。

(2)步骤(10)中使用“扭转”命令将圆环实体扭转 50°时,需注意扭转轴的起点和终点是圆环左右两个四分点。

(3)步骤(12)是在顶视图中进行操作,利用“旋转”命令将复制体旋转(3D)90°,旋转轴为过原点的水平直线。

4.5　玉石吊坠的制作

任务描述

制作一个椭圆形的玉石吊坠(图 4-5-1),其中玉石长度为 30.00mm,宽度为 10.00mm,玉石上有 4 根金属丝带。

图 4-5-1 玉石吊坠效果图

所用命令

操作中将用到如下命令图标：

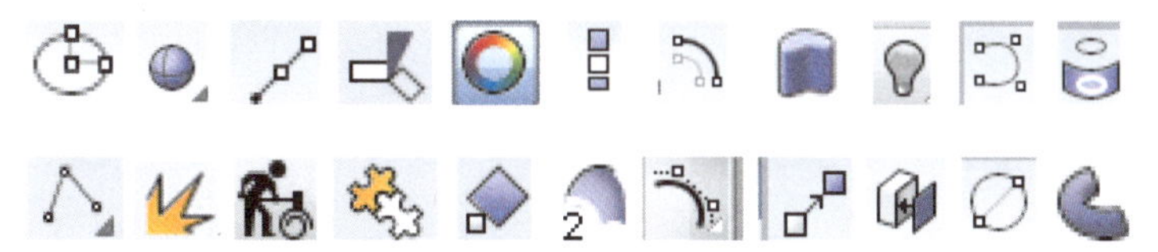

依次为“椭圆”命令、“球体”命令、“从中点建立直线”命令、“修剪”命令、“属性”命令、“单轴缩放”命令、“偏移曲线”命令、“挤出封闭的平面曲线”命令、“隐藏/显示”命令、“控制点曲线”命令、“投影曲线”命令、“多重直线”命令、“炸开”命令、“重建曲线”命令、“组合”命令、“定位(两点)”命令、“双轨扫掠”命令、“打开/关闭控制点”命令、“移动”命令、“将平面洞加盖”命令、“圆(直径)”命令、“圆管”命令，请对照使用。

操作步骤

(1)在顶视图中，用“椭圆”命令画一个中心在原点、长轴为 30.00mm、短轴为 10.00mm 的椭圆(图 4-5-2)。

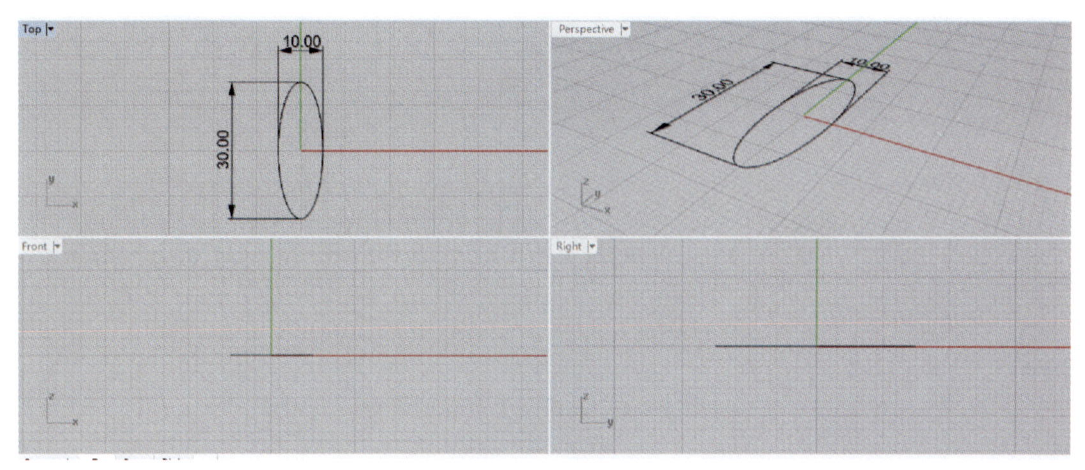

图 4-5-2 画椭圆

(2)在顶视图中,用“球体”命令画一个中心在原点、直径为 10.00mm 的球体(图 4-5-3)。

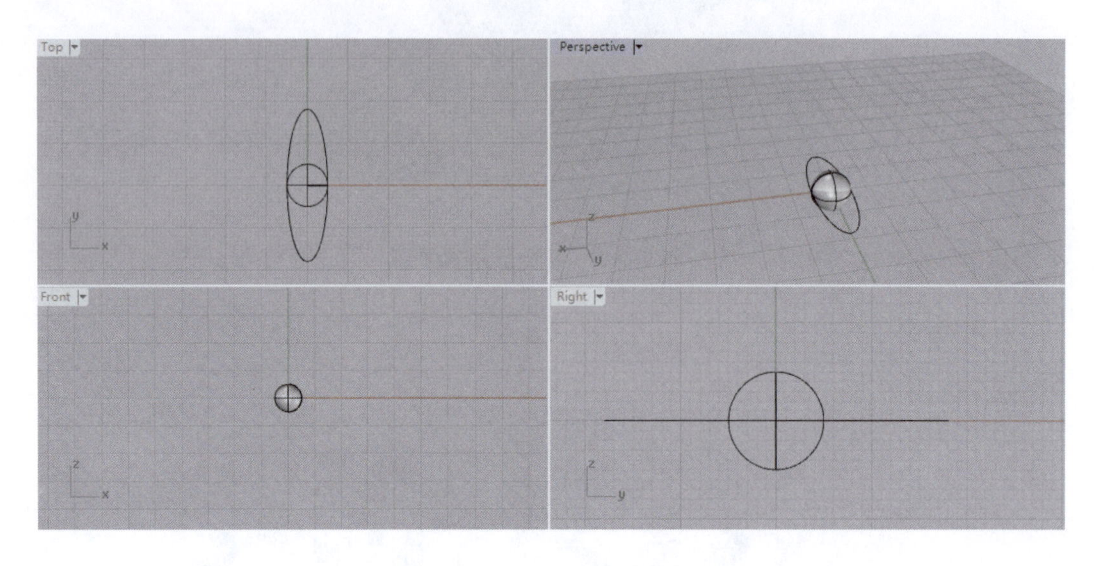

图 4-5-3　在椭圆内画球体

(3)在前视图中,过原点用“从中点建立直线”命令画一条水平直线,选择直线和球体,用“修剪”命令切除球体下半部分并为剩余部分上色,得到玉石曲面(图 4-5-4)。其中,进行上色操作时,选中要上色的物体,打开视图上方的“属性”命令,对话框的设置如图 4-5-5 所示。

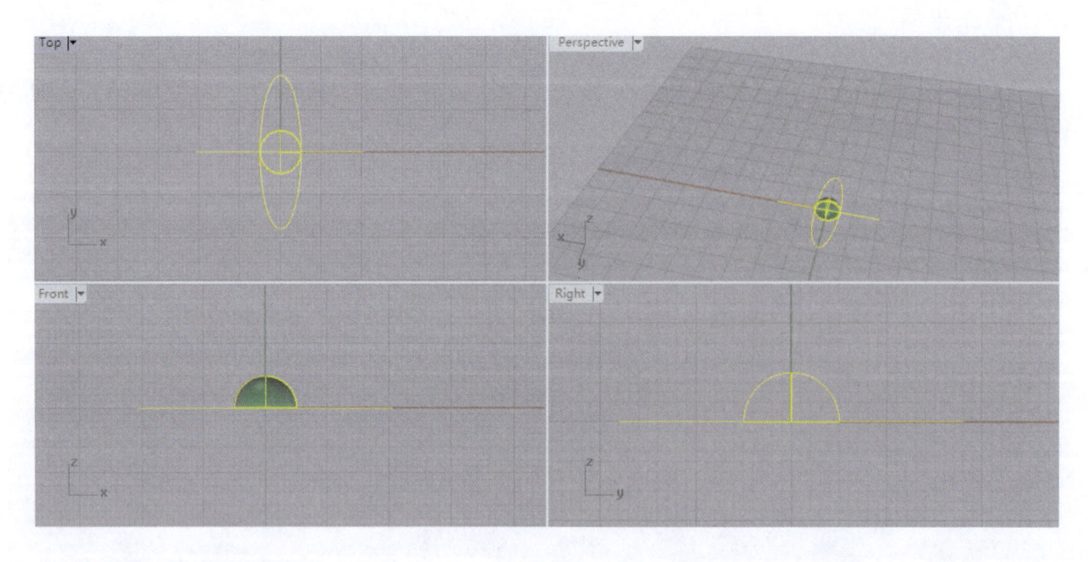

图 4-5-4　修剪及上色后的半球

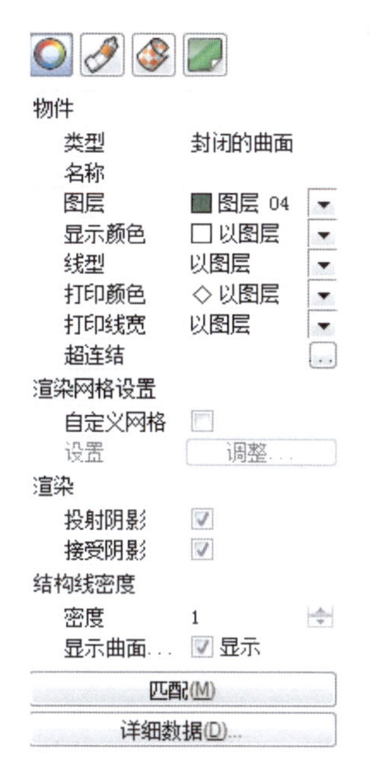

图 4-5-5 “属性”命令对话框

(4)删除辅助线,对半球进行单轴缩放,使其边缘与椭圆重合(图 4-5-6)。

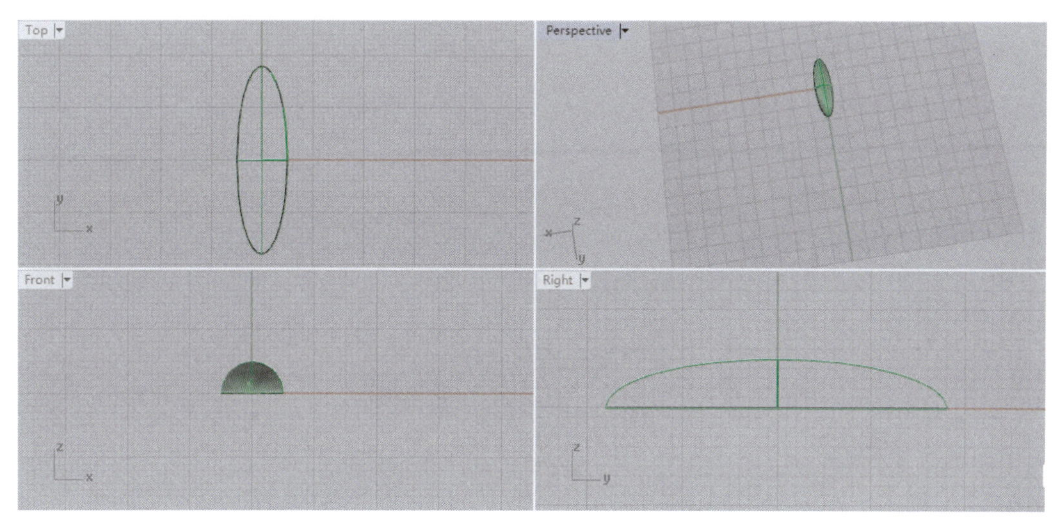

图 4-5-6 对半球进行单轴缩放

(5)选择椭圆,运用"偏移曲线"命令将其向内偏移 1.50mm(图 4-5-7)。

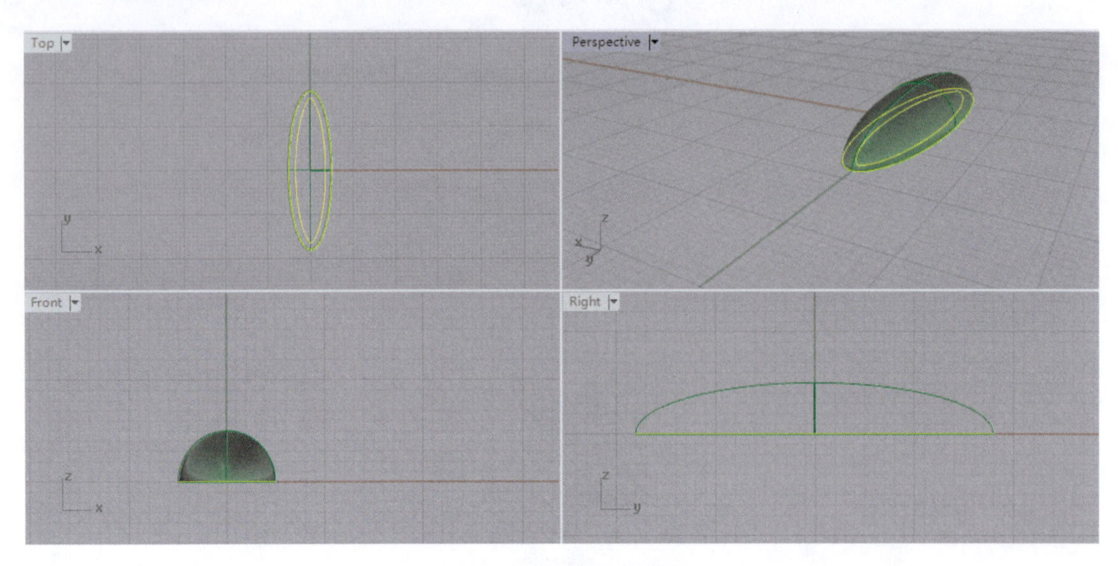

图 4-5-7　椭圆向内偏移

(6)选择内外椭圆,用"挤出封闭的平面曲线"命令向下挤出 1.50mm 并上色,得到金属底座实体(图 4-5-8)。

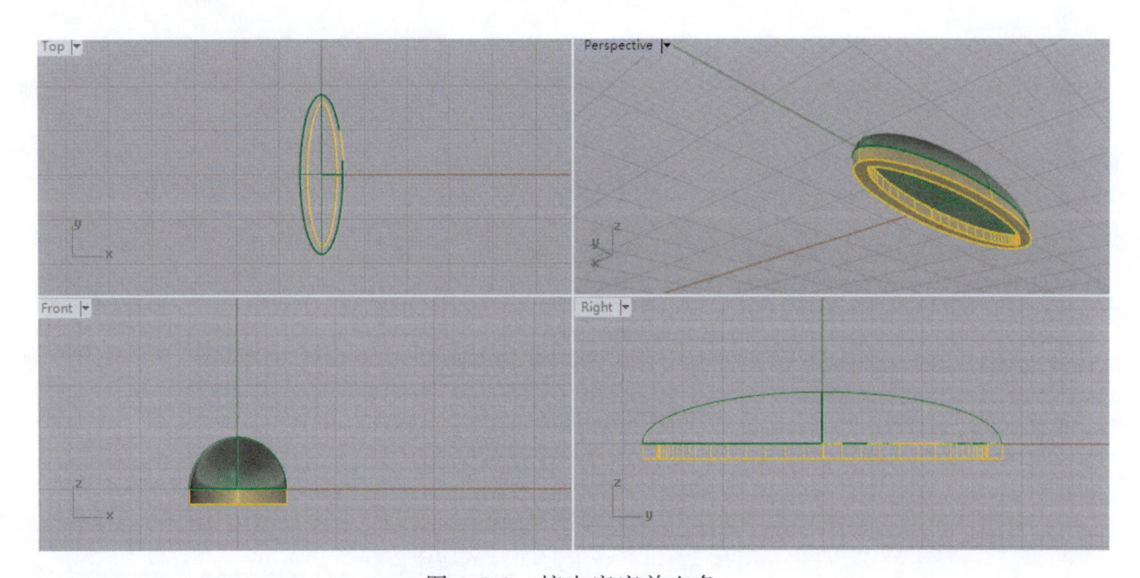

图 4-5-8　挤出底座并上色

(7)隐藏金属底座,在顶视图中,用"控制点曲线"命令画出如图 4-5-9 所示四组曲线,每组曲线中,第二条都是借助"偏移曲线"命令由第一条偏移 1.50mm 形成(注意让每组第二条与另一组的第一条相交于玉石曲面边缘)。

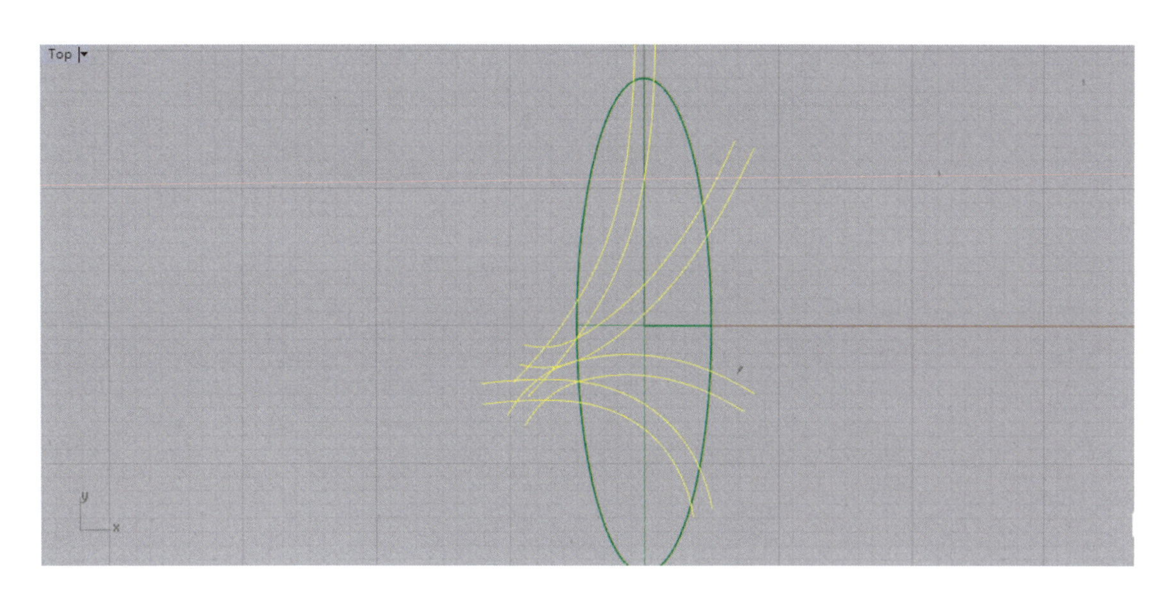

图 4-5-9 画出四组曲线

(8)选择曲线，运用“投影曲线”命令将其投影到玉石曲面上(图 4-5-10)。

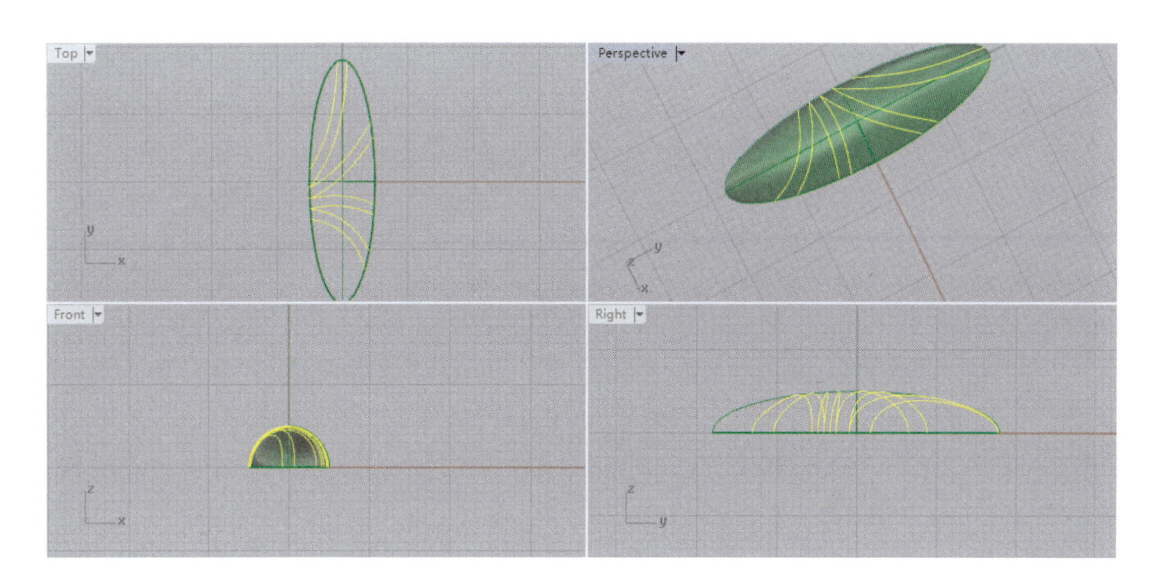

图 4-5-10 将曲线投影到玉石曲面

(9)在顶视图中，用“多重直线”命令绘制出一个方形，将其炸开，然后对上面那条直线进行重建，并调整控制点，最后组合成一条封闭的曲线，如图 4-5-11 所示，以作为双轨扫掠的断面曲线。

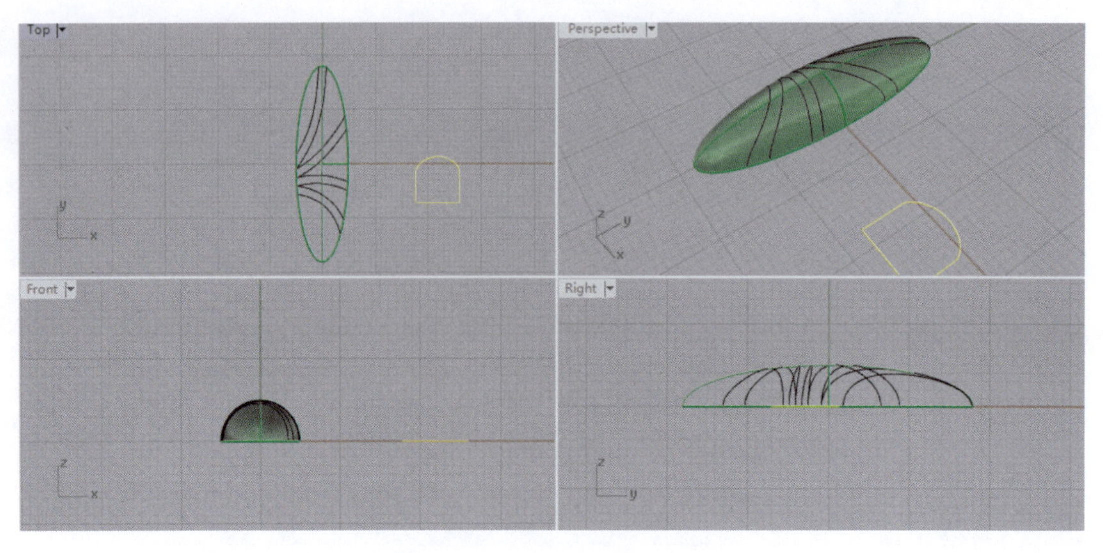

图 4-5-11　组合出封闭曲线

(10)选择断面曲线,用“定位(两点)”命令将其定位在第一组曲线同侧的两个端点(在“物件锁点”中勾选“端点”项),在指令栏提示中注意选择“复制”和“缩放”两个选项(图 4-5-12)。

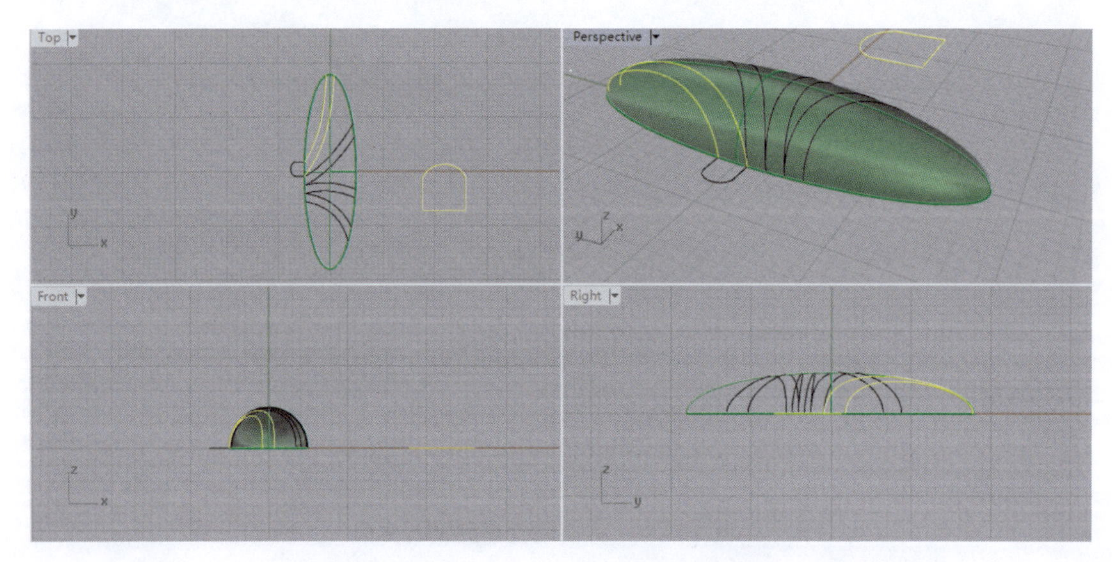

图 4-5-12　将断面曲线定位在第一组曲线同侧的两个端点

(11)用“双轨扫掠”命令建立第一组曲线的金属丝带多重曲面(图 4-5-13)。

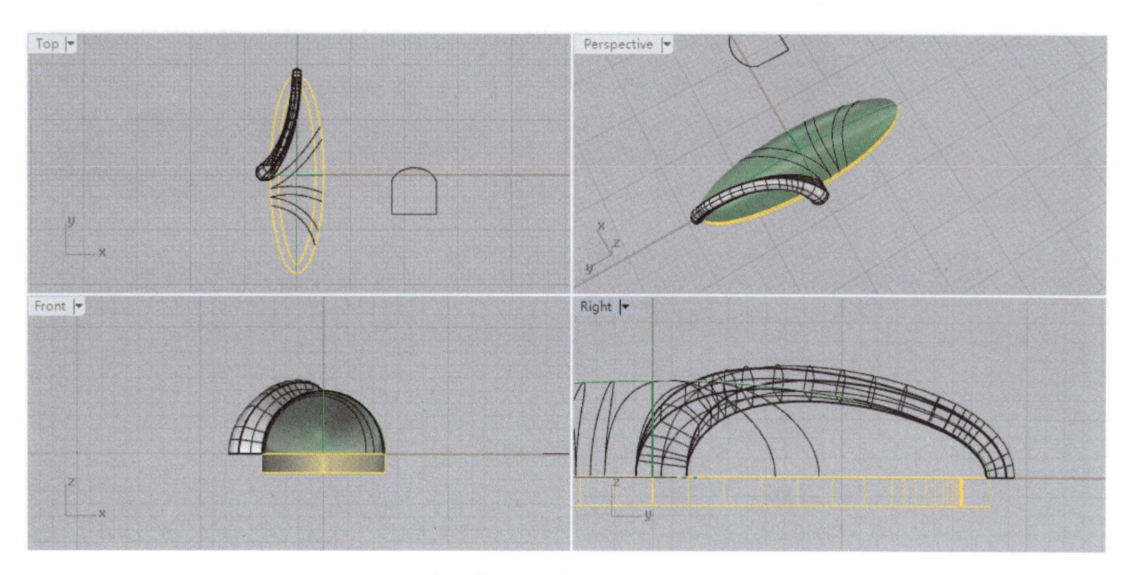

图 4-5-13　建立第一组曲线的金属丝带多重曲面

(12)炸开金属丝带多重曲面,打开控制点,分别选择两端最下面一行的所有控制点,将其下移 1.50mm,使其下端与金属底座平齐(图 4-5-14)。

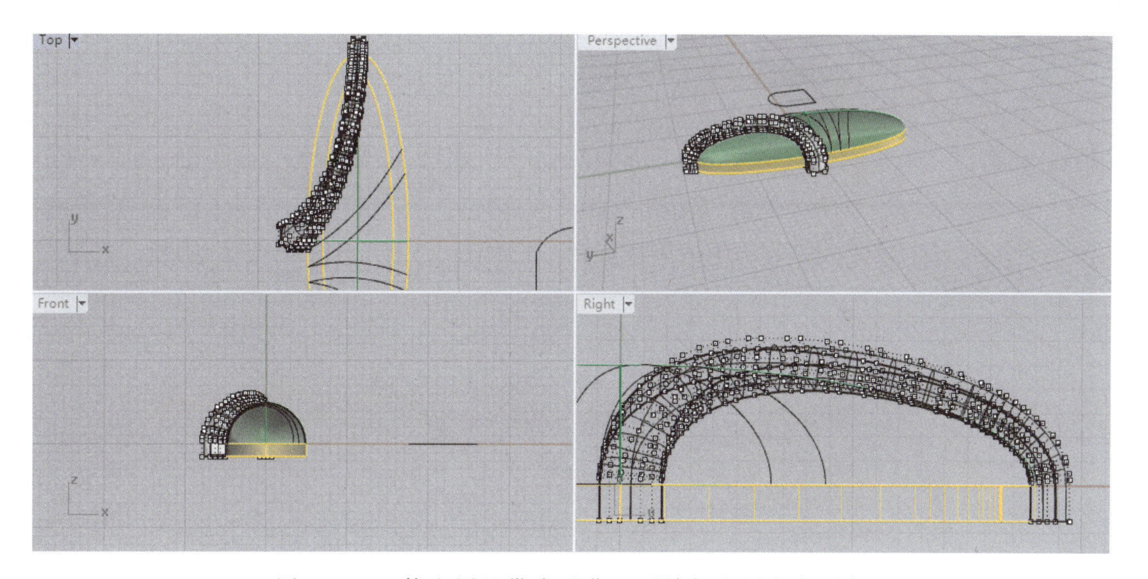

图 4-5-14　使金属丝带多重曲面下端与金属底座平齐

(13)关闭控制点,将炸开的多重曲面重新组合,并使用“将平面洞加盖”命令加盖上色,完成第一条金属丝带实体制作(图 4-5-15)。

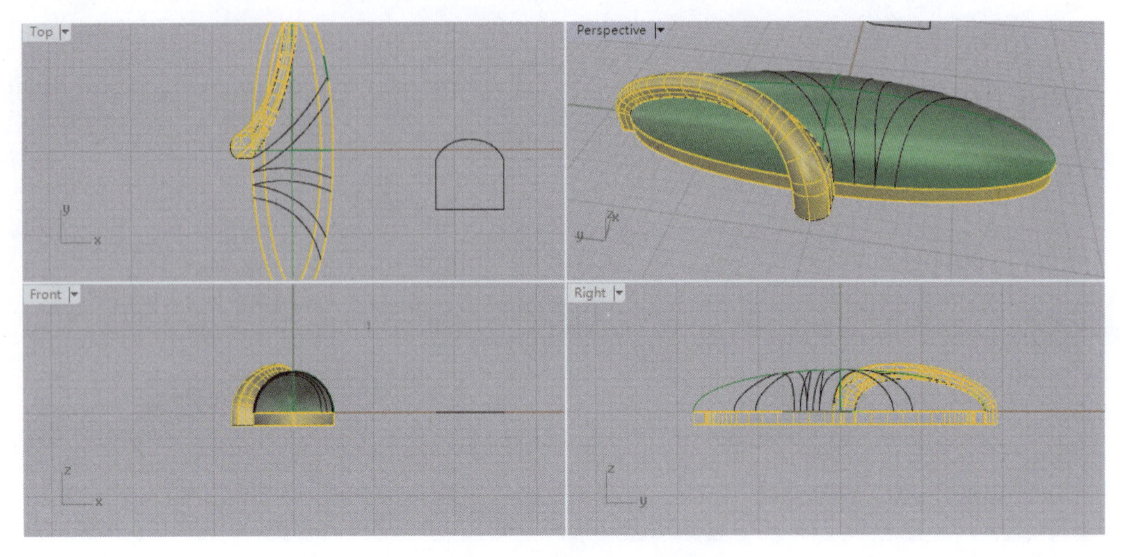

图 4-5-15　完成第一条金属丝带实体制作

(14)对第二、第三和第四组曲线重复步骤(10)～(13),完成其他金属丝带实体的制作(图 4-5-16)。

图 4-5-16　完成第二、第三、第四条金属丝带实体制作

(15)在顶视图中,使用“圆(中心点、半径)”命令通过捕捉中点画一个半径为 2.00mm 左右的圆(图 4-5-17)。

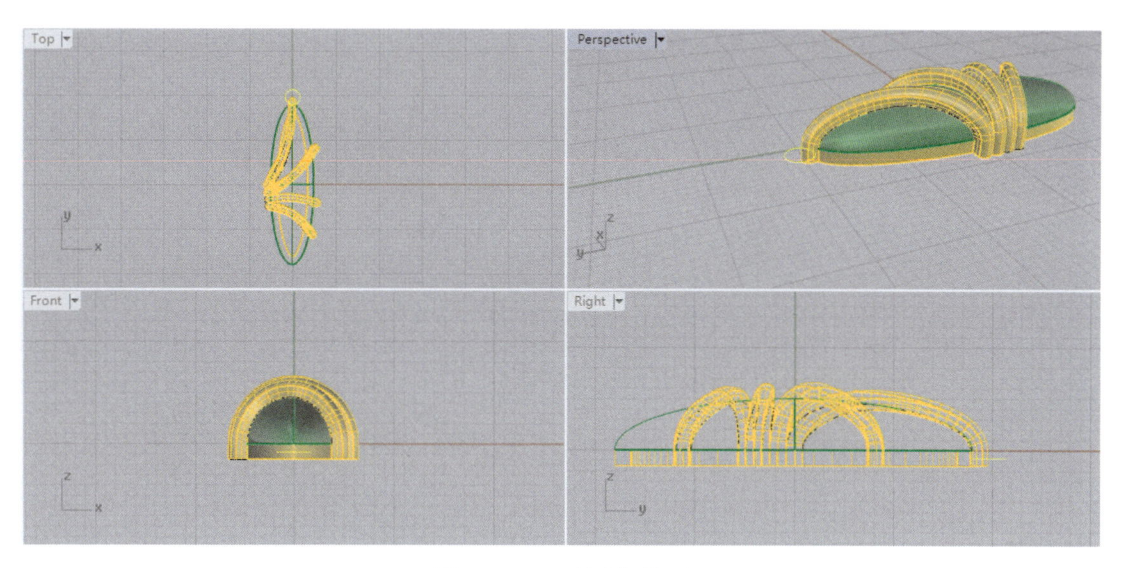

图 4-5-17　画圆作吊环

(16)用“圆管”命令(半径为 0.30mm)完成吊环的制作(图 4-5-18)。

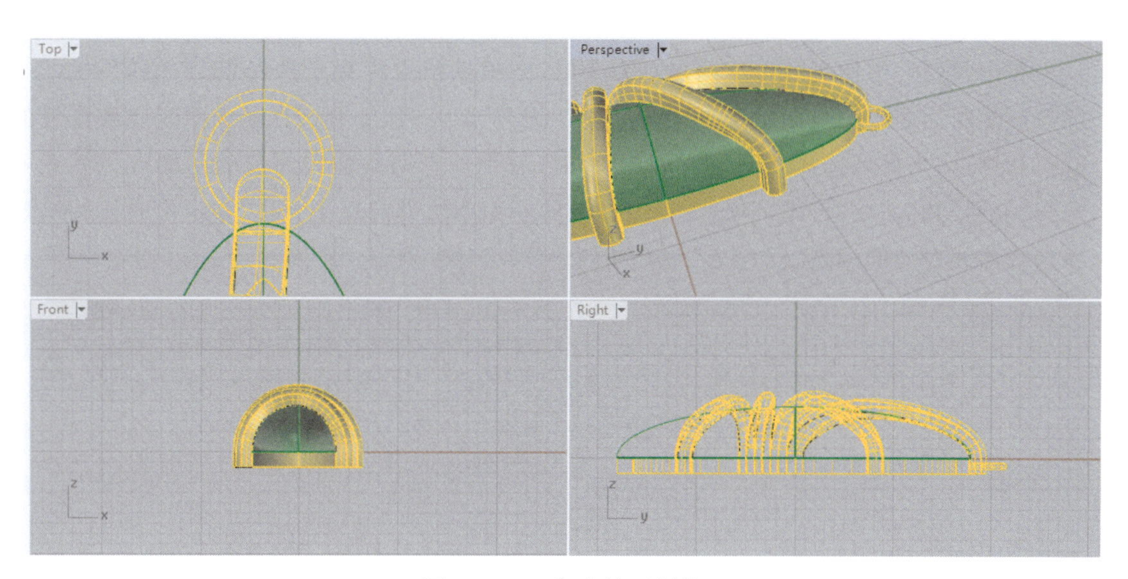

图 4-5-18　完成吊环制作

(17)玉石吊坠最终的效果如图 4-5-19 所示。

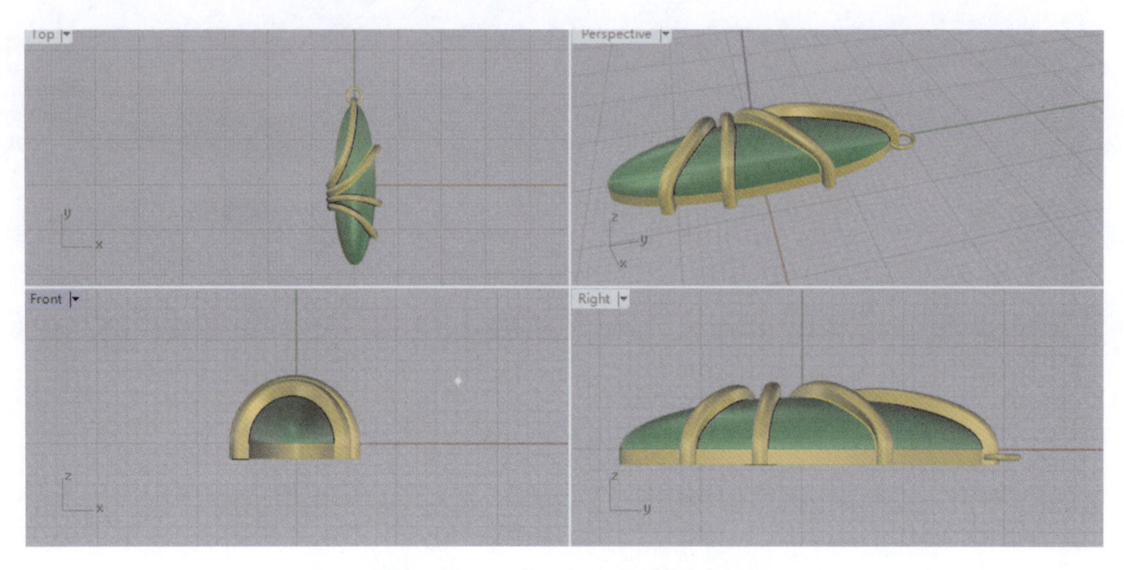

图 4-5-19　玉石吊坠最终效果图

案例小结

在步骤(10)中使用“定位(两点)”命令时,要根据指令栏提示选择“要定位的物体”为已绘制的断面曲线。当提示选择“参考点 1”“参考点 2”时,分别选择断面曲线底部直线的起点和终点;当提示选择“目标 1”“目标 2”时,分别选择两条曲线对应的两端点。注意要选择“复制”和“缩放(三维)”项,如果定位上的断面曲线方向反了,可以在定位时按相反顺序选择曲线对应的端点。

5 镶口制作

5.1 圆形刻面宝石的爪镶

任务描述

制作直径为5.00mm的圆形刻面宝石四爪镶镶口(直筒效果)(图5-1-1)。

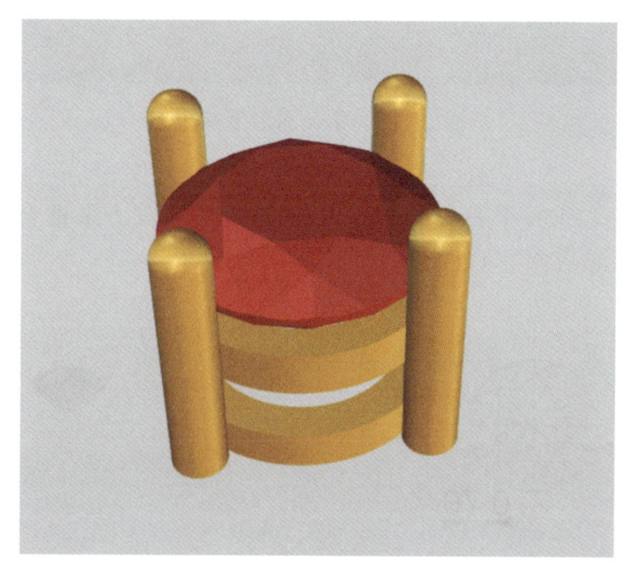

图5-1-1 直筒效果四爪镶镶口

所用命令

操作中将用到如下命令图标：

依次为"偏移曲线"命令、"移动"命令、"复制"命令、"挤出封闭的平面曲线"命令、"圆(直径)"命令、"单轴缩放"命令、"不等距边缘圆角"命令、"环形阵列"命令,请对照使用。

操作步骤

(1)在顶视图中,点击 TechGems 插件中的 Round cuts,插入中心为原点、缩放比为5(直径5.00mm)的圆形刻面宝石(图5-1-2)(后面的案例中导入宝石的方法类似)。

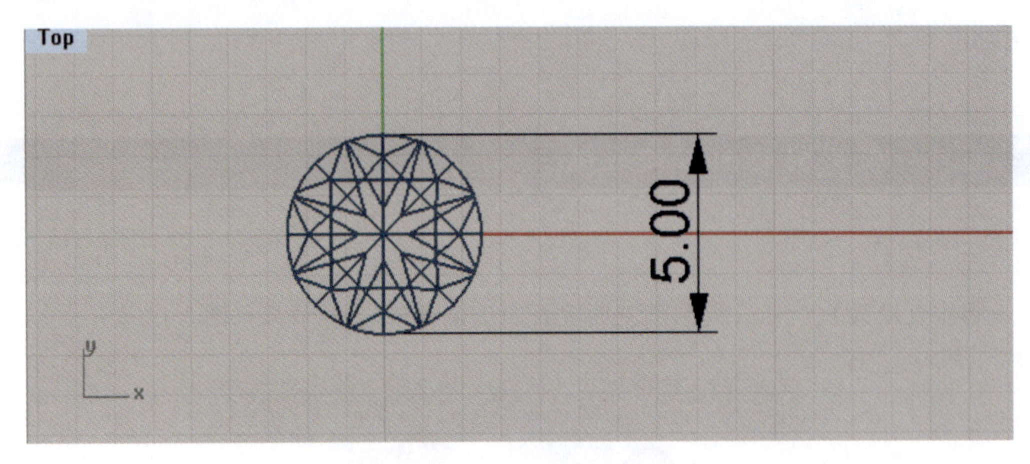

图5-1-2　导入圆形刻面宝石

(2)过顶视图中心作一个直径为5.00mm的圆与宝石边缘重合,用"偏移曲线"命令将圆向内偏移0.70mm(图5-1-3)。

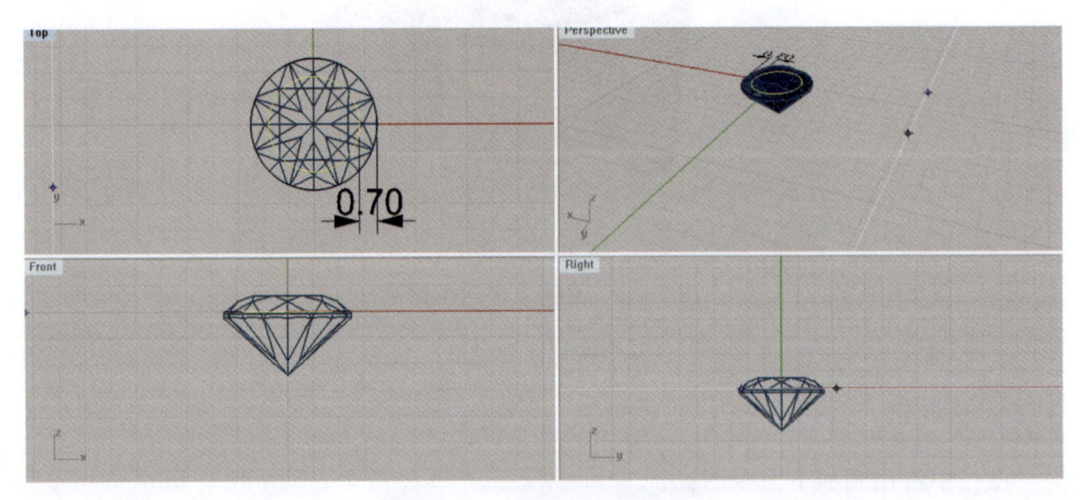

图5-1-3　作圆并向内偏移

(3)删除外圆,在前视图中垂直向下移动内圆曲线,直到内圆曲线刚好从外贴托宝石,然后将内圆向外偏移0.70mm(图5-1-4)。

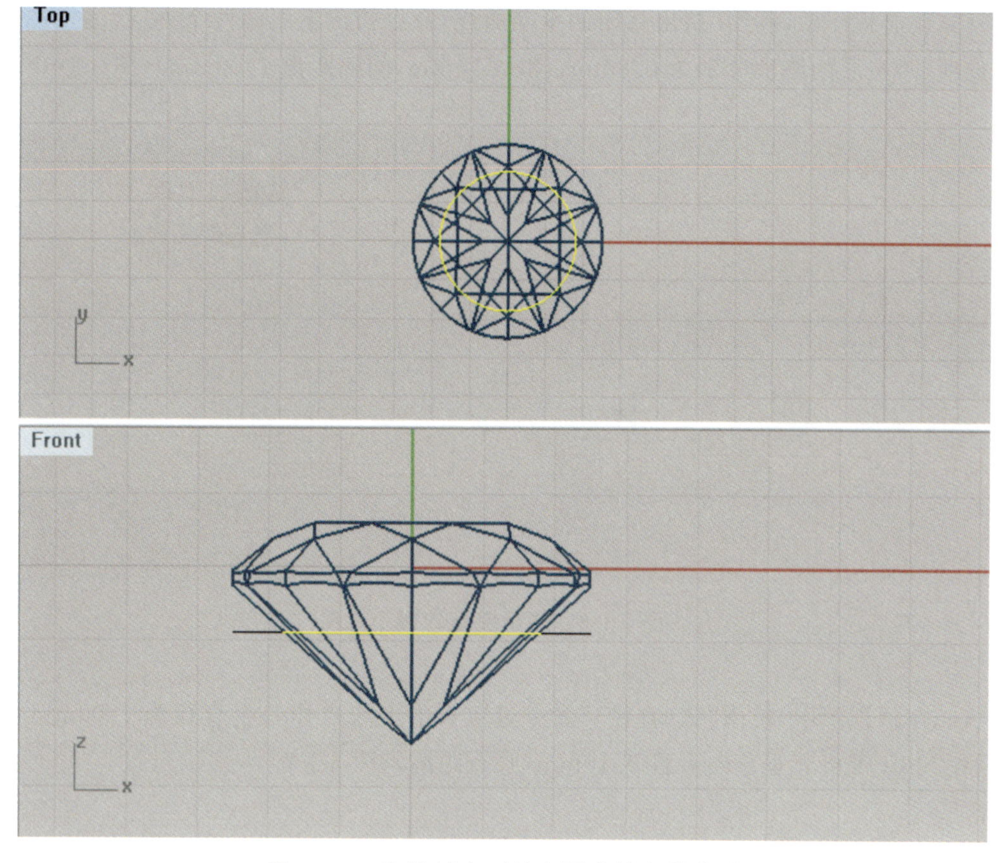

图 5-1-4 将贴托宝石的内圆曲线向外偏移

(4)选择内外两圆,在前视图中利用"复制"命令将两圆复制并向下移动,并使它们之间的距离为 1.80mm(图 5-1-5)。

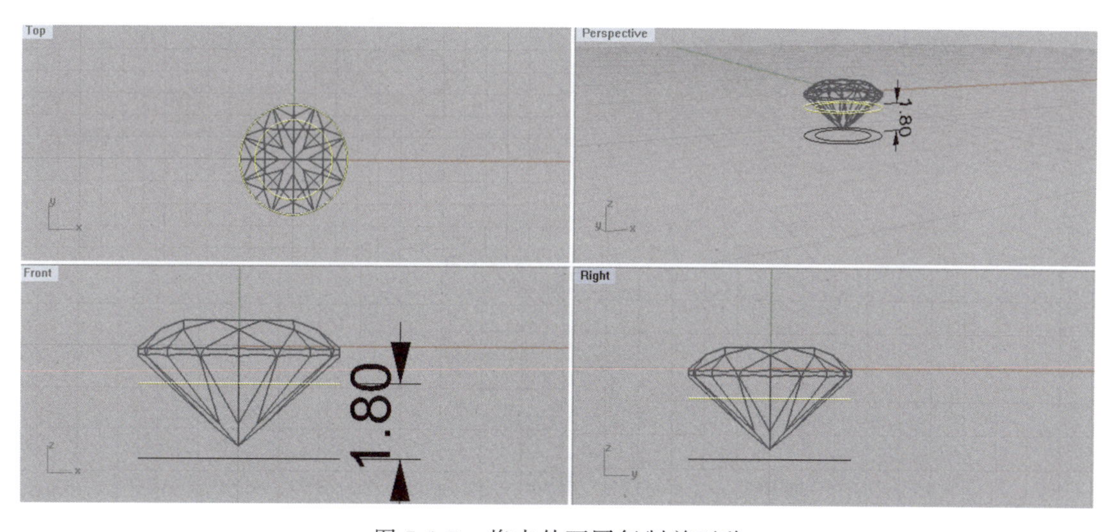

图 5-1-5 将内外两圆复制并下移

(5)在前视图中,利用"挤出封闭的平面曲线"命令挤出宝石的两个夹层(注意选择"实体"选项,两夹层的厚度分别为 0.80mm 和 0.70mm,间隔距离 1.00mm)(图 5-1-6)。

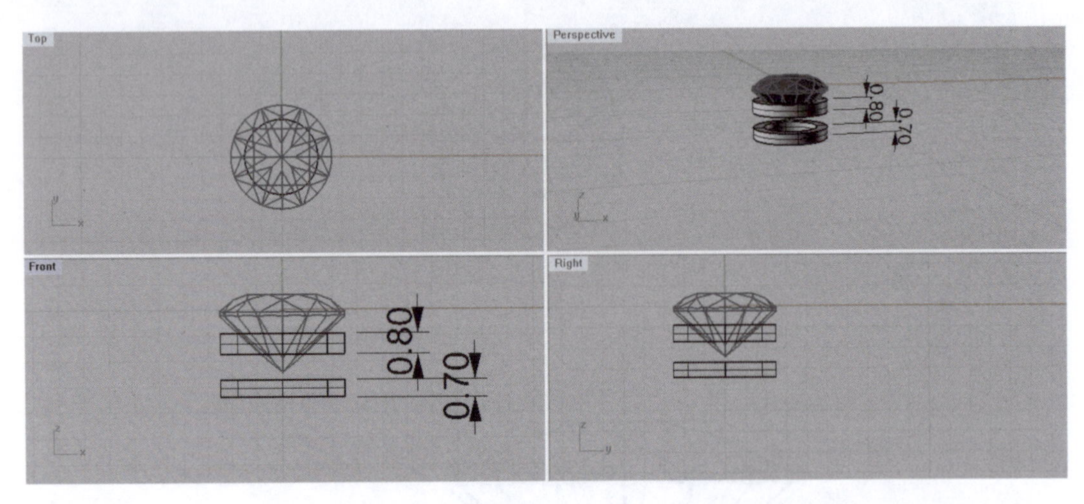

图 5-1-6　挤出宝石的两个夹层

(6)在顶视图中,使用"圆(直径)"命令过宝石的上端点作一个直径为 1.00mm 的圆,然后按 Shift 键将其垂直向下移 0.10mm(咬石距离)(图 5-1-7)。

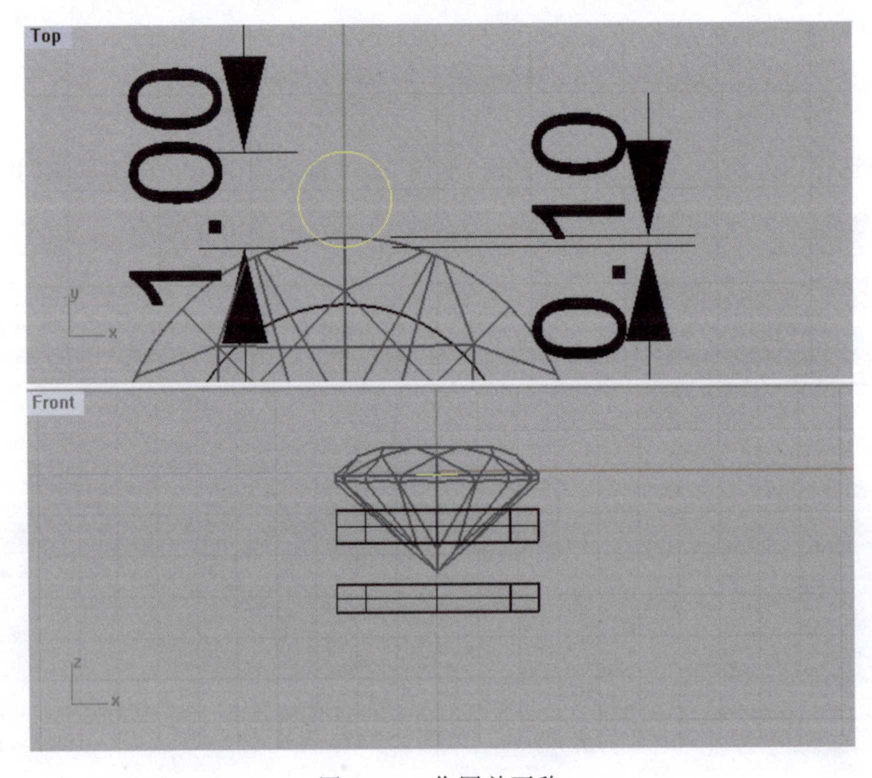

图 5-1-7　作圆并下移

(7)在右视图中,利用“挤出封闭的平面曲线”命令将圆挤出一个圆柱体的爪(两侧挤出),下端与底夹层下端齐平,上端高出宝石台面 0.80mm(可用“单轴缩放”命令或“修剪”命令调节)(图 5-1-8)。

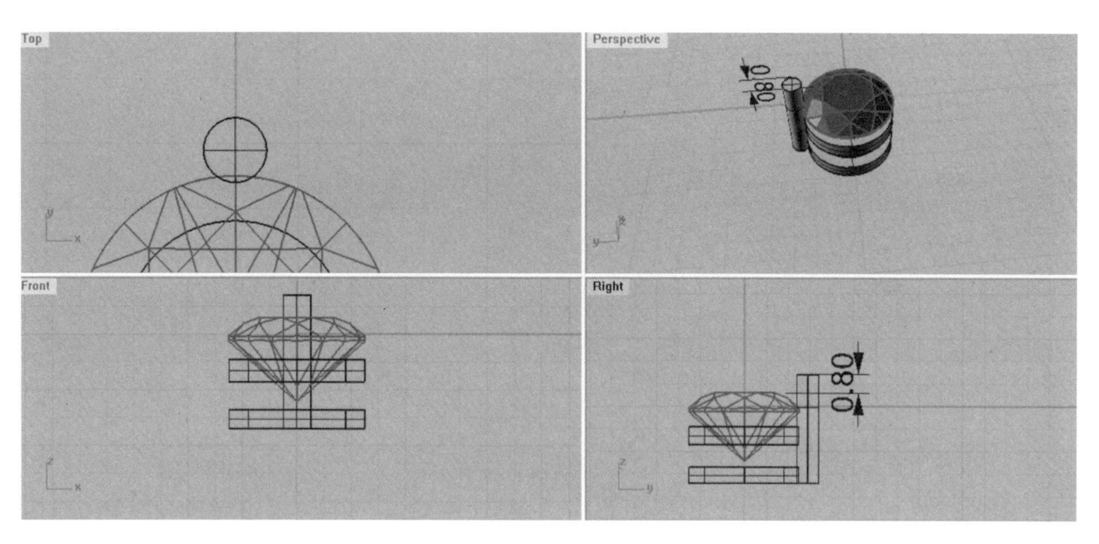

图 5-1-8 挤出一个圆柱体的爪

(8)利用“不等距边缘圆角”命令对爪的上端进行圆角处理,圆角半径为 0.45mm(图 5-1-9)。

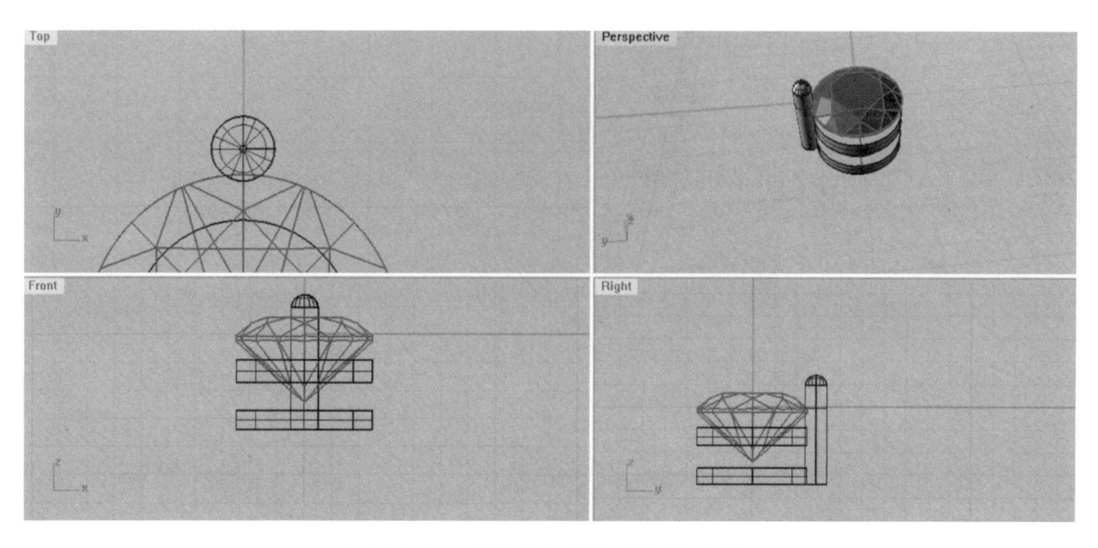

图 5-1-9 对爪的上端进行圆角处理

(9)选择爪,在顶视图中,利用“环形阵列”命令进行复制,环形阵列中心点为原点,阵列数为 4,角度为 360°(图 5-1-10)。

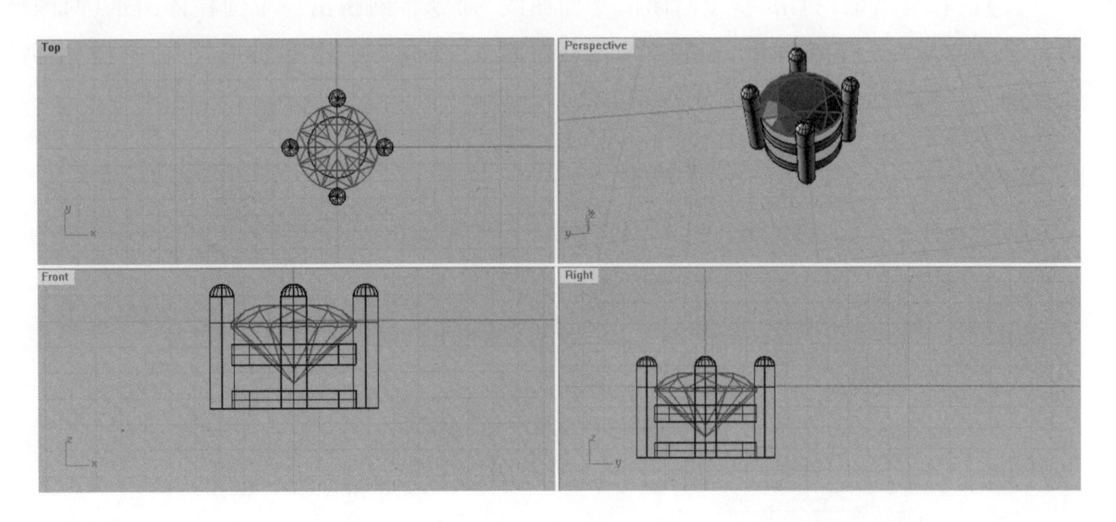

图 5-1-10　得到 4 个爪

(10)选择两个夹层,利用“不等距边缘圆角”命令对其上下边缘进行圆角处理(圆角半径为 0.20mm),最终的效果如图 5-1-11 所示。

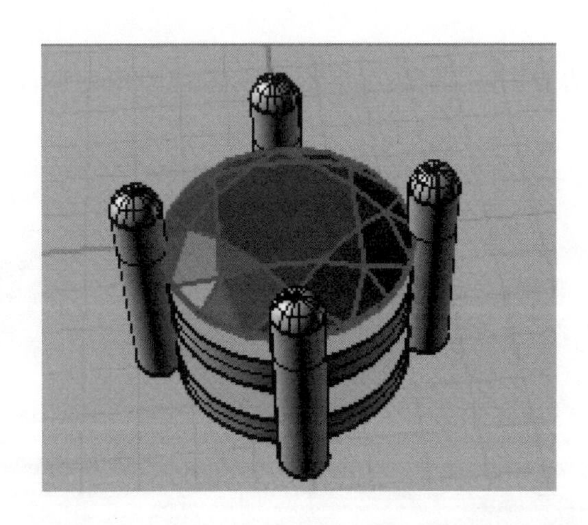

图 5-1-11　圆形刻面宝石四爪镶(直筒)最终效果图

拓展　圆形刻面宝石的爪镶(收底效果)

任务描述

制作一个直径为 5.00mm 的圆形刻面宝石的四爪镶镶口(收底效果)(图 5-1-12)。

图 5-1-12 圆形刻面宝石爪镶(收底效果)效果图

所用命令

操作中将用到如下命令图标:

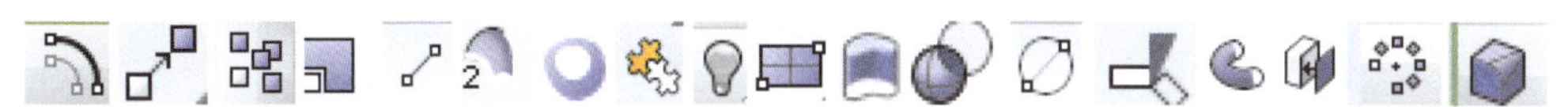

依次为"偏移曲线"命令、"移动"命令、"复制"命令、"二轴缩放"命令、"直线"命令、"双轨扫掠"命令、"以平面曲线建立曲面"命令、"组合"命令、"隐藏/显示"命令、"矩形平面"命令、"挤出曲面"命令、"布尔运算差集"命令、"圆(直径)"命令、"修剪"命令、"圆管(圆头)"命令、"将平面洞加盖"命令、"环形阵列"命令、"不等距边缘圆角"命令,请对照使用。

操作步骤

(1)～(3)步骤与圆形刻面宝石爪镶(直筒效果)案例操作步骤相同,此处不再赘述。

(4)选取外圆,将其复制并向下移动 2.50mm(图 5-1-13)。

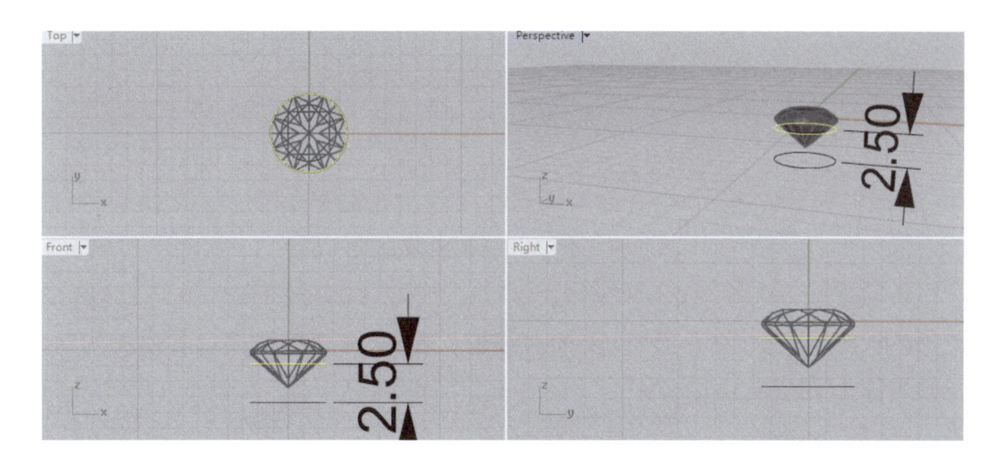

图 5-1-13 复制外圆并向下移动

(5)在顶视图中,对下方的圆用“二轴缩放”命令缩放至合适大小(收底效果),然后将其向内偏移0.70mm(图5-1-14)。

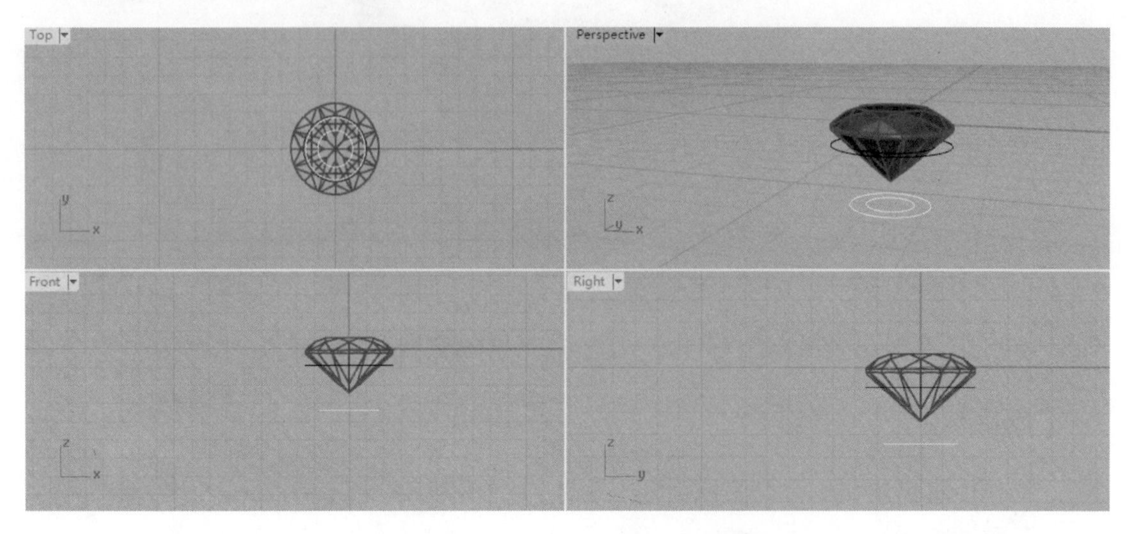

图5-1-14　将下方圆二轴缩放并内移

(6)隐藏宝石,通过捕捉上下内圆、上下外圆四分点分别绘制两条直线(图5-1-15)。

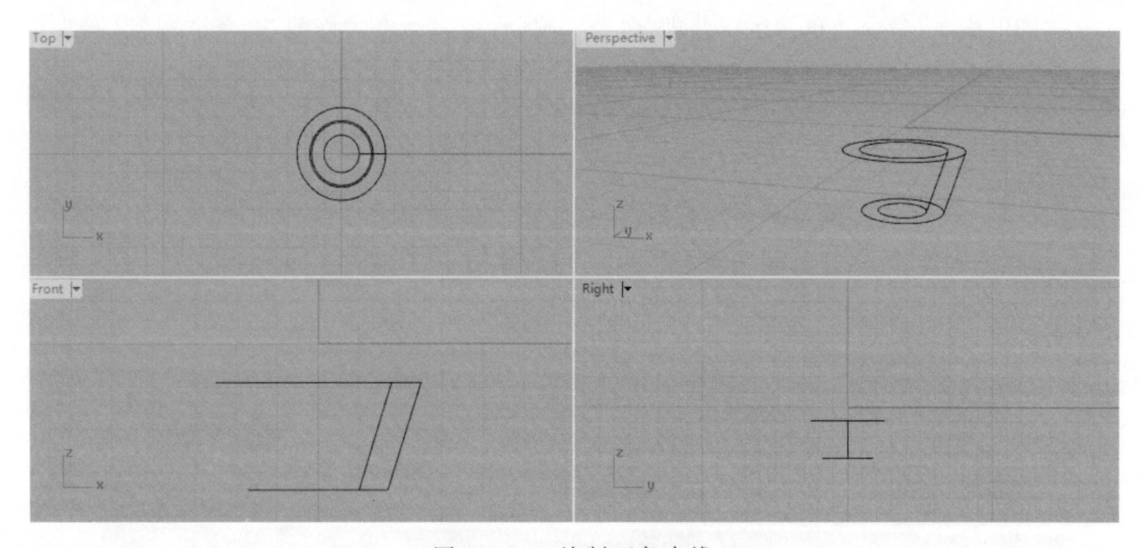

图5-1-15　绘制两条直线

(7)利用“双轨扫掠”命令及“以平面曲线建立曲面”命令完成镶口各曲面的制作,并将其组合成实体1(图5-1-16)。

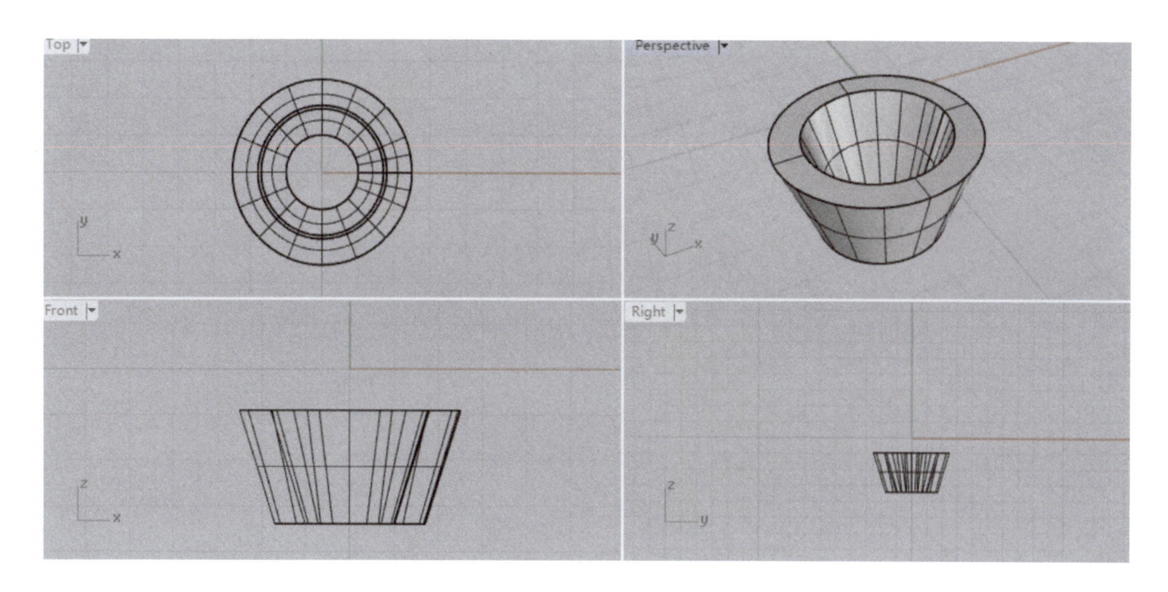

图 5-1-16 完成镶口曲面制作并组合成实体 1

(8)在顶视图中画一个矩形平面,并将其移动到与镶口顶部持平位置(图 5-1-17)。

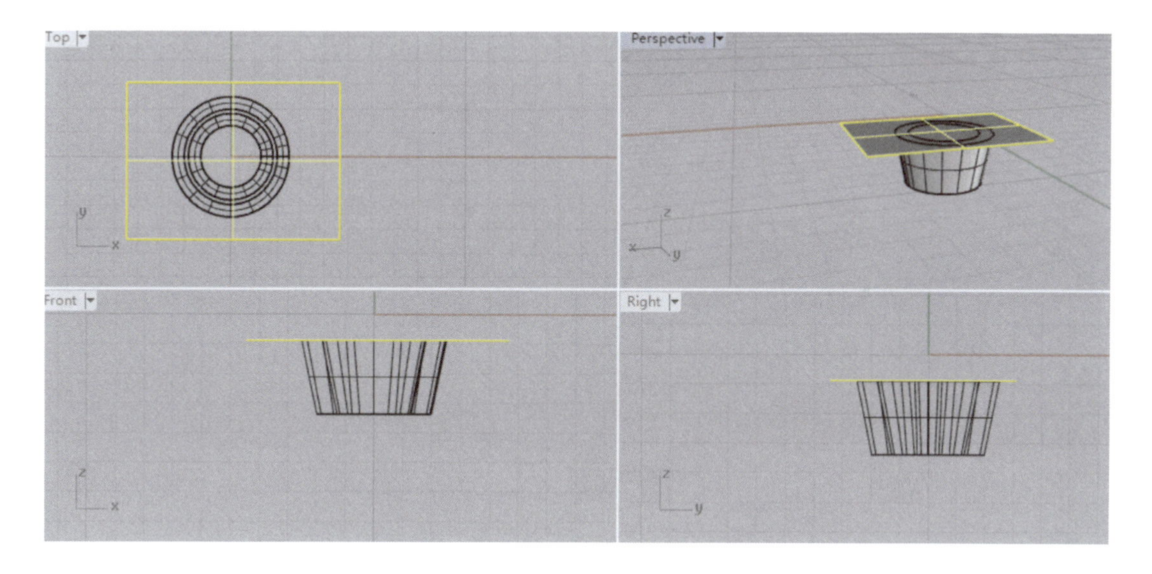

图 5-1-17 使矩形平面与镶口顶面持平

(9)在前视图中,将矩形平面垂直向下移动 0.80mm(图 5-1-18)。

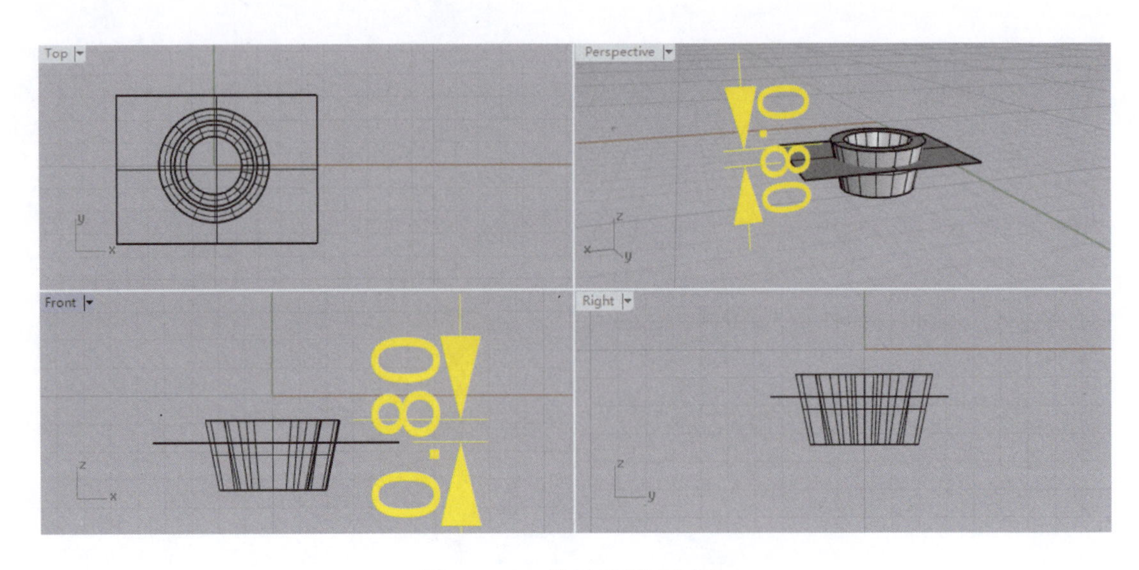

图 5-1-18　将矩形平面下移

(10)利用“挤出曲面”命令将矩形平面向下挤出成厚度为 1.00mm 的实体 2(图 5-1-19)。

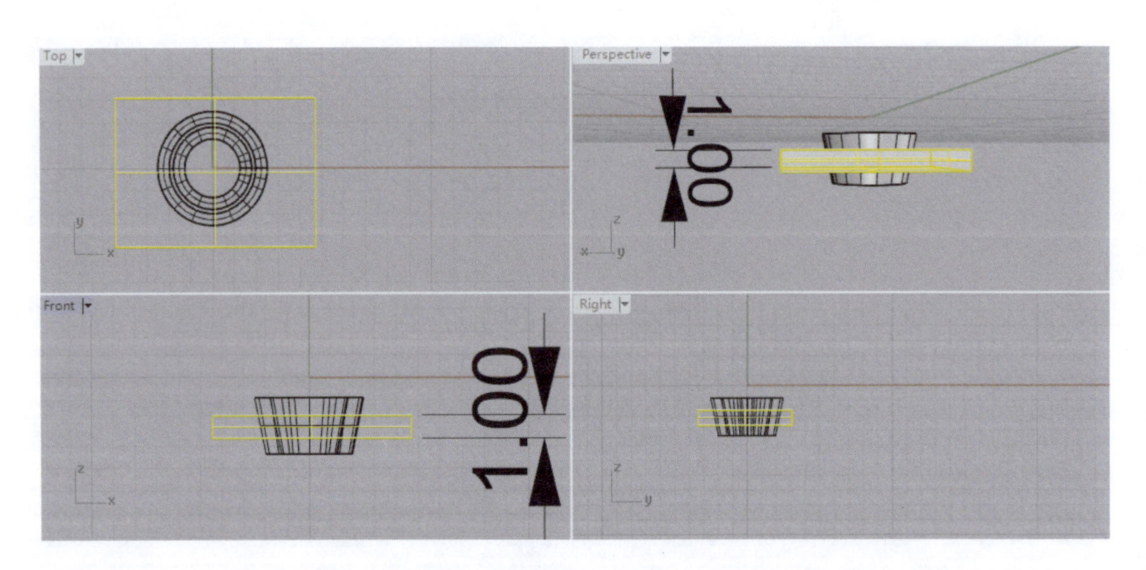

图 5-1-19　将矩形平面挤成实体 2

(11)将实体 1 和实体 2 进行布尔差集运算，开夹层，删除多余线条并显示隐藏的宝石(图 5-1-20)。

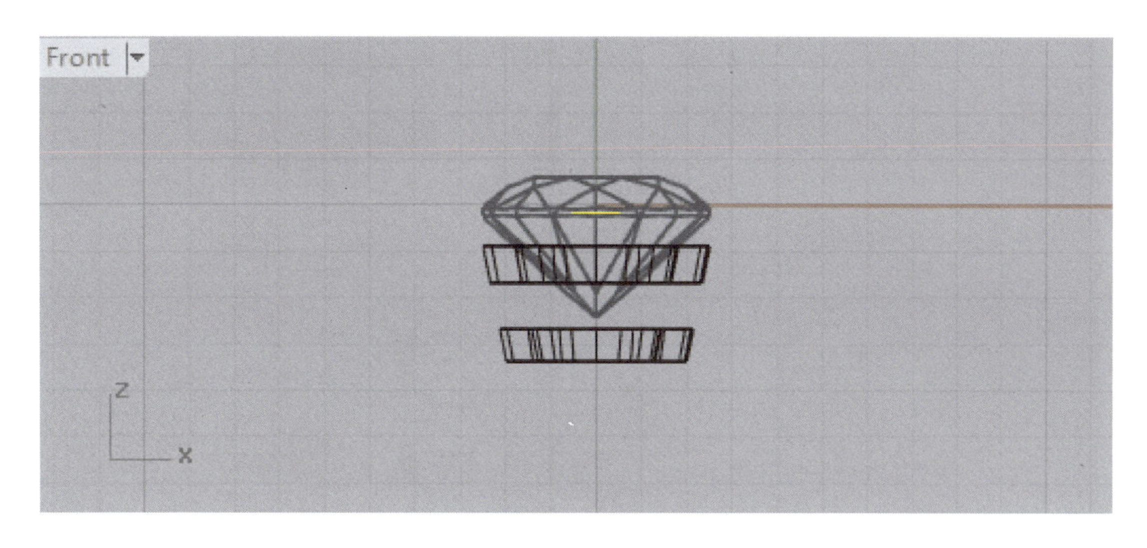

图 5-1-20 进行布尔差集运算后显示宝石

(12)在顶视图中,利用"圆(直径)"命令通过捕捉宝石端点画一个直径为 1.00mm 的圆并将其垂直下移 0.10mm(咬石距离);在右视图中使圆与宝石腰围中央持平(图 5-1-21)。

图 5-1-21 使圆与宝石腰围中央持平

(13)在右视图捕捉圆心作一条斜线,同时过宝石顶部作一条高度为 1.00mm 的折线作为辅助线(图 5-1-22)。

图 5-1-22　作斜线和折线

(14)利用“修剪”命令删除斜线多余长度部分及辅助折线，保证斜线高出宝石台面垂直距离为 1.00mm(图 5-1-23)。

图 5-1-23　删除多余斜线及辅助折线

(15)利用“圆管(圆头)”命令制作直径为 1.00mm 的爪(图 5-1-24)。

(16)用“修剪”命令去除爪下部多余部分(注意修剪后用“将平面洞加盖”命令将爪变为实体)(图 5-1-25)。

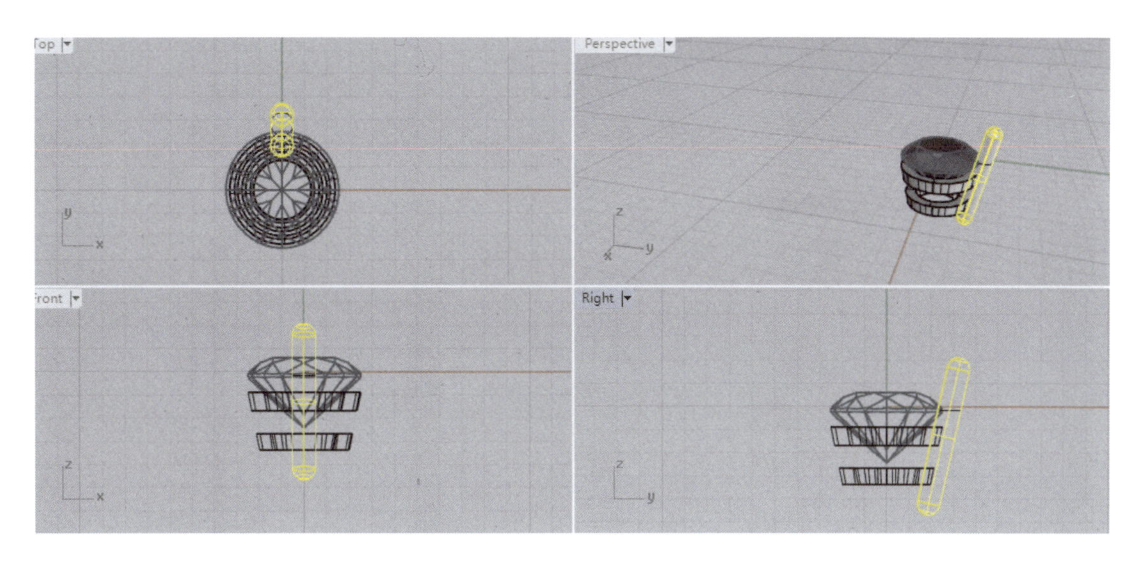

图 5-1-24 制作一个爪

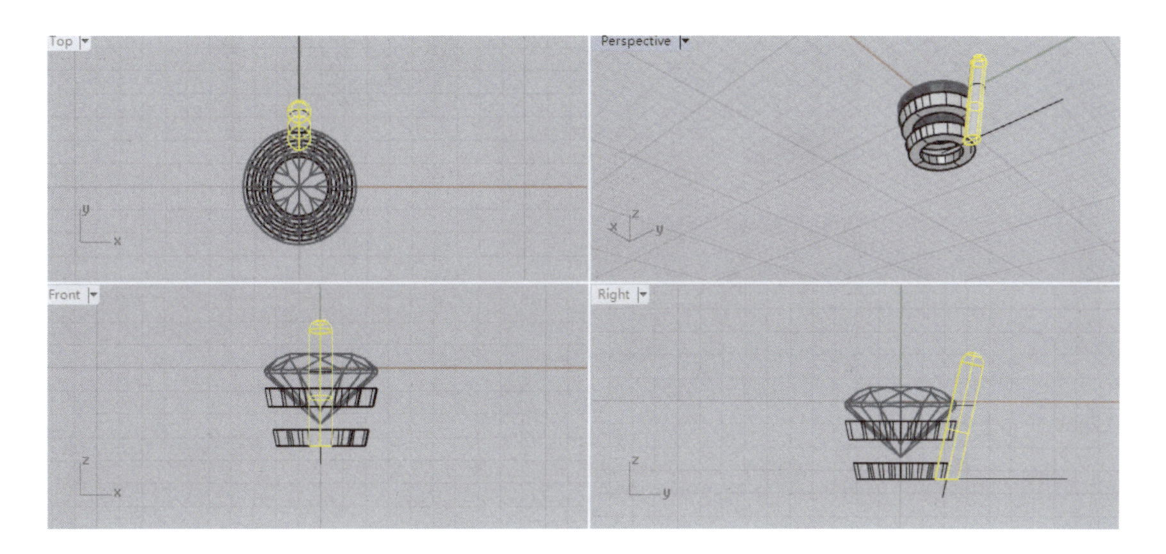

图 5-1-25 修剪掉爪的多余部分

(17)在顶视图中删除多余线条,使用“环形阵列”命令把爪进行环形复制,阵列数为4,完成镶口的制作(图 5-1-26)。

(18)利用“不等距边缘圆角”命令对相关边缘进行圆角处理,最终效果如图 5-1-27 所示。

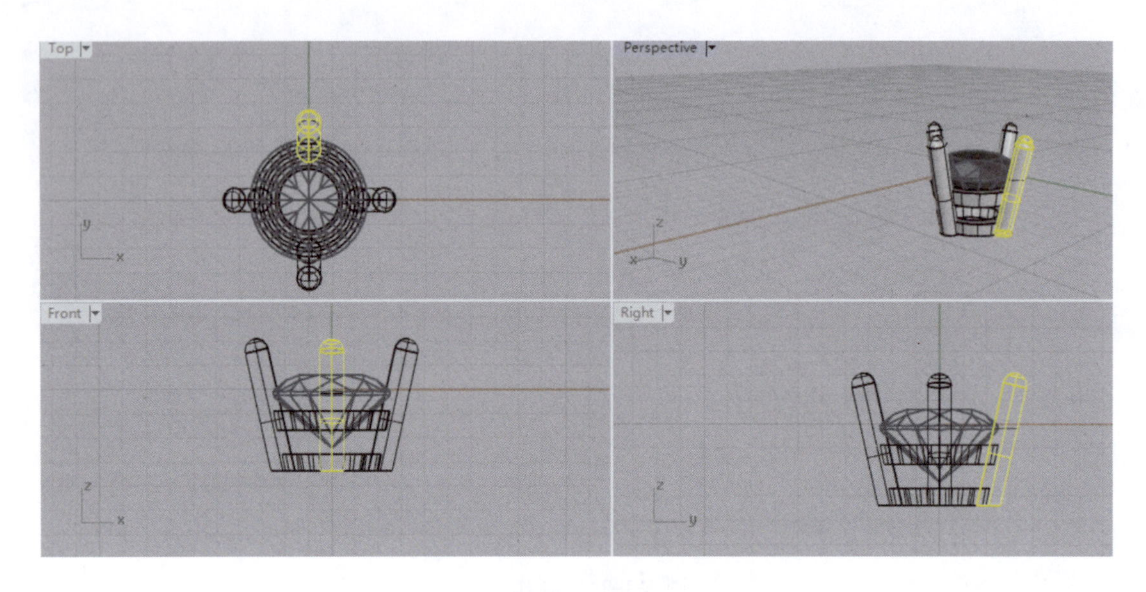

图 5-1-26　将爪环形阵列后的效果

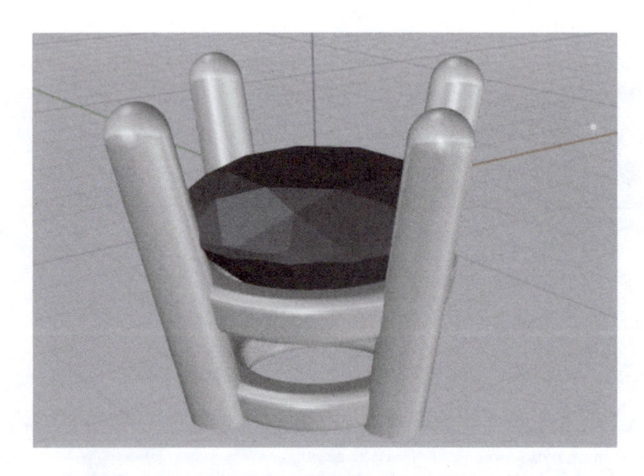

图 5-1-27　圆形刻面宝石爪镶(收底效果)

案例小结

本案例为两种不同的圆形刻面宝石的爪镶建模方法(直筒和收底),也是 Rhino 首饰建模必须掌握的基础知识。

(1)“挤出曲面”命令是将平面挤出实体,其功能也可由“矩形”命令和“挤出封闭的平面曲线”命令配合达到相同的效果。

(2) 和 都是圆管命令,只是两端有圆头和平头的区别。

5.2 水滴形刻面宝石的爪镶

任务描述

制作一个尺寸为 8.00mm×4.87mm 的水滴形刻面宝石的爪镶镶口(直筒效果)(图 5-2-1)。

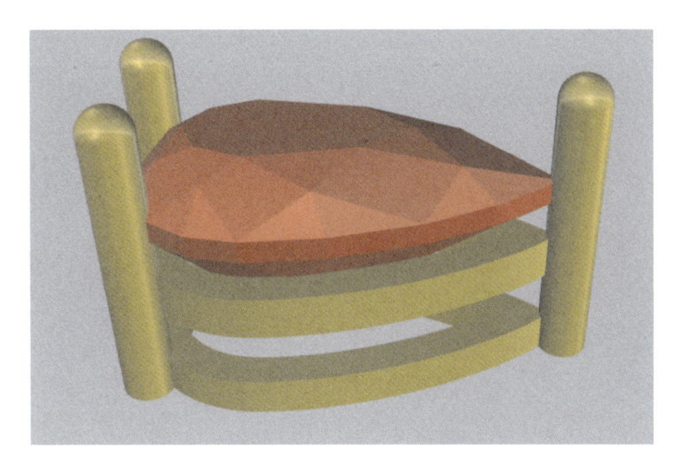

图 5-2-1 水滴形刻面宝石的直筒效果爪镶镶口

所用命令

操作中将用到如下命令图标:

依次为“圆(中心点、半径)”命令、“打开/关闭控制点”命令、“偏移曲线”命令、“移动”命令、“复制”命令、“挤出封闭的平面曲线”命令、“单轴缩放”命令、“修剪”命令、“不等距边缘圆角”命令、“镜像”命令,请对照使用。

操作步骤

(1)在顶视图中,点击 TechGems 插件中的 Other cuts,选择水滴形宝石,插入点为原点,缩放比设为 8(长 8.00mm),同时测出其最大宽度(图 5-2-2)。

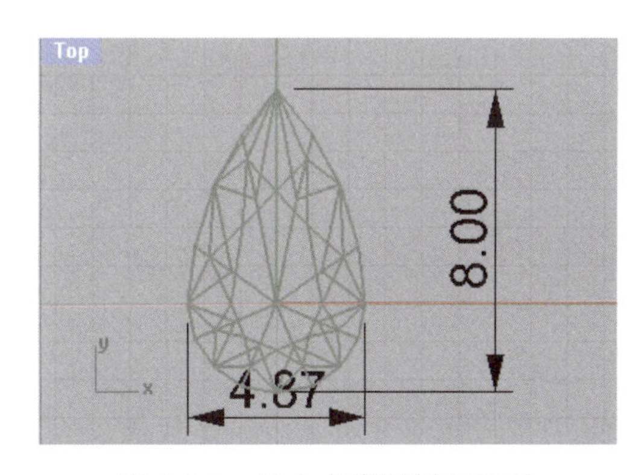

图 5-2-2 导入水滴形刻面宝石

(2)在顶视图中用“圆(中心点、半径)”命令绘制一个圆心在原点,直径为4.87mm的圆(图5-2-3)。

(3)单击“打开控制点”命令,开启并调节圆周控制点,使曲线与宝石边缘尽可能重合,如图5-2-4所示。

(4)利用“偏移曲线”命令将曲线向内偏移0.70mm(图5-2-5)。

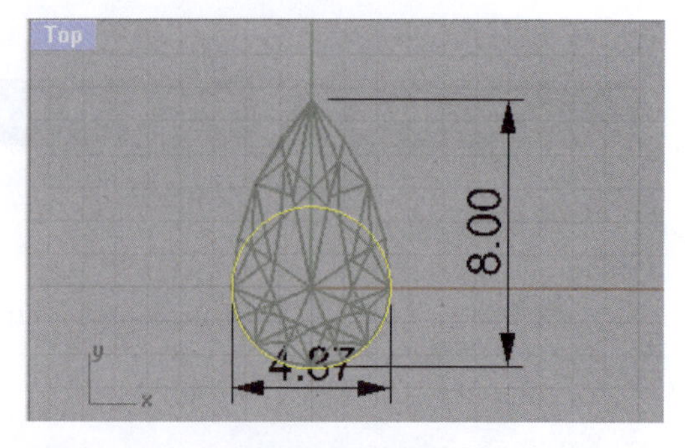

图5-2-3　作圆

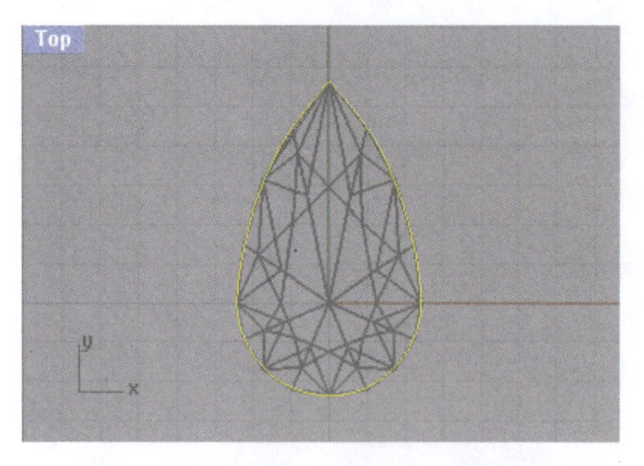

图5-2-4　使曲线与宝石边缘重合

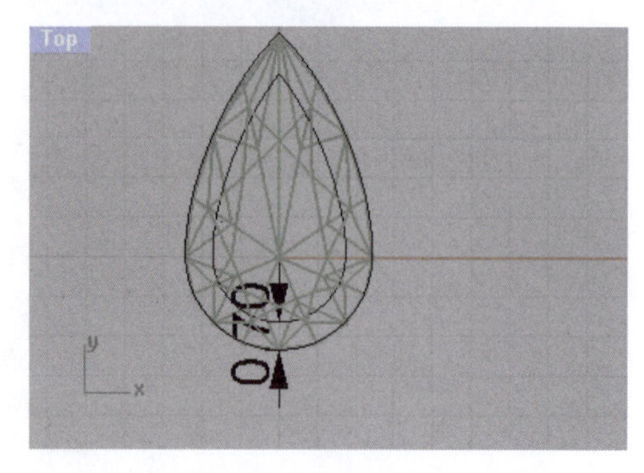

图5-2-5　将曲线向内偏移

(5)选择内外两水滴形曲线,按Shift键或正交模式,在前视图中将其向下垂直移动,直到内曲线刚好托住宝石底部(图5-2-6)。

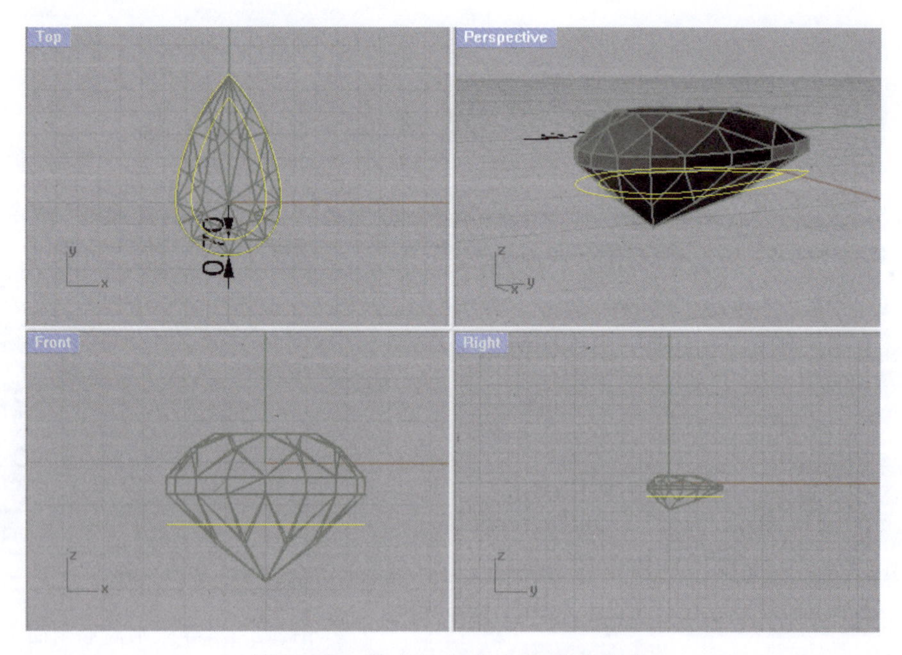

图5-2-6　将内外曲线向下垂直移动

(6)在前视图中,利用"复制"命令将内外曲线复制三次并向下移动,并使它们之间的距离依次为 0.80mm、1.00mm 和 0.70mm(图 5-2-7)。

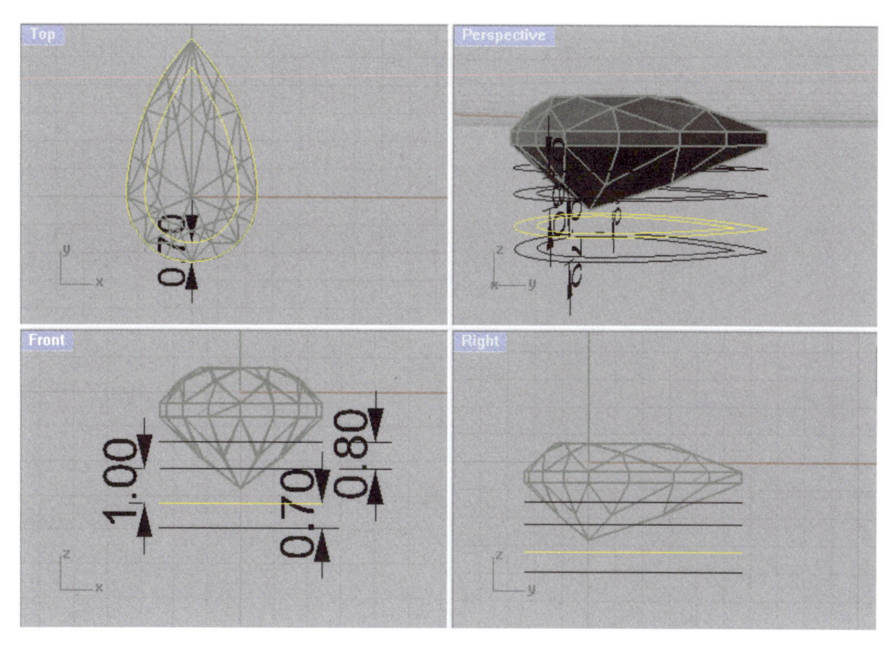

图 5-2-7　将内外曲线复制三次并向下移动

(7)在前视图中,利用"挤出封闭的平面曲线"命令挤出宝石的两个夹层(注意指令栏中选择"实体"选项,两夹层的厚度分别为 0.80mm 和 0.70mm,间隔距离为 1.00mm)(图 5-2-8)。

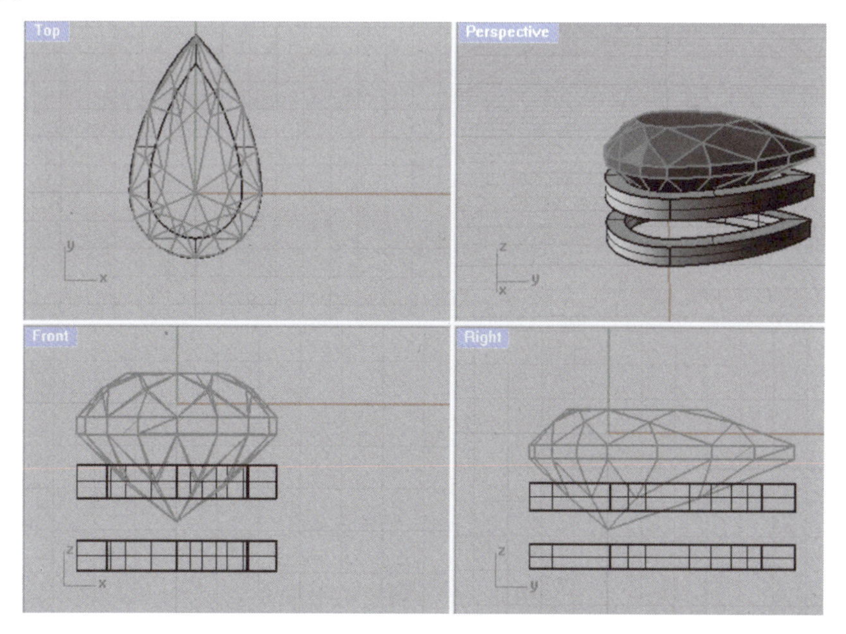

图 5-2-8　挤出宝石的两个夹层

(8)在顶视图中,捕捉宝石顶部端点做圆的起点,画一个直径为 1.00mm 的圆,然后按 Shift 键将其下移 0.20mm(图 5-2-9)。

图 5-2-9　作圆并下移

(9)在右视图中,利用"挤出封闭的平面曲线"命令将圆挤出一个爪(两侧挤出),爪的下端与底夹层下端齐平,上端高出宝石台面 1.00mm(可用"单轴缩放"命令或"修剪"命令调节)(图 5-2-10)。

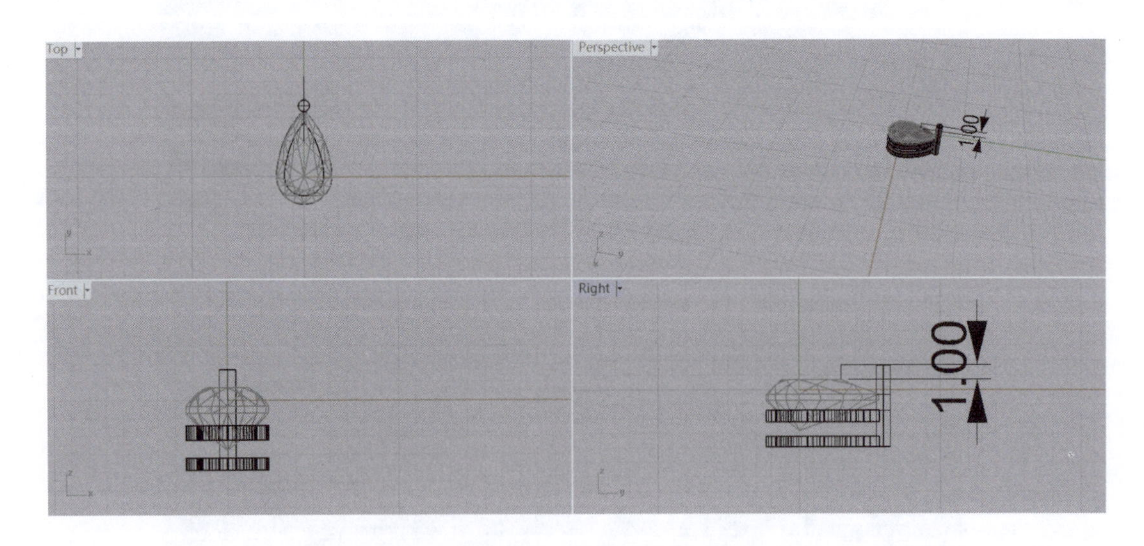

图 5-2-10　挤出一个爪

(10)利用“不等距离边缘圆角”命令对爪的顶部进行圆角处理,圆角半径为 0.45mm(图 5-2-11)。

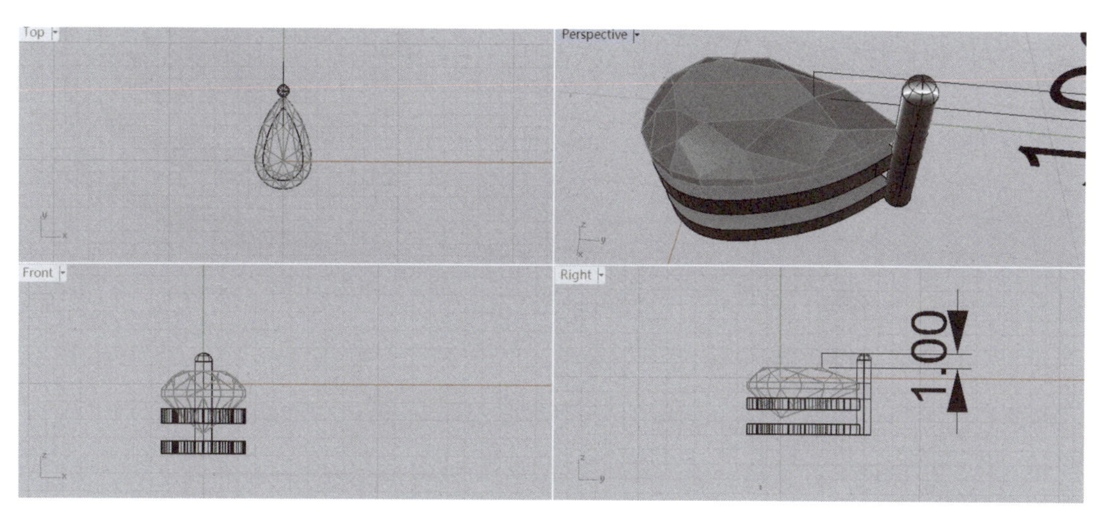

图 5-2-11 对爪上端进行圆角处理

(11)在顶视图中,利用“复制”命令将爪复制并移动到与宝石边缘相切的合适位置(图 5-2-12);再向内移动使其咬石 0.10mm(图 5-2-13)。

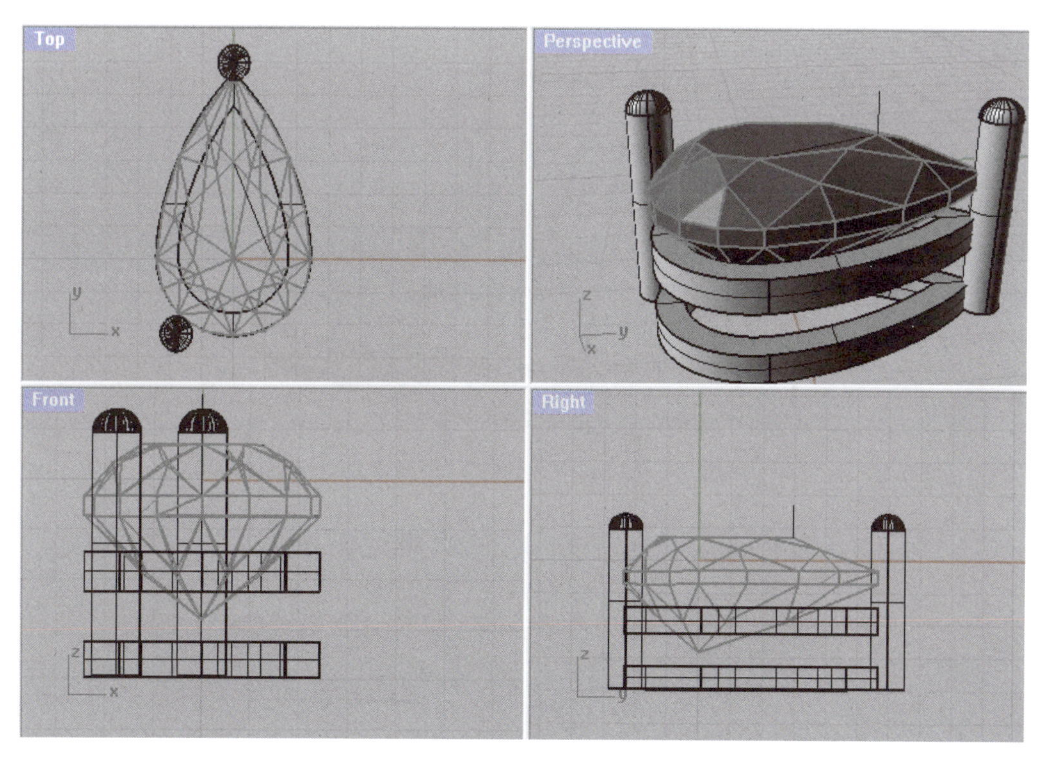

图 5-2-12 复制爪并移动至合适位置

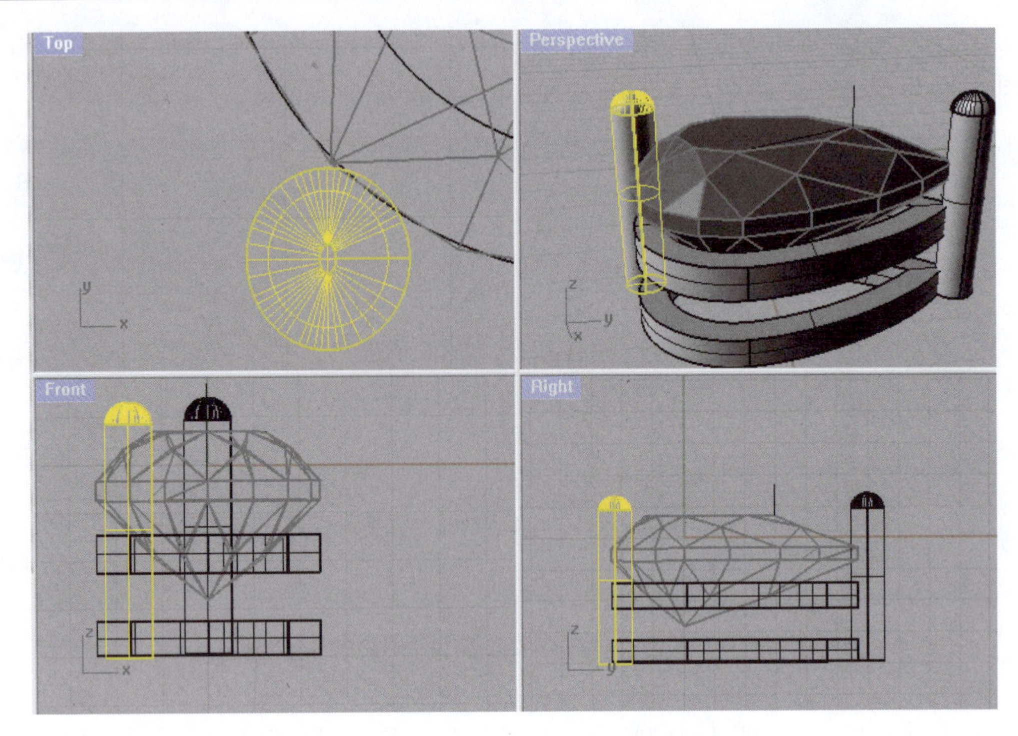

图 5-2-13　爪咬石 0.10mm

(12)在顶视图中,利用“镜像”命令得到第三个爪,最终效果如图 5-2-14 所示。

图 5-2-14　通过镜像得到第三个爪

拓展 水滴形刻面宝石的爪镶(收底效果)

任务描述

制作一个尺寸为8.00mm×4.87mm的水滴形刻面宝石的爪镶镶口(收底效果)。

由于水滴形刻面宝石的爪镶镶口(收底效果)建模方法与案例5.1拓展“圆形刻面宝石的爪镶镶口(收底效果)”类似,这里不再重复讲解,读者可参照前述相关步骤自行完成。最终效果如图5-2-15所示。

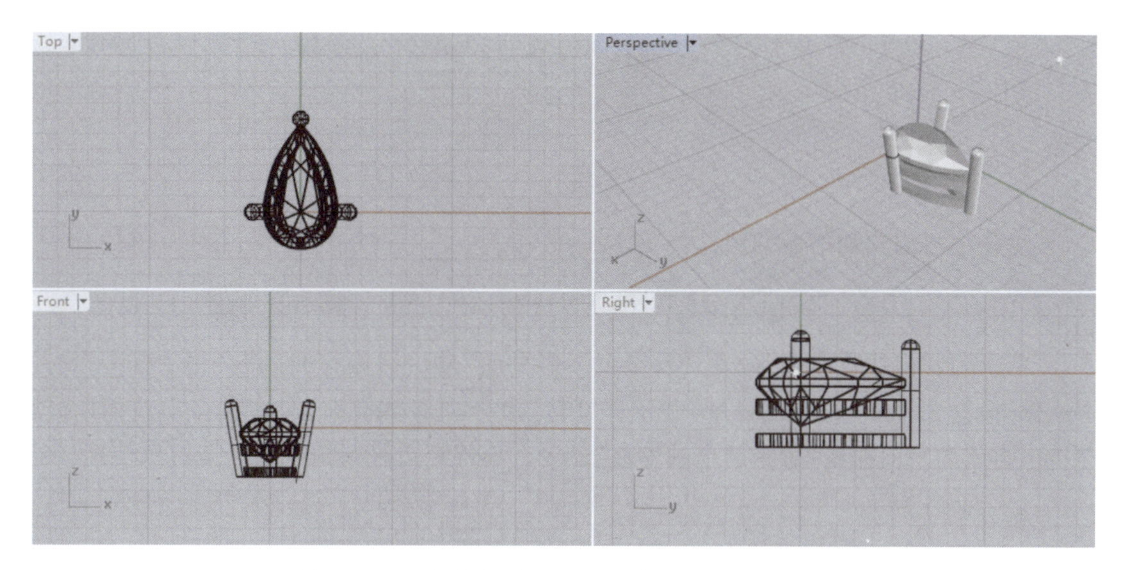

图5-2-15 水滴形刻面宝石爪镶镶口(收底效果)

案例小结

本案例为两种不同的水滴形刻面宝石的爪镶建模方法(直筒和收底),基本建模方式与案例5.1类似。

值得注意的是,对于尖角宝石,在尖角处爪咬石的厚度可以适当大一点,这样才能更好地固定宝石。另外,画宝石边缘线时,也可以参照案例5.3的步骤(2),利用“内插点曲线”命令和“投影到工作平面”命令可能更方便。

5.3 心形刻面宝石的爪镶

任务描述

制作一个尺寸为8.00mm×8.00mm的心形刻面宝石的爪镶镶口(直筒效果)(图5-3-1)。

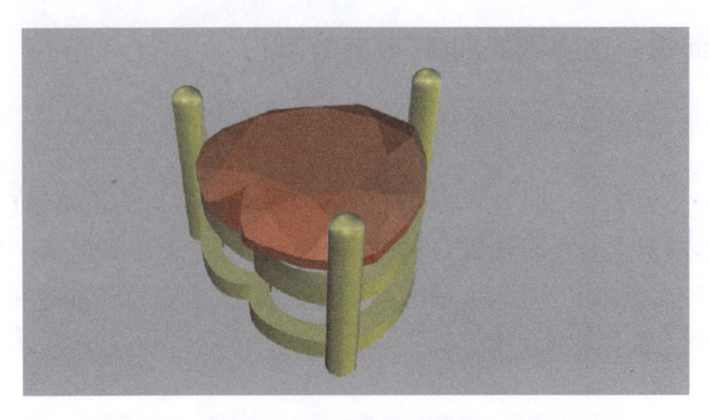

图 5-3-1　心形刻面宝石的爪镶镶口(直筒效果)

所用命令

操作中将用到如下命令图标：

依次为:"内插点曲线"命令、"投影至工作平面"命令、"偏移曲线"命令、"修剪"命令、"镜像"命令、"打开/关闭控制点"命令、"旋转"命令、"双轨扫掠"命令、"挤出曲面"命令、"挤出封闭的平面曲线"命令、"单轴缩放"命令、"不等距边缘圆角"命令,请对照使用。

操作步骤

(1)在顶视图中,在原点导入一个长度为 8.00mm 的心形刻面宝石(图 5-3-2)。

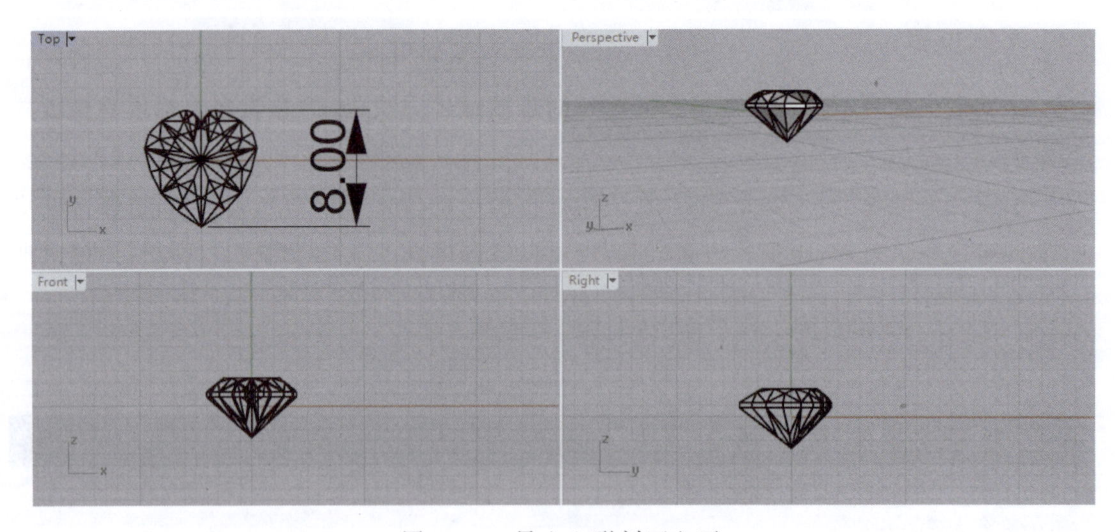

图 5-3-2　导入心形刻面宝石

(2)在顶视图中,利用“内插点曲线”命令画一条与宝石边缘尽可能重合的曲线,如果从前视图观察发现边缘曲线的控制点不在一条线上,可以在顶视图中用“投影到工作平面”命令进行处理,使其变成平面曲线,如图 5-3-3 所示。

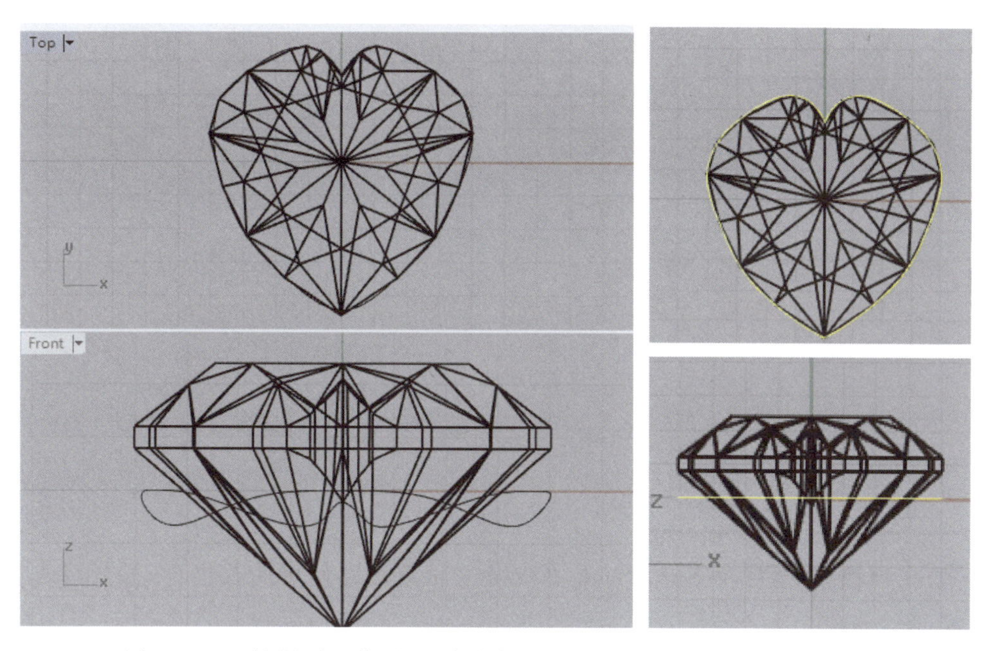

图 5-3-3 “投影到工作平面”命令使用前(图左)、后(图右)效果对比

(3)用“偏移曲线”命令将心形曲线向内偏移 0.80mm(图 5-3-4)。

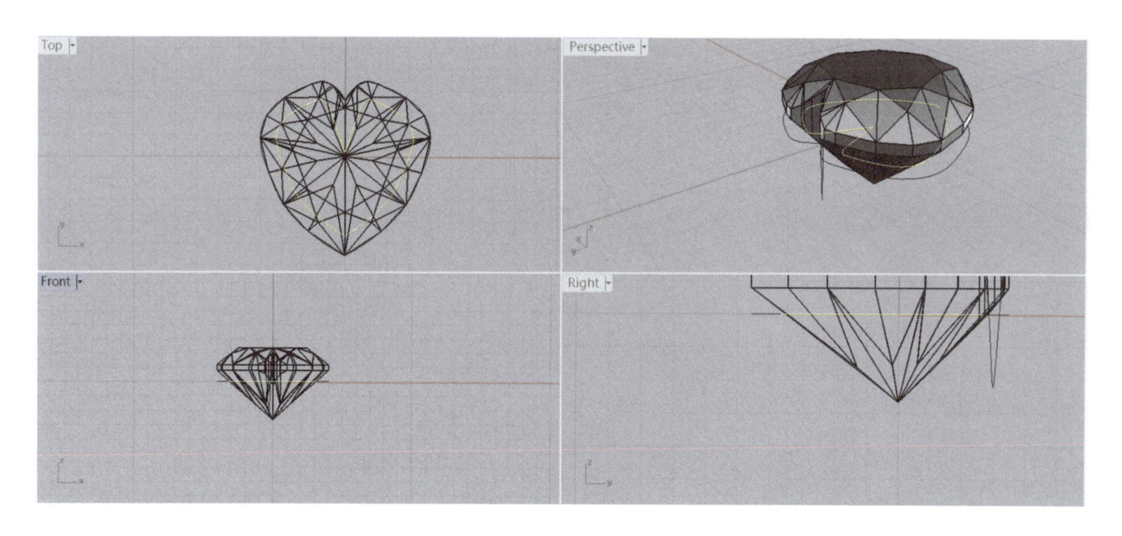

图 5-3-4 将心形曲线向内偏移

(4)用直线连接内偏移曲线的两个端点(图 5-3-5),用“修剪”命令将该曲线的右边一半删除;重建控制点(7 个)并加以调节,使曲线如图 5-3-6 所示。

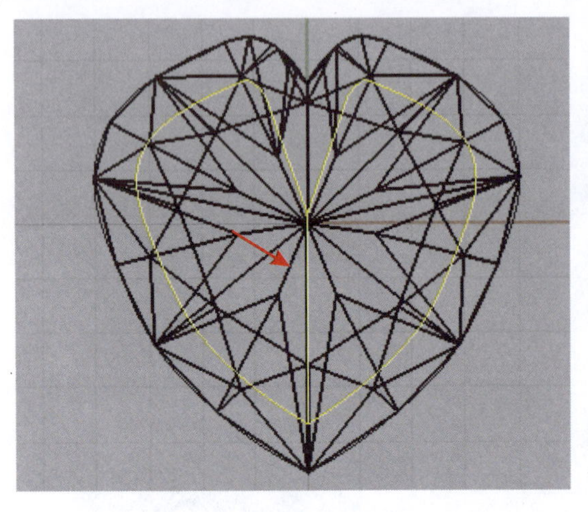

图 5-3-5　画直线连接两个端点

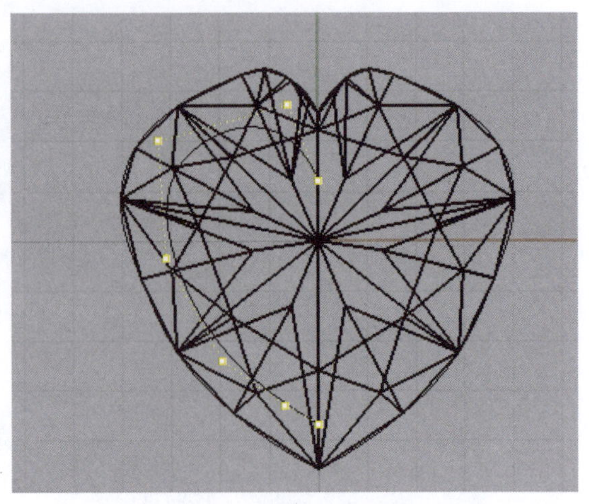

图 5-3-6　调节控制点后的效果

(5)在顶视图中,将左边修改好的曲线沿 y 轴镜像并使两曲线组合,得到修改后的内部曲线(图 5-3-7)。

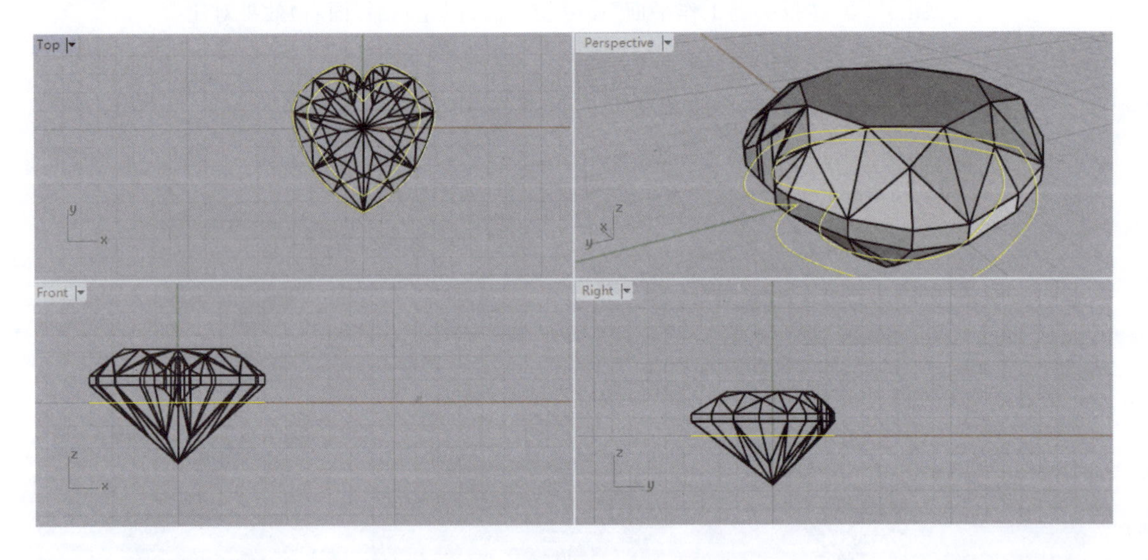

图 5-3-7　修改后的内部曲线

(6)选择内外两条心形曲线,在前视图中竖直移动,直到使内部心形曲线刚好托住宝石亭部(图 5-3-8)。

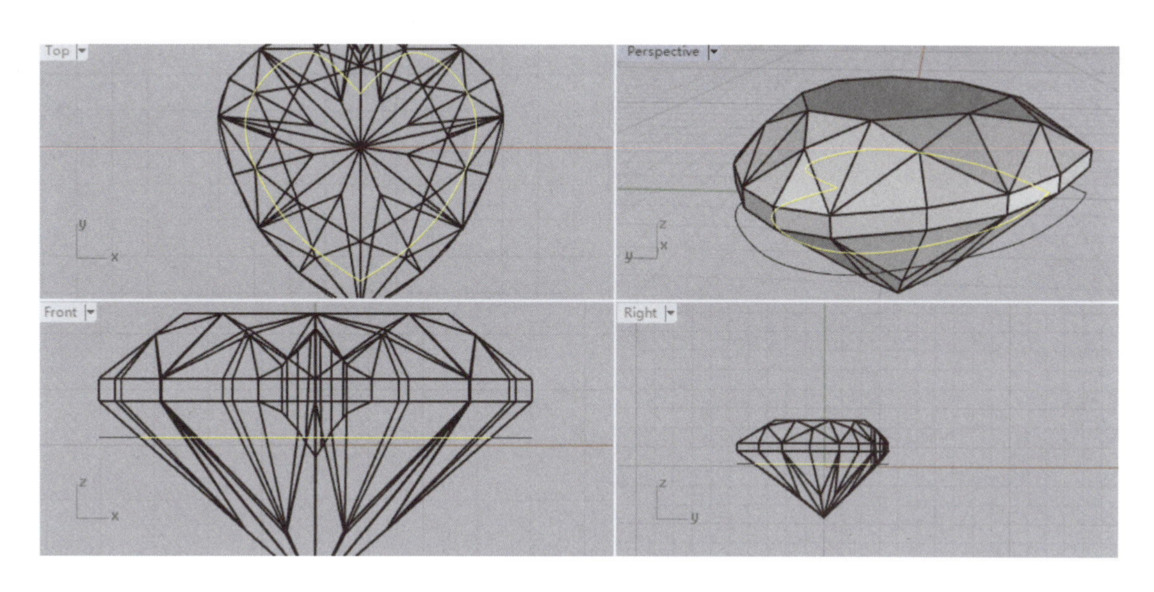

图 5-3-8 竖直移动内外曲线

(7)选择内外曲线,将其原地复制后垂直向下移动到距宝石底尖 0.50mm 处(图 5-3-9)。

图 5-3-9 复制内外曲线并下移

(8)用“打开控制点”命令显示内外曲线的控制点,选择靠近宝石上方凹部控制点(各选 5 个)(图 5-3-10)。

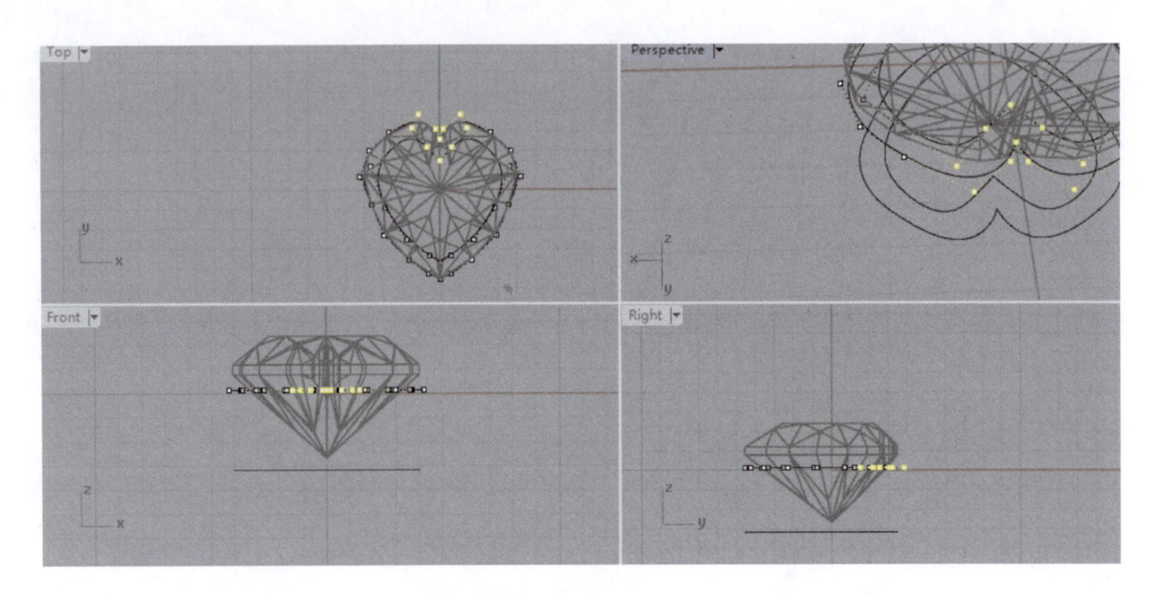

图 5-3-10　选择控制点

(9)在右视图中,将所选控制点以右端点为中心向下旋转(2D)30°左右(图 5-3-11)。

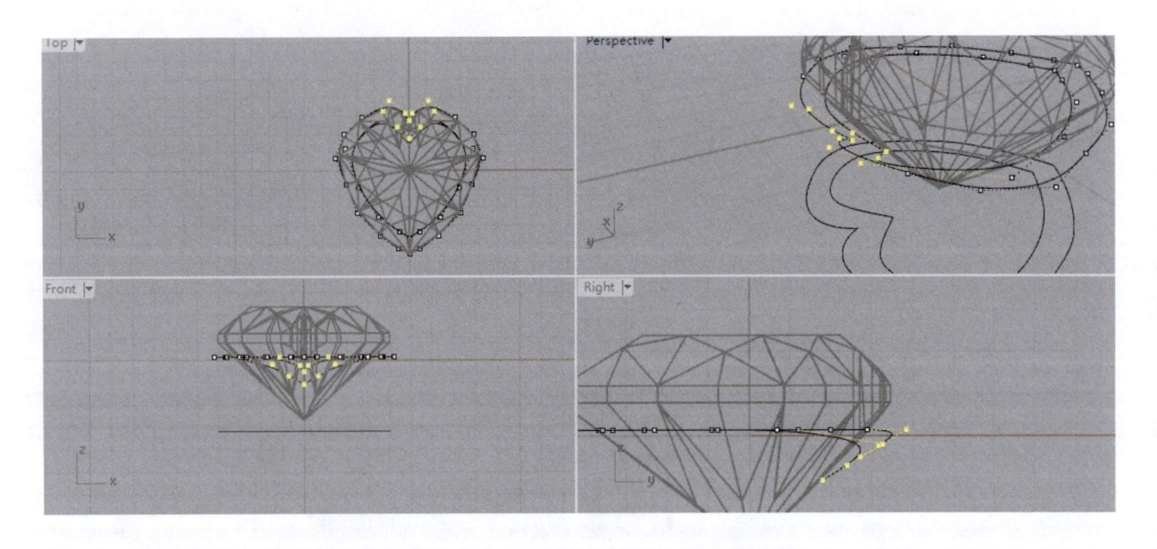

图 5-3-11　进行2D旋转后的效果

(10)调整控制点使内曲线紧贴宝石亭部(图 5-3-12)。

(11)在顶视图中隐藏宝石,在心形曲线的下方通过捕捉端点画一条连接内外心形曲线端点的线段(图 5-3-13)。

(12)利用"双轨扫掠"命令完成曲面1的制作(图 5-3-14)。

(13)运用"挤出曲面"命令将曲面向下挤出0.80mm的实体(图 5-3-15)。

图 5-3-12 调节控制点

图 5-3-13 作线段连接内外曲线端点

图 5-3-14 完成曲面 1 的制作

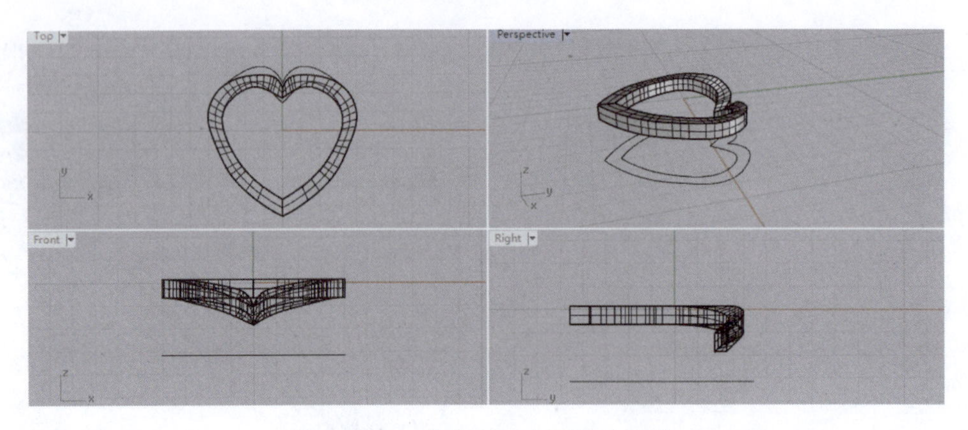

图 5-3-15　将曲面 1 向下挤出实体

(14)显示宝石,选择下方内外曲线,用“挤出封闭的平面曲线”命令将其向上挤出厚度为 0.80mm 的实体(图 5-3-16)。

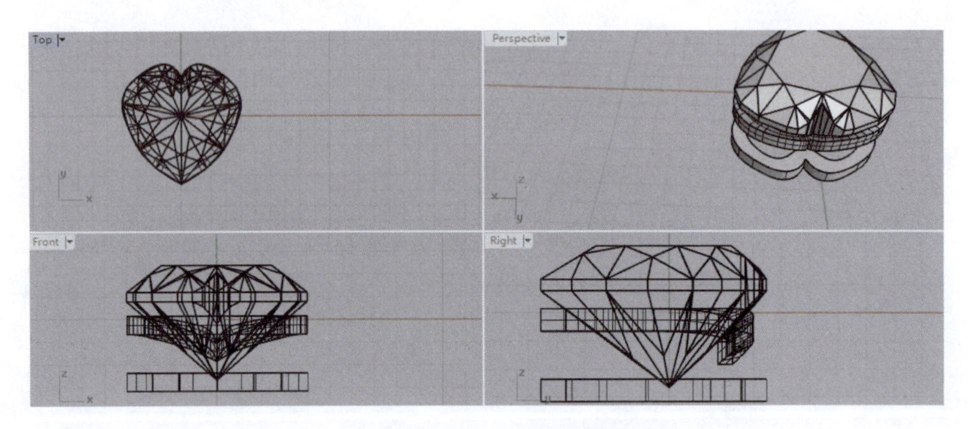

图 5-3-16　将下方曲线向上挤出实体

(15)在顶视图中,在宝石顶端尖角处和宝石侧面各画一个直径为 1.00mm 的圆,注意顶端尖角处的爪咬石 0.20mm,侧面爪咬石 0.10mm(图 5-3-17)。

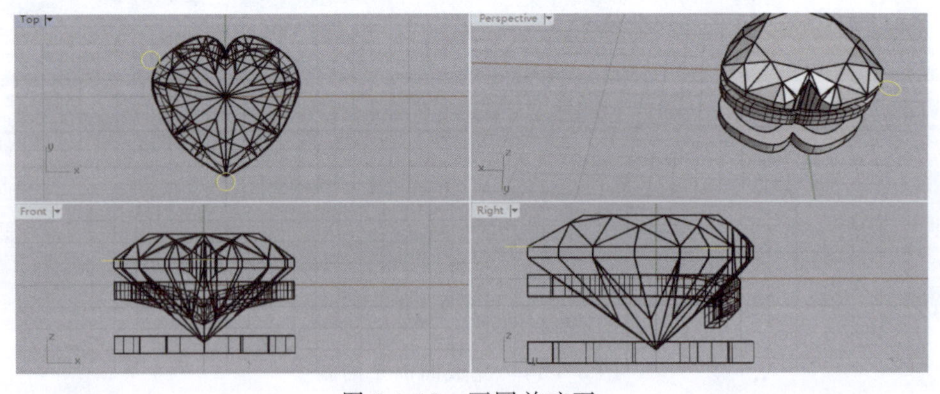

图 5-3-17　画圆并咬石

(16)选择两圆，利用“挤出封闭的平面曲线”命令将其向两侧挤出两个圆柱体作爪，下端与镶口夹层底部持平(图 5-3-18)。

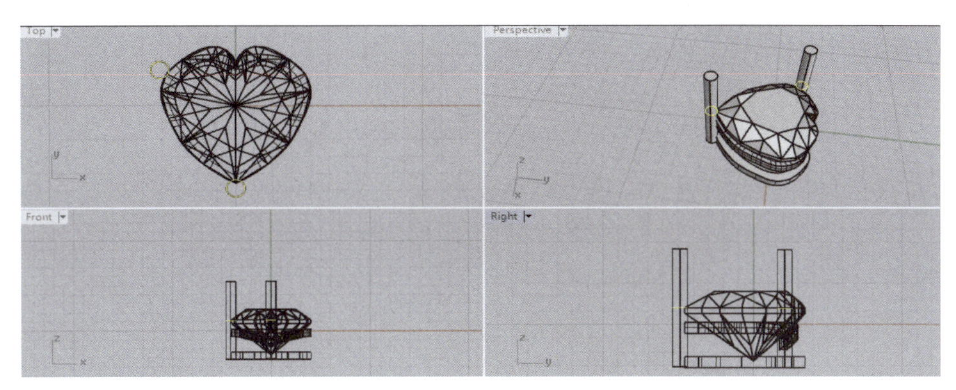

图 5-3-18　挤出两个圆柱体作爪

(17)利用“修剪”命令或“单轴缩放”命令使爪高出宝石台面 1.00mm(图 5-3-19)。

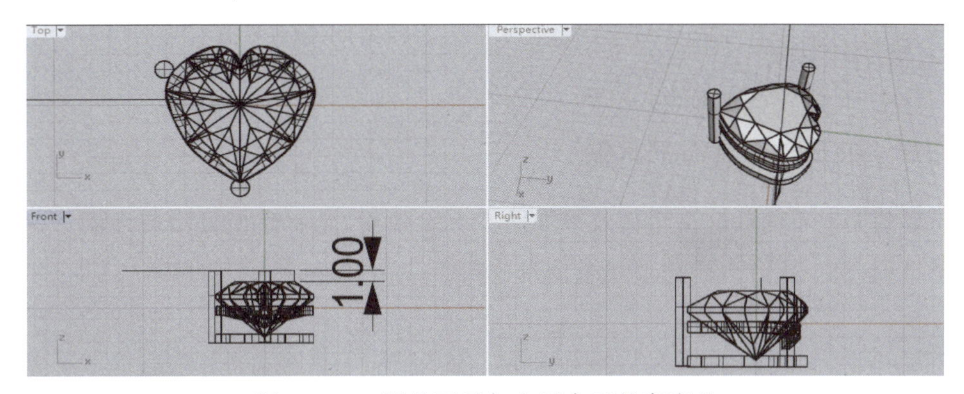

图 5-3-19　调整两爪与宝石台面的高度差

(18)利用“不等距边缘圆角”命令对两个爪进行圆角处理(圆角半径为 0.45mm)，并在顶视图中用“镜像”命令将宝石侧面的爪沿 y 轴镜像复制(图 5-3-20)。

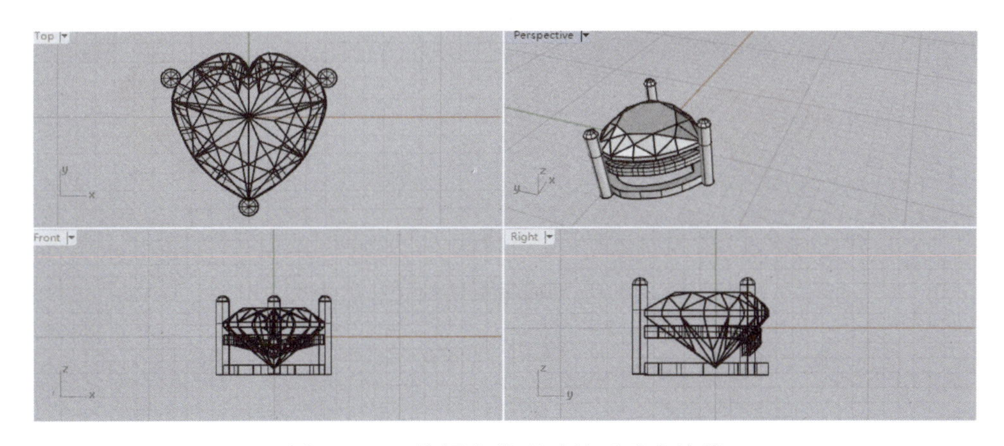

图 5-3-20　将圆角处理后的爪垂直镜像

(19)给镶口及宝石渲染上色后,最终的效果如图 5-3-21 所示。

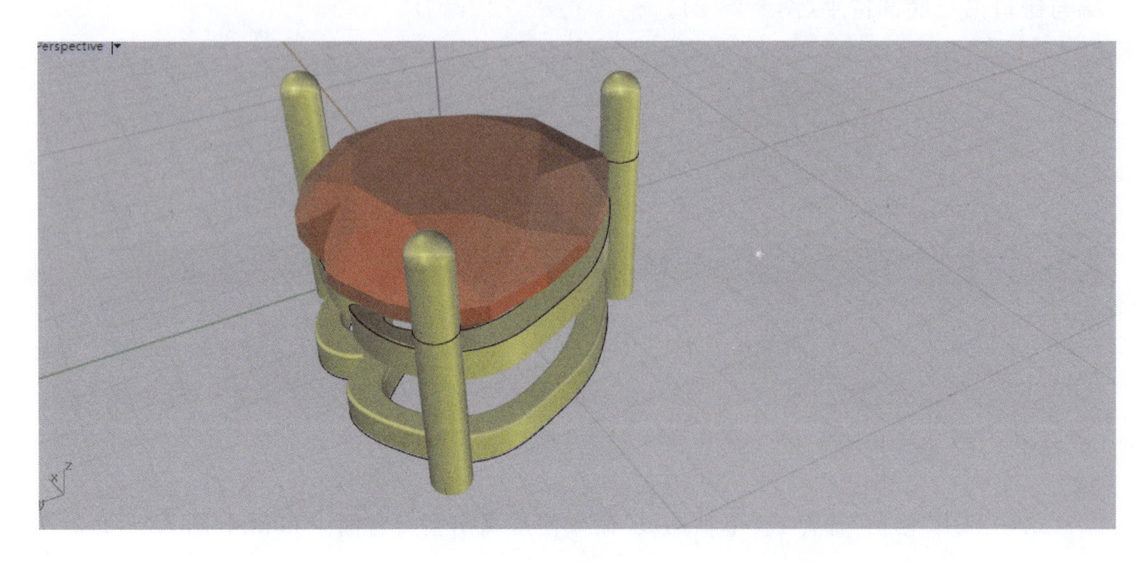

图 5-3-21　心形刻面宝石(直筒型)爪镶效果图

拓展　心形刻面宝石的爪镶

心形刻面宝石的收底型爪镶效果如图 5-3-22 所示,基本建模方法与水滴形刻面宝石收底型爪镶类似,读者可参照前述案例自行制作。

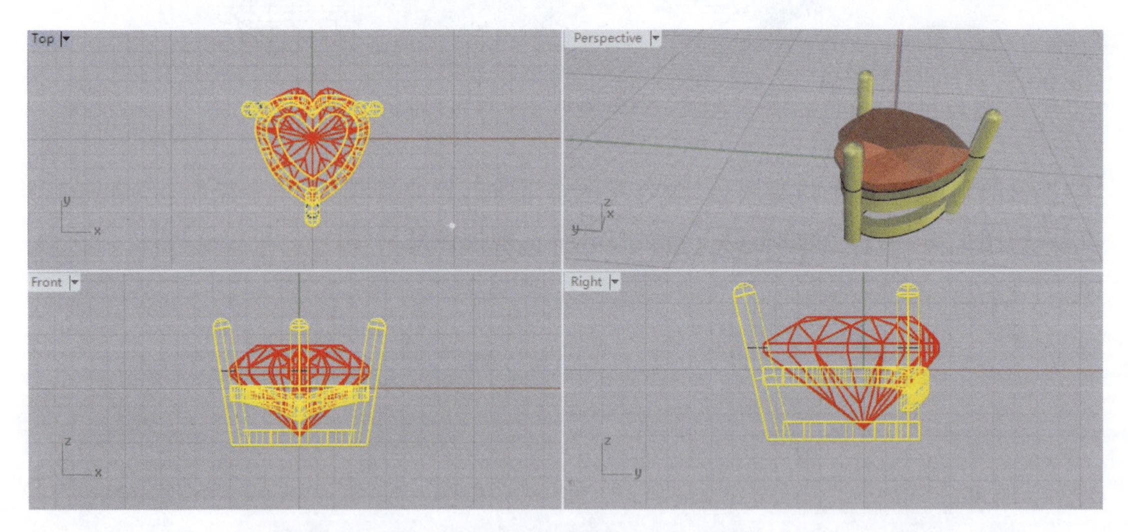

图 5-3-22　心形刻面宝石(收底型)爪镶效果图

案例小结

（1）在步骤（2）中，使用“投影至工作平面”命令时，需要在顶视图里操作才能达到想要的效果。

（2）在步骤（6）中，竖直移动时可以使用“正交”模式或者按 Shift 键。

5.4 圆形刻面宝石的包镶

任务描述

制作一个直径为 5.00mm 的圆形刻面宝石的包镶镶口（图 5-4-1）。

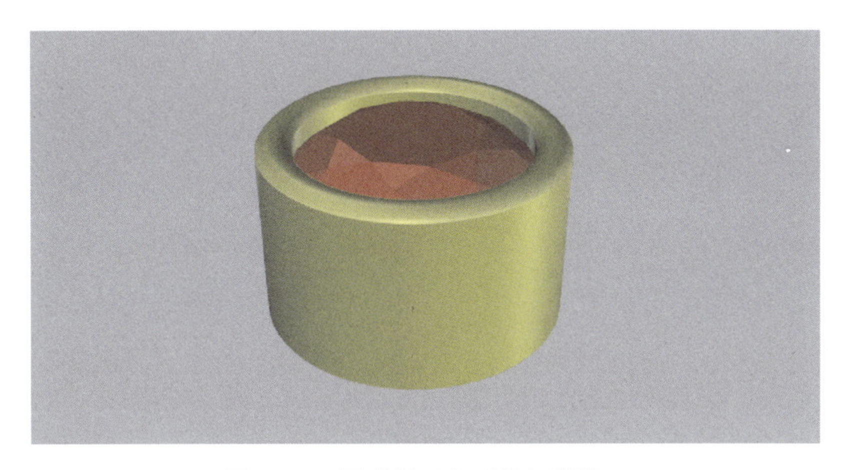

图 5-4-1 圆形刻面宝石的包镶镶口

所用命令

操作中将用到如下命令图标：

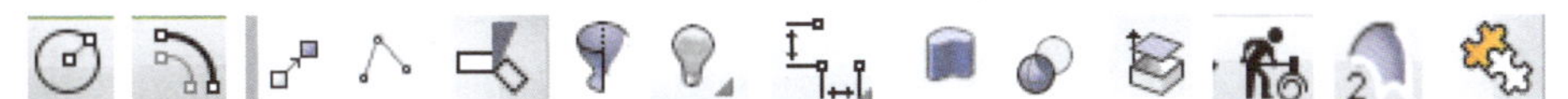

依次为：“圆（中心点、半径）”命令、“偏移曲线”命令、“移动”命令、“多重直线”命令、修剪”命令、“旋转成型”命令、“隐藏/显示”命令、“直线尺寸标注”命令、“挤出封闭的平面曲线”命令、“布尔运算差集”命令、“抽离曲面”命令、“重建曲线”命令、“双轨扫掠”命令、“组合”命令，请对照使用。

操作步骤

（1）在顶视图中，以原点为中心导入一个直径为 5.00mm 的圆形刻面宝石（图 5-4-2）。

（2）在顶视图中，以原点为中心画一个直径为 5.00mm 的圆与宝石边缘重合，并用“偏移曲线”命令将圆向内偏移 0.10mm（图 5-4-3）。

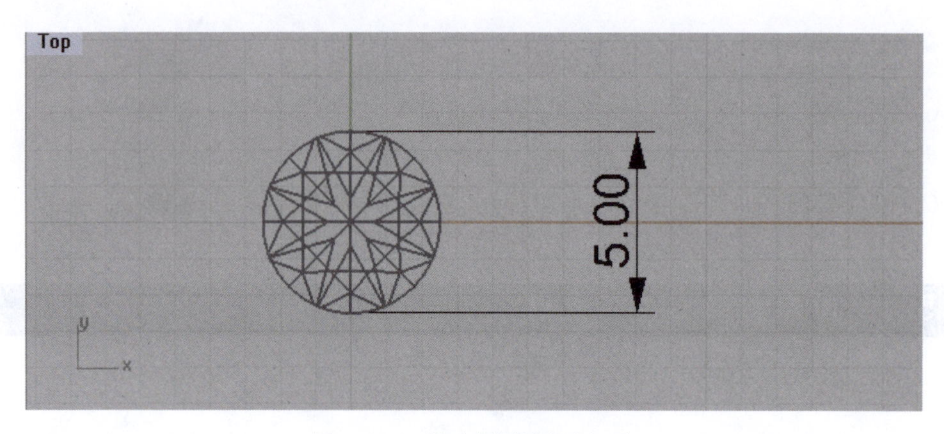

图 5-4-2　导入圆形刻面宝石

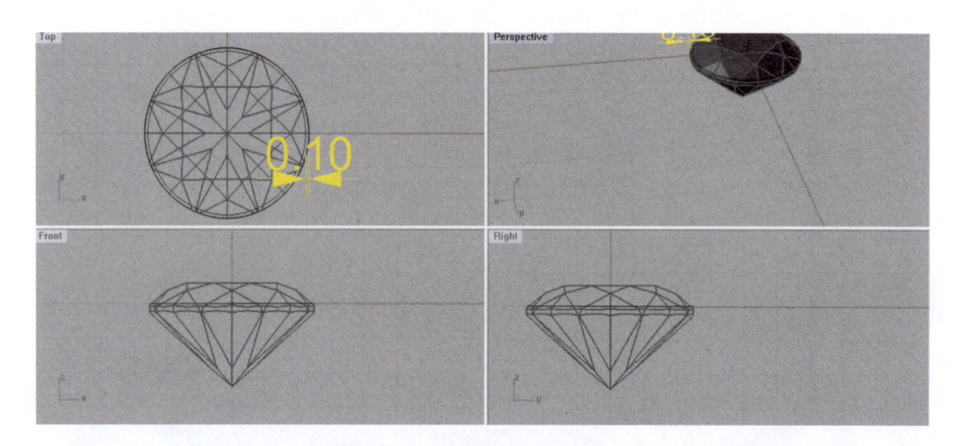

图 5-4-3　作圆并向内偏移

(3)在前视图中将宝石垂直向下移动,使宝石台面与内外圆距离为 0.20mm(图 5-4-4)。

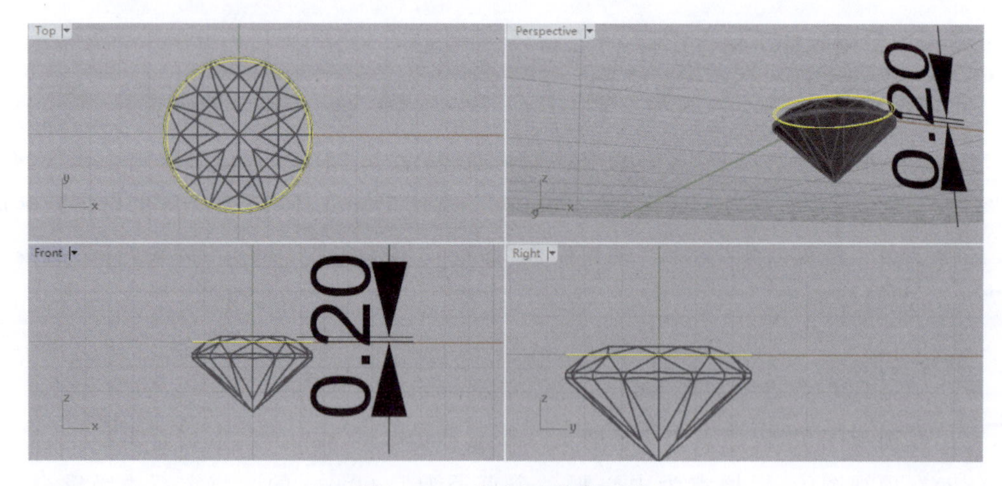

图 5-4-4　将宝石垂直下移

(4)在前视图中,用"多重直线"命令通过内圆的四分点作如图 5-4-5 所示折线。

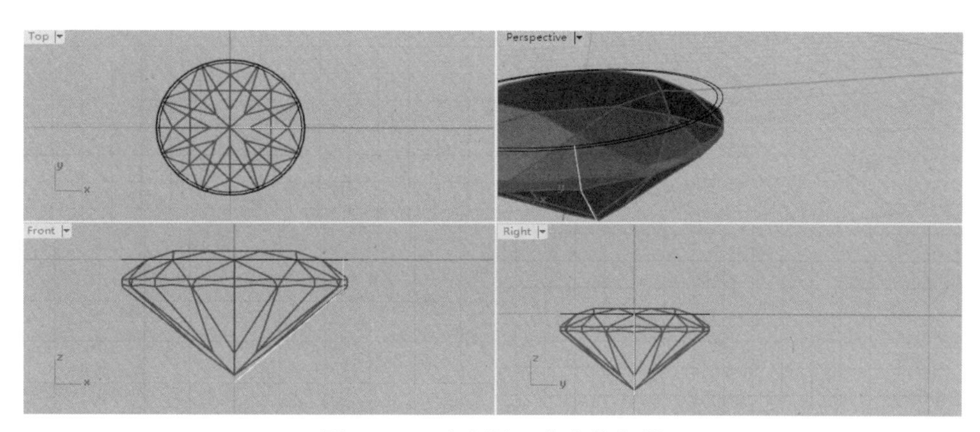

图 5-4-5　过内圆四分点作折线

(5)通过折线下部线段的中点(也可从中点沿线段上移少许)画一条垂直线(图 5-4-6)。

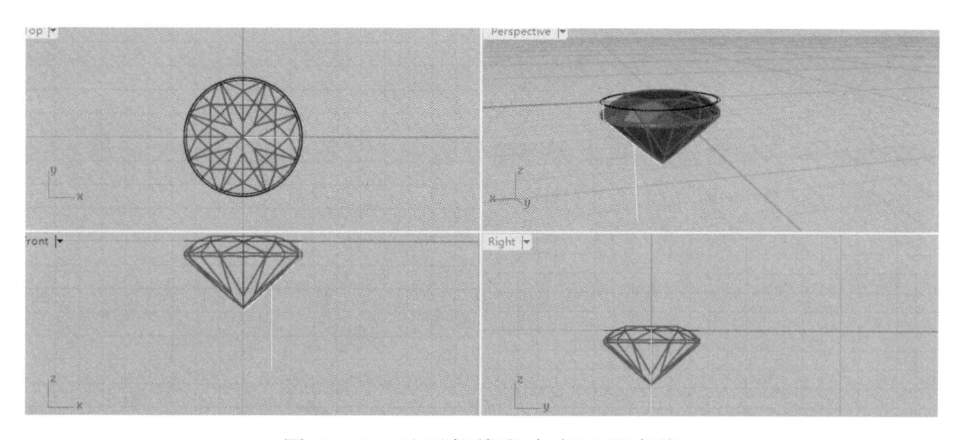

图 5-4-6　过下部线段中点画垂直线

(6)利用"修剪"命令删除多余的线段并将留下的线段进行组合(图 5-4-7)。

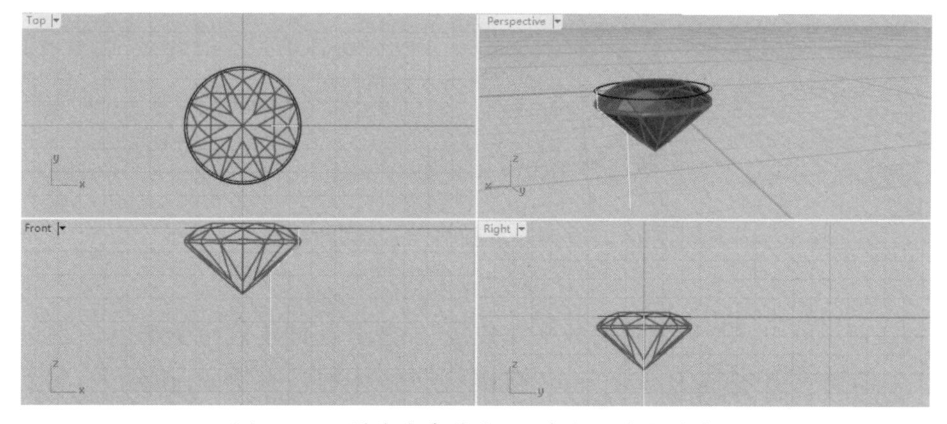

图 5-4-7　删除多余线段,组合留下来的线条

(7)在前视图中,利用“旋转成型”命令(左键)将刚组合的折线沿着起点为原点、终点为 y 轴上方一点的旋转轴,旋转 360°后得到实体 1(图 5-4-8)。

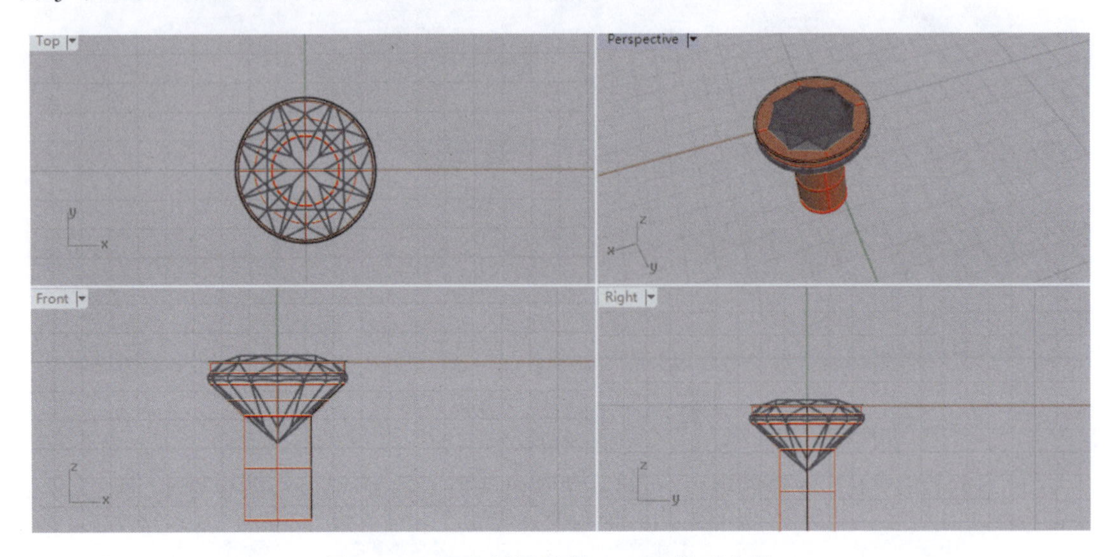

图 5-4-8　组合折线旋转 360°后得到实体 1

(8)隐藏实体 1,删除外圆,再将内圆向外偏移 0.70mm,用“直线尺寸标注”命令测量外圆与宝石底尖的距离为 2.81mm(图 5-4-9)。

图 5-4-9　测量外圆与宝石底尖的距离

(9)在前视图中,用“挤出封闭的平面曲线”命令将外圆垂直向下挤出 3.51mm(为保持镶口底部到宝石底部为 0.70mm,则镶口圆柱体的高度为 3.51mm),得到实体 2(图 5-4-10)。

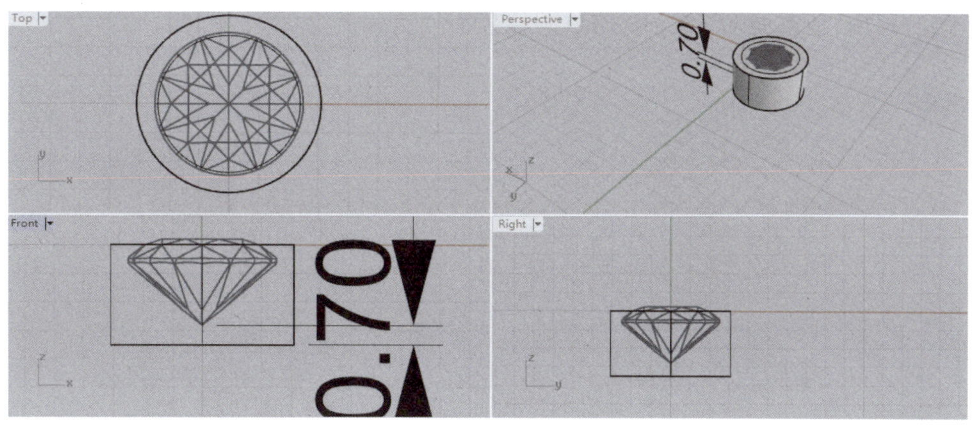

图 5-4-10　挤出实体 2

(10)显示实体 1(图 5-4-11)。

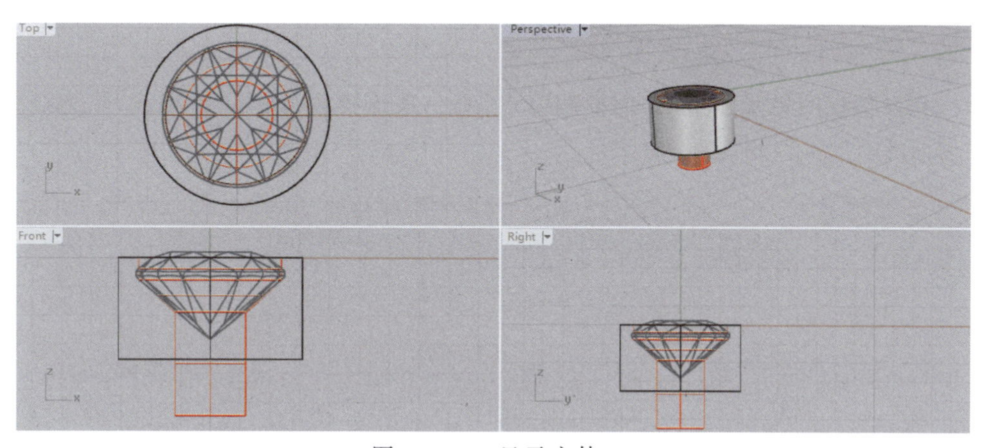

图 5-4-11　显示实体 1

(11)将实体 1 和实体 2 用“布尔运算差集”命令进行相减,得到镶口实体(图 5-4-12)。

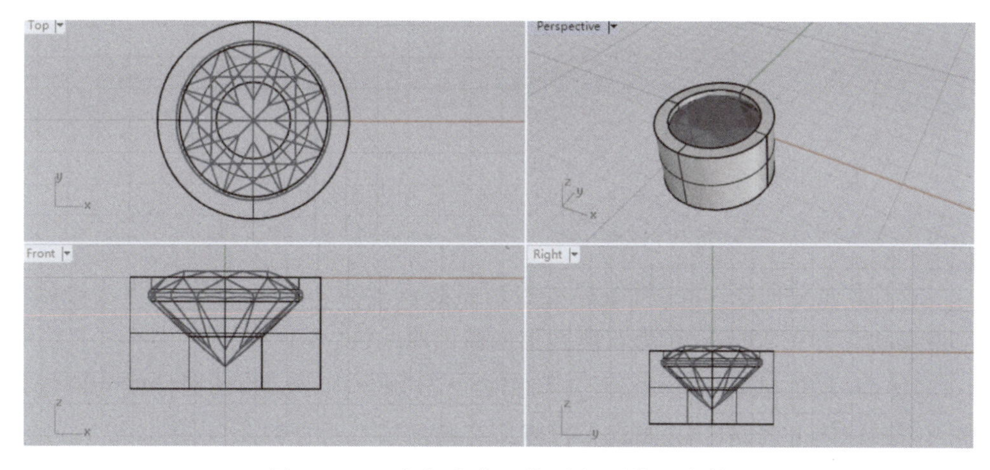

图 5-4-12　布尔差集运算后得到镶口实体

(12)利用“抽离曲面”命令将镶口圆柱顶面抽离并删除(图 5-4-13)。

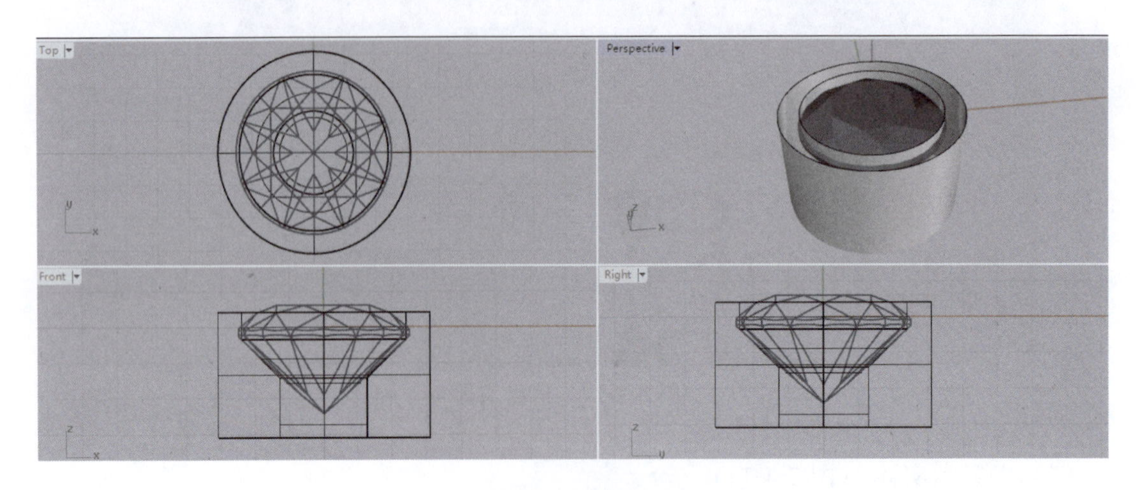

图 5-4-13　抽离镶口圆柱顶面并删除

(13)在顶视图中隐藏宝石,捕捉四分点,画一条连接内外两圆的直线,作为双轨扫掠的断面曲线(图 5-4-14)。

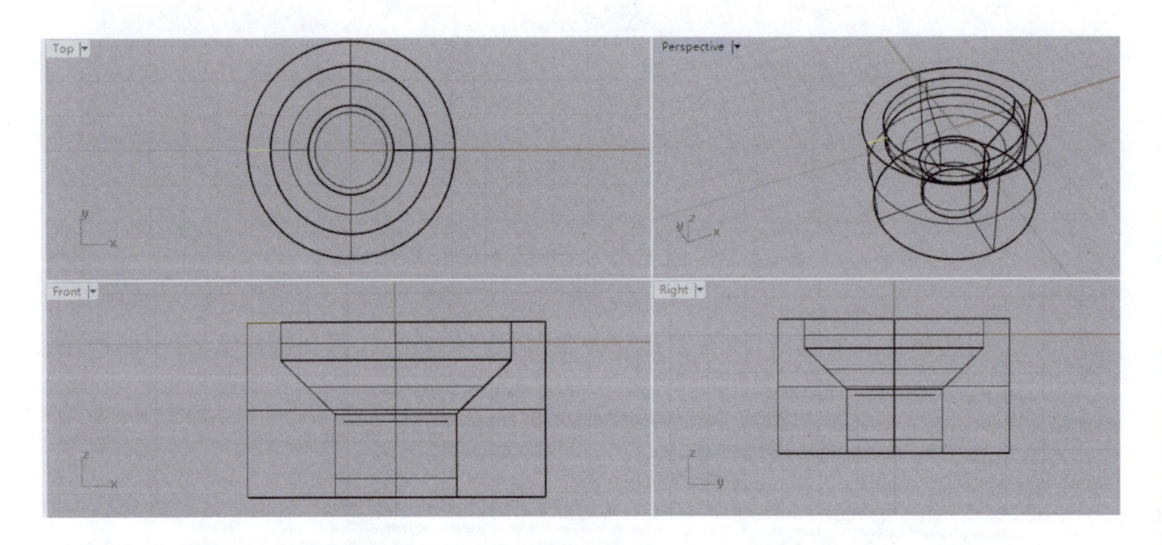

图 5-4-14　画线段连接内外边缘四分点

(14)利用“重建曲线”命令将线段的控制点数设置为 4,在前视图中将线段调节为弧线,使弧线高度为 0.20mm,作为双轨扫掠的断面曲线(图 5-4-15)。

(15)使用“双轨扫掠”命令,路径 1 和路径 2 分别为内、外圆,断面曲线为刚绘制的弧线,得到新圆柱体上表面(图 5-4-16),再将所有曲面进行组合。

(16)显示隐藏的宝石,最终的效果如图 5-4-17 所示。

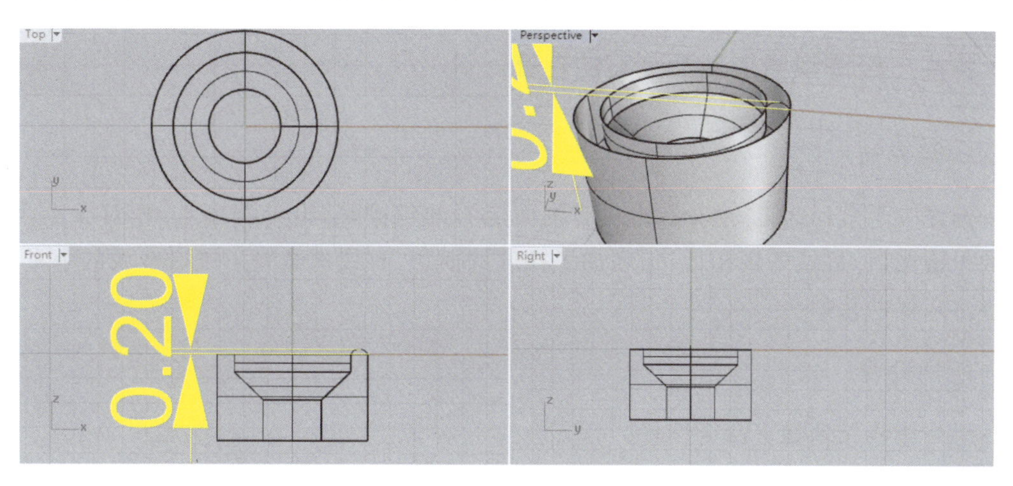

图 5-4-15　调节线段

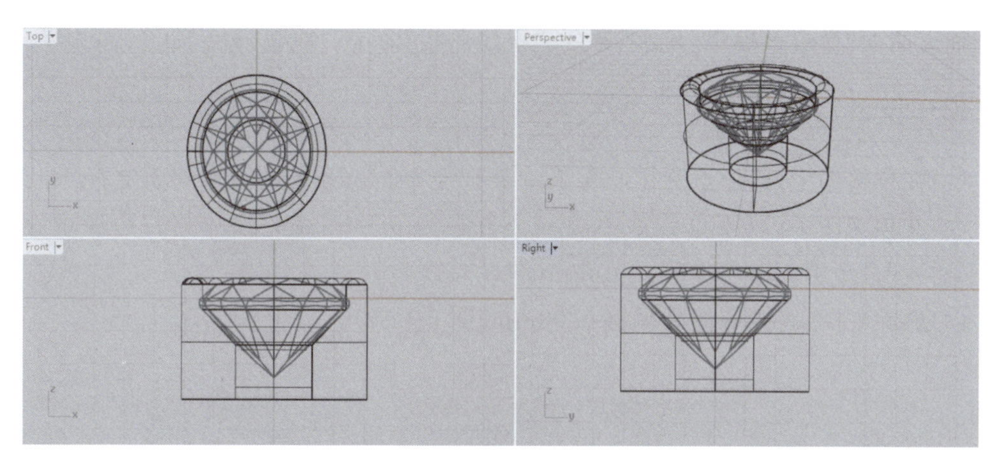

图 5-4-16　重建圆柱体上表面

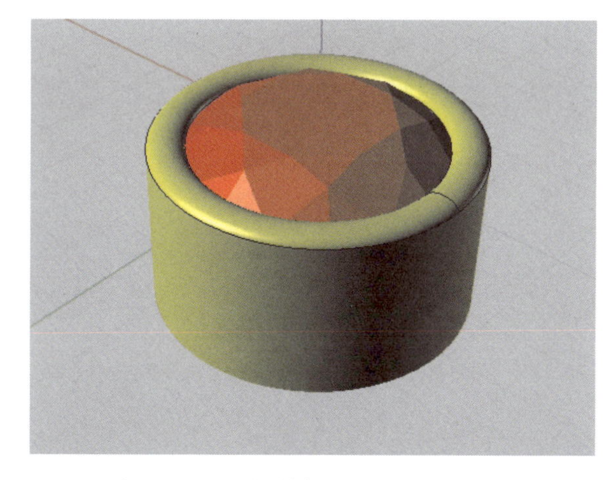

图 5-4-17　圆形刻面宝石包镶效果图

拓展　经济型圆形刻面宝石的包镶

任务描述

制作一个直径为 5.00mm 的圆形刻面宝石的包镶镶口(经济型)。相对于上个案例中的包镶镶口,虽然外观相似,但增加了掏底的面积,有效地减轻了镶口金属的重量,实现了经济环保的目的。

所用命令

操作中将用到如下命令图标:

依次为:"圆(中心点、半径)"命令、"偏移曲线"命令、"多重直线"命令、"旋转成型"命令、"抽离曲面"命令、"隐藏/显示"命令、"重建曲线"命令、"双轨扫掠"命令,请对照使用。

操作步骤

(1)在顶视图中,以原点为中心导入一个直径为 5.00mm 的圆形刻面宝石(图 5-4-2)。

(2)在顶视图中,以原点为中心画一个直径为 5.00mm 的圆与宝石边缘重合,并用"偏移曲线"命令将圆向内偏移 0.10mm(图 5-4-3)。

(3)删除外圆,将内圆向外偏移 0.70mm(图 5-4-18)。

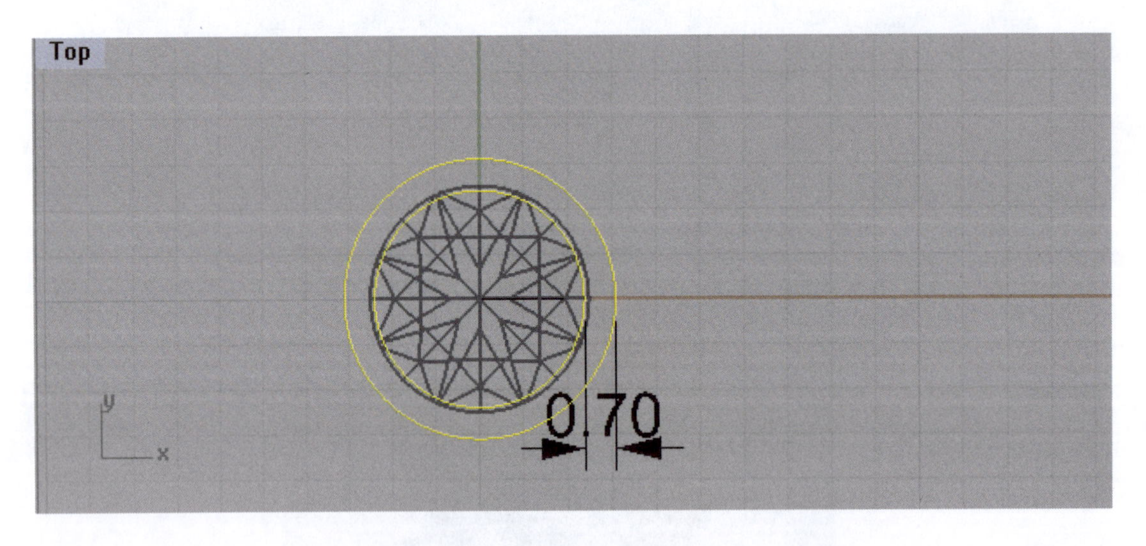

图 5-4-18　内圆向外偏移 0.70mm

(4)利用"多重直线"命令通过捕捉内外圆的四分点画出如图 5-4-19 黄线所示的封闭曲线。

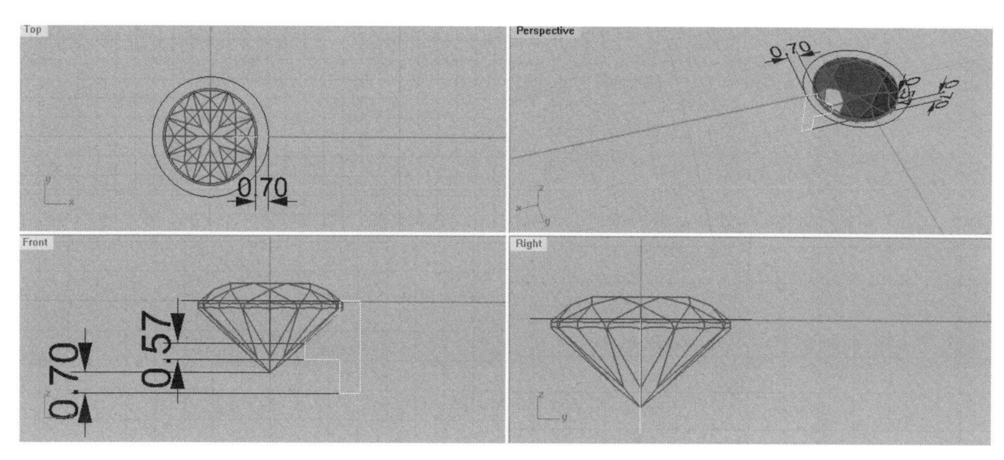

图 5-4-19　画出封闭曲线

(5)在前视图中,利用“旋转成型”命令(左键),将刚组合的折线沿着起点为原点、终点为 y 轴上方一点的旋转轴旋转 360°后得到实体(图 5-4-20)。

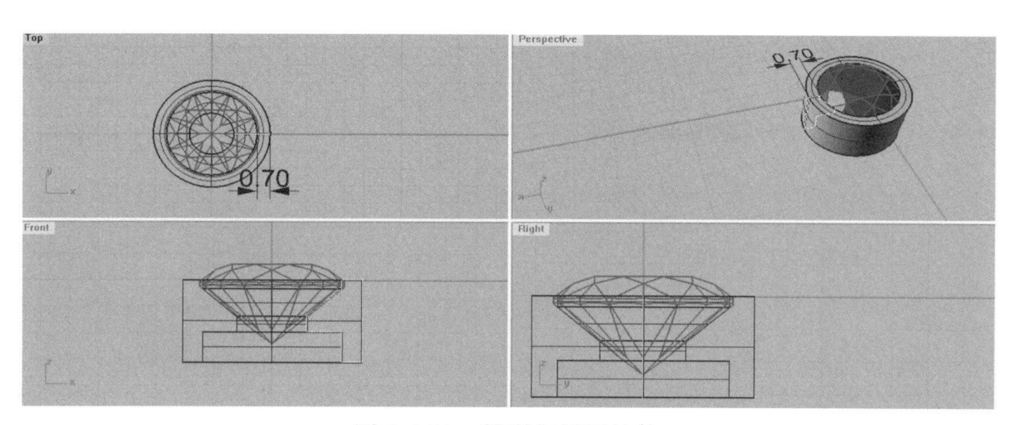

图 5-4-20　得到包镶圆柱体

(6)利用“抽离曲面”命令(右键)抽离圆柱顶面并删除(图 5-4-21)。

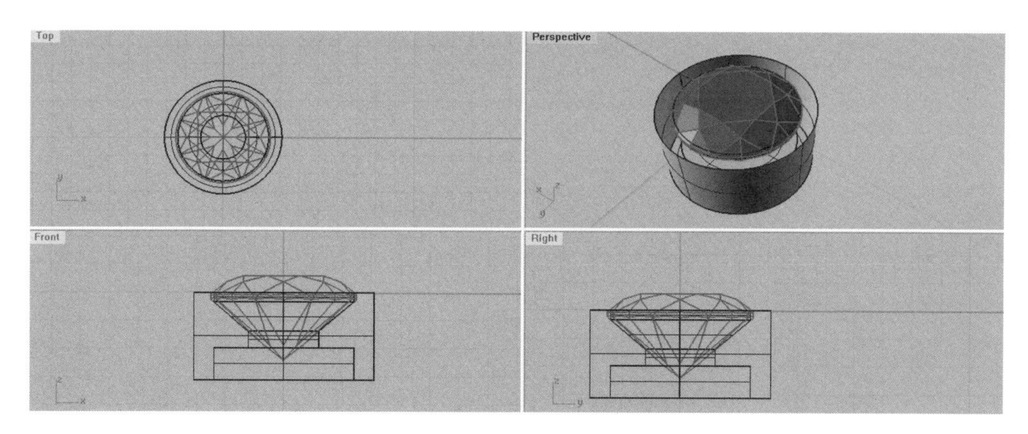

图 5-4-21　抽离圆柱顶面并删除

(7)隐藏宝石，在顶视图中捕捉四分点，画一条连接内外两圆的直线，作为双轨扫掠的断面曲线(图 5-4-22)。

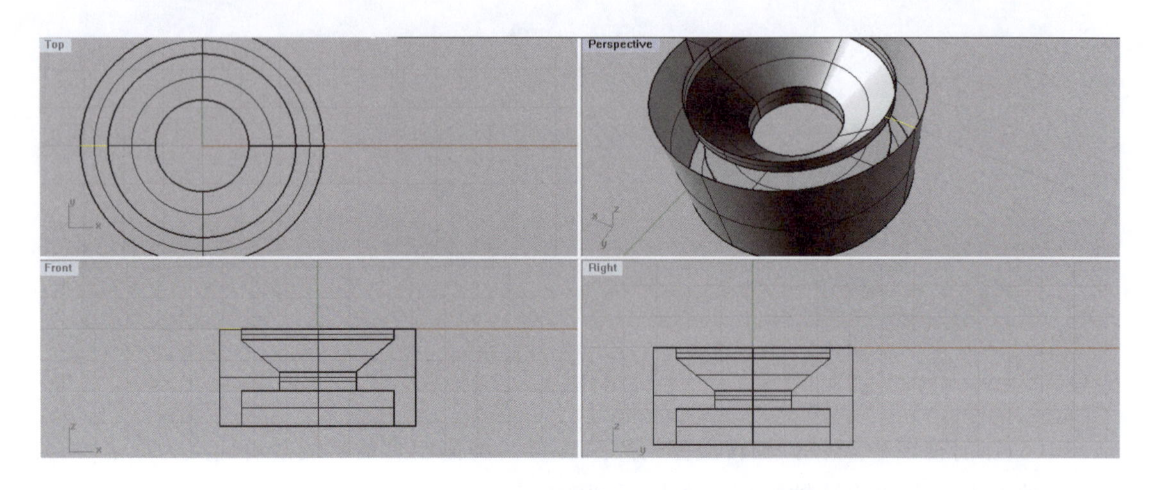

图 5-4-22　画连接内外两圆四分点的直线

(8)利用“重建曲线”命令重建线段的控制点为 4，并将其调整为高 0.2mm 的弧线，(图 5-4-23)，作为双轨扫掠的断面线。

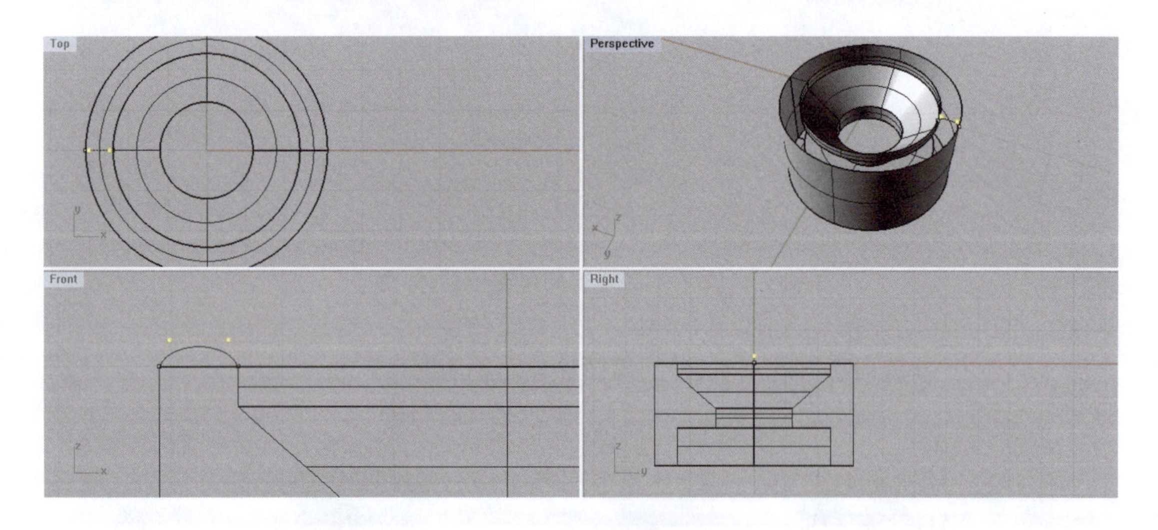

图 5-4-23　将直线调整为弧线

(9)利用“双轨扫掠”命令和内外边缘线重建圆柱体上表面(与上案例相同)(图 5-4-24)。

(10)显示隐藏的宝石，最终的效果如图 5-4-25 所示。

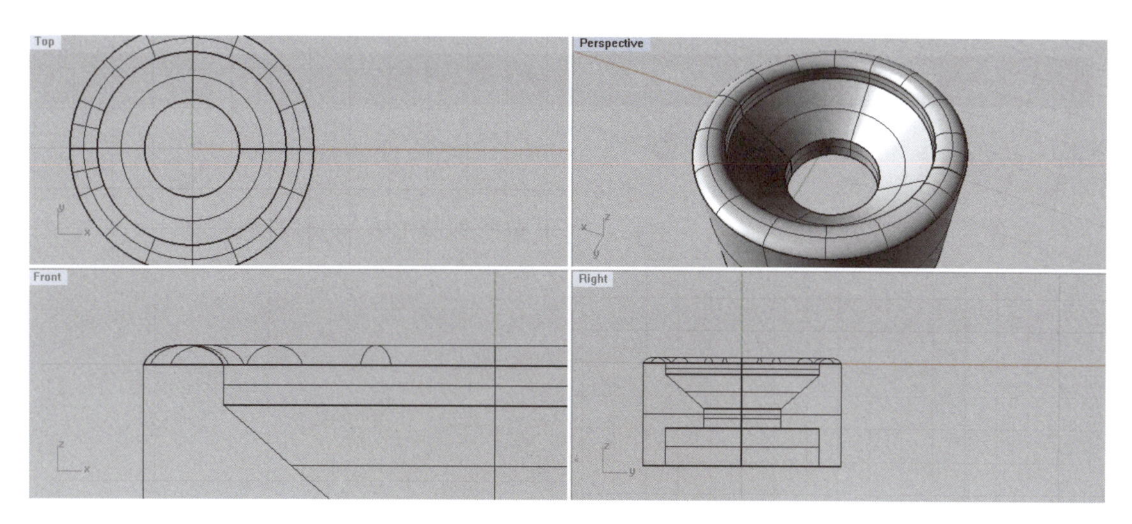

图 5-4-24 重建圆柱体上表面

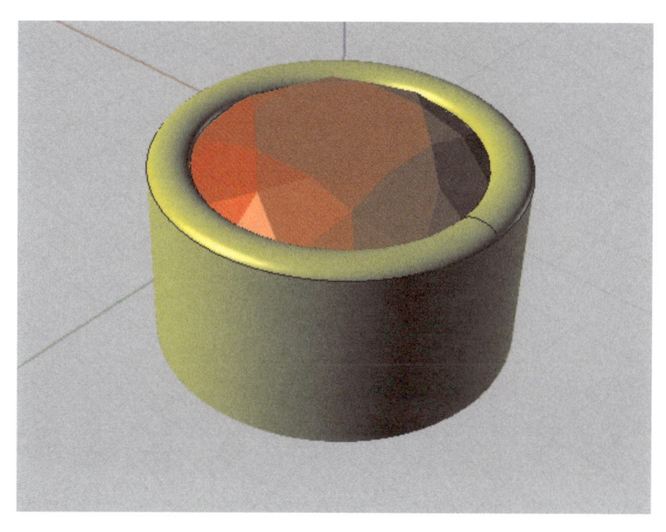
图 5-4-25 经济型圆形刻面宝石包镶效果

案例小结

(1)经济型包镶案例步骤(5)中,使用“旋转成型”命令时,要注意在前视图进行操作。

(2)经济型包镶案例步骤(8)中,将断面线调整为弧线时需要在前视图操作。

(3)使用“旋转成型”命令时要注意,若旋转路径是圆,则左键单击此命令;若不是,则右键单击此命令。

5.5 水滴形刻面宝石的包镶

任务描述

制作一个直径为8.00mm×4.87mm的水滴形刻面宝石的包镶镶口(图5-5-1)。

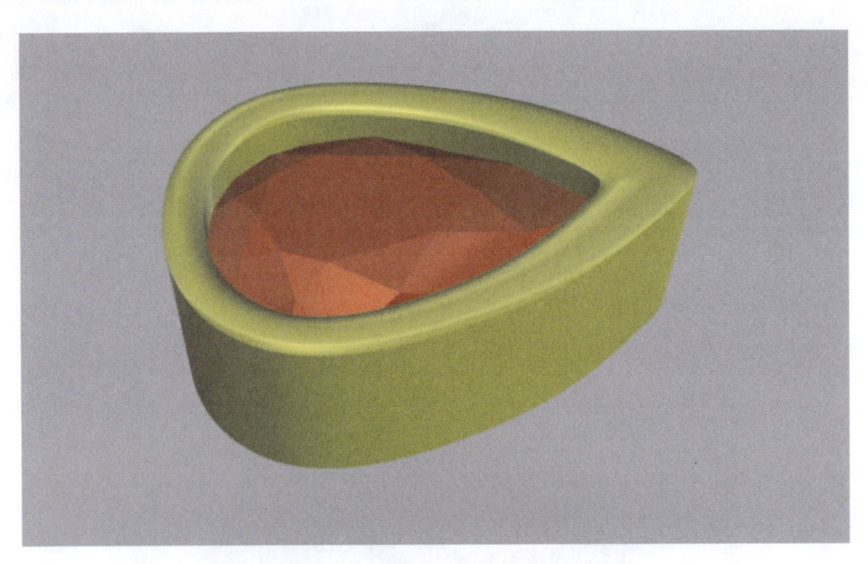

图5-5-1　水滴形刻面宝石包镶镶口

所用命令

操作中将用到如下命令图标：

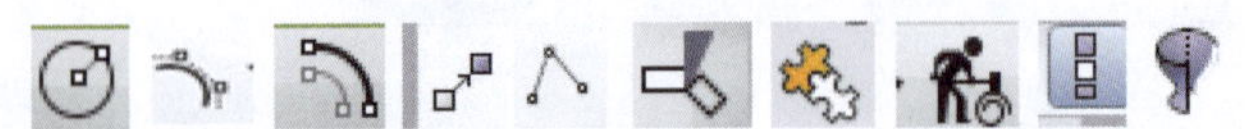

依次为："圆(中心点、半径)"命令、"关闭/打开点"命令、"偏移曲线"命令、"移动"命令、"多重直线"命令、"修剪"命令、"组合"命令、"重建曲线"命令、"单轴缩放"命令、"旋转成型"命令，请对照使用。

操作步骤

(1)在顶视图中原点处导入一个长度为8.00mm的水滴形刻面宝石，同时测出其最大宽度为4.87mm(图5-2-2)。

(2)过顶视图中心原点作一个直径为4.87mm的圆(图5-2-3)。

(3)单击"打开控制点"命令，开启并调节圆周控制点，使曲线与宝石边缘尽可能重合(图5-2-4)。

(4)用“偏移曲线”命令将曲线向内偏移 0.10mm,同时删除外边缘曲线(图 5-5-2)。

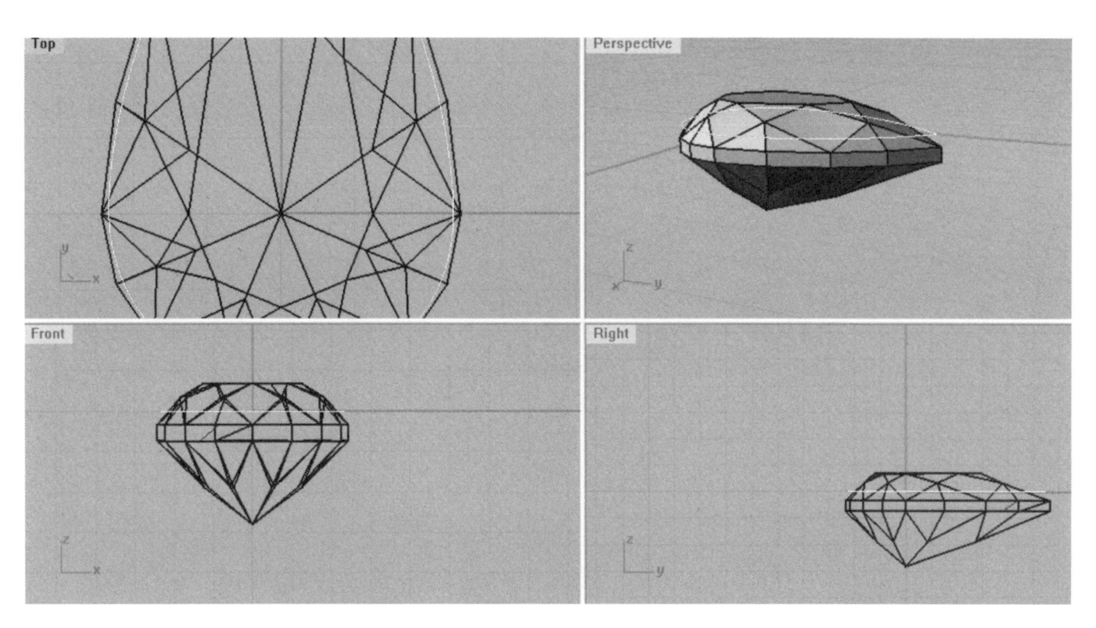

图 5-5-2 将曲线向内偏移

(5)将曲线向外偏移 0.80mm(图 5-5-3)。

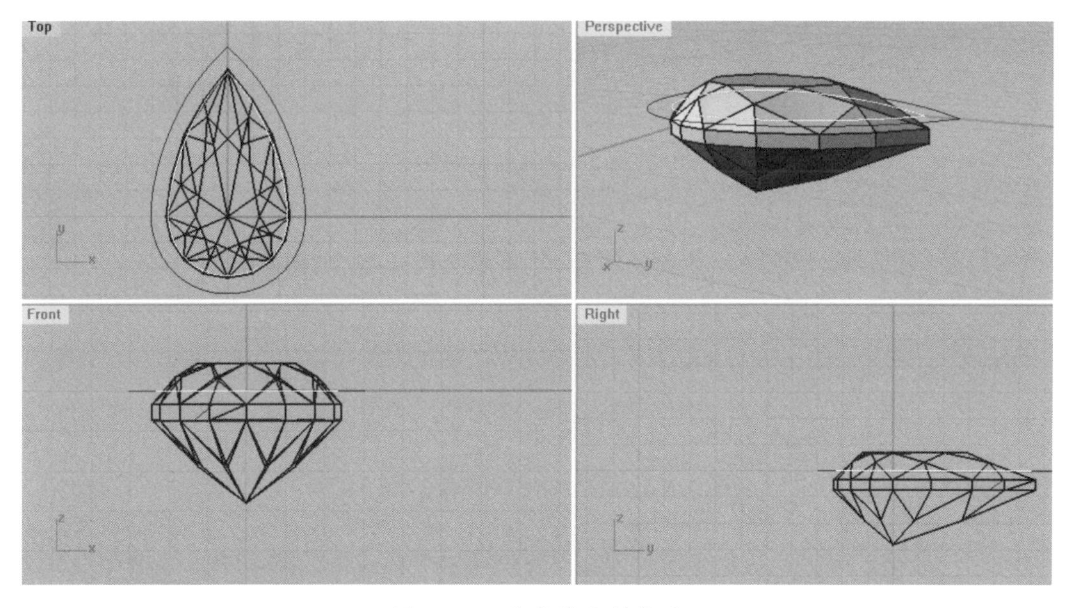

图 5-5-3 将曲线向外偏移

(6)在前视图中,垂直向下移动宝石,使宝石台面高出内外曲线平面 0.15mm(图 5-5-4)。

(7)在右视图中,过内外曲线的端点及宝石的底尖画出如图 5-5-5 所示多重直线。

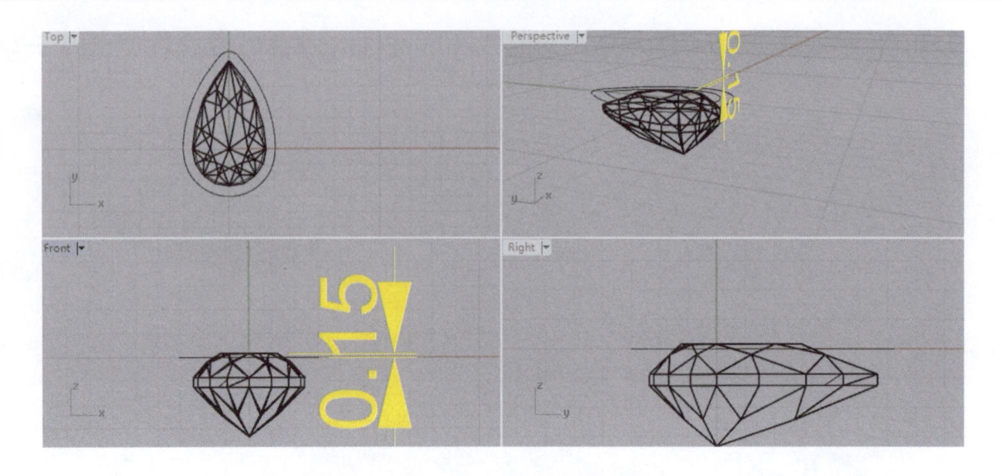

图 5-5-4　垂直向下移动宝石

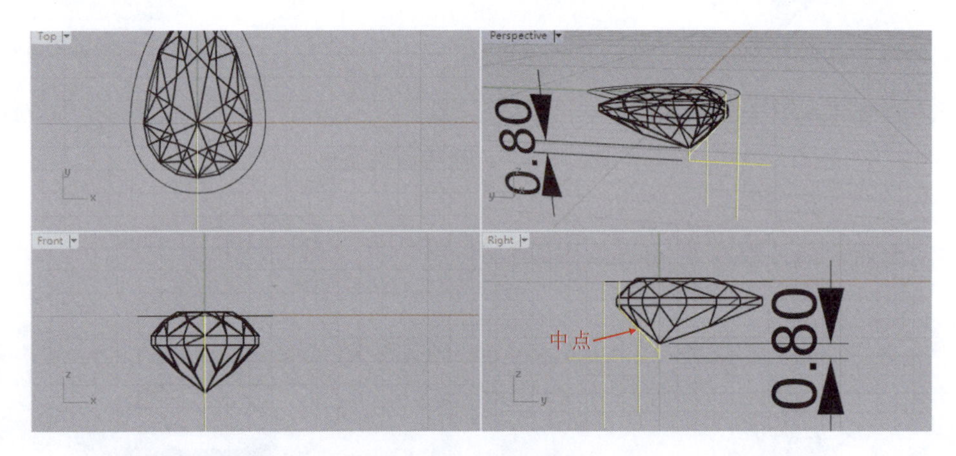

图 5-5-5　画直线段

(8)用“修剪”命令删除不必要的线段，并将剩余线段组合(图 5-5-6)。

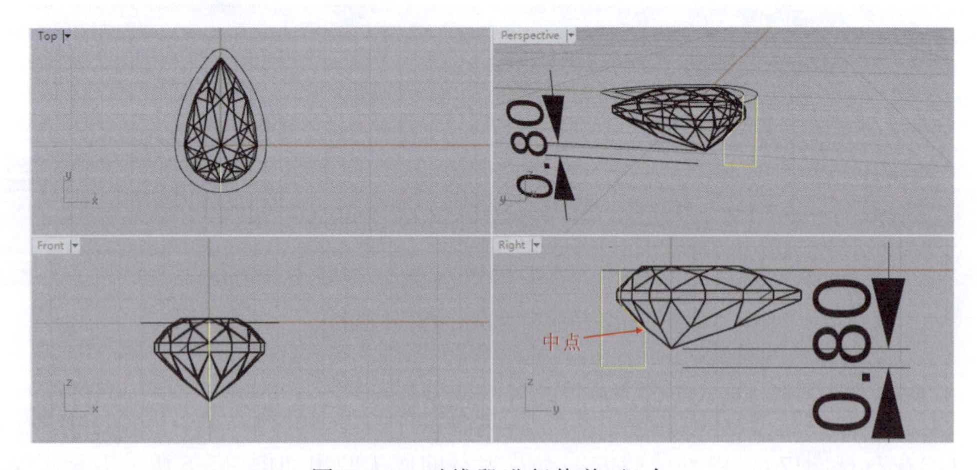

图 5-5-6　对线段进行修剪、组合

(9)用直线连接组合线段的端点,并点击“重建曲线”命令,控制点数改为4(图 5-5-7)。

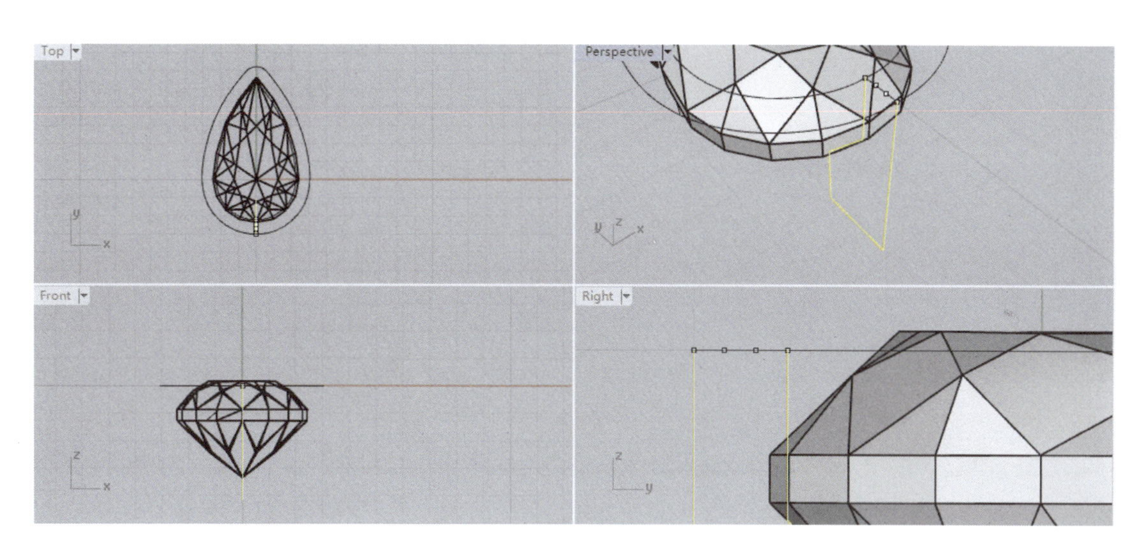

图 5-5-7 重建直线控制点

(10)用“移动”命令和“单轴缩放”命令调节中心两控制点,使线段变为弧线,且顶端与宝石台面平齐(图 5-5-8)。

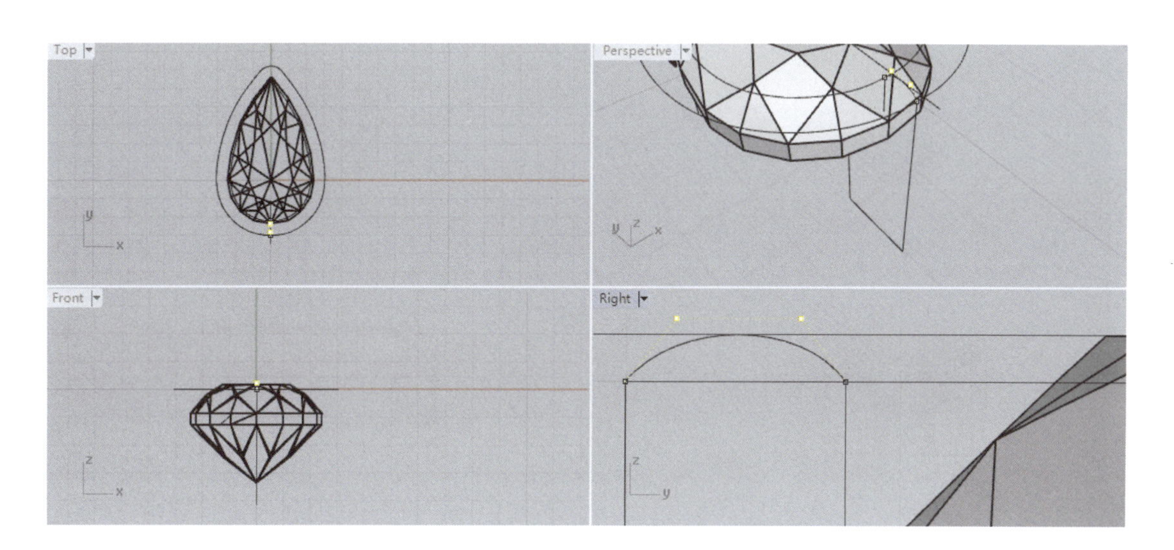

图 5-5-8 调节中心两控制点

(11)将弧线与其他线段组合为一条封闭曲线(图 5-5-9)。

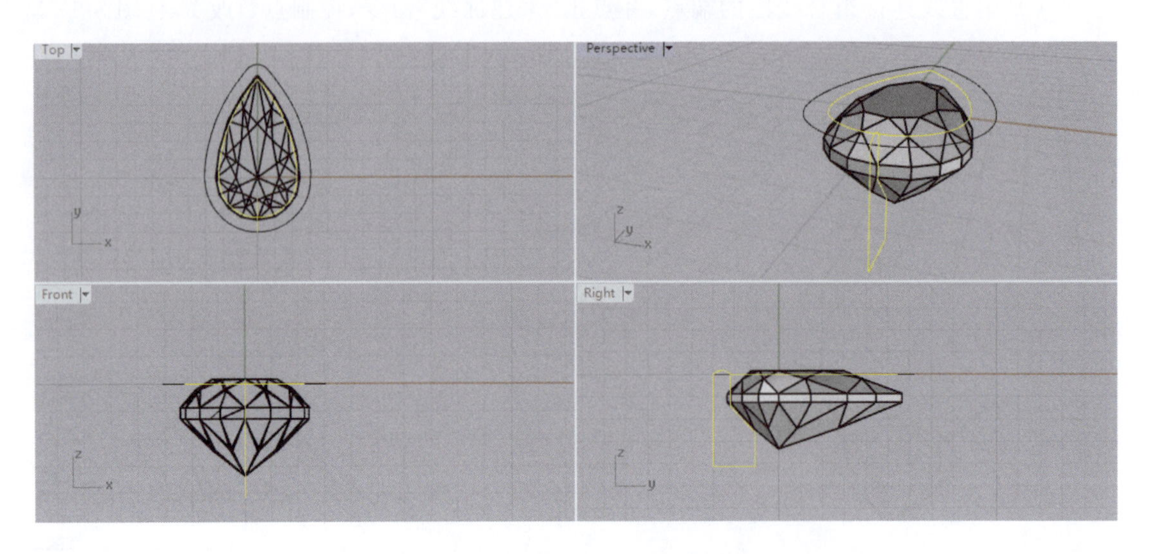

图 5-5-9　将弧线与其他线段组合

(12)在前视图中,利用"旋转成型"命令(右键),将刚组合的曲线作为轮廓曲线,内边缘曲线作为路径,旋转 360°,得到水滴形刻面宝石包镶镶口实体(图 5-5-10)。

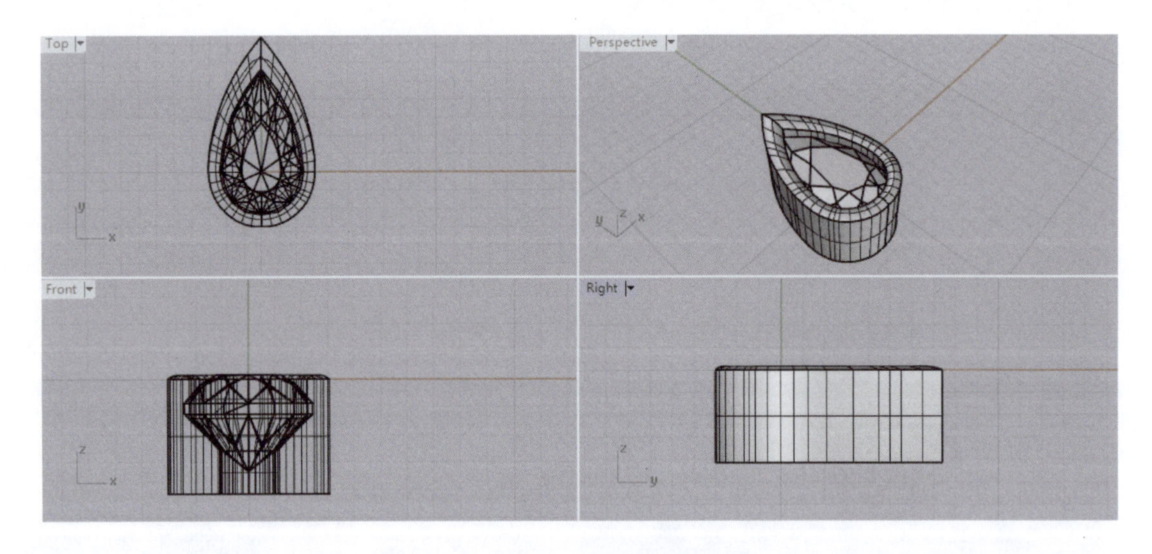

图 5-5-10　旋转得到包镶镶口实体

(13)将宝石和镶口分别上色后最终的效果如图 5-5-11 所示。

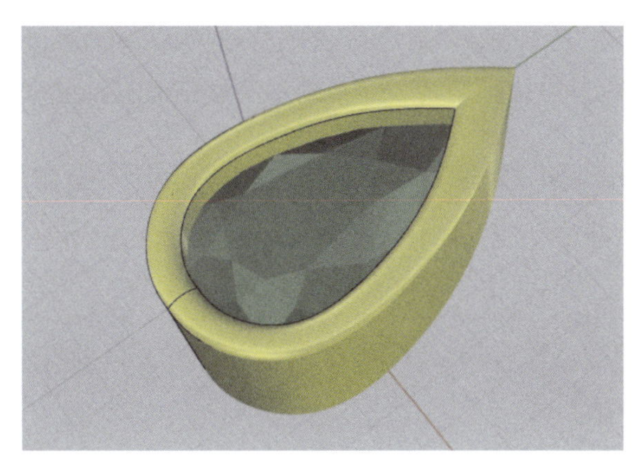

图 5-5-11 上色后的水滴形刻面宝石包镶效果图

拓展 经济型水滴形刻面宝石的包镶

任务描述

制作一个 8.00mm×4.87mm 的经济型水滴形刻面宝石的包镶镶口。相比上个案例中水滴形刻面宝石的包镶镶口，本任务中的镶口虽然看起来外观与之相似，但通过修改旋转成型的轮廓曲线，减少了镶口的实际体积，有效地减轻了镶口金属的重量，实现了经济环保的目的。

操作步骤

(1)～(10)步骤与上例相同，此处不再赘述。

(11)在上例步骤(11)中，将轮廓线作如图 5-5-12 所示修改。

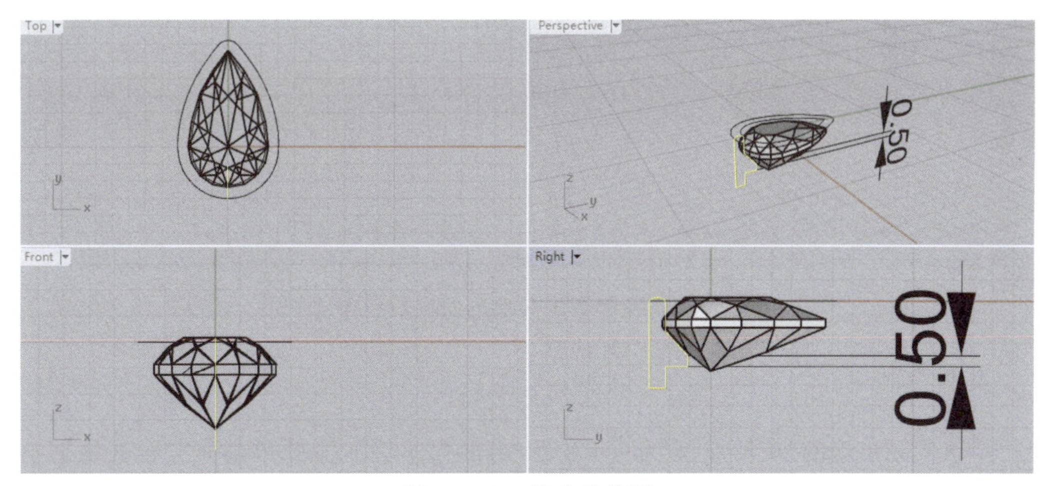

图 5-5-12 修改轮廓线

(12)鼠标右键点击“旋转成型”命令,以过宝石底尖的垂直线为旋转轴,将轮廓曲线沿路径(内或外边缘曲线均可)绕轴旋转 360°得到水滴形刻面宝石包镶镶口实体(图 5-5-13)。

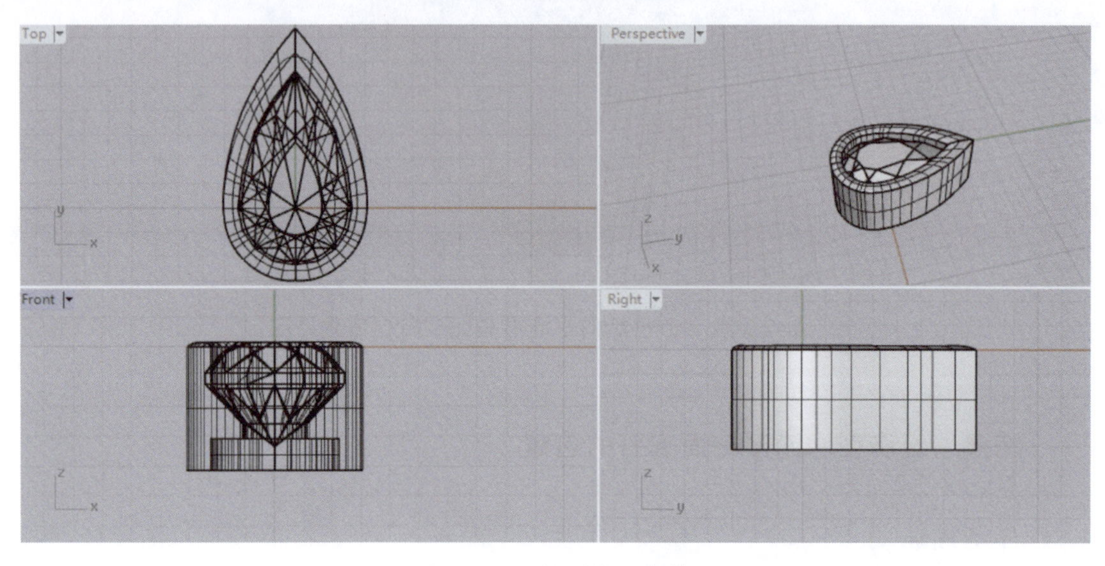

图 5-5-13　得到镶口实体

(13)最终的效果如图 5-5-14 所示。

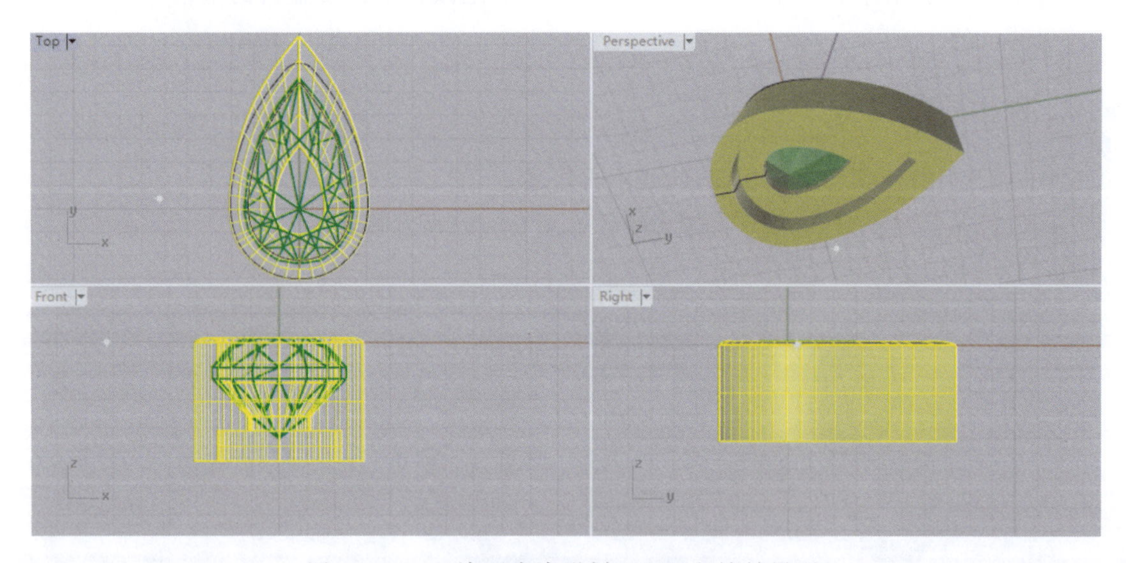

图 5-5-14　经济型水滴形刻面宝石包镶效果图

案例小结

本案例新出现的“旋转成型”命令(右键)与前面案例 5.4 圆形刻面宝石的包镶不同,路径曲线不是圆,旋转轴仍是过原点的垂直线,但同样都在前视图操作。

5.6 心形刻面宝石的包镶

任务描述

制作一个长、宽均为 8.00mm 的心形刻面宝石包镶镶口(图 5-6-1)。

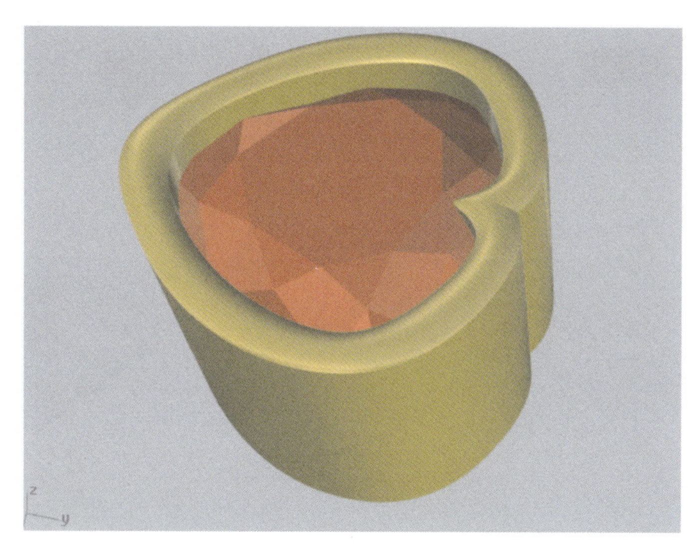

图 5-6-1 心形刻面宝石包镶镶口

所用命令

操作中将用到如下命令图标:

依次为:“内插点曲线”命令、“投影至工作平面”命令、“偏移曲线”命令、“移动”命令、“锁定物件”命令、“复制”命令、“打开/关闭控制点”命令、“旋转”命令、“隐藏/显示”命令、“双轨扫掠”命令、“多重直线”命令、“修剪”命令、“圆(直径)”命令、“挤出封闭的平面曲线”命令、“布尔运算差集”命令、“抽离曲面”命令、“复制边缘”命令,请对照使用。

操作步骤

(1)在顶视图中,以原点为中心导入一个长度为 8.00mm 的心形刻面宝石(图 5-6-2)。

(2)通过捕捉端点,利用“内插点曲线”命令画一条与宝石边缘尽可能重合的曲线,并使用“投影至工作平面”命令使其在同一平面内(图 5-6-3)。

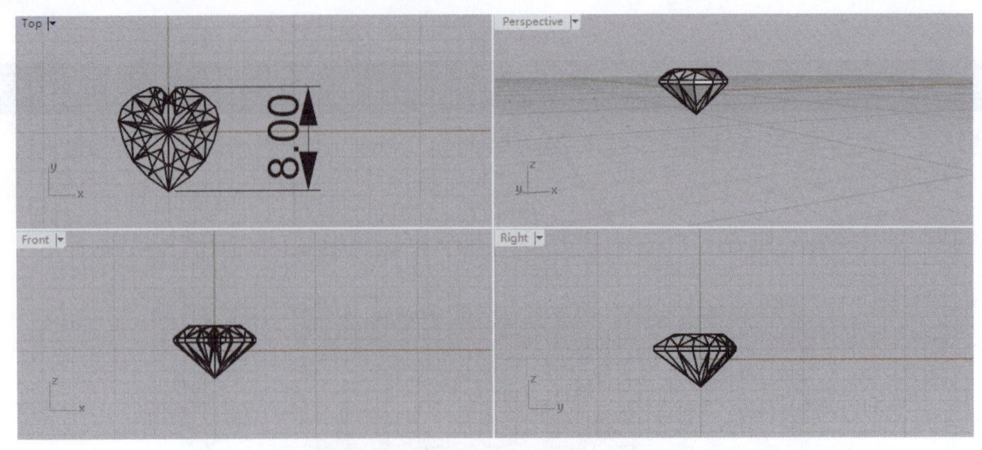

图 5-6-2　导入心形刻面宝石

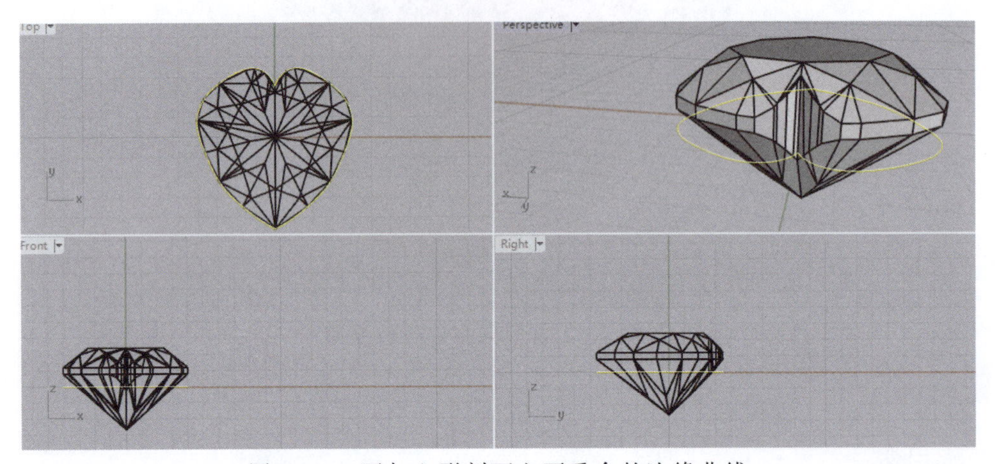

图 5-6-3　画与心形刻面宝石重合的边缘曲线

(3)用“偏移曲线”命令将曲线向内偏移 0.10mm(图 5-6-4)。

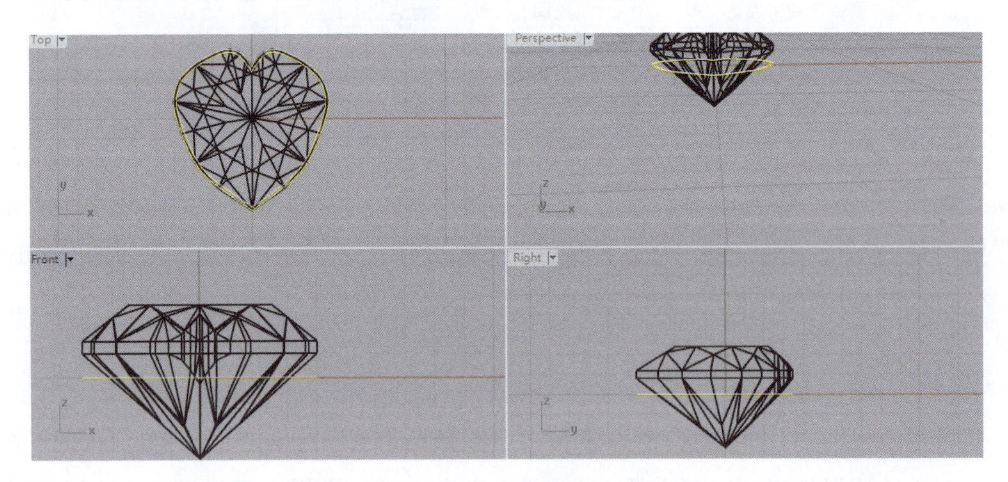

图 5-6-4　曲线向内偏移 0.10mm

(4)删除外曲线,再将内曲线向外偏移 1.00mm(图 5-6-5)。

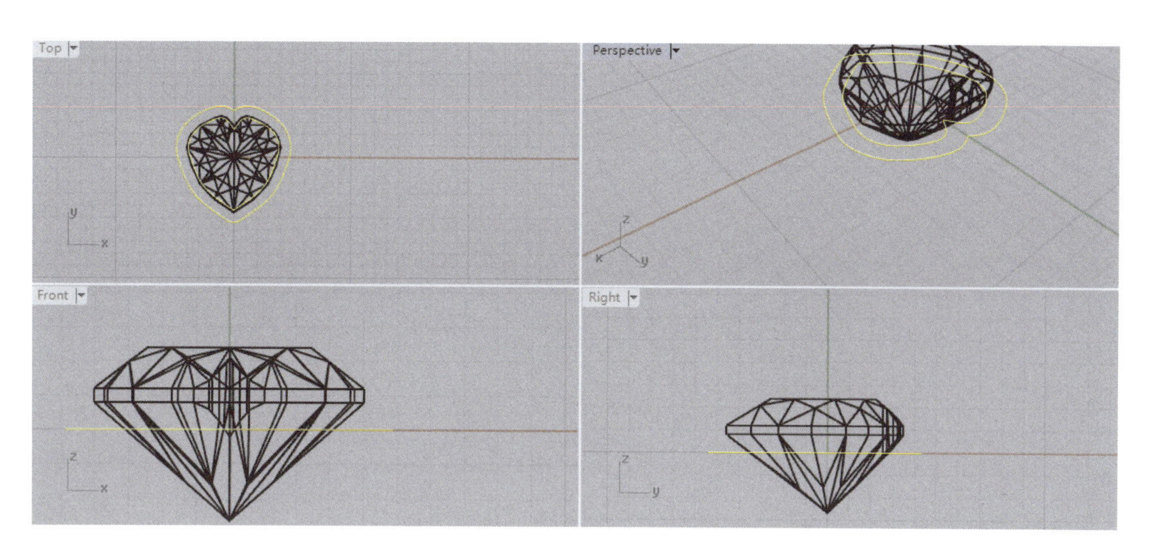

图 5-6-5 内曲线向外偏移 1.00mm

(5)在前视图中,将宝石垂直向下移动,直到宝石台面高出曲线平面 0.15mm(图 5-6-6)。

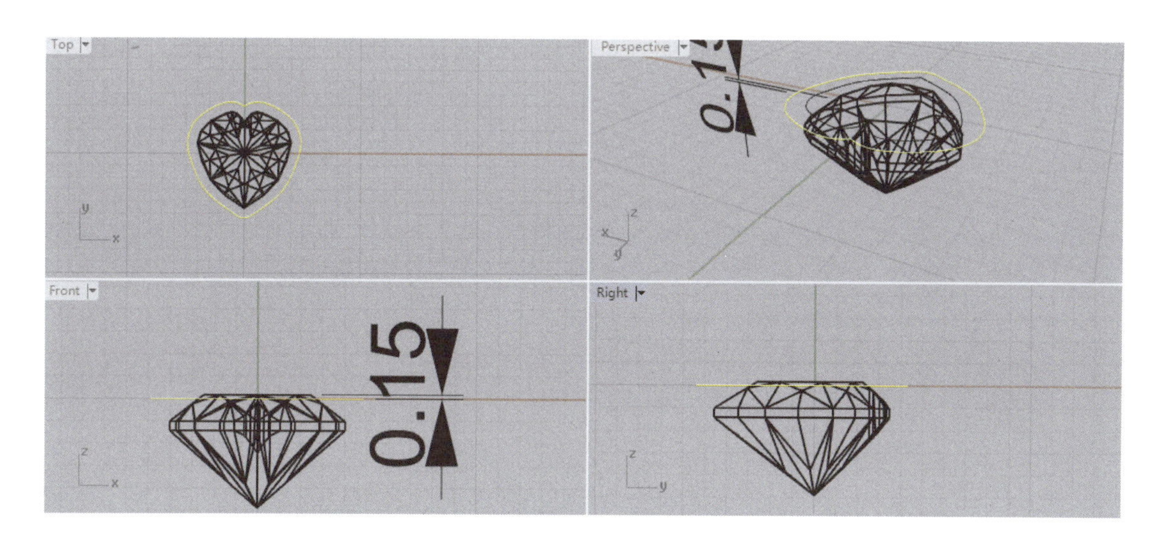

图 5-6-6 宝石垂直下移

(6)用“锁定物件”命令(左键)锁定宝石,选择内曲线,用“复制”命令将其原地复制后,在前视图中垂直向下移动,使之与宝石亭部持平(内曲线刚好托住亭部)(图 5-6-7)。

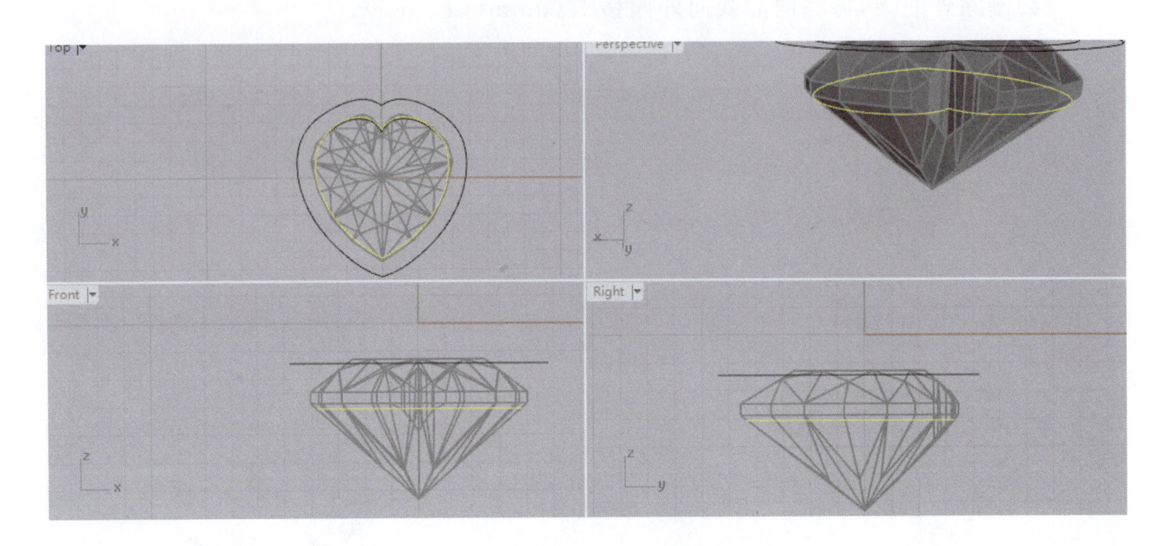

图 5-6-7　复制内曲线并下移

(7)由于宝石尾部的曲线已嵌入宝石内部，锁定宝石，用“打开/关闭控制点”命令显示内曲线控制点，将如图 5-6-8 所示，在右视图中，将所选 3 个控制点以右端点为中心用 2D“旋转”命令(左键)向下旋转 30°左右，同时调节控制点使曲线紧贴宝石外表面。

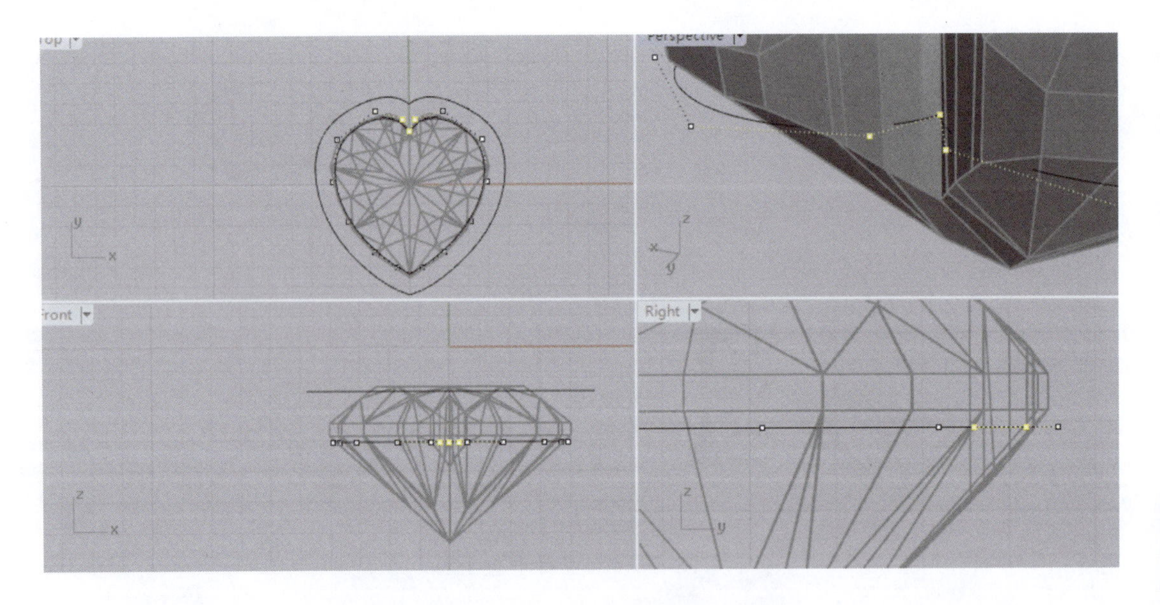

图 5-6-8　使 3 个控制点绕右端 2D 旋转

(8)调好后的曲线效果如图 5-6-9 所示。

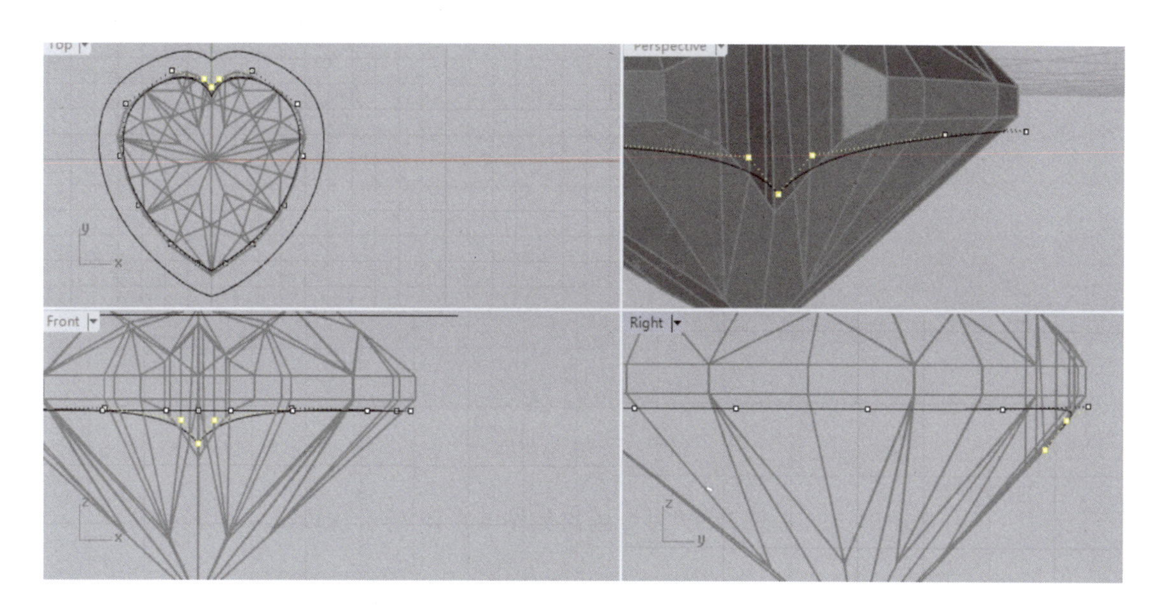

图 5-6-9 调好后的曲线效果

(9)解除物件锁定并隐藏宝石,在前视图画一条线段连接两条内曲线端点,作为双轨扫掠的断面线(图 5-6-10)。

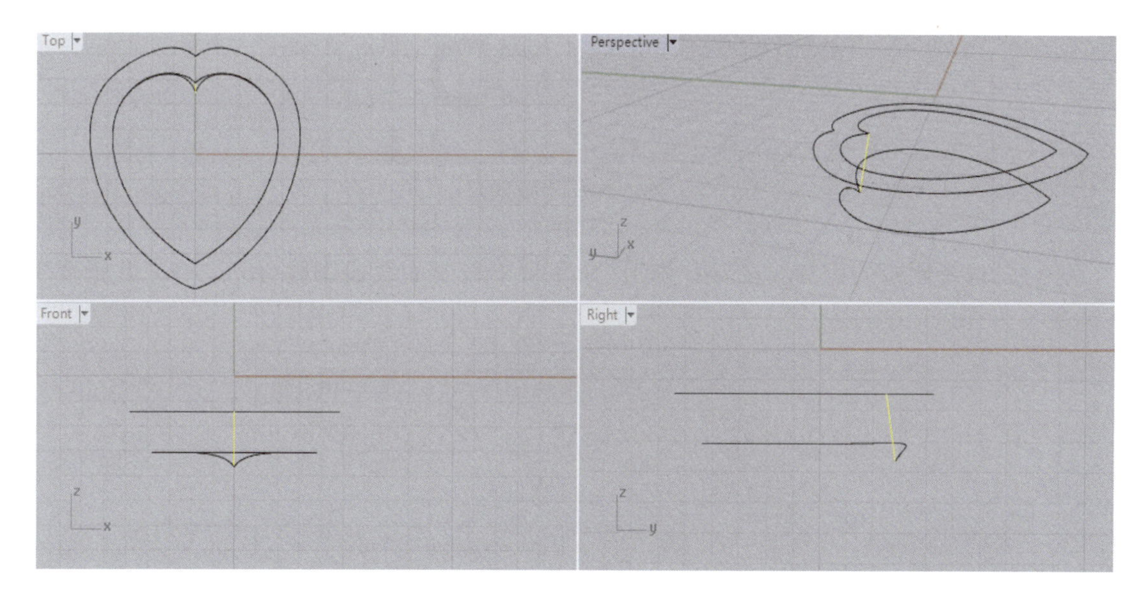

图 5-6-10 画一条连接两条内曲线端点的线段

(10)利用"双轨扫掠"命令得到曲面 1(图 5-6-11)。

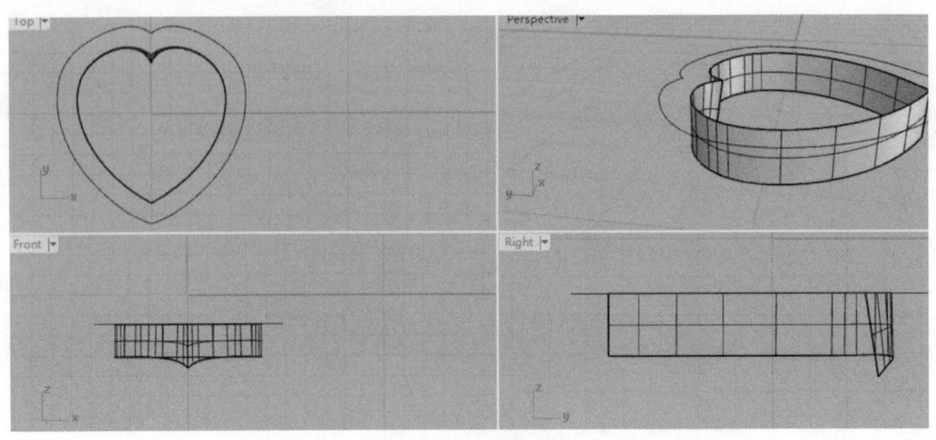

图 5-6-11 曲面 1

(11)在右视图中,用“多重直线”命令画出如图 5-6-12 所示线段。

图 5-6-12 画线段

(12)选择刚画的所有线段,用“修剪”命令将不需要的线段删除(图 5-6-13)并把留下的线条组合成一条折线。

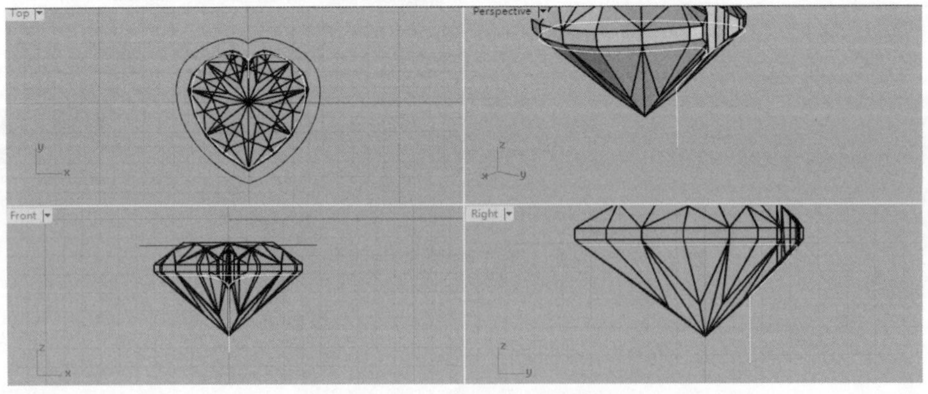

图 5-6-13 线条组合后的效果

(13)利用“圆(中心点、半径)”命令过折线的端点画一个圆刚好托住宝石(图 5-6-14)。

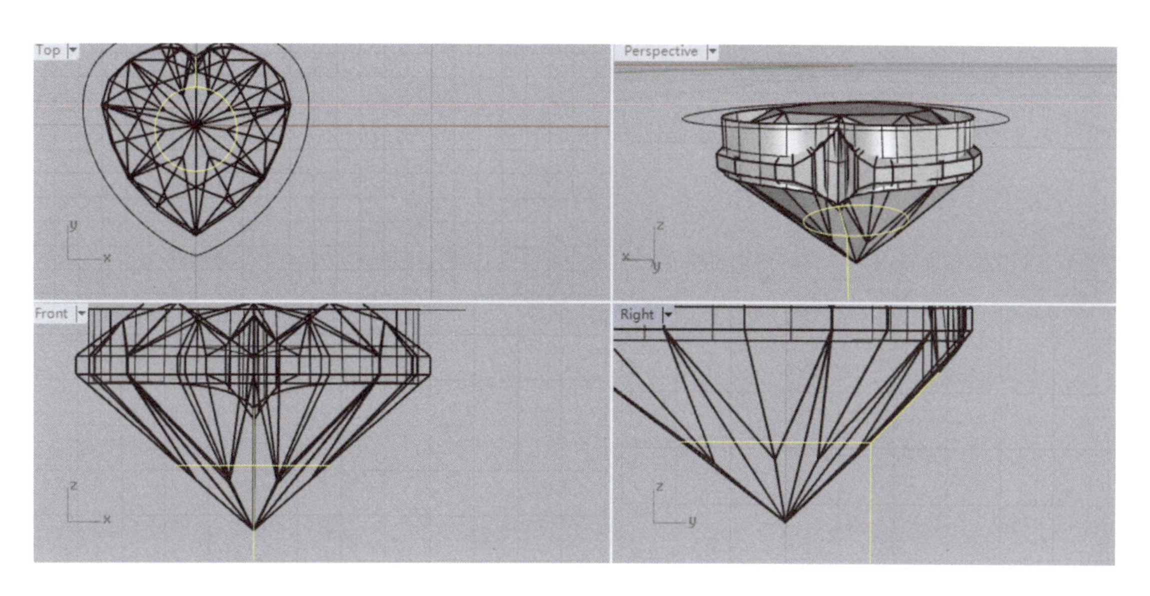

图 5-6-14 画圆

(14)隐藏宝石,在前视图画一条线段连接圆的四分点和心形最近点,作为双轨扫掠的断面线(图 5-6-15)。

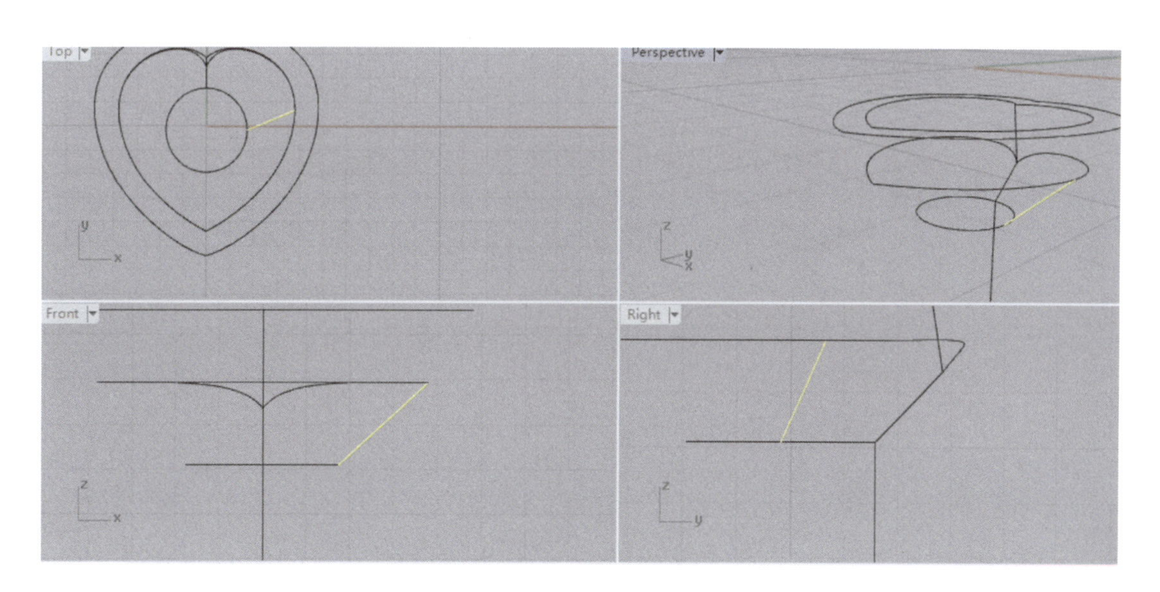

图 5-6-15 画线段作为断面线

(15)利用“双轨扫掠”命令完成曲面 2 制作(图 5-6-16)。

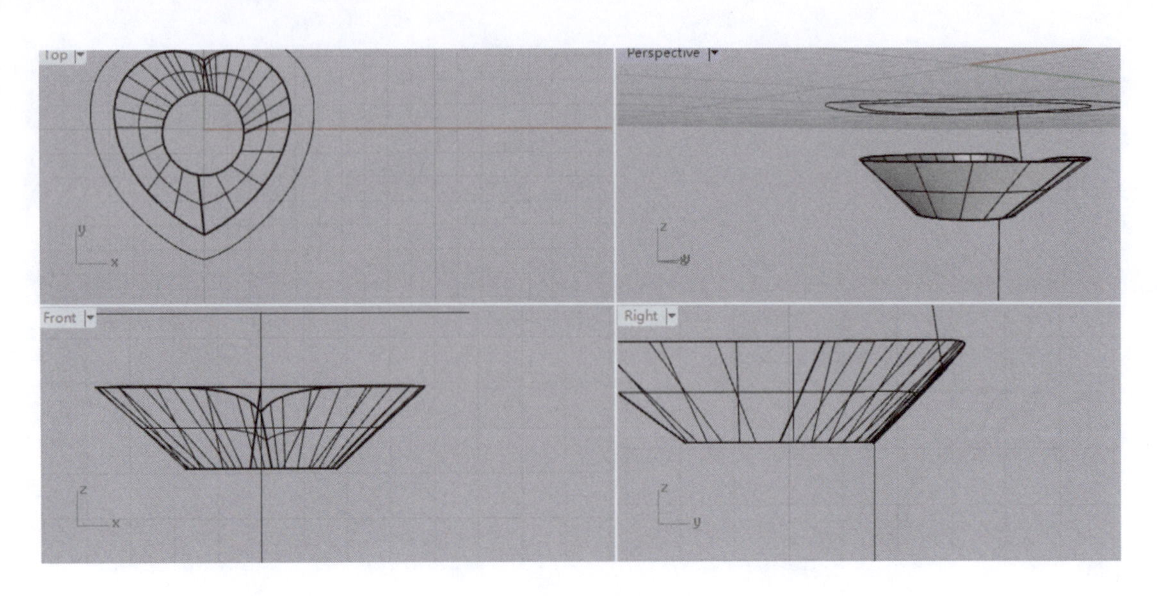

图 5-6-16　曲面 2

(16)选择圆,利用“挤出封闭的平面曲线”命令,在前视图挤出高度足够长的曲面 3(选择实体)(图 5-6-17)。

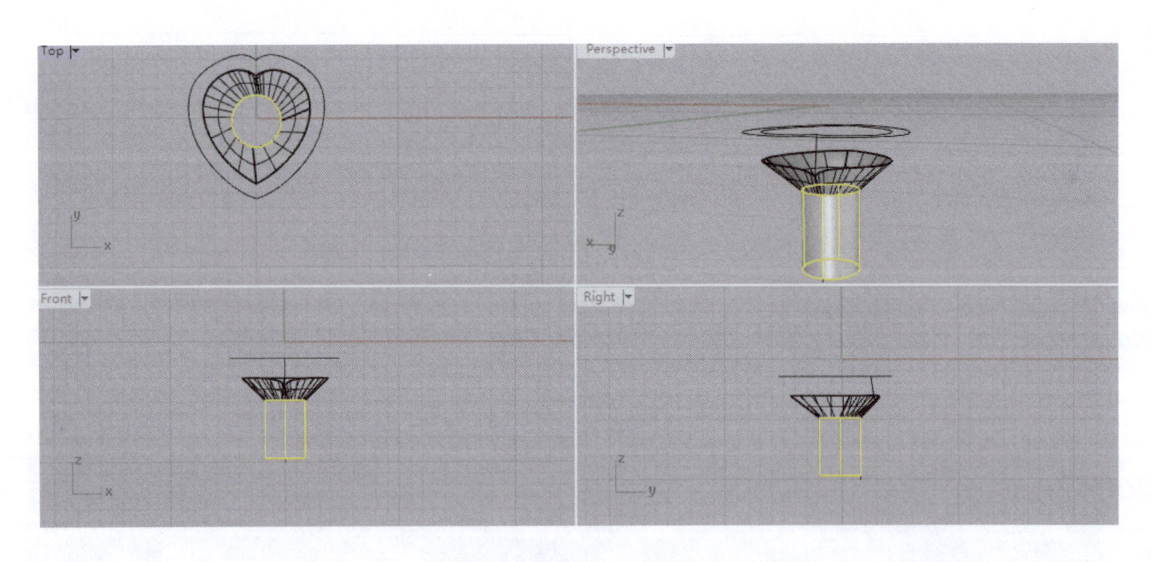

图 5-6-17　挤出曲面 3

(17)显示所有物体，将曲面 1、曲面 2 和曲面 3 组合(图 5-6-18)。

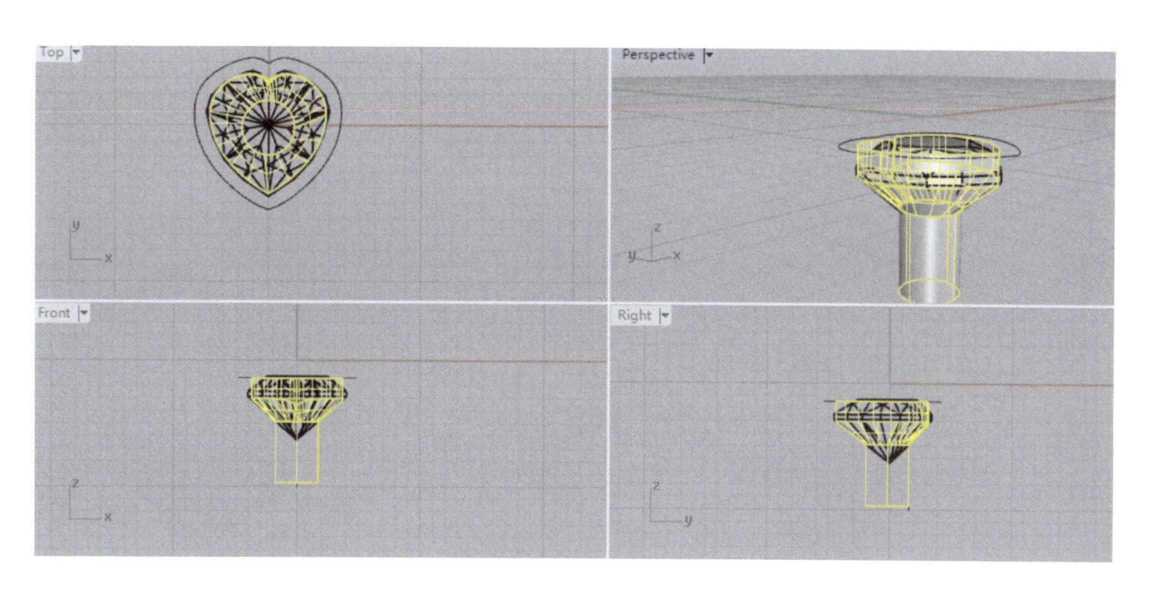

图 5-6-18 组合 3 个曲面

(18)选择顶部外曲线，在前视图中用“挤出封闭的平面曲线”命令将其垂直向下挤出一个柱体(实体)，让柱体底部超出宝石底尖的距离为 0.80mm(图 5-6-19)。

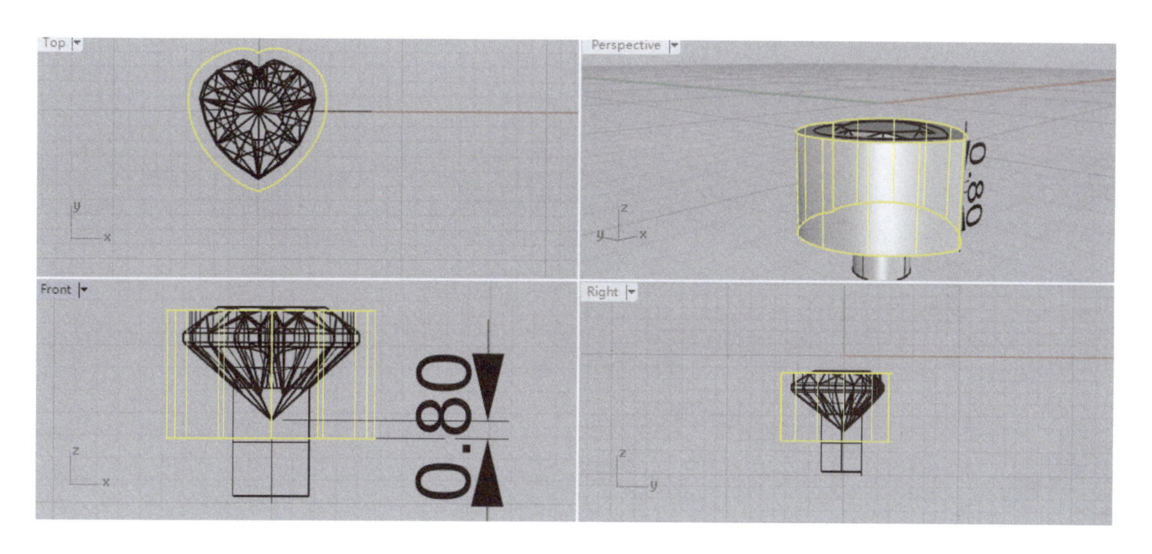

图 5-6-19 挤出柱体

(19)将柱体与前述组合曲面用“布尔运算差集”命令进行相减,此时效果如图 5-6-20 所示。

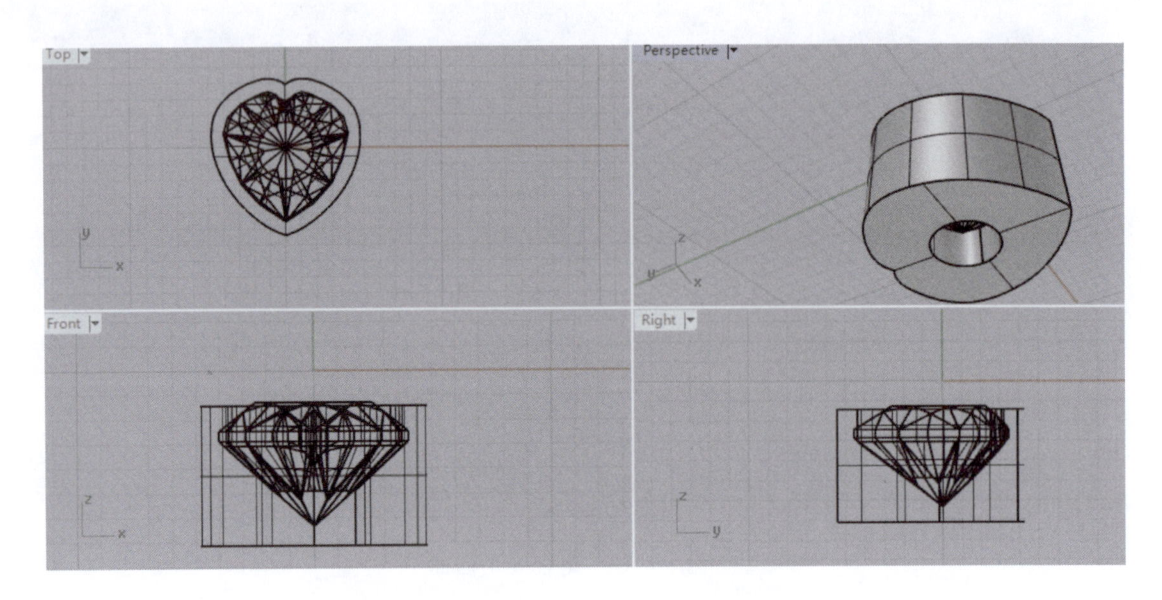

图 5-6-20　进行布尔差集运算后的效果图

(20)隐藏宝石,利用“抽离曲面”命令抽离镶口上表面并删除,再画一条线段作为双轨扫掠的断面线(图 5-6-21)。

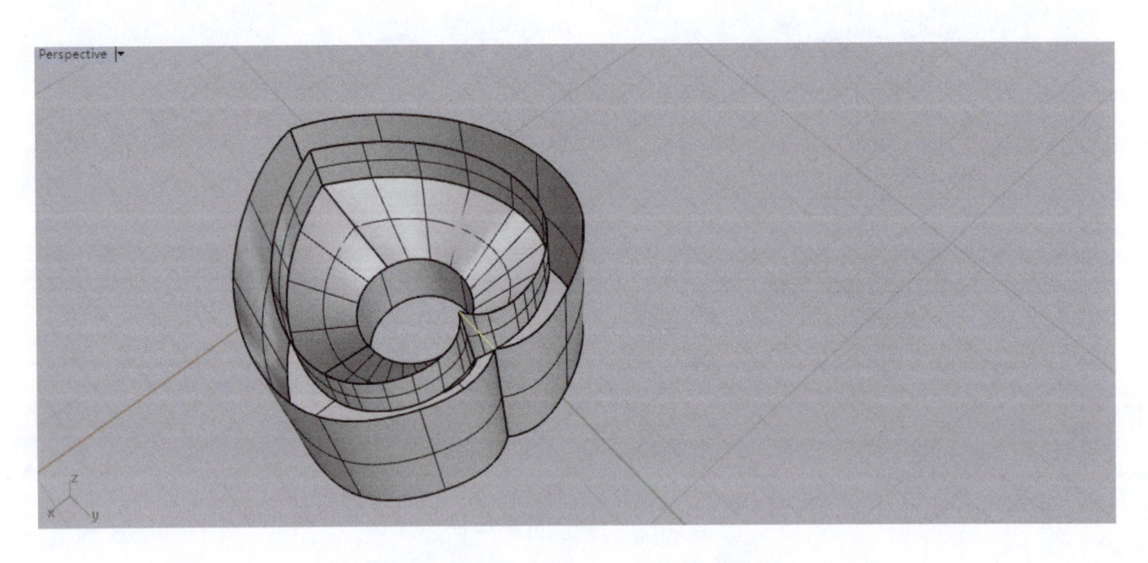

图 5-6-21　抽离镶口上表面并画线段

（21）显示宝石，通过重建控制点，将断面线调节成弧线，使弧线的顶端与宝石台面平齐（图 5-6-22）。

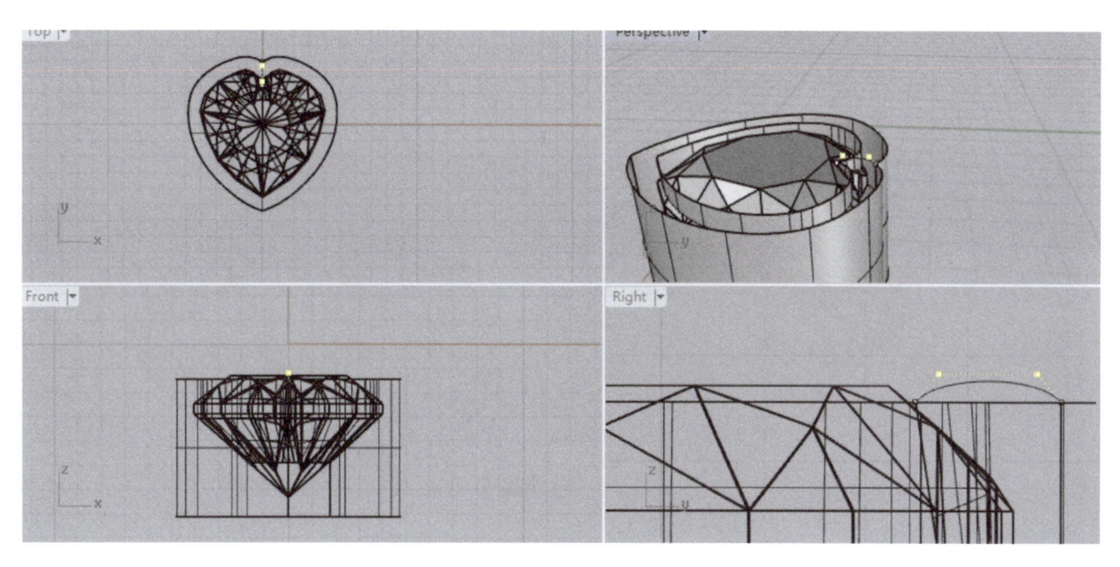

图 5-6-22　将断面线调节为弧线

（22）利用“复制边缘”命令复制镶口的两条边缘线并分别组合成两条大小不同的心形曲线（图 5-6-23）。

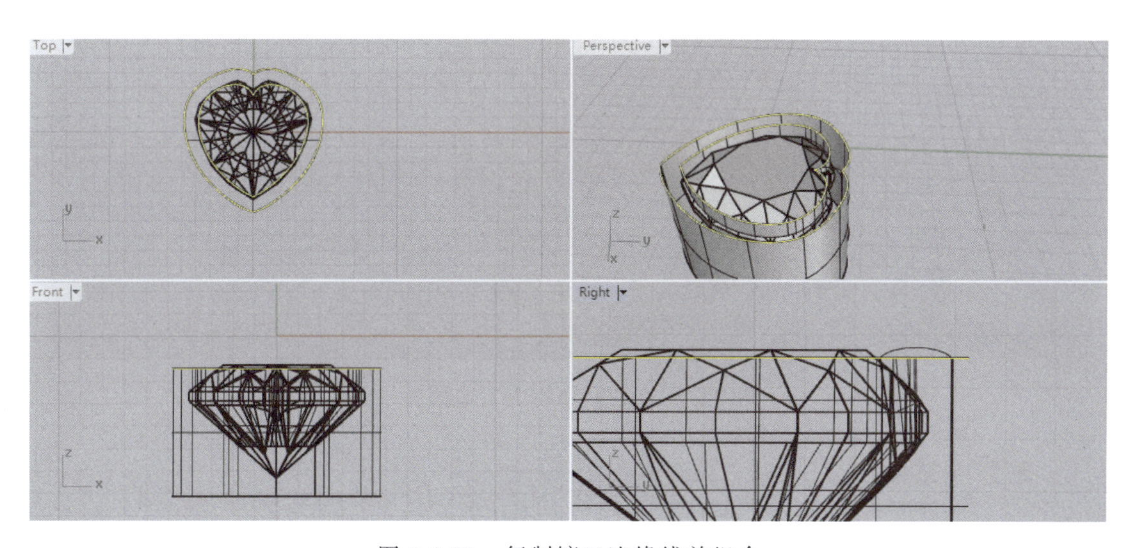

图 5-6-23　复制镶口边缘线并组合

（23）利用“双轨扫掠”命令完成镶口上表面修改重建，之后将镶口所有曲面组合成一实体（图 5-6-24）。

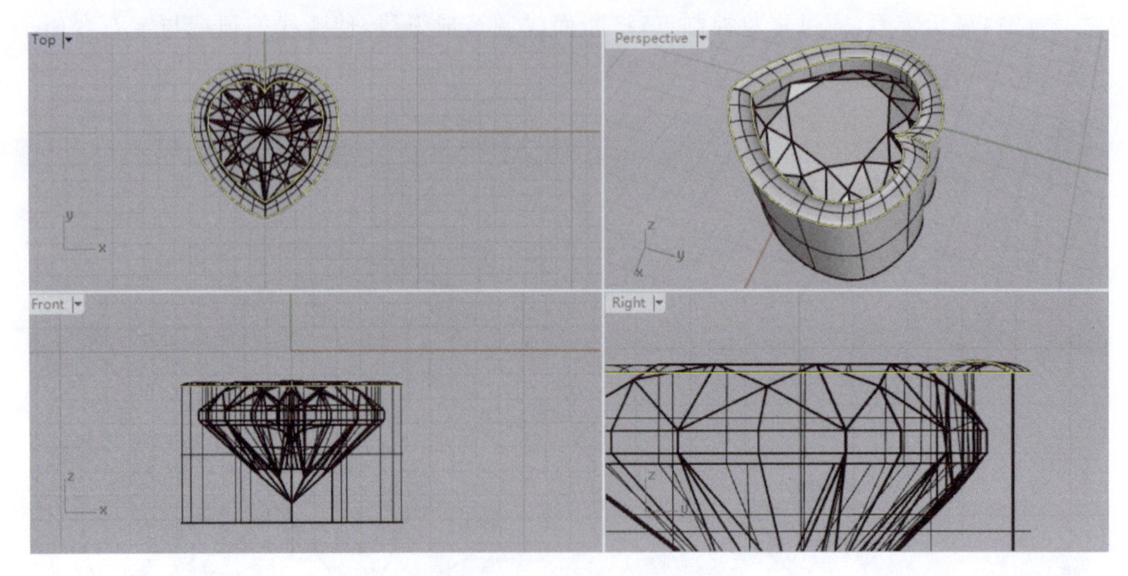

图 5-6-24　重建镶口上表面

(24)将宝石和镶口渲染上色后效果如图 5-6-25 所示。

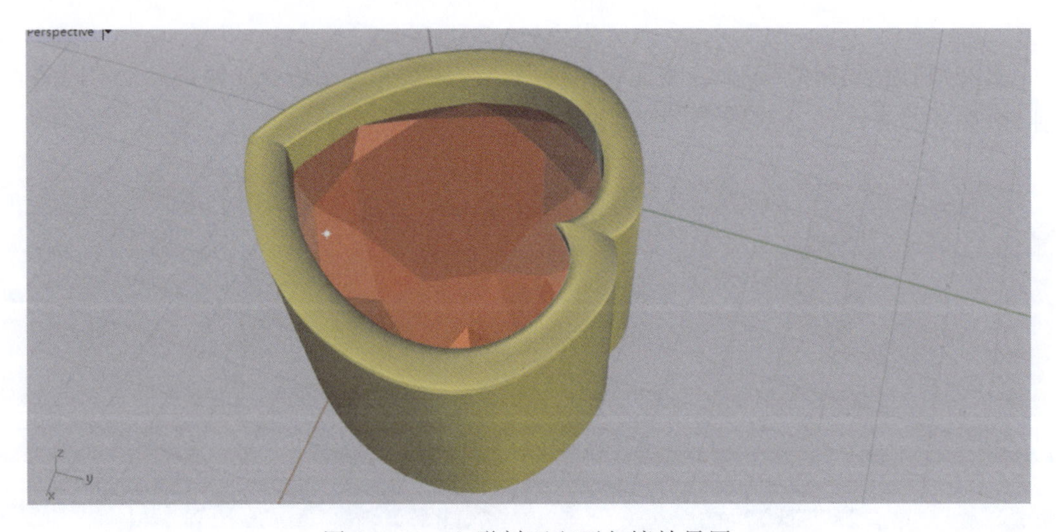

图 5-6-25　心形刻面宝石包镶效果图

案例小结

(1)心形曲线的绘制与前面案例中的方法类似。

(2)步骤(7)、(8)中调整曲线的控制点时,需要结合 4 个不同的视图进行观察。

(3)"布尔运算差集"命令可以用于实体和实体之间,也可以用于实体和曲面之间。要注意选择哪个物件是被减物件,哪个物件是待减物件。

(4)"复制边缘"命令可以用来复制曲面或实体的边缘曲线。

下篇　Rhino首饰建模进阶案例

6　综合练习

6.1　瓜子扣的制作

任务描述

制作一个正面最大宽度为5.00mm,高度为8.00mm,侧面上部宽度为5.00mm、下部宽度为3.00mm的瓜子扣,圆环的直径为3.00mm(图6-1-1)。

图6-1-1　瓜子扣效果图

所用命令

操作中将用到如下命令图标:

依次为:“矩形”命令、“圆(中心点、半径)”命令、“打开/关闭控制点”命令、“从中点建立直线”命令、“偏移曲线”命令、“延伸曲线”命令、“挤出封闭的平面曲线”命令、“拉回曲线”命令、“镜像”命令、“重建曲线”命令、“双轨扫掠”命令、“组合”命令、“不等距边缘圆角”命令、“移动”命令、“圆管”命令,请对照使用。

操作步骤

(1)在前视图中画一个边长为 8.00mm 的正方形(图 6-1-2)。

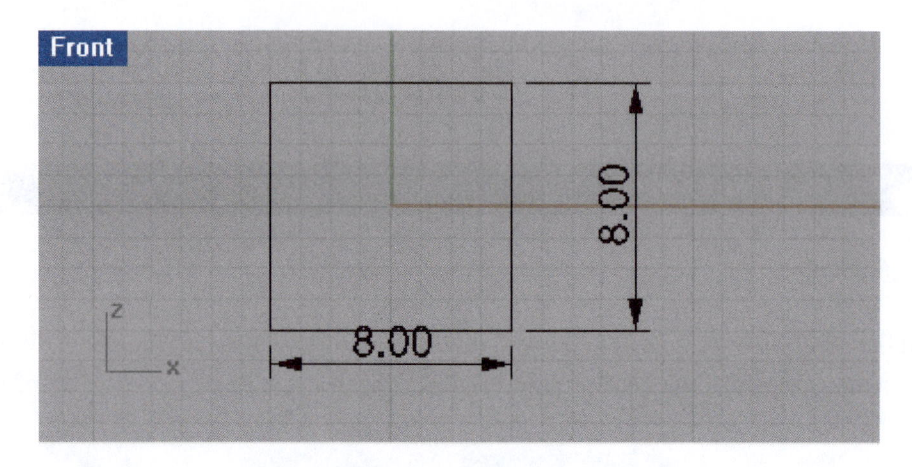

图 6-1-2　画正方形

(2)过上边中点作一个和上边相切、直径为 5.00mm 的圆(图 6-1-3)。

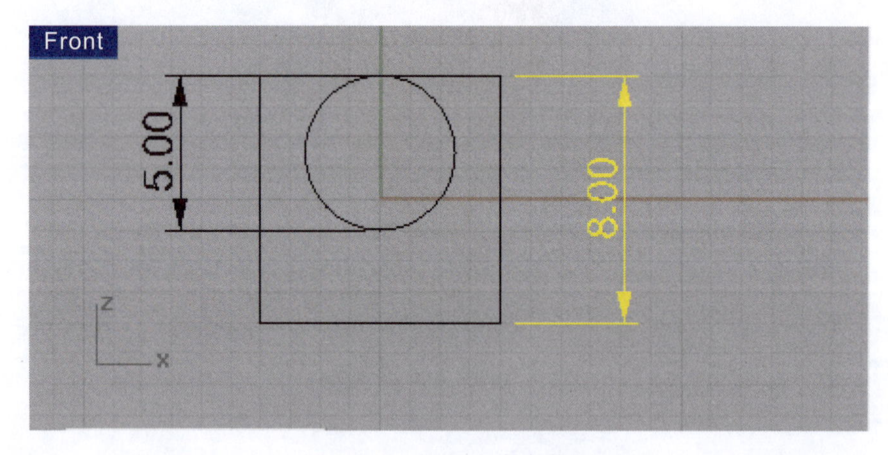

图 6-1-3　过上边中点作圆

(3)开启圆的控制点,调节最底端的控制点使之与正方形下边中点相接触(图 6-1-4)。

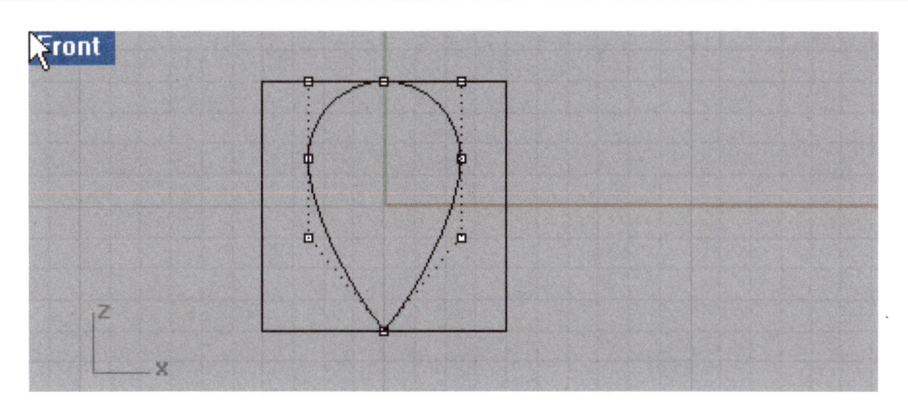

图 6-1-4 调节圆形曲线控制点

(4)调节曲线上的其他控制点,使曲线外形呈瓜子状,并删除正方形(图 6-1-5)。

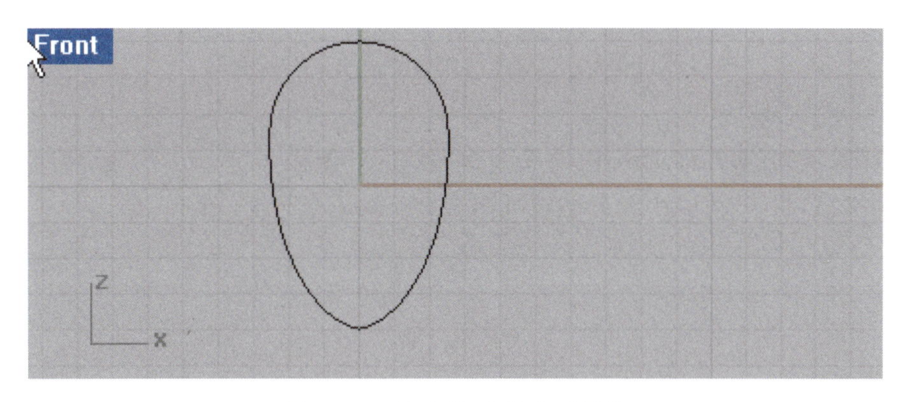

图 6-1-5 使曲线变形为瓜子状

(5)在右视图中,以瓜子形曲线的上、下端点为中心分别绘制直径为 5.00mm 和 1.50mm 的辅助圆(图 6-1-6)。

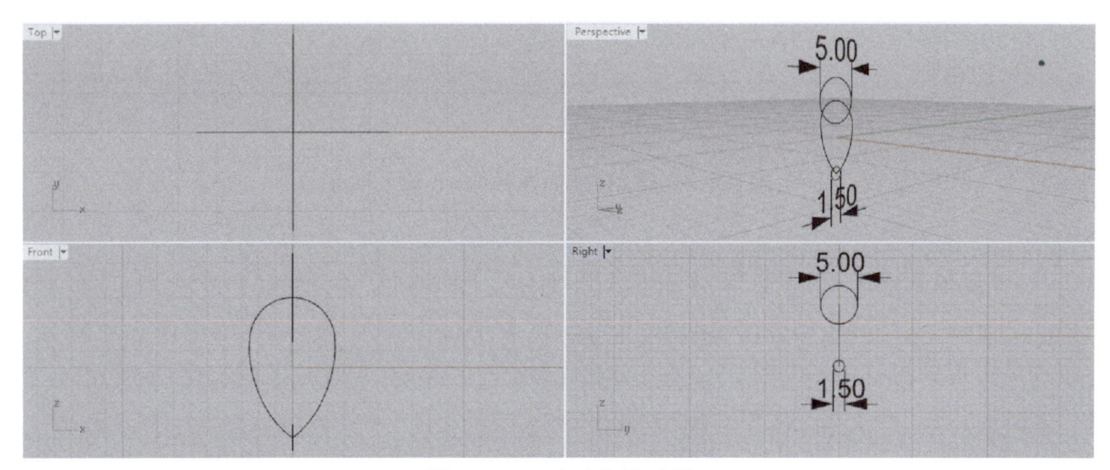

图 6-1-6 画两个辅助圆

(6)在右视图中,过两圆同侧的四分点绘制一条直线(图 6-1-7)。

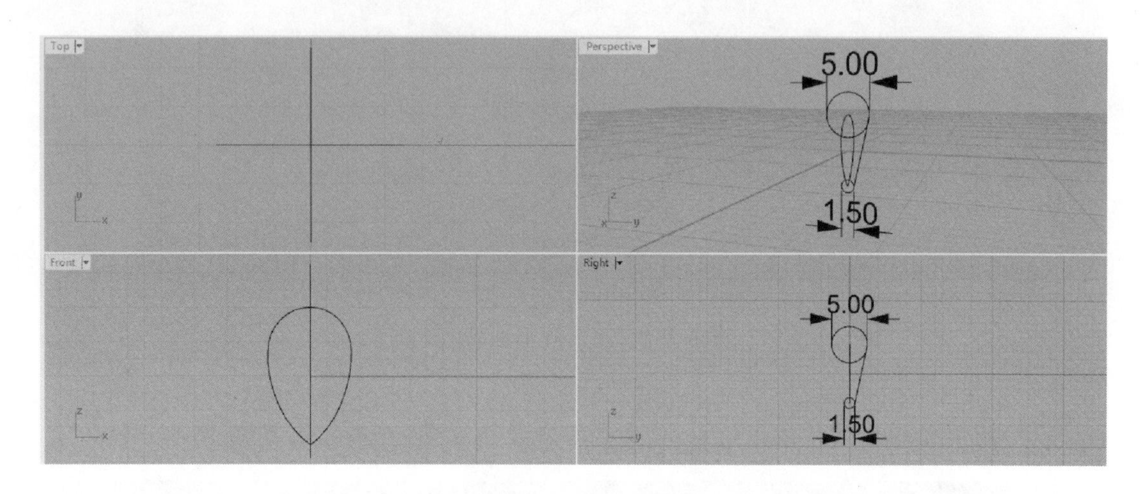

图 6-1-7 过两圆同侧四分点绘制一条直线

(7)删除辅助圆,在前视图中,将瓜子形曲线向外偏移 0.50mm,用“延伸曲线”命令分别选择两端点,将步骤(6)中绘制的直线两端延长到适当长度(图 6-1-8)。

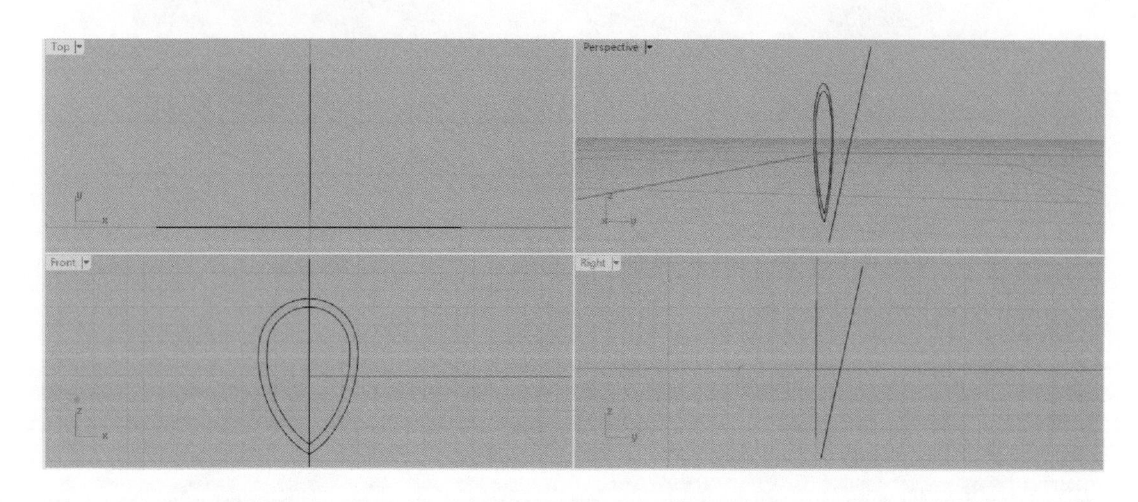

图 6-1-8 使用“延伸曲线”命令后的效果

(8)在前视图中,选中直线,利用“挤出封闭的平面曲线”命令挤出一个平面,注意要设定一个方向(此步骤中的方向基标点可以设置为平行于 x 轴的一条线,平面长度设置为超过瓜子形即可)(图 6-1-9)。

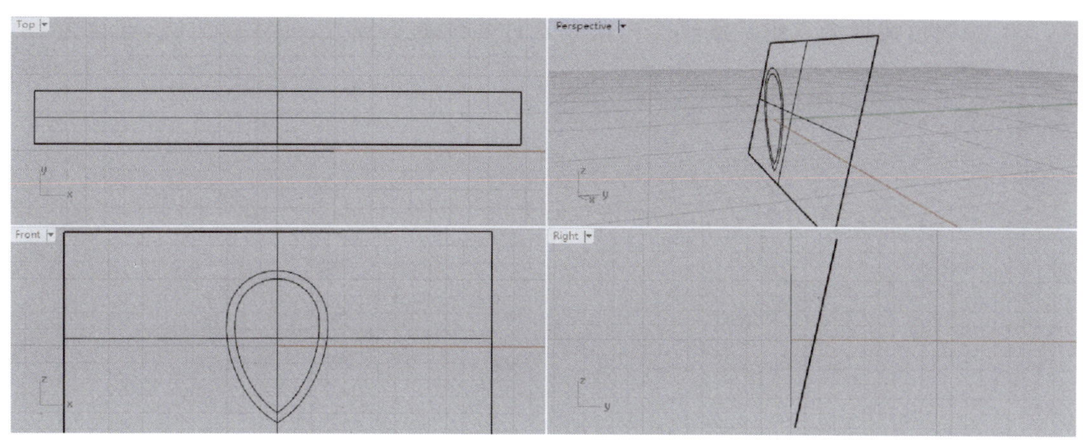

图 6-1-9 在前视图将直线挤出成一个平面

(9)选取内外瓜子形曲线,利用“拉回曲线”命令将其拉到平面上(图 6-1-10)。

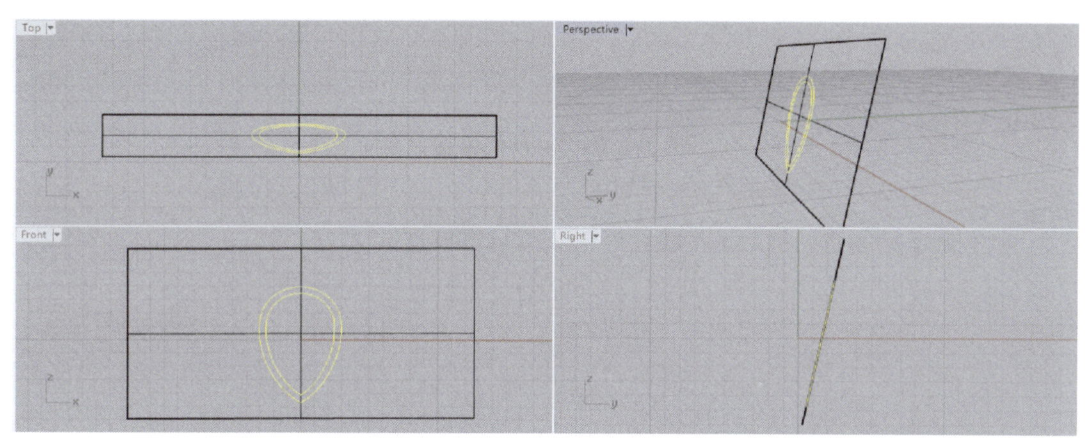

图 6-1-10 将内外瓜子形曲线拉到平面上

(10)删除原瓜子形曲线和平面,将拉到平面上的曲线在右视图中垂直镜像(图 6-1-11)。

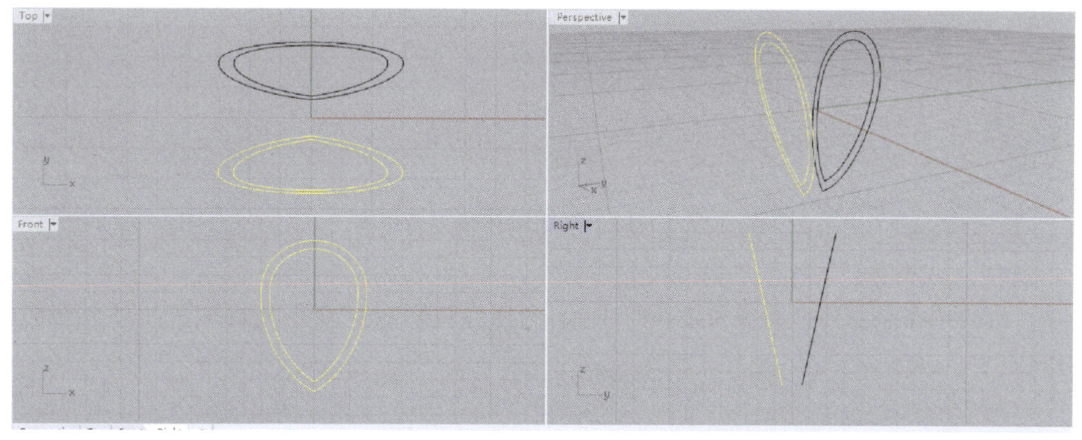

图 6-1-11 将拉到平面上的曲线垂直镜像

(11)通过捕捉端点作一条线段连接左右外曲线的上端点,并重建曲线,点数为 7,阶数为 3(图 6-1-12)。

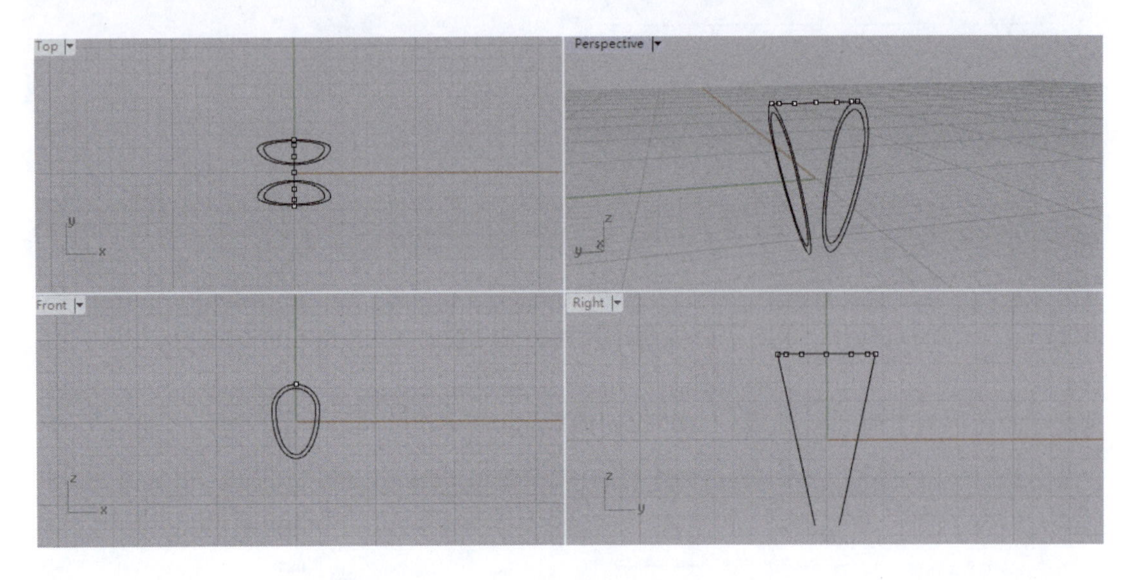

图 6-1-12　重设线段控制点

(12)调节控制点,使线段呈如图 6-1-13 所示波浪形。

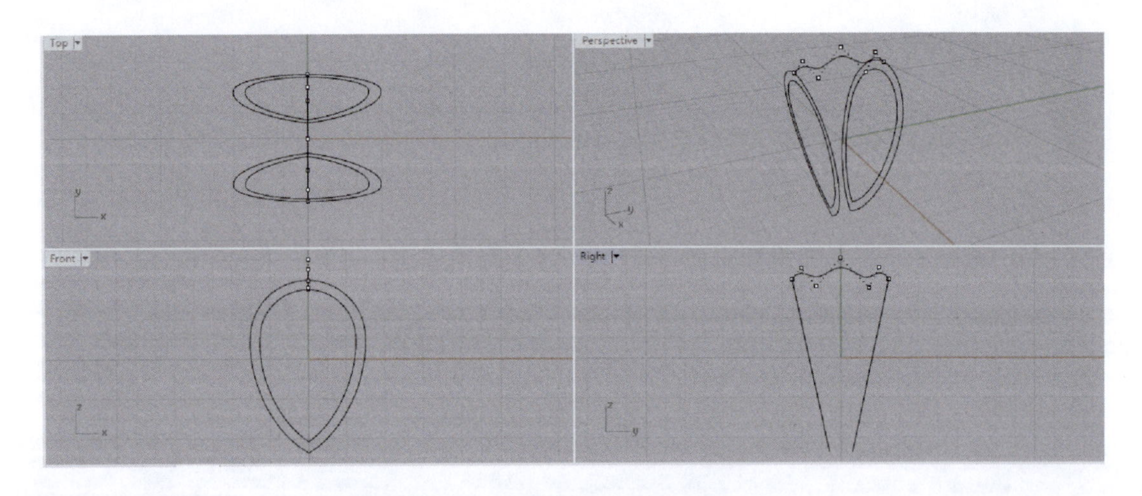

图 6-1-13　将线段调整为波浪形

(13)选择左右外部曲线及波浪形曲线,利用“双轨扫掠”命令完成瓜子扣外表面的制作(图 6-1-14)。

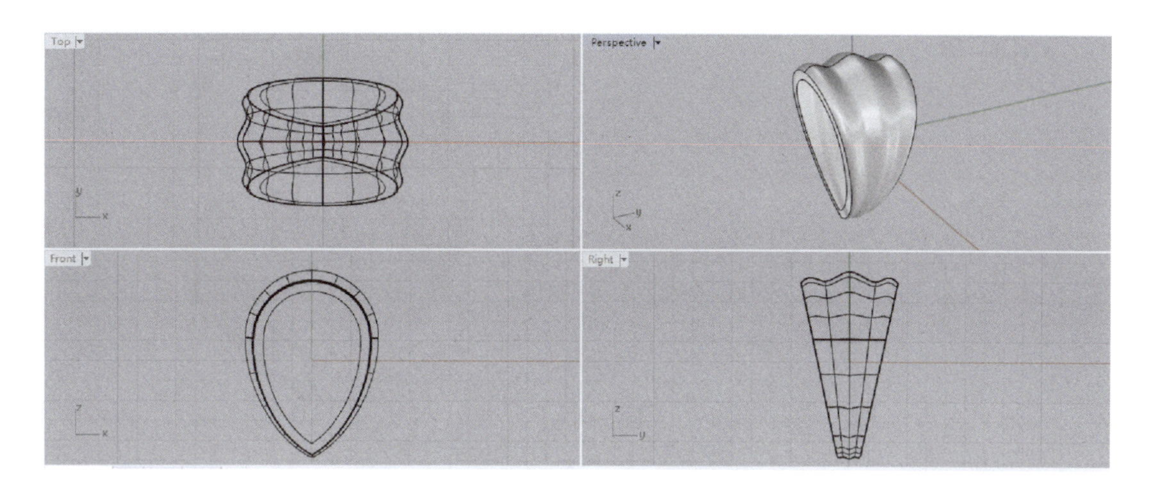

图 6-1-14 完成瓜子扣外表面的制作

(14)过一侧内外曲线的端点绘制一线段(图 6-1-15)。

图 6-1-15 画线段作断面线

(15)选择内外曲线及刚绘制的线段,利用“双轨扫掠”命令完成瓜子扣侧面的制作(图 6-1-16)。

图 6-1-16　完成瓜子扣侧面的制作

(16)重复步骤(14)、(15),完成另一侧面和内表面的制作(图 6-1-17)。

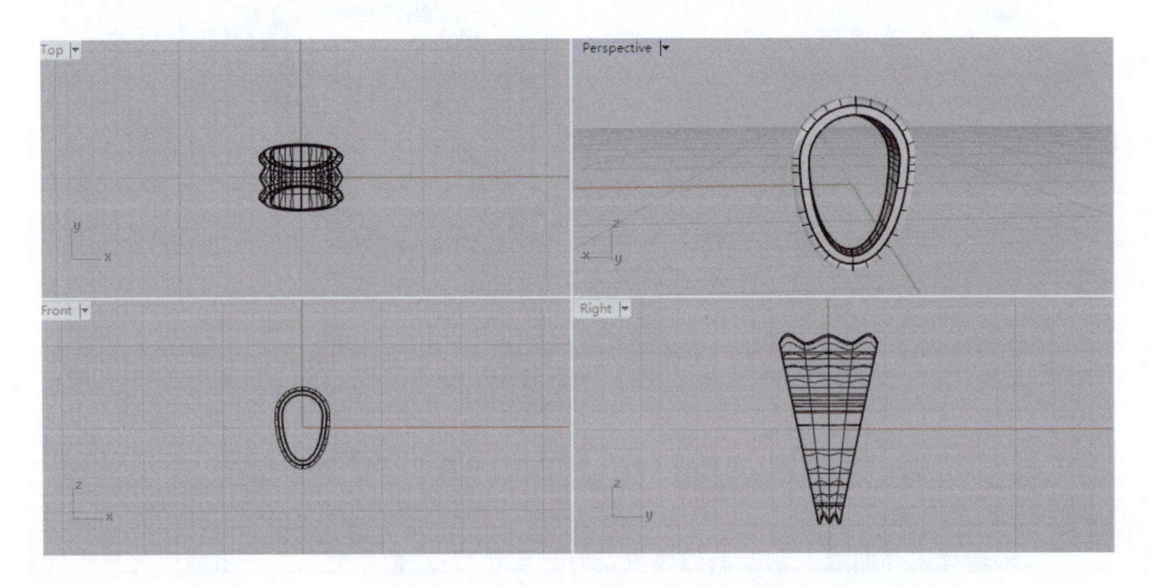

图 6-1-17　完成另一侧面和内表面的制作

(17)删除所有线条,将所有曲面组合成一实体,对边缘线进行圆角处理,圆角半径为0.30mm(图 6-1-18)。

图 6-1-18 对实体边缘进行圆角处理

(18)在右视图中捕捉瓜子扣下边的端点绘制一个直径为 3.00mm 的圆,并将圆往上移,使其穿过瓜子扣(图 6-1-19)。

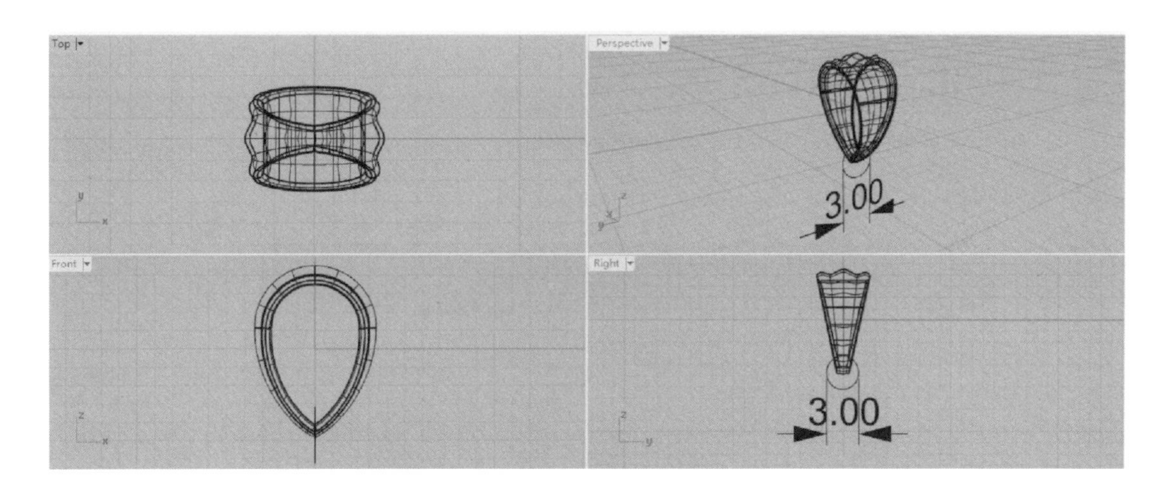

图 6-1-19 画圆

(19)利用“圆管”命令(圆管内径为 0.30mm)完成与瓜子扣相扣的圆环制作(图 6-1-20)。

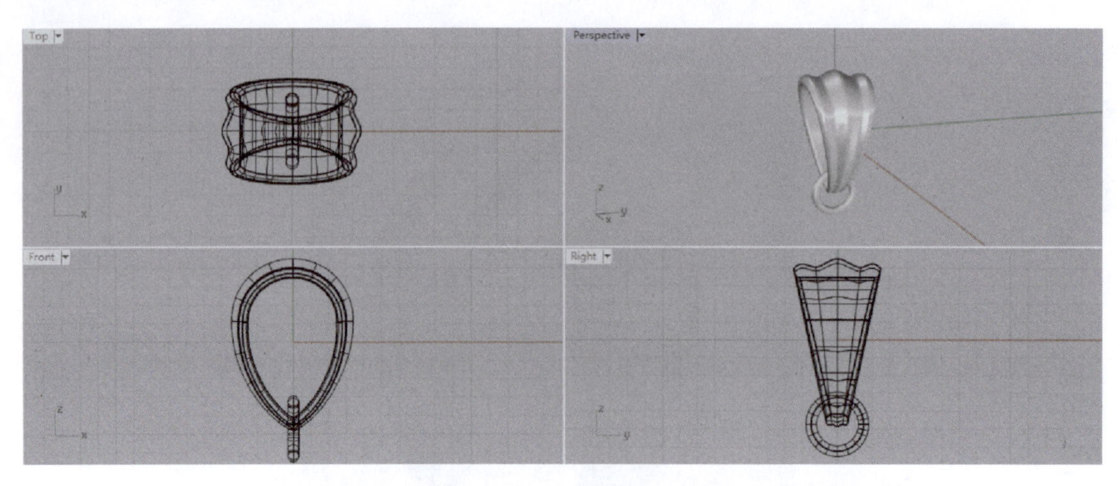

图 6-1-20　完成圆环制作

案例小结

(1)在步骤(9)中,也可利用“拉回曲线”命令将瓜子形曲线投影到平面上,但在选择投影曲面时,必须在前视图中操作,否则无法投影。

(2)在步骤(14)、(15)中,由于内外曲面在同一平面内,可直接利用“以平面曲线建立曲面”命令建立两个侧面,更方便快捷。

6.2　波浪面戒指的制作

任务描述

绘制一个外圈直径为22.20mm,内圈直径为17.20mm,侧面宽度为4.00mm,表面为波浪形的戒指(图 6-2-1)。

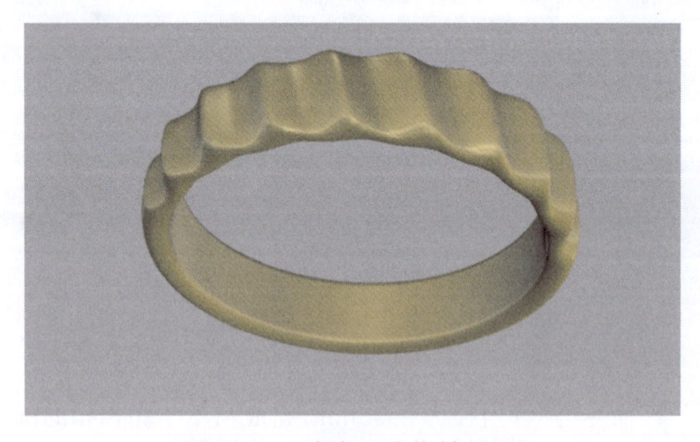

图 6-2-1　波浪面戒指效果图

所用命令

操作中将用到如下命令图标：

依次为："矩形"命令、"炸开"命令、"依线段长度分段曲线"命令、"内插点曲线"命令、"组合"命令、"移动"命令、"旋转成型"命令、"分割"命令、"隐藏/显示"命令、"抽离结构线"命令、"弹簧线"命令、"拉回曲线"命令、"从中点建立直线"命令、"重建曲线"命令、"复制边缘"命令、"移动"命令、"从网格建立曲面"命令、"环形阵列"命令、"曲面衔接"命令，请对照使用。

操作步骤

(1)在右视图中，用"矩形"命令画一个长度为 4.00mm、宽度为 1.50mm 的矩形，将矩形下边中点移动到原点后炸开，再用"依线段长度分段曲线"命令将下边线条分割为四等份(图 6-2-2)。"依线段长度分段曲线"命令位于"点"命令栏下，其中分段长度＝直线总长度/段数。

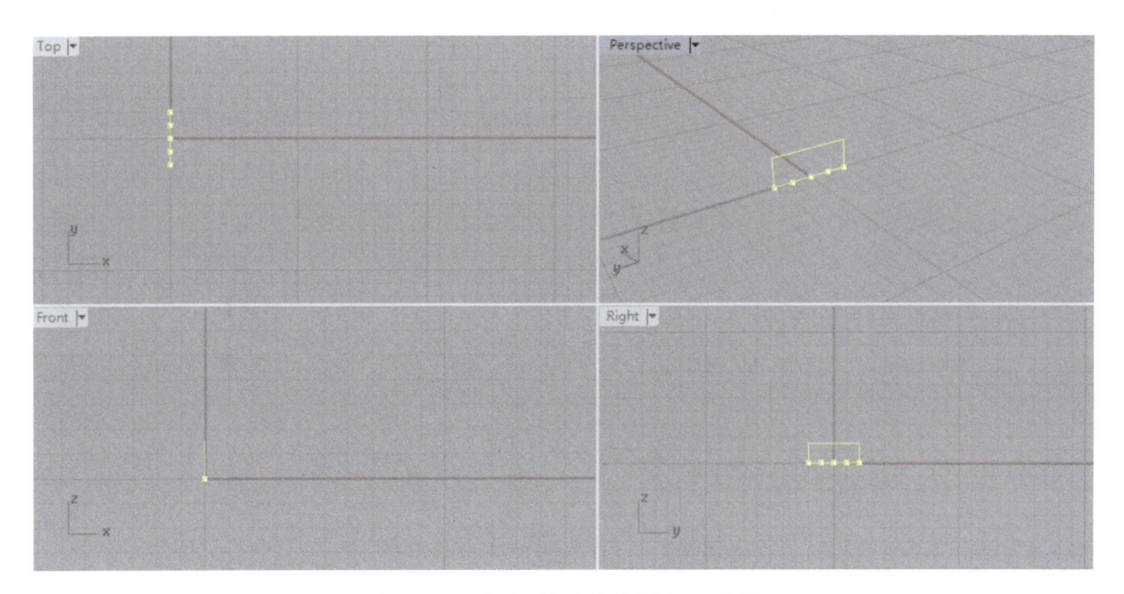

图 6-2-2 将矩形下边分割为四等份

(2)通过捕捉节点和端点用"内插点曲线"命令画出如图 6-2-3 所示曲线，并将曲线组合成一条封闭曲线。

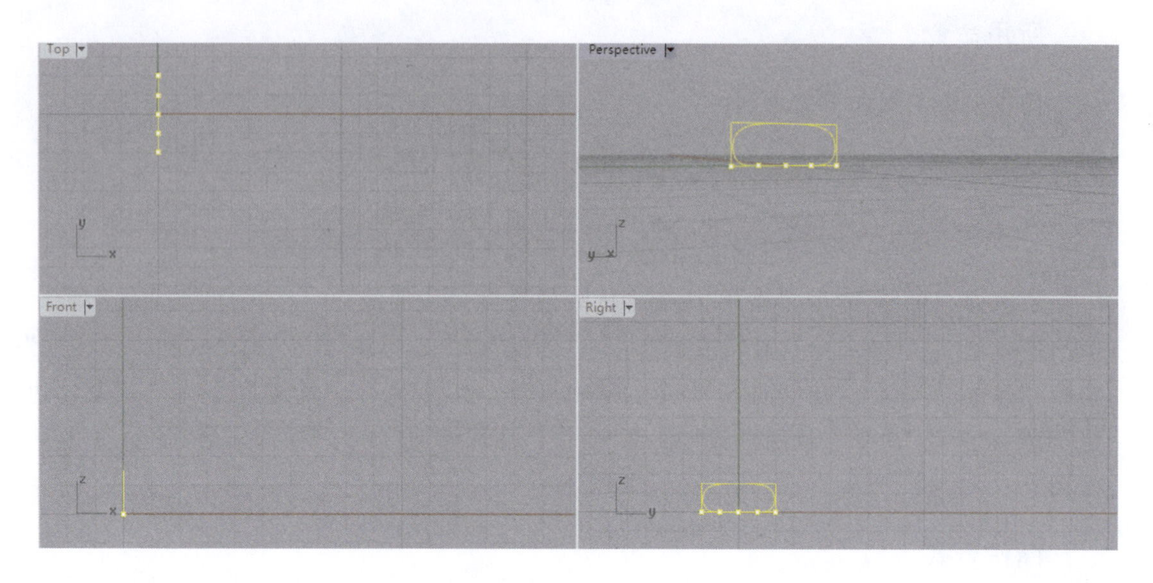

图 6-2-3　在矩形内画曲线

(3)在右视图中删除矩形外框,将封闭曲线垂直上移 8.60mm(图 6-2-4)。

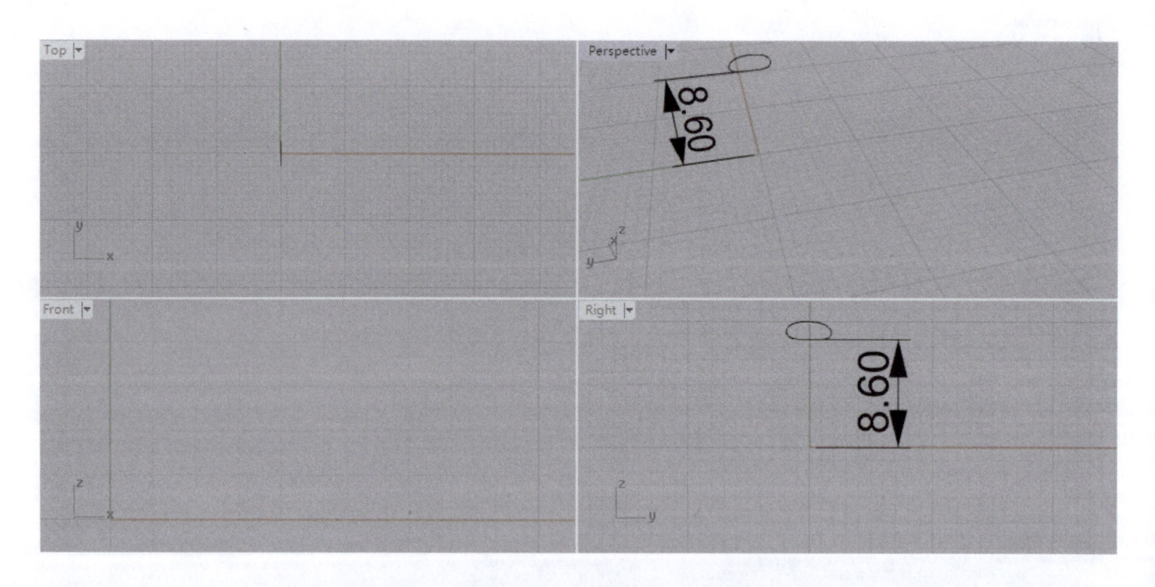

图 6-2-4　将封闭曲线垂直上移

(4)选择封闭曲线,在右视图中利用"旋转成型"命令以 y 轴为旋转轴,将封闭曲线旋转 360°,得到戒圈实体(图 6-2-5)。

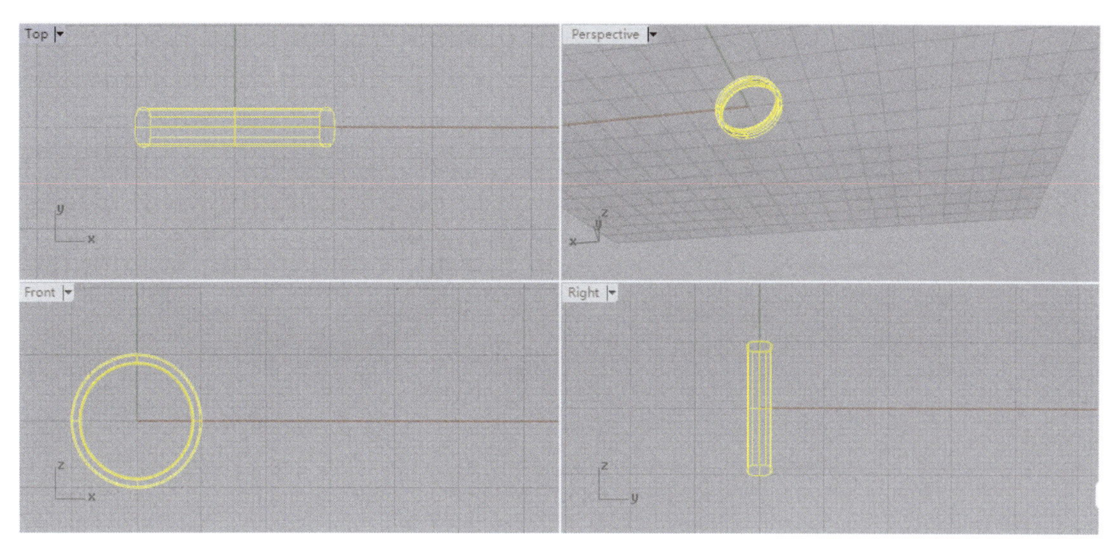

图 6-2-5 曲线旋转得到戒圈实体

(5)勾选辅助建模命令栏“物体锁点”中的“节点”选项,在立体视图中用鼠标右键点击“分割”命令,将戒圈以封闭曲线的两侧节点处(见下图箭头所示处)作为分割点及U结构线进行分割,“缩回(S)”设定为“是”,最后得到内外两张曲面,并将外表面上色(图 6-2-6)。

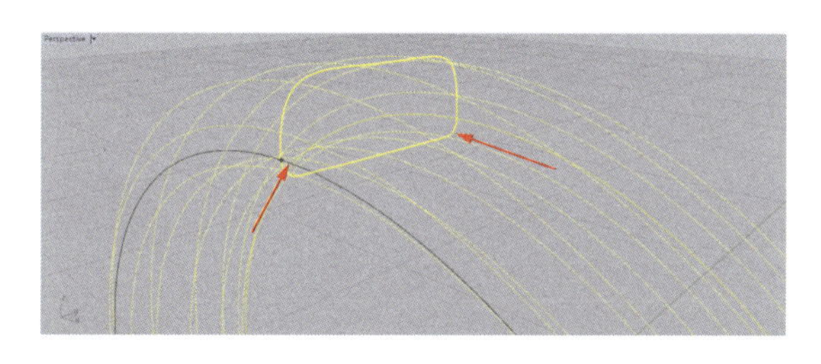

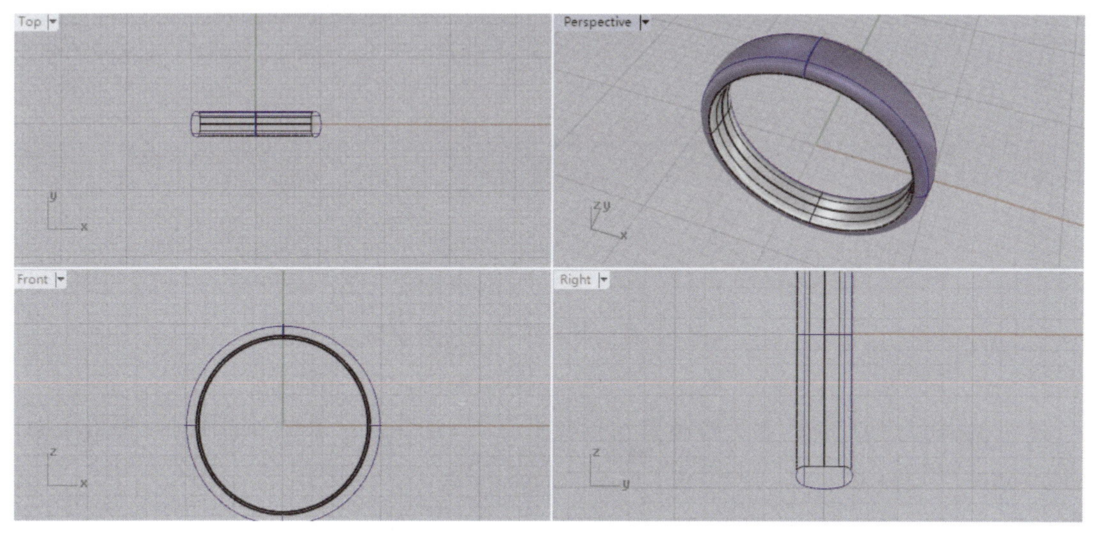

图 6-2-6 分割时选择封闭曲线上的两侧节点,得到两张曲面的效果

(6)隐藏内曲面,在右视图中用"抽离结构线"命令抽离外曲面中央结构线并上色(图6-2-7)。

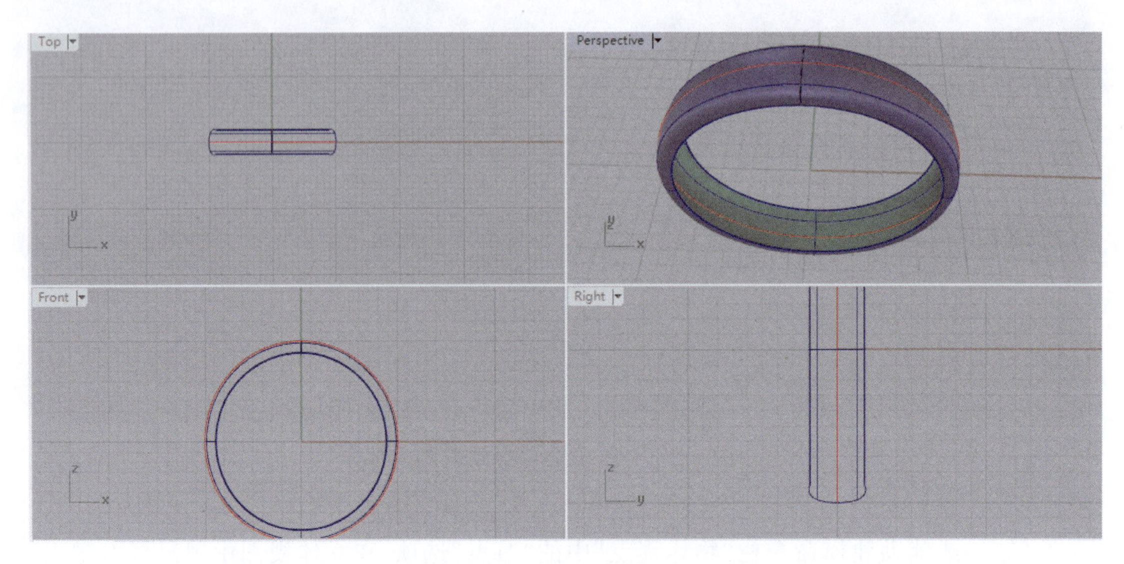

图6-2-7　给外曲面中央结构线上色

(7)以中央结构线为环绕线,运用"弹簧丝"命令建立20圈弹簧丝环绕外表面(图6-2-8)。

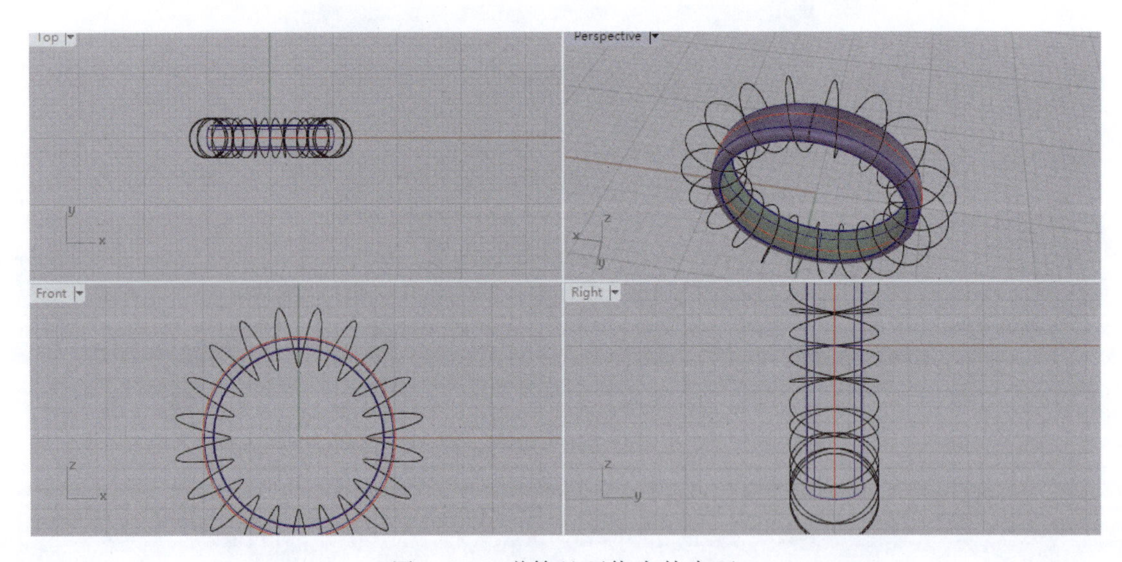

图6-2-8　弹簧丝环绕内外表面

(8)运用"拉回曲线"命令将弹簧丝拉回步骤(5)中分割出来的外部曲面,并删除原来的弹簧丝(图6-2-9)。

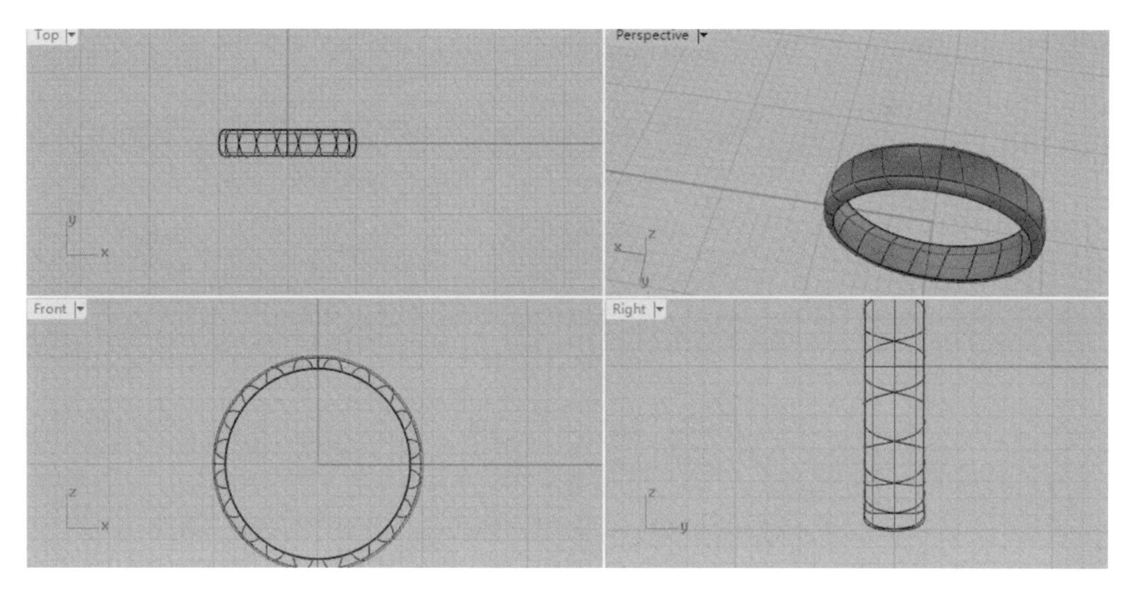

图 6-2-9 将弹簧丝拉回到外部曲面上

(9)除了留下四条曲线和外部曲面外(如图 6-2-10 所示),隐藏其他线条和内部曲面。

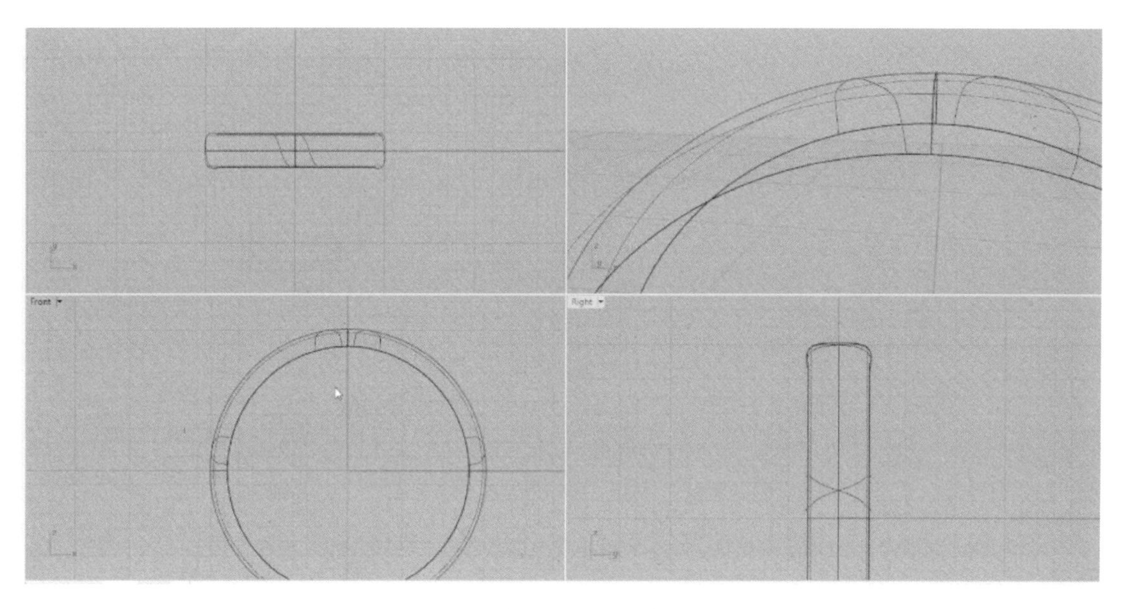

图 6-2-10 留下来的四条曲线和外部曲面

(10)在前视图中,用左右两边的曲线分割曲面,再删除分割出来的上部曲面,此时效果如图 6-2-11 所示。

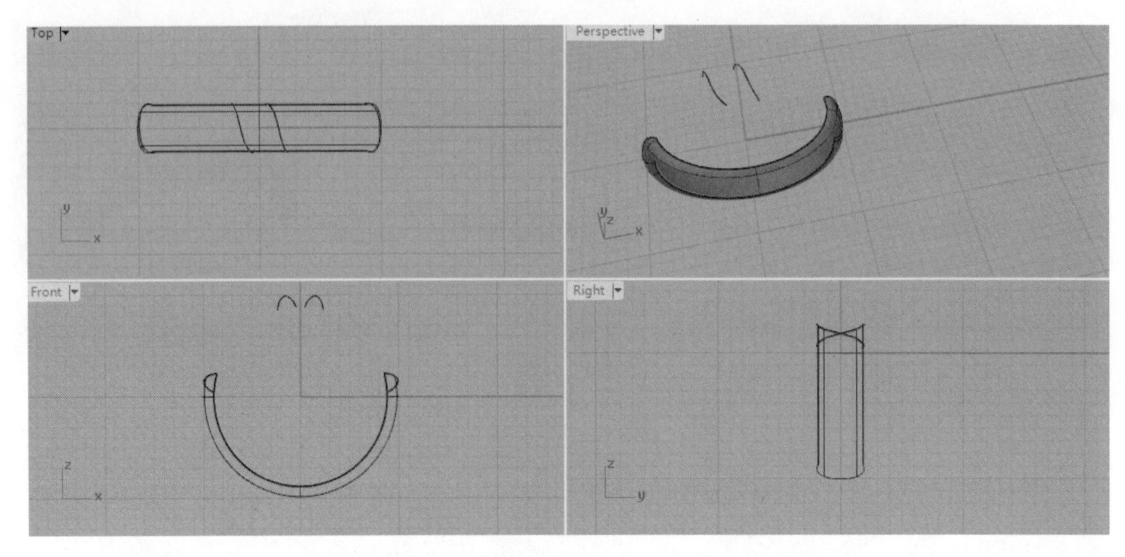

图 6-2-11 分割、删除多余曲面后的效果

(11)在前视图中，通过捕捉中点用“从中点建立直线”命令在上部两条弹簧丝间画一条线段，再用“重建曲线”命令重建 4 个控制点(图 6-2-12)。

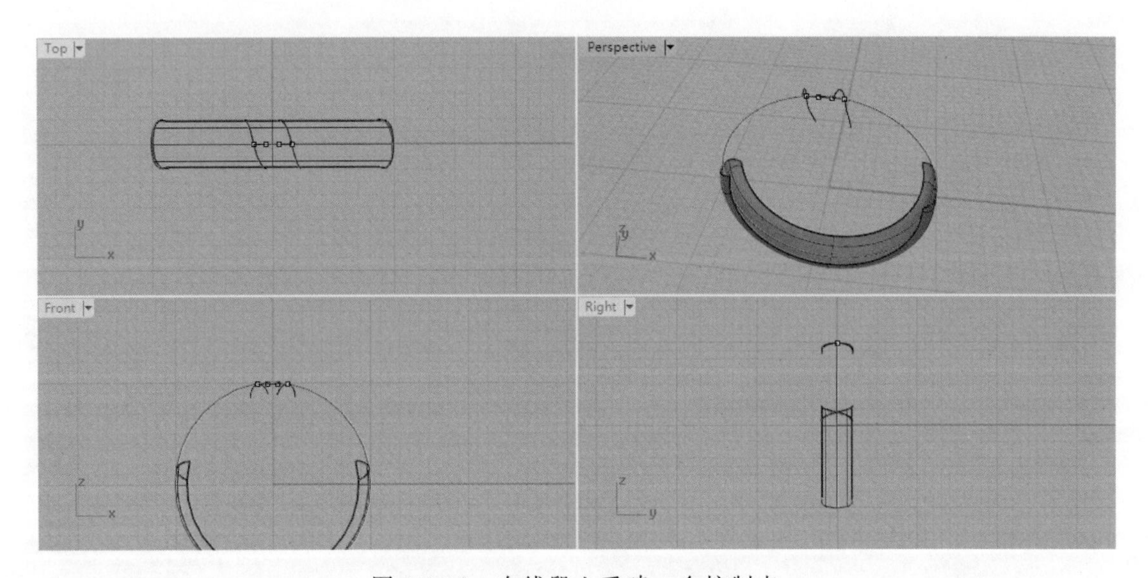

图 6-2-12 在线段上重建 4 个控制点

(12)显示隐藏的内表面，用“复制边缘”命令复制两条边缘线，并用两条弹簧丝进行分割(删除下部曲线，留下两条跟弹簧丝接触的曲线)，在正视图中用“移动”命令将线段中央的两个控制点垂直向下移动少许，使线段变成弧线(图 6-2-13)。

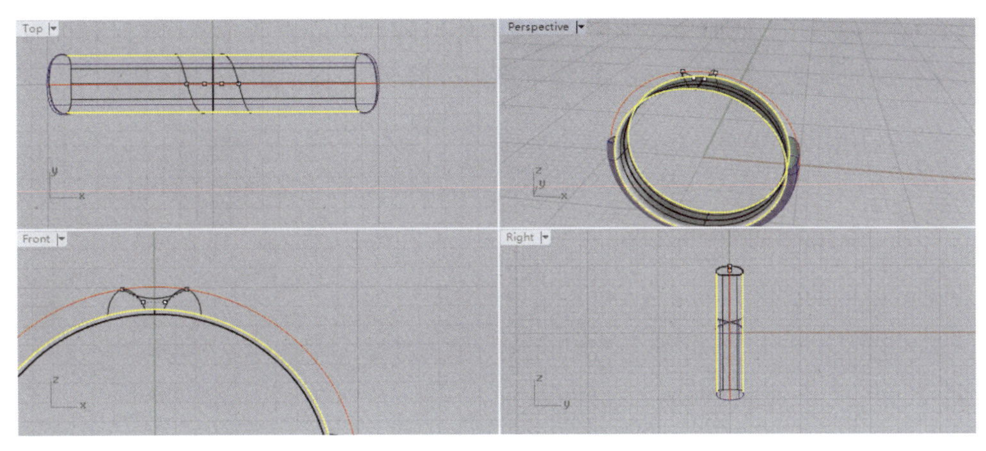

图 6-2-13 将线段调整为弧线

(13)选择如图 6-2-14 所示 5 条曲线(黄色),用"从网格建立曲面"命令建立曲面并上色,如图 6-2-15 所示。

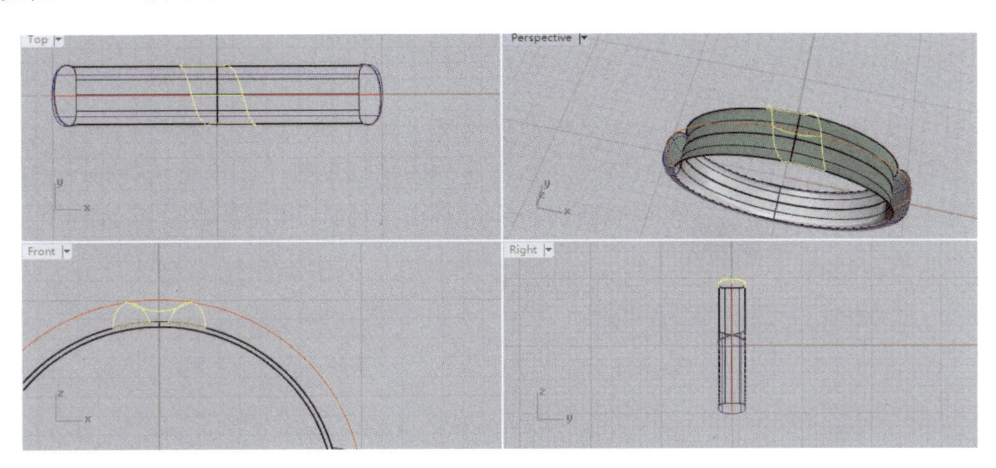

图 6-2-14 选择 5 条曲线

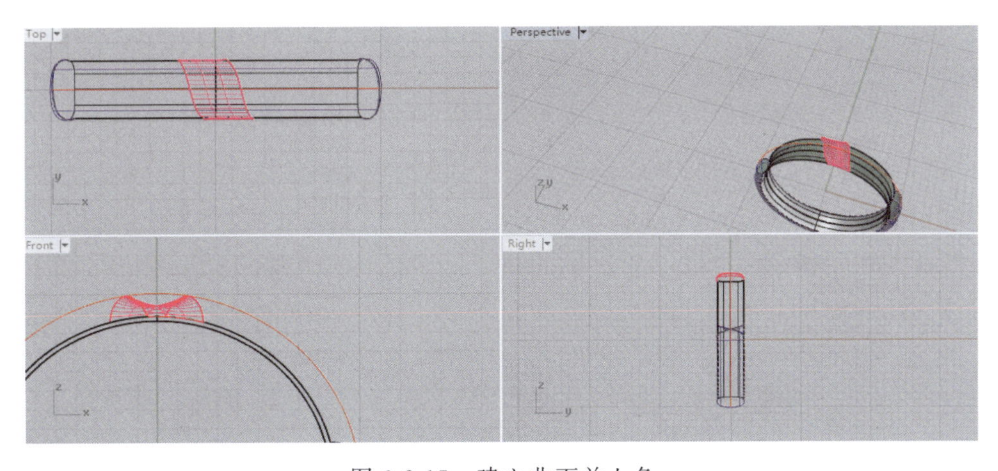

图 6-2-15 建立曲面并上色

(14)在前视图中,使曲面环形阵列,其中环形阵列中心点为原点,阵列数目为 20(步骤(7)中绘制的弹簧丝数量为 20),再将下半部分的 10 个曲面删除(图 6-2-16)。

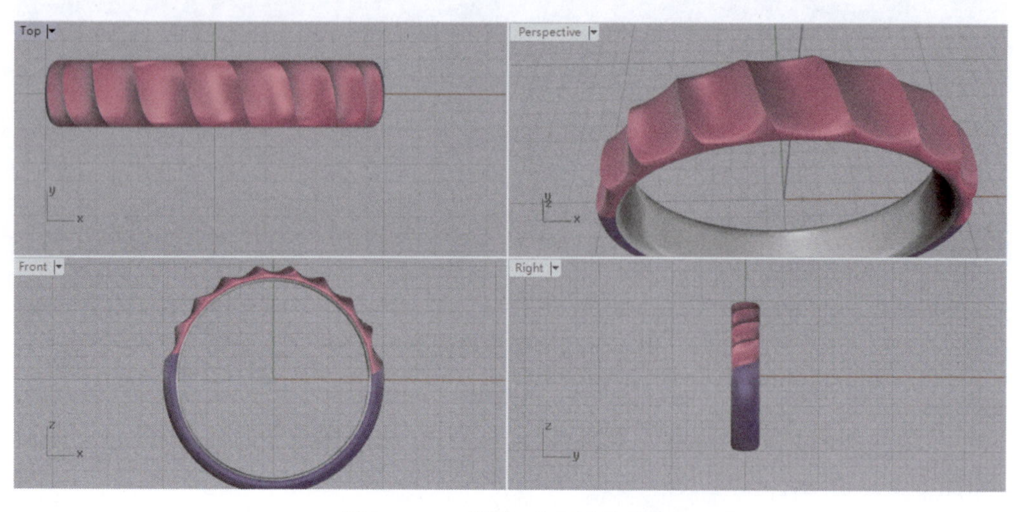

图 6-2-16　删除下半部分曲面

(15)用"曲面衔接"命令对波浪纹的曲面依次进行衔接(指令栏提示"选择要衔接到下一段的边缘"为两个相接曲面的边缘曲线,该曲线的法线朝哪个方向就选择哪个方向的曲面与之衔接),再将曲面与蓝色戒圈曲面边界进行衔接处理,相关参数设置如图 6-2-17、图 6-2-18 所示。

图 6-2-17　曲面与曲面衔接设置

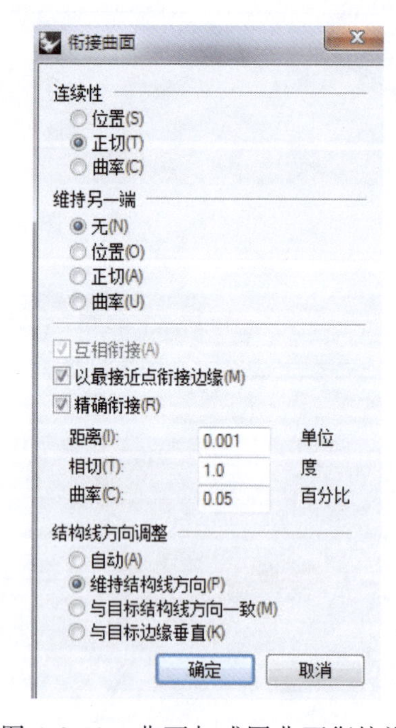

图 6-2-18　曲面与戒圈曲面衔接设置

(16)完成衔接设置后的戒指效果如图 6-2-19 所示。

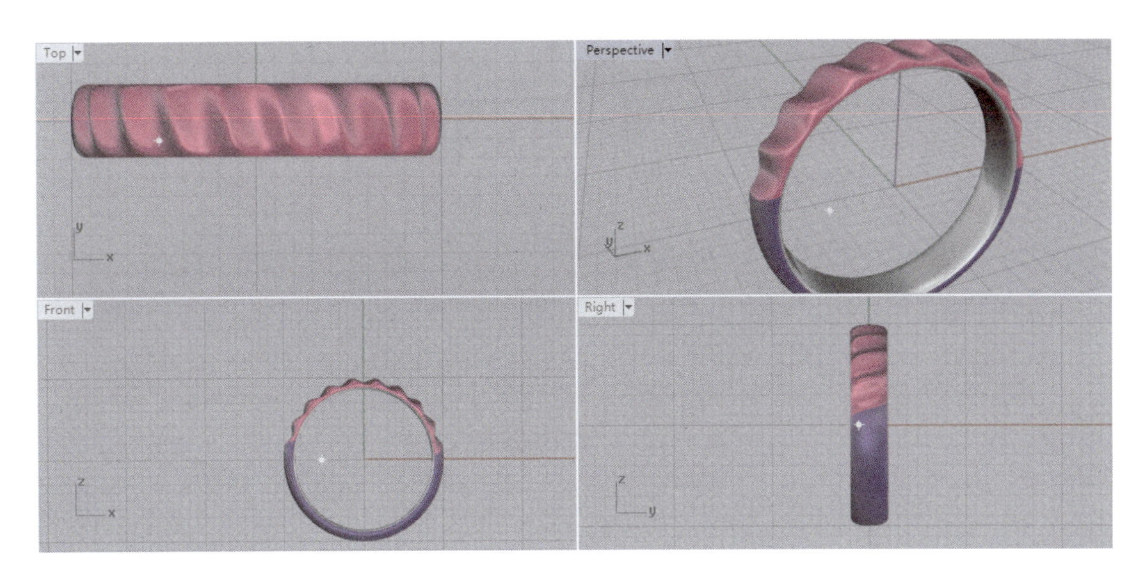

图 6-2-19 完成衔接设置后的戒指效果

(17)将所有曲面进行组合,完成波浪面戒指实体的制作(图 6-2-20)。

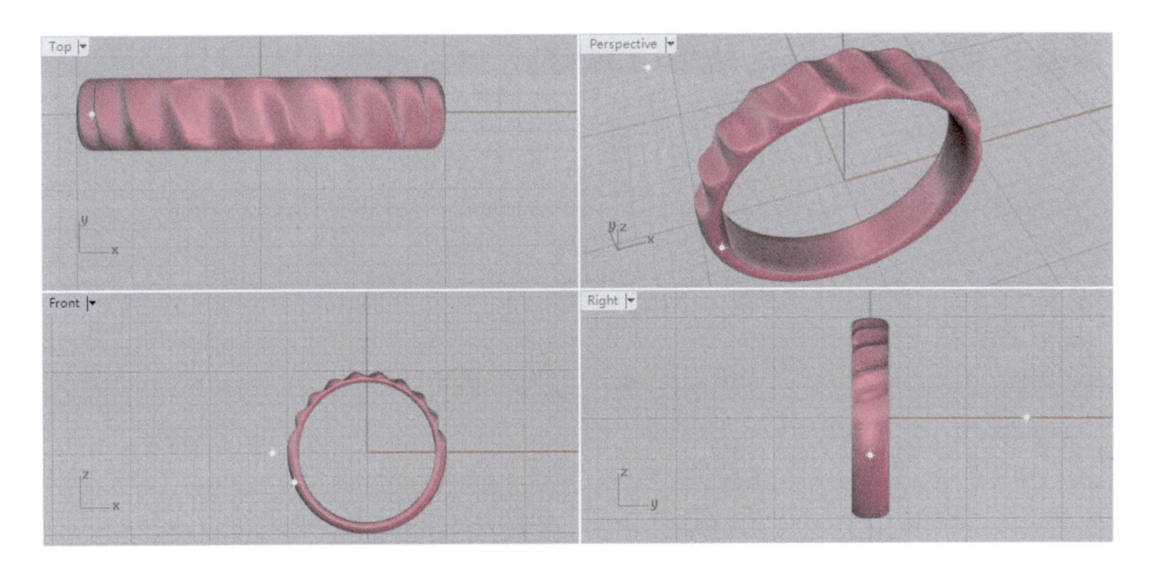

图 6-2-20 曲面组合后的波浪面戒指实体

(18)最终的效果如图 6-2-21 所示。

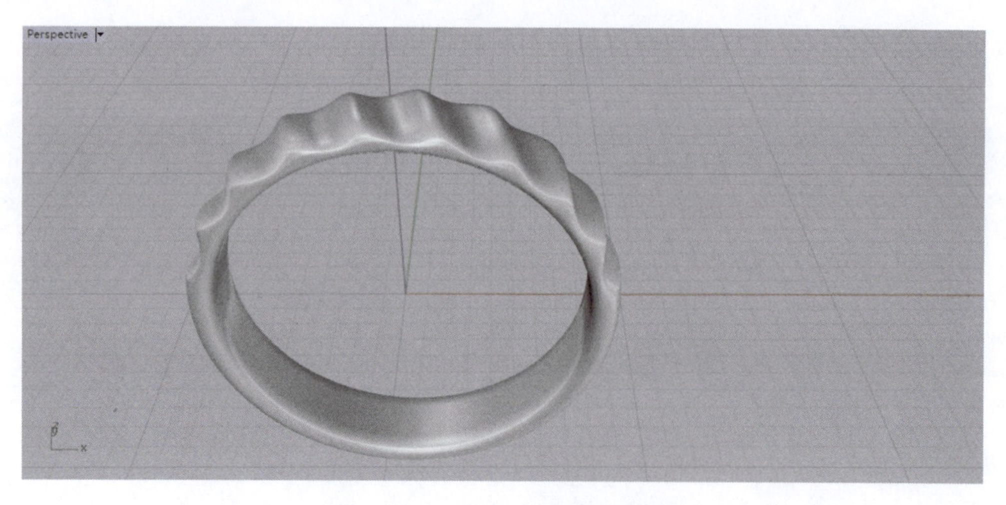

图 6-2-21　波浪面戒指效果图

案例小结

本案例第一次学习“依线段长度分段曲线”命令和“曲面衔接”命令，需注意节点与端点的区别和捕捉。

6.3　金枝玉叶的制作

任务描述

绘制一个长度为 12.00mm、宽度为 9.00mm 的叶片，具体见图 6-3-1 所示。

图 6-3-1　金枝玉叶效果图

所用命令

操作中将用到如下命令图标：

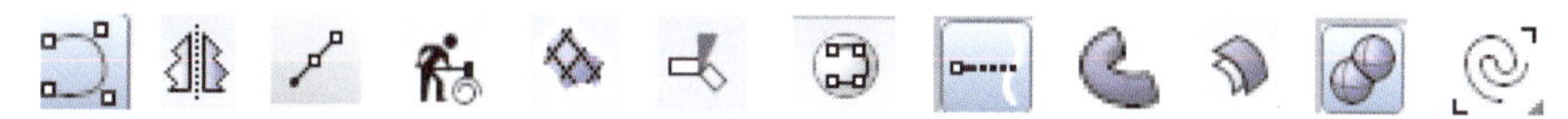

依次为："控制点曲线"命令、"镜像"命令、"从中点建立直线"命令、"重建曲线"命令、"嵌面"命令、"修剪"命令、"曲面上的内插点曲线"命令、"延伸曲线"命令、"圆管"命令、"偏移曲面"命令、"布尔运算联集"命令、"选取曲线"命令，请对照使用。

操作步骤

(1)利用"控制点曲线"命令在顶视图中画出如图 6-3-2 所示曲线(通过锁定格点让曲线两端在过原点的中心垂直线上)。

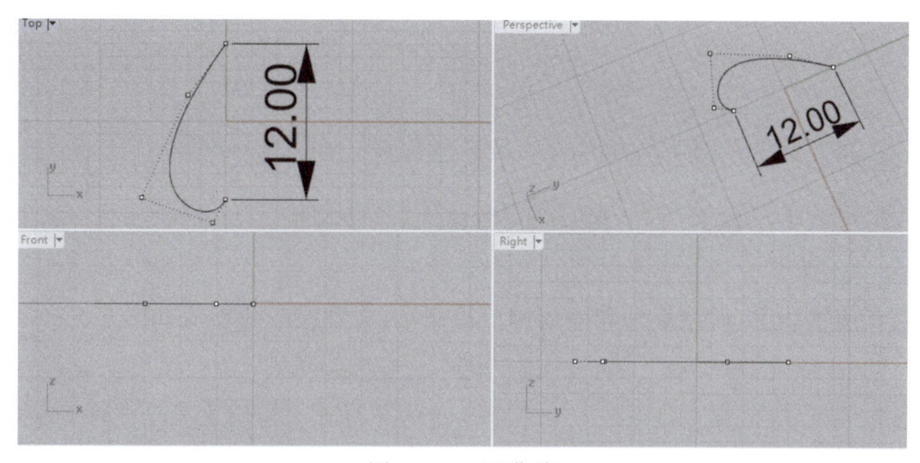

图 6-3-2 画曲线

(2)利用"镜像"命令将曲线关于 y 轴左右镜像(图 6-3-3)。

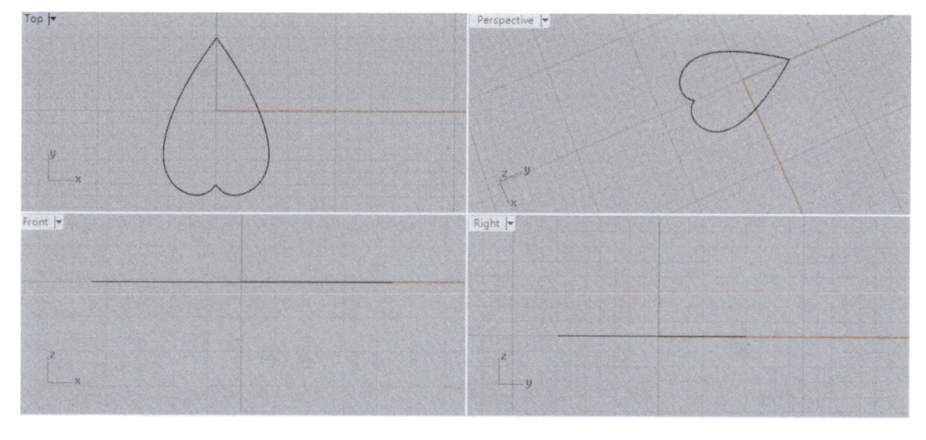

图 6-3-3 将曲线左右镜像

(3)在顶视图中,通过捕捉曲线的最近点、交点和端点(在“物体锁点”中勾选“最近点”“交点”和“端点”三项)用“从中点建立直线”命令画出四条线段,并通过“重建曲线”命令将各线段的控制点重建为 4 个(图 6-3-4)。

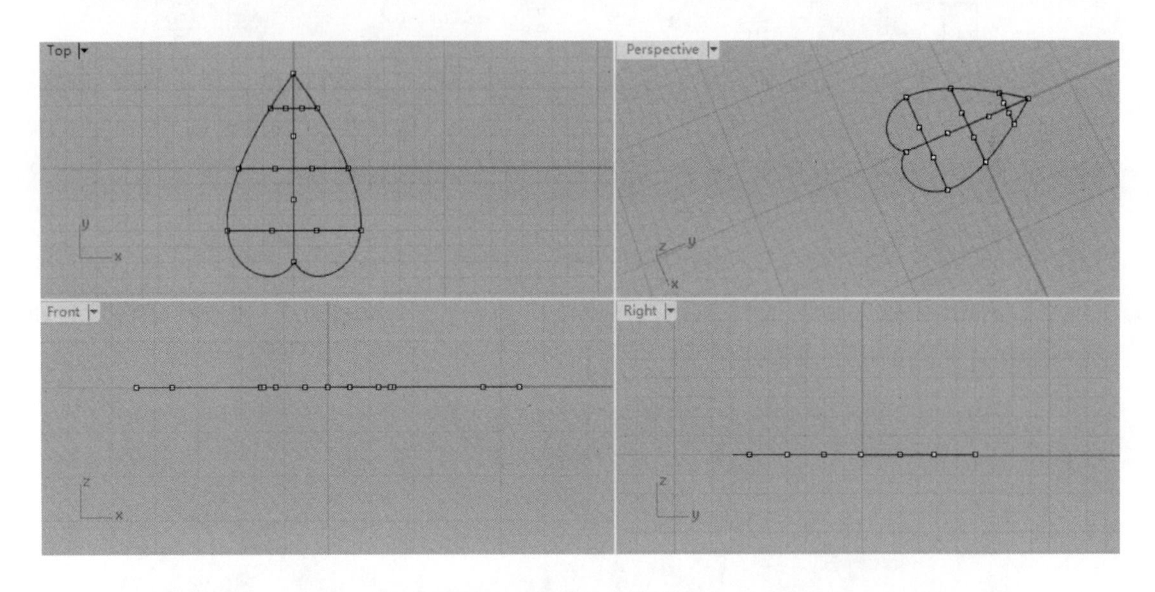

图 6-3-4　重建线段的控制点

(4)在前视图中,通过移动和缩放调节控制点,将各线段变形成如图 6-3-5 所示曲线。

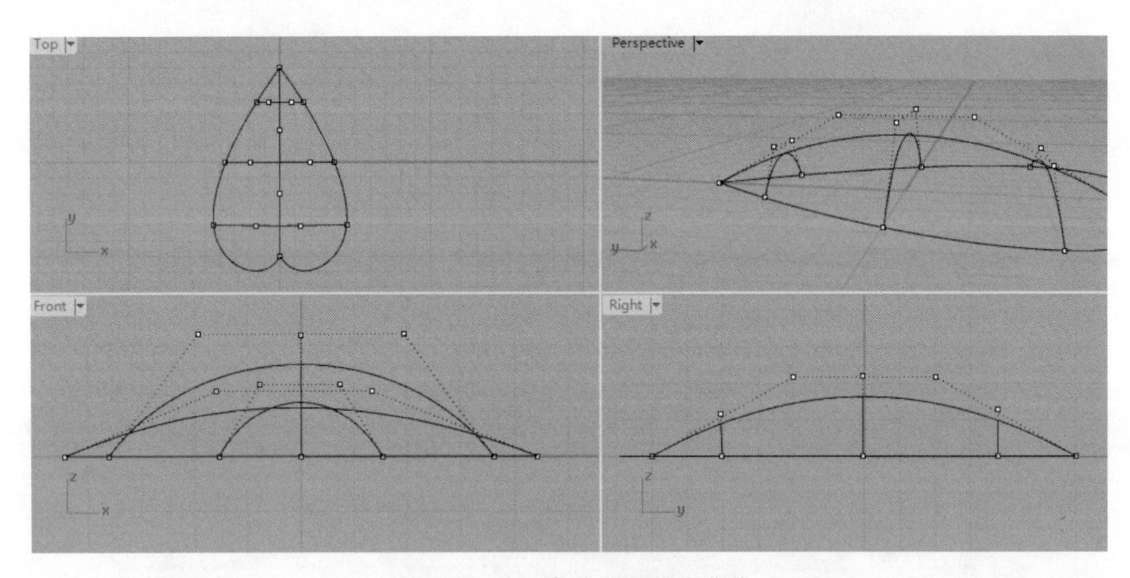

图 6-3-5　将四条线段调整为曲线

(5)利用“嵌面”命令完成如图 6-3-6 所示曲面的制作。

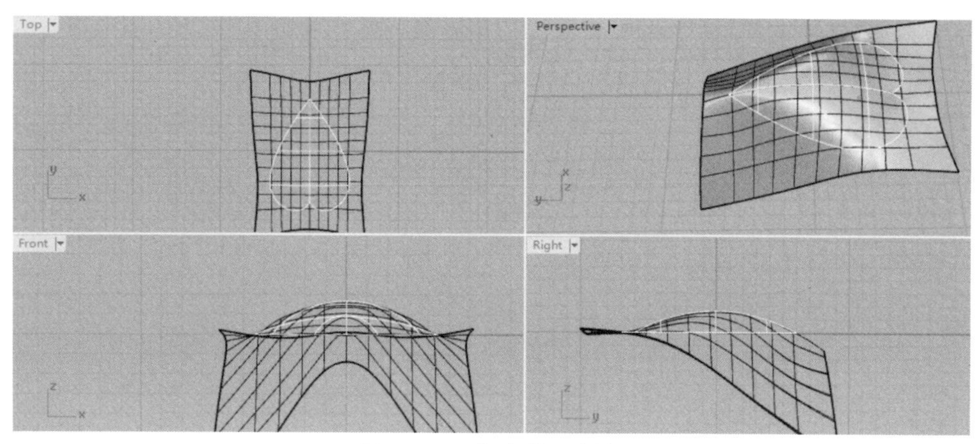

图 6-3-6　完成曲面制作

(6)利用“修剪”命令删除不需要的部分,得到叶片曲面(图 6-3-7)。

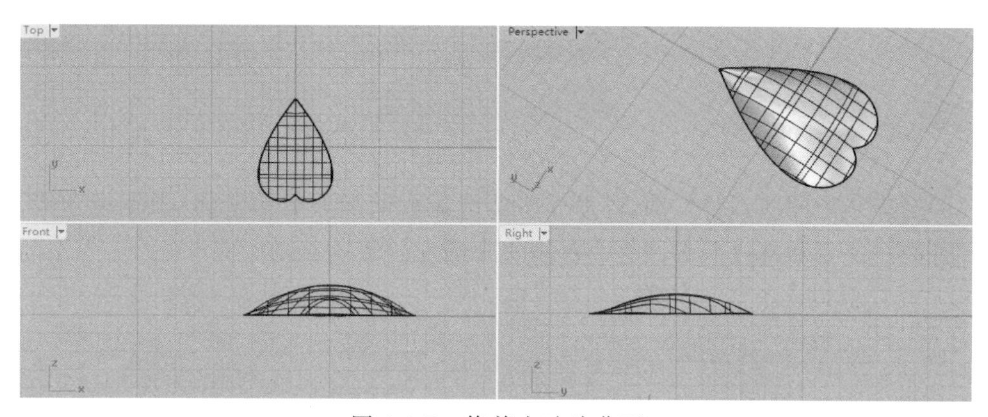

图 6-3-7　修剪出叶片曲面

(7)在顶视图中,利用“曲面上的内插点曲线”命令在叶片曲面上画出曲线作叶脉(图 6-3-8)。

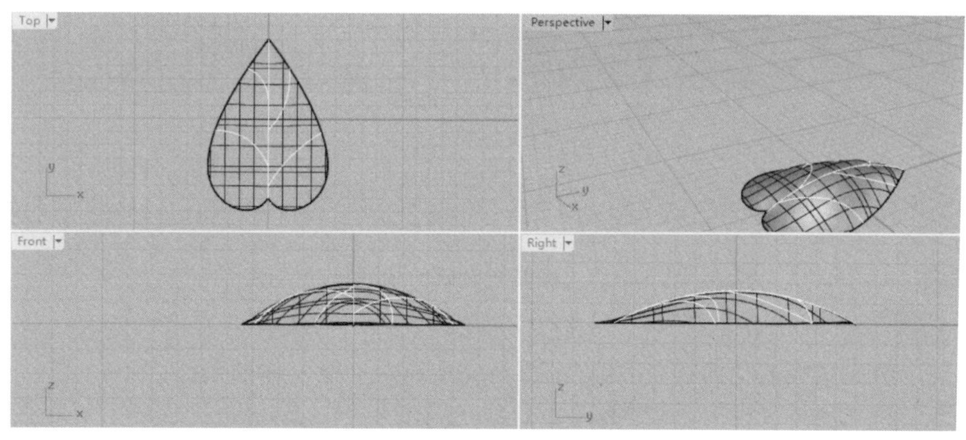

图 6-3-8　画曲线作叶脉

(8)利用“延伸曲线”命令将中央曲线适当延长(图 6-3-9)。

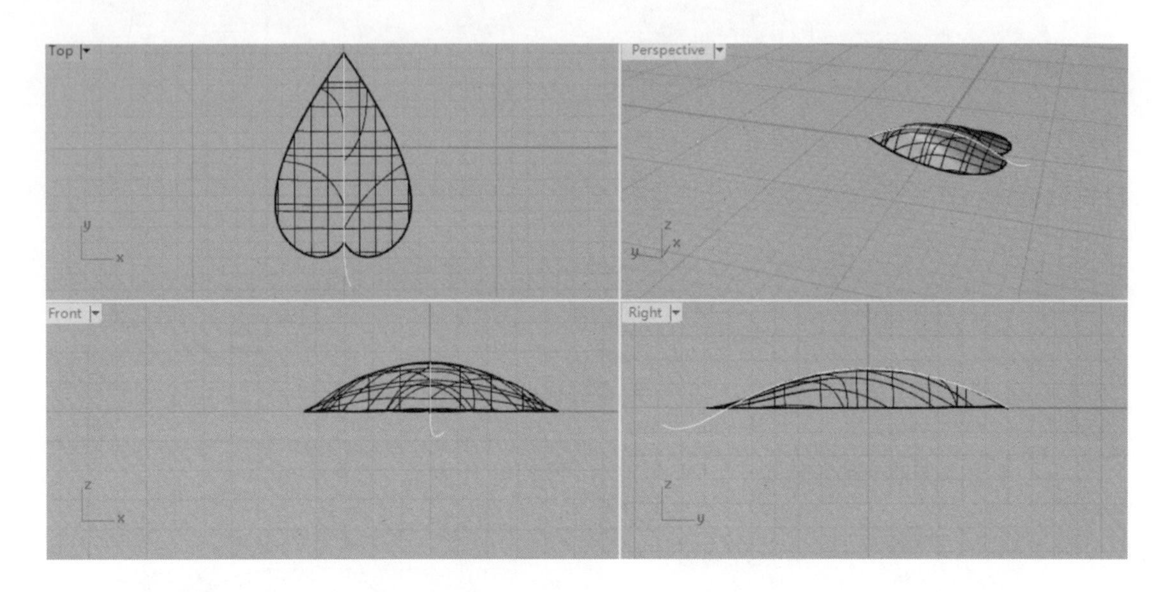

图 6-3-9　延长中央曲线

(9)选择中央曲线,利用“圆管”命令将曲线做成前细后粗的实体(根据指令栏提示分别设置起点、终点和通过点的圆管直径来实现渐变)(图 6-3-10)。

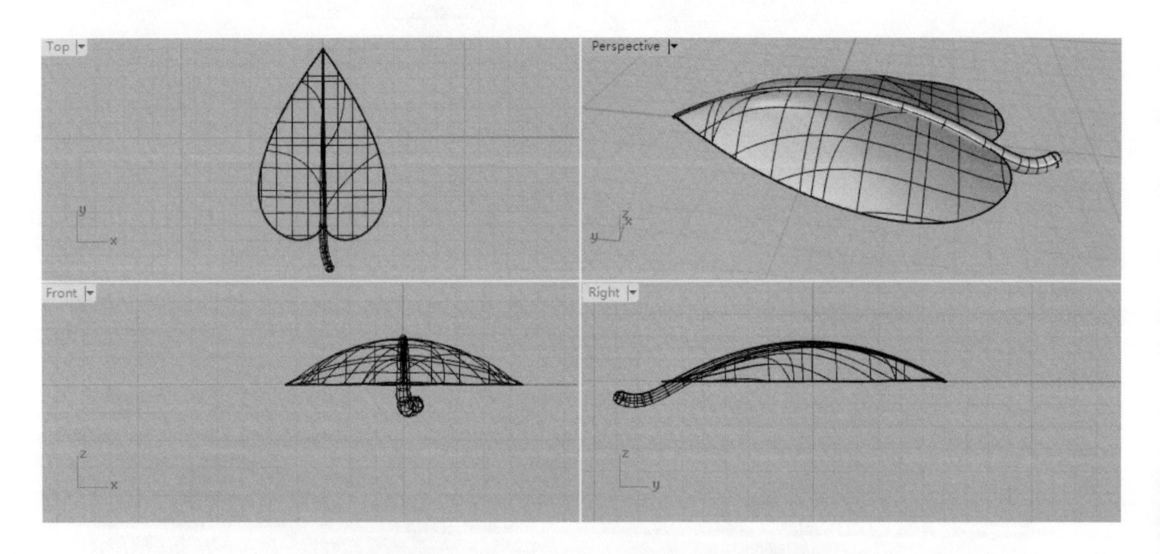

图 6-3-10　将曲线做成前细后粗的实体

(10)分别选择其他曲线,用相同的方法完成剩余叶脉实体的制作(图 6-3-11)。

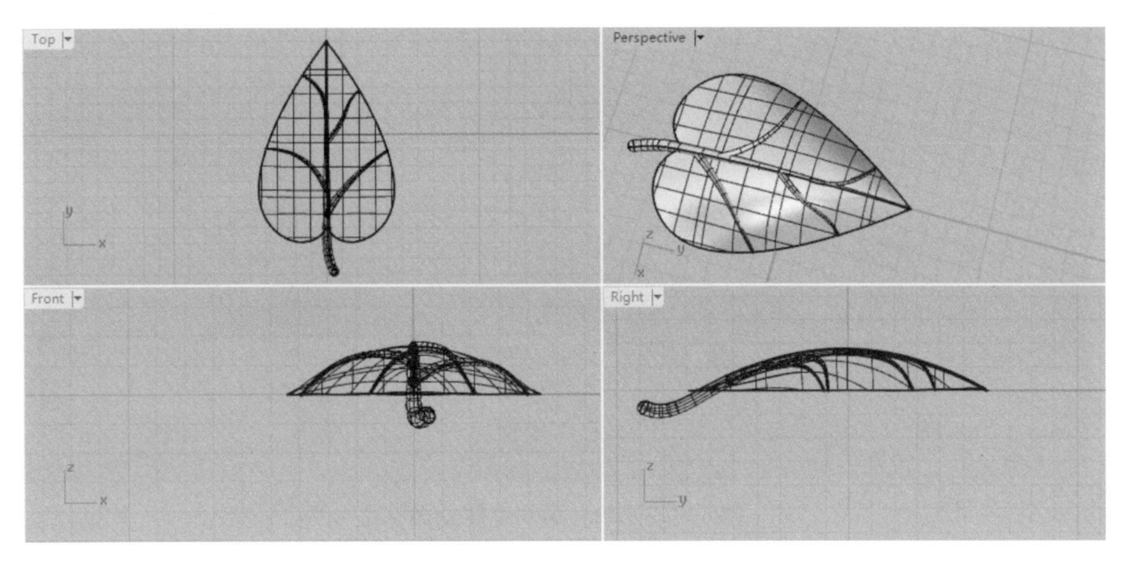

图 6-3-11 完成剩余叶脉实体的制作

(11)选择叶片曲面,利用"偏移曲面"命令将曲面向下偏移少许,完成叶片实体的制作(图 6-3-12)。

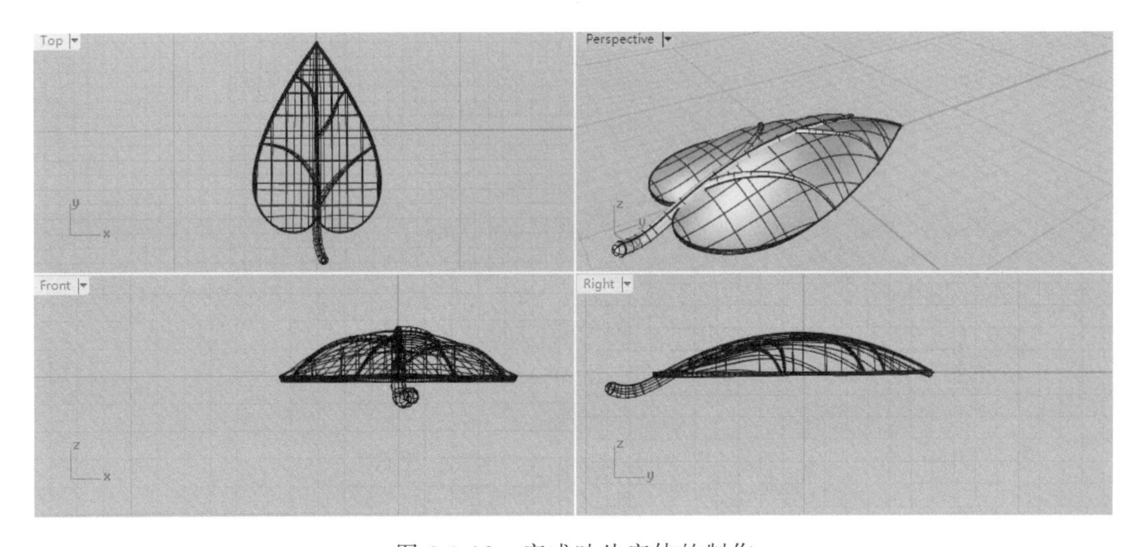

图 6-3-12 完成叶片实体的制作

(12)利用"布尔运算联集"命令将五条叶脉合并为一个实体,并分别将叶面和叶脉上色(图 6-3-13)。

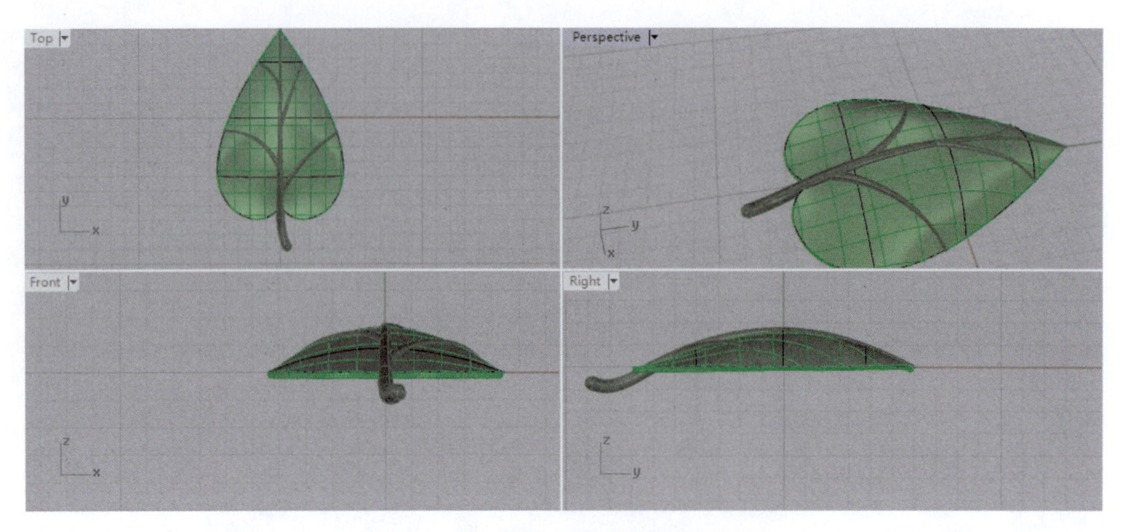

图 6-3-13　给叶面和叶脉分别上色

(13)利用“选取曲线”命令选择并删除所有线条，最终的效果如图 6-3-14 所示。

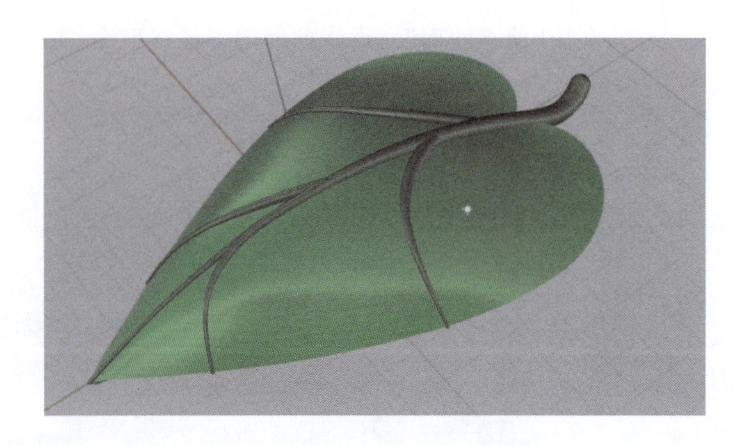

图 6-3-14　金枝玉叶效果图

案例小结

步骤(5)、(6)中也可直接用“从网格建立曲面”命令更快捷地实现叶片曲面的建模。

6.4　镂空星形耳坠的制作

任务描述

绘制一个宽度为 20.00mm 的镂空五角星形耳坠(图 6-4-1)。

图 6-4-1 镂空五角星形耳坠效果图

所用命令

操作中将用到如下命令图标：

依次为："多边形"命令、"三轴缩放"命令、"偏移曲线"命令、"以平面曲线建立曲面"命令、"矩形阵列"命令、"群组"命令、"分割"命令、"偏移曲面"命令、"圆弧"命令、"双轨扫掠"命令、"镜像"命令、"圆管(平头)"命令、"内插点曲线"命令、"曲线圆角"命令、"组合"命令、"圆管(圆头)"命令，请对照使用。

操作步骤

(1)在顶视图中用"多边形"命令(选星形)画一个五角星，再利用"三轴缩放"命令使五角星左右间距为 20.00mm(图 6-4-2)。

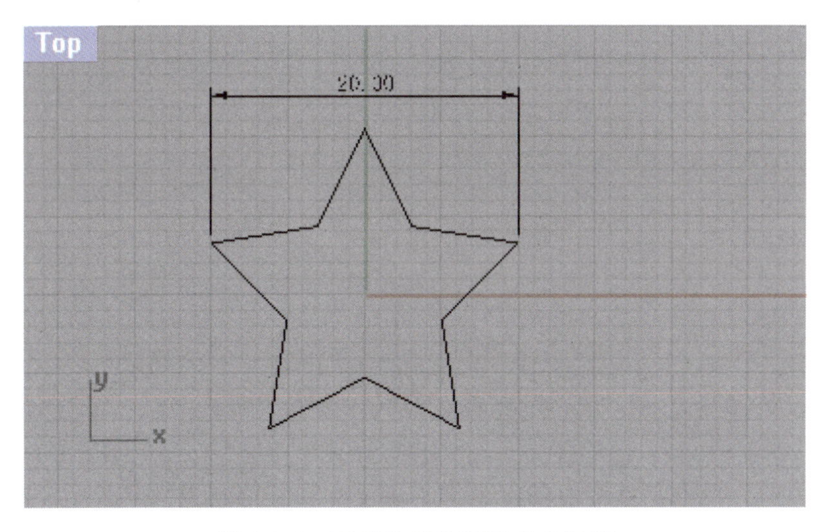

图 6-4-2 画五角星并调整左右间距

(2)用“偏移曲线”命令将五角星曲线向外偏移 2.00mm(注意选择圆角)(图 6-4-3)。

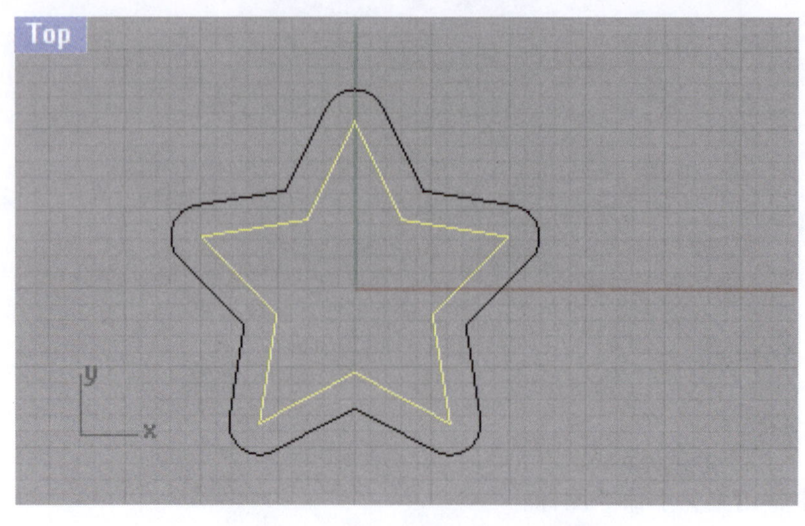

图 6-4-3　将五角星曲线向外偏移

(3)重复步骤(1),画一个左右间距为 2.00mm 的小星星,并用“以平面曲线建立曲面”命令将里面的星形曲线变成曲面(图 6-4-4)。

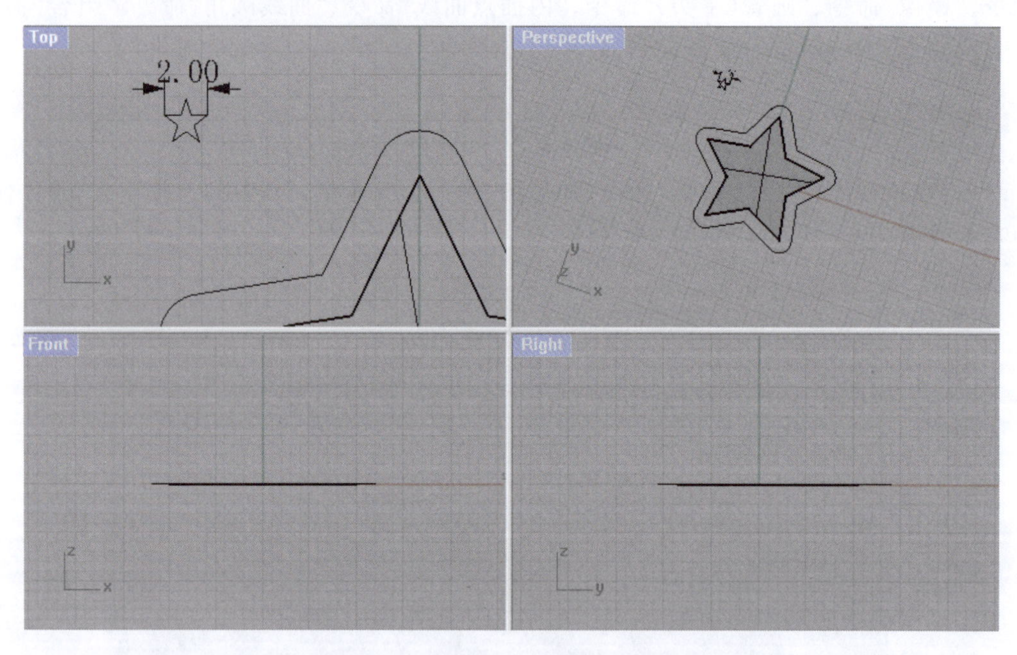

图 6-4-4　将内部星形曲线变成曲面

(4)利用“矩形阵列”命令对小星星进行矩形阵列并群组,其中 x、y、z 轴方向星星的数目分别为 10、10、1,x、y 轴方向星星的间距为 3.00mm(图 6-4-5)。

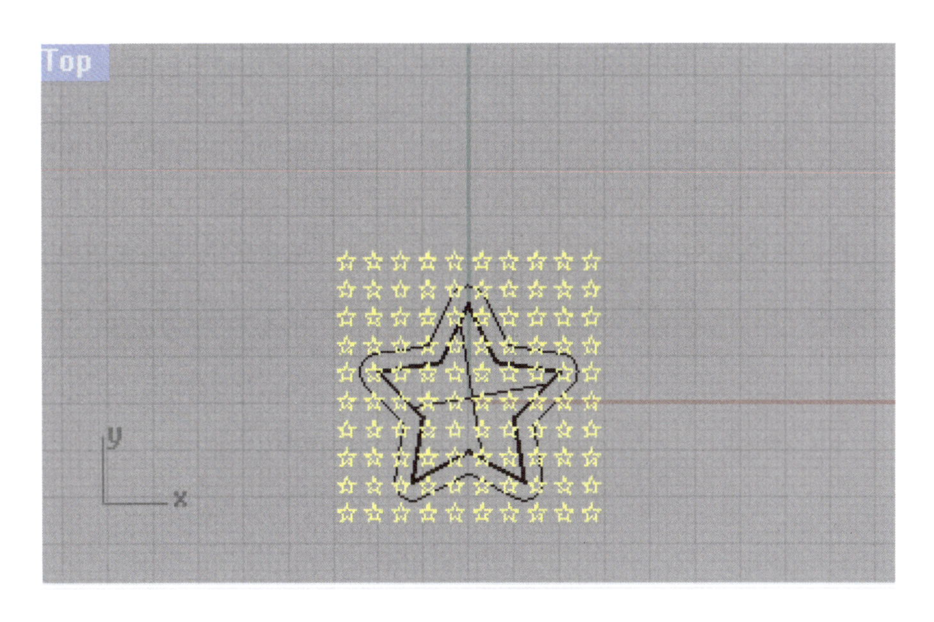

图 6-4-5 将小星星进行矩阵排列

(5)执行“分割”命令(用小星星群组切割星形曲面)(图 6-4-6)。

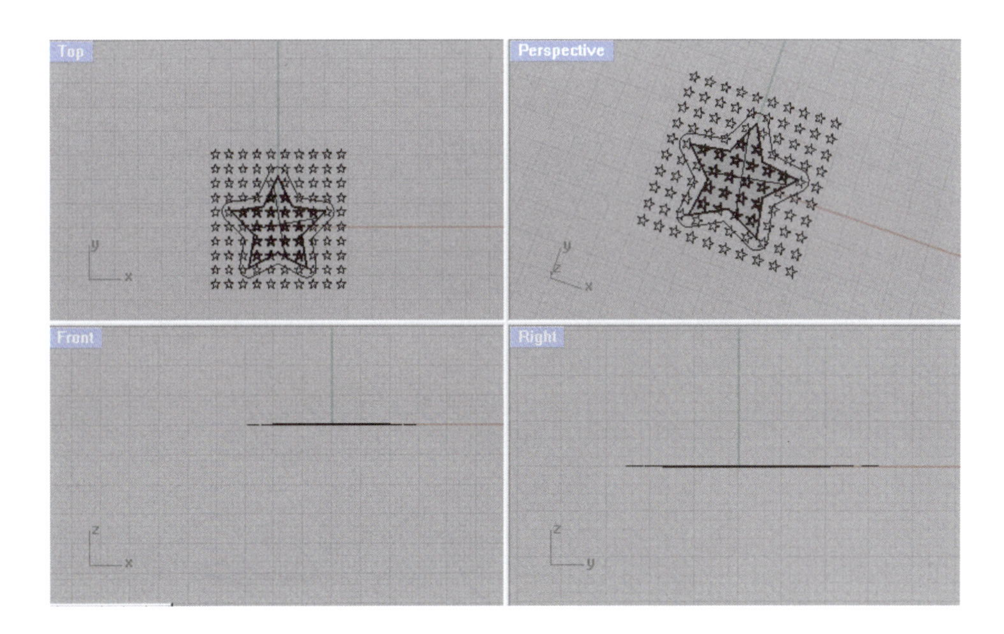

图 6-4-6 用小星星群组切割星形曲面

(6)删除星形曲面中的小星星曲面和小星星阵列群组(图 6-4-7)。

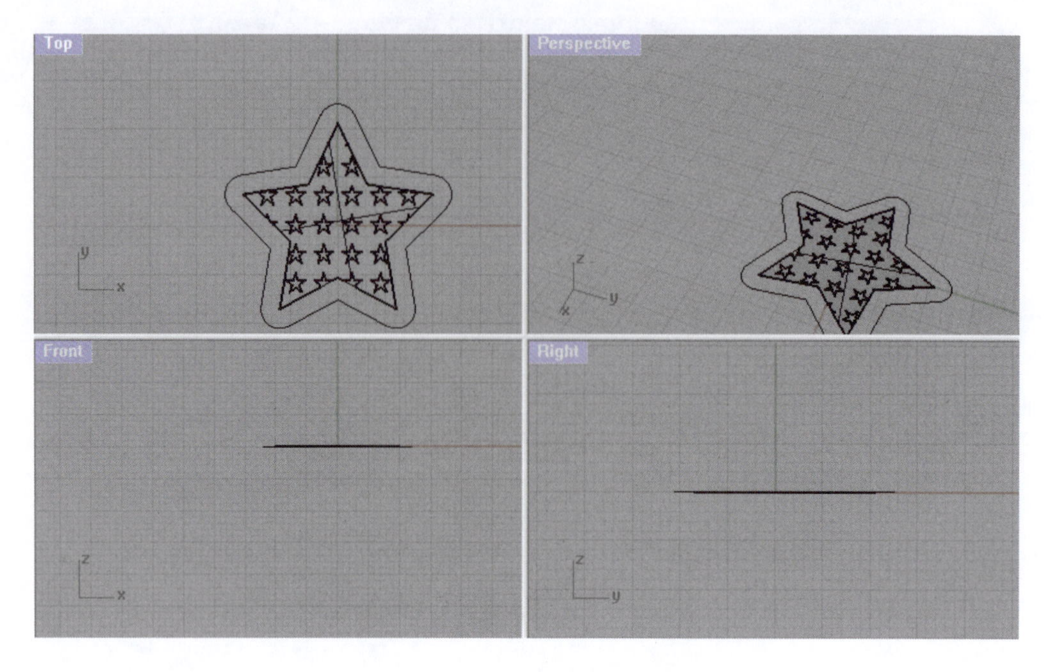

图 6-4-7　删除小星星曲面和小星星阵列群组

(7)选取星形内的镂空星形曲面，利用“偏移曲面”命令将其向两侧各偏移 0.50mm(注意选择“实体”选项)(图 6-4-8)。

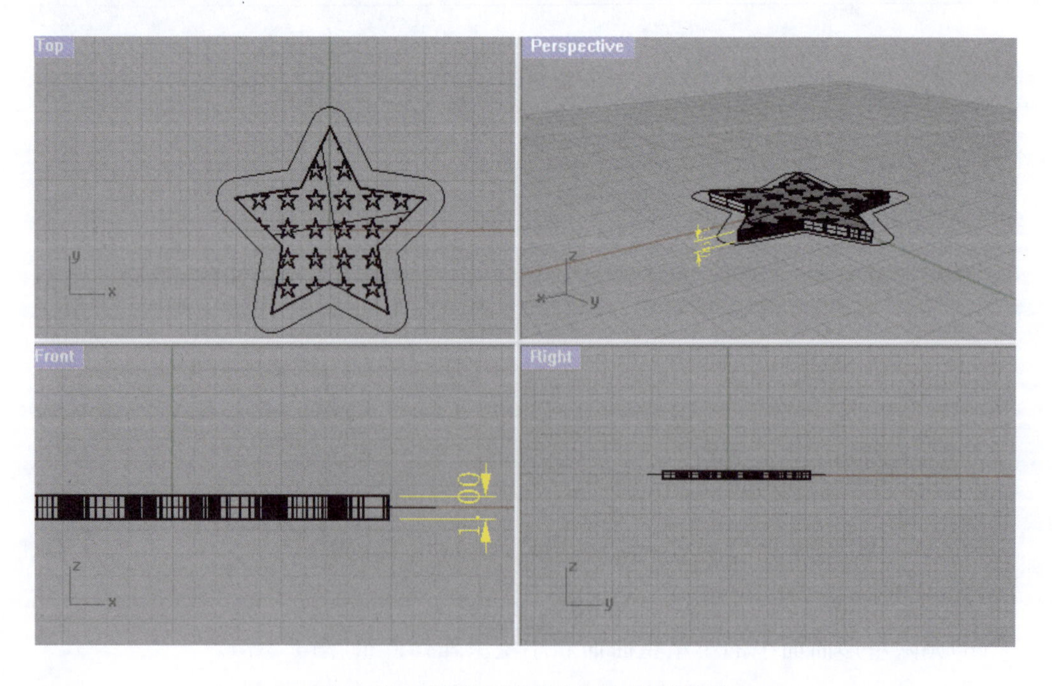

图 6-4-8　将镂空星形曲面向两侧偏移

(8)在外部星形曲线与内部星形曲面边缘结构线之间画一条弧线,作为下一步双轨扫掠的断面曲线(图 6-4-9)。

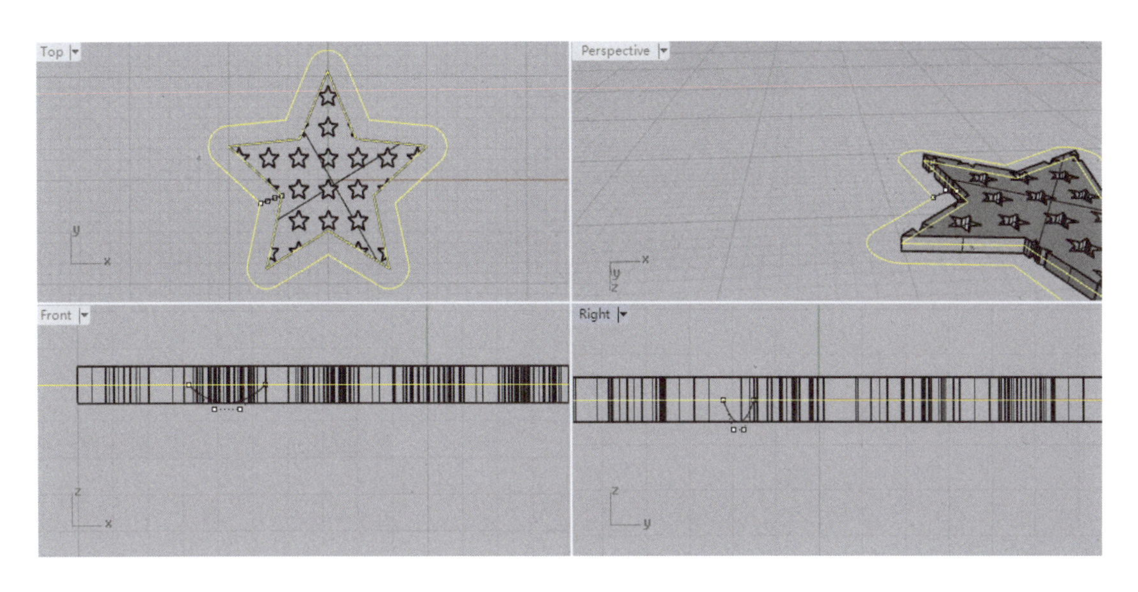

图 6-4-9　画弧线作断面曲线

(9)选择内外星形曲线为双轨扫掠路径线,执行"双轨扫掠"命令(图 6-4-10)。

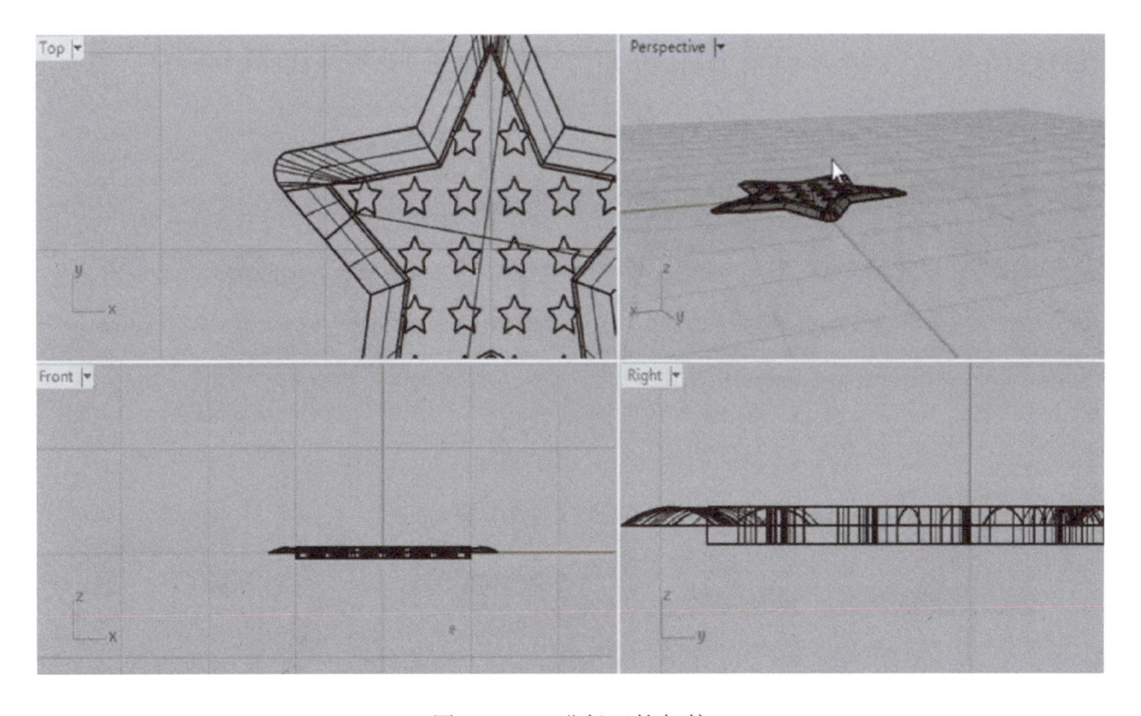

图 6-4-10　进行双轨扫掠

(10)在前视图中用“镜像”命令对双轨扫掠形成的曲面进行垂直镜像(图 6-4-11)。

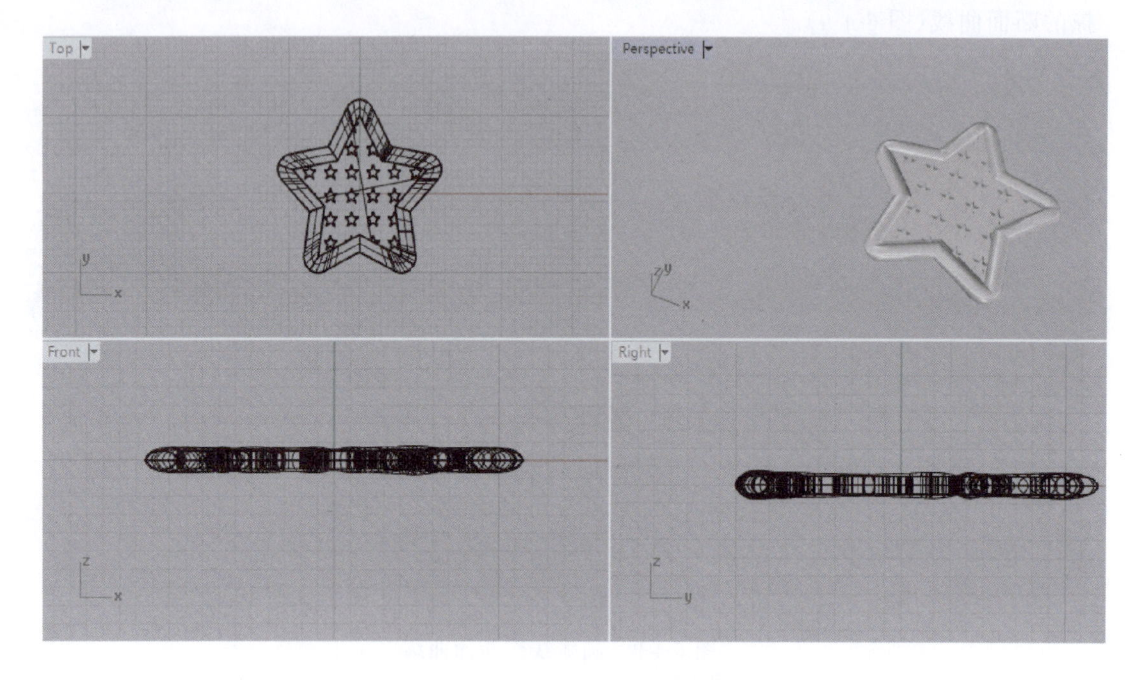

图 6-4-11　将曲面垂直镜像

(11)在顶视图中画一个直径为 3.00mm 的圆,然后利用“圆管(平头)”命令制作一个内径为 0.30mm 的圆环;再在右视图中用“圆弧”命令画一段圆弧线(图 6-4-12)。

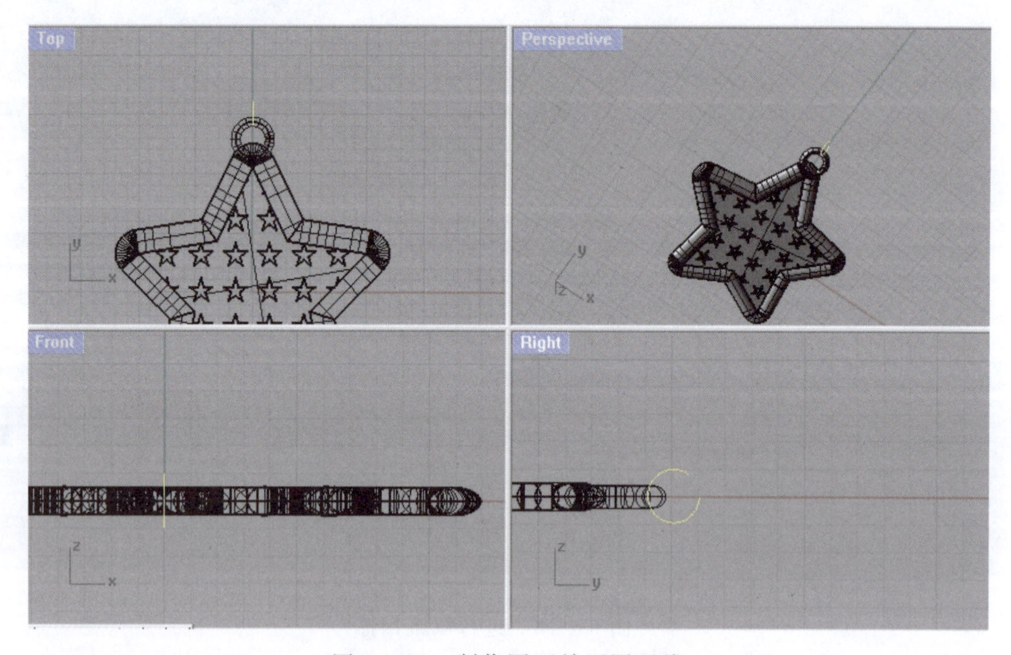

图 6-4-12　制作圆环并画圆弧线

(12)利用“内插点曲线”命令过圆弧端点画一条如图 6-4-13 所示的曲线。

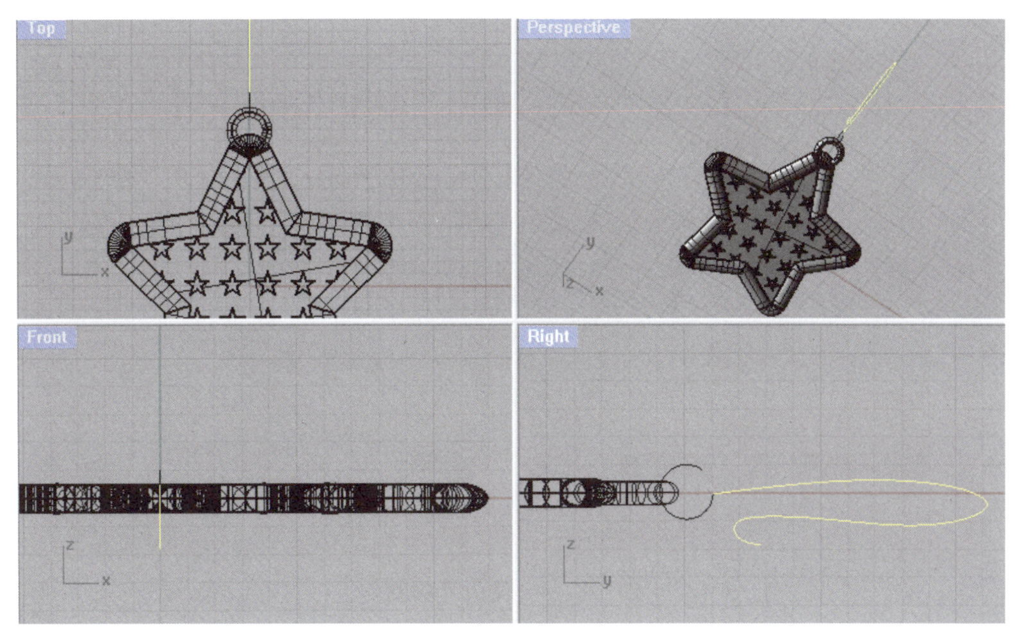

图 6-4-13　过圆弧端点画曲线

(13)将两段曲线进行圆角处理,圆角半径为 1.50mm(图 6-4-14)。

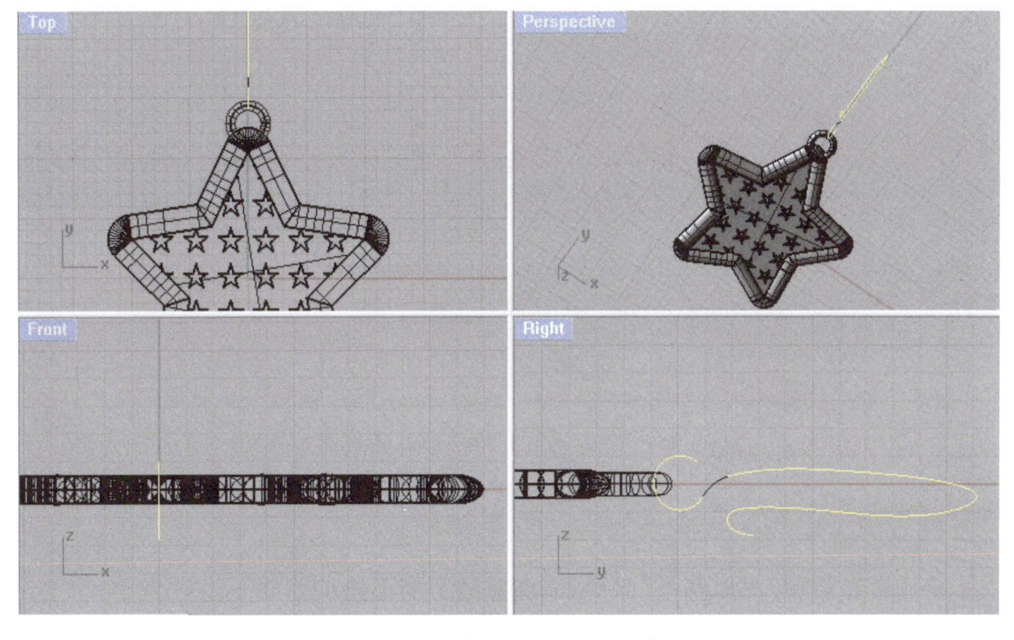

图 6-4-14　组合曲线并进行圆角处理

(14)再将圆角处理后的曲线进行组合,并执行"圆管(圆头)"命令(圆管内径为0.30mm),完成耳钩的制作(图 6-4-15)。

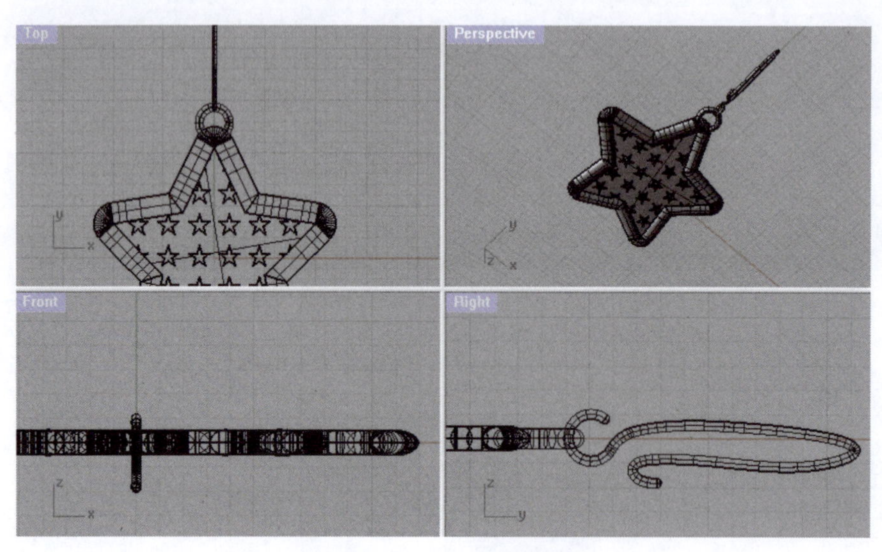

图 6-4-15　完成耳钩制作

(15)最终耳坠的效果如图 6-4-16 所示。

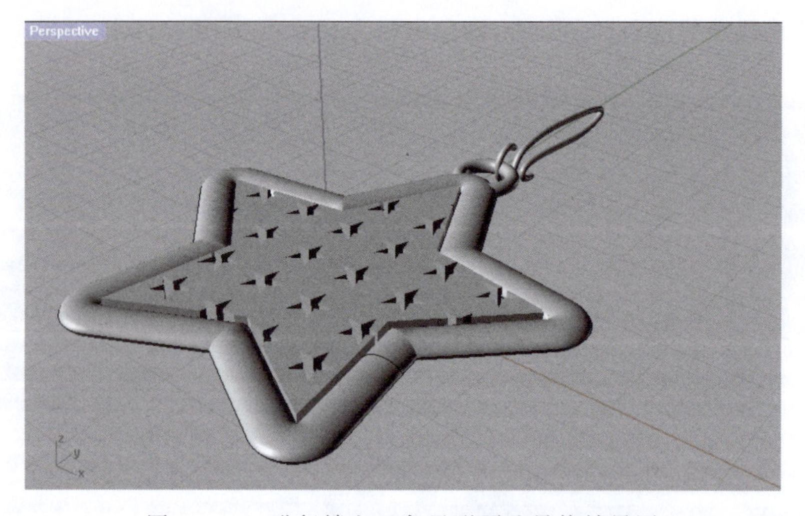

图 6-4-16　进行镂空五角星形耳坠最终效果图

案例小结

本案例首次运用"矩形阵列"命令,需注意数目和间距的设置。

步骤(8)中设置弧形断面线时,可先用直线连接内外星形曲线的两个端点,重建线段控制点数为 4,将中间的两个控制点在前视图或右视图垂直移动向上移动,便可完成从直线到弧线的转变。

6.5 环形项链的制作

任务描述

绘制一条环形项链，链圈尺寸为 3.00mm，主体部分是前面第 5 章中学过的水滴形包镶镶口，具体效果如图 6-5-1 所示。

图 6-5-1 环形项链的效果图

所用命令

操作中将用到如下命令图标：

依次为："圆(中心点、半径)"命令、"多重直线"命令、"复制"命令、"重建曲线"命令、"组合"命令、"单轨扫掠"命令、"旋转"命令、"群组"命令、"控制点曲线"命令、"移动"命令、"沿曲线阵列"命令、"椭圆"命令、"长度分析"命令、"矩形"命令、"挤出封闭的平面曲线"命令、"布尔运算差集"命令、"不等距边缘斜角"命令、"沿曲线流动"命令，请对照使用。

操作步骤

(1)在顶视图中用"圆(中心点、半径)"命令画一个直径为 3.00mm 的圆(图 6-5-2)。

(2)在右视图中，通过捕捉圆的四分点用"多重直线"命令向下画一长度为 0.80mm 的线段(图 6-5-3)。

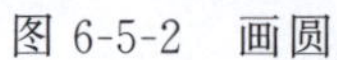
图 6-5-2　画圆

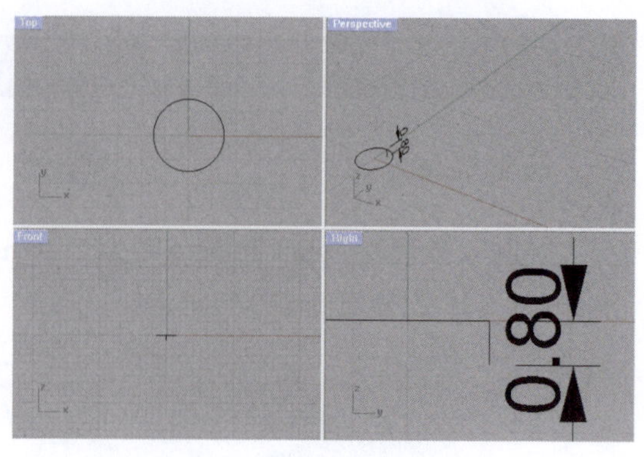

图 6-5-3　过圆的四分点画线段

(3)复制线段,用“重建曲线”命令将复制线段的节点数重建为 4 个,再通过调节节点使其变形为如图 6-5-4 所示曲线,组合曲线与原线段。

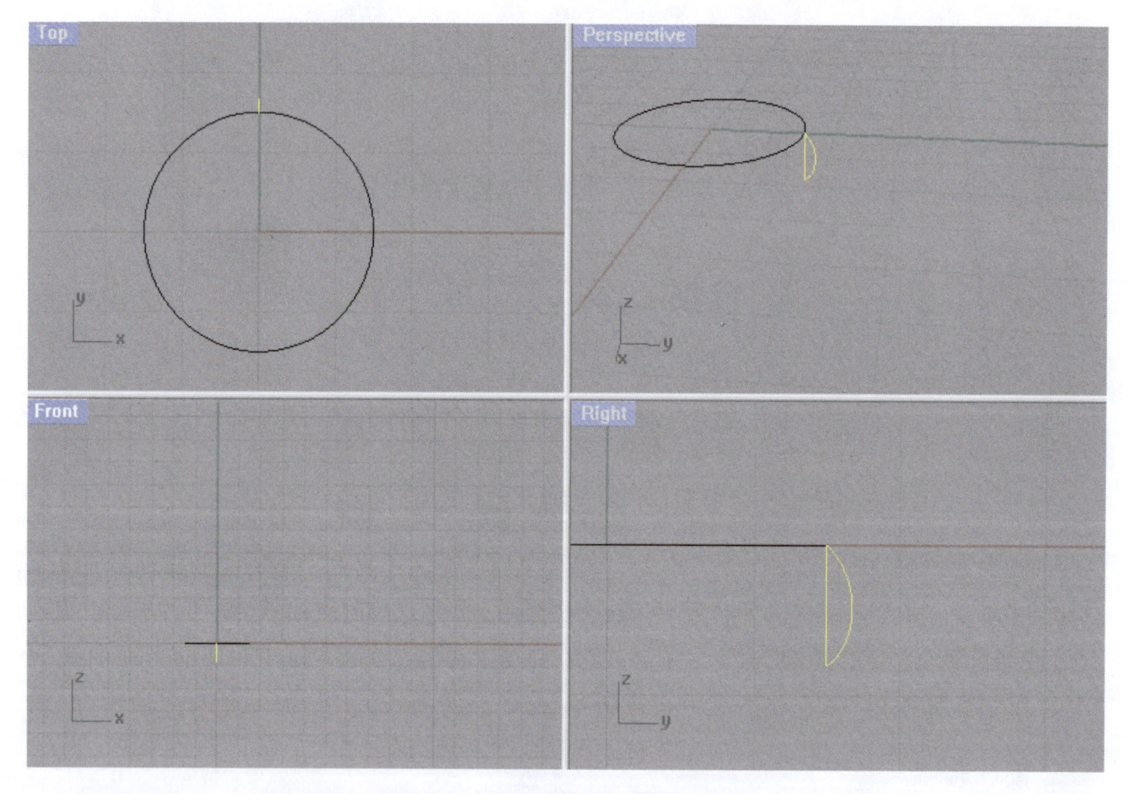

图 6-5-4　将复制线段调节为曲线

(4)选择圆为路径,组合线段为断面线,利用“单轨扫掠”命令完成圆环实体的制作(图 6-5-5)。

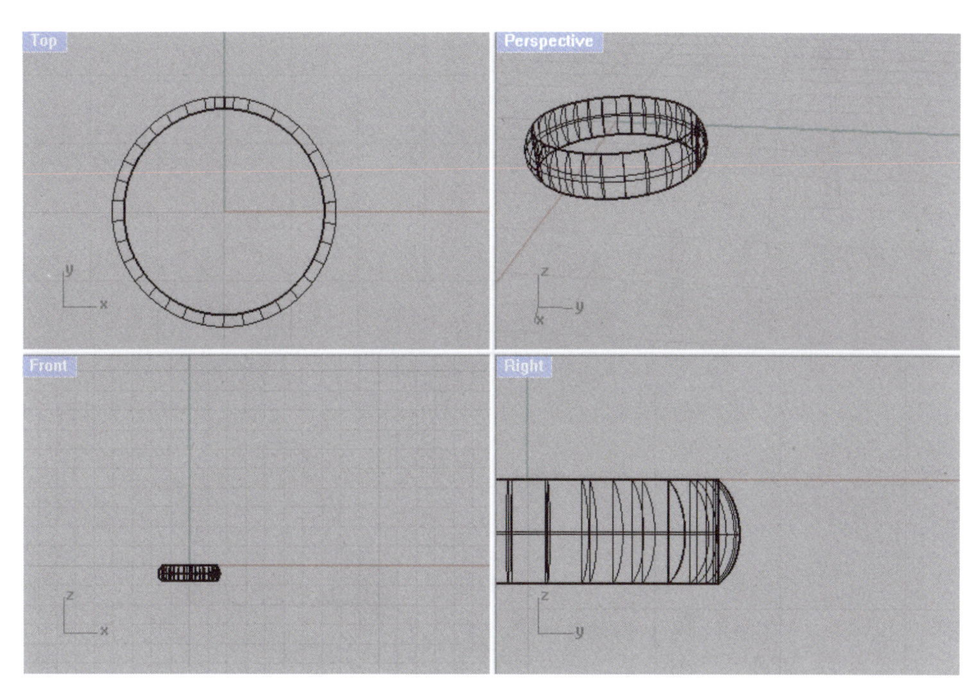

图 6-5-5 单轨扫掠后的圆环实体

(5)利用“复制”命令将圆环水平复制(图 6-5-6)。

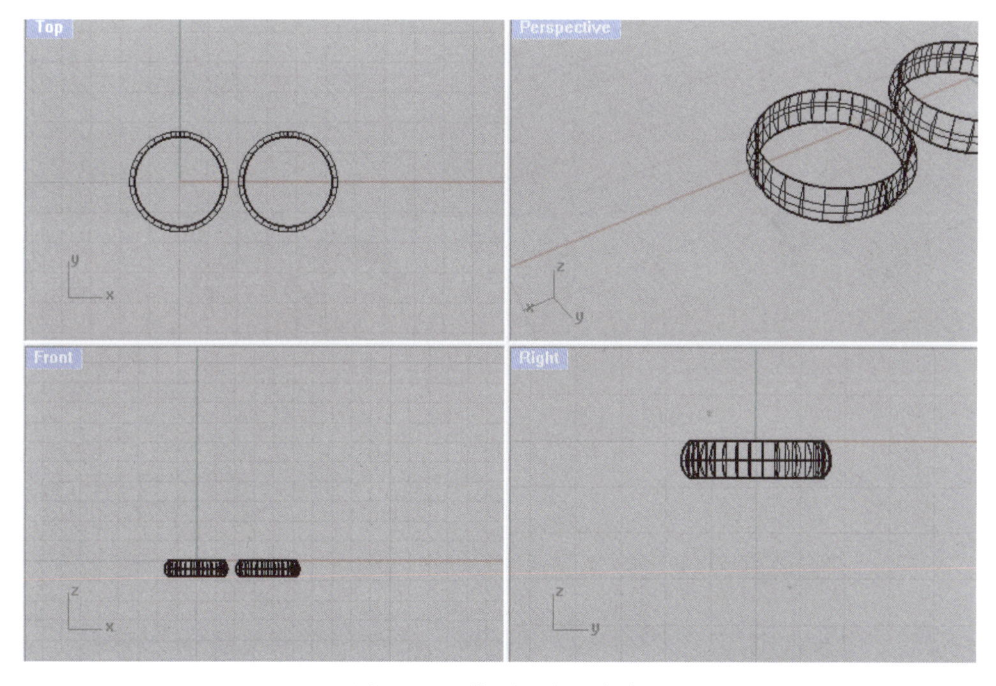

图 6-5-6 将圆环水平复制

(6)在前视图中,利用“旋转”命令(右键)将其中一个圆环实体旋转 90°(旋转轴的起点为原点,终点为横轴方向的一点)(图 6-5-7)。

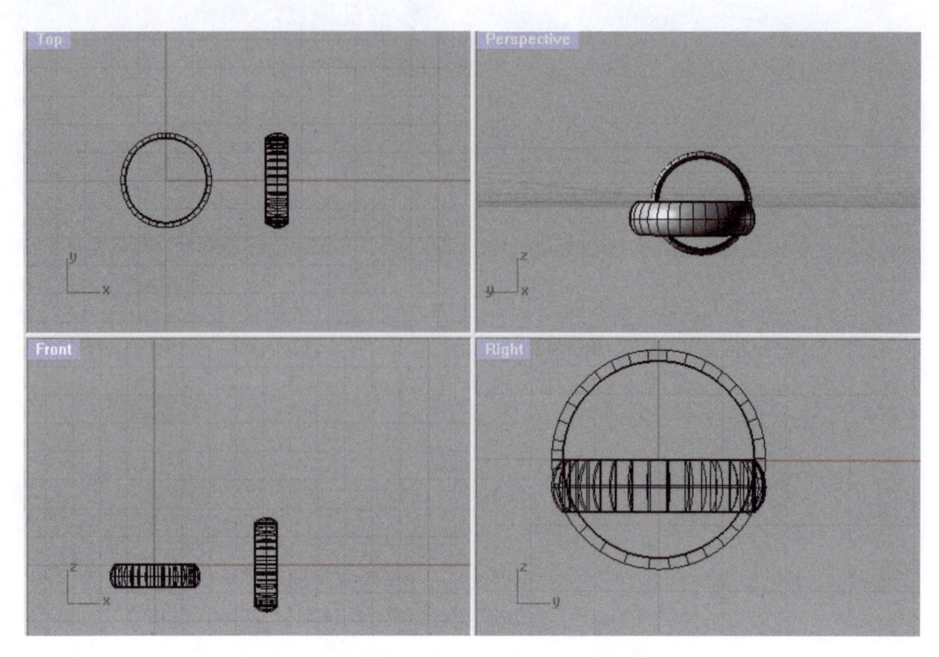

图 6-5-7　将其中一圆环旋转 90°

(7)分别在前视图和右视图中调节圆环位置使两者相扣并群组(图 6-5-8)。

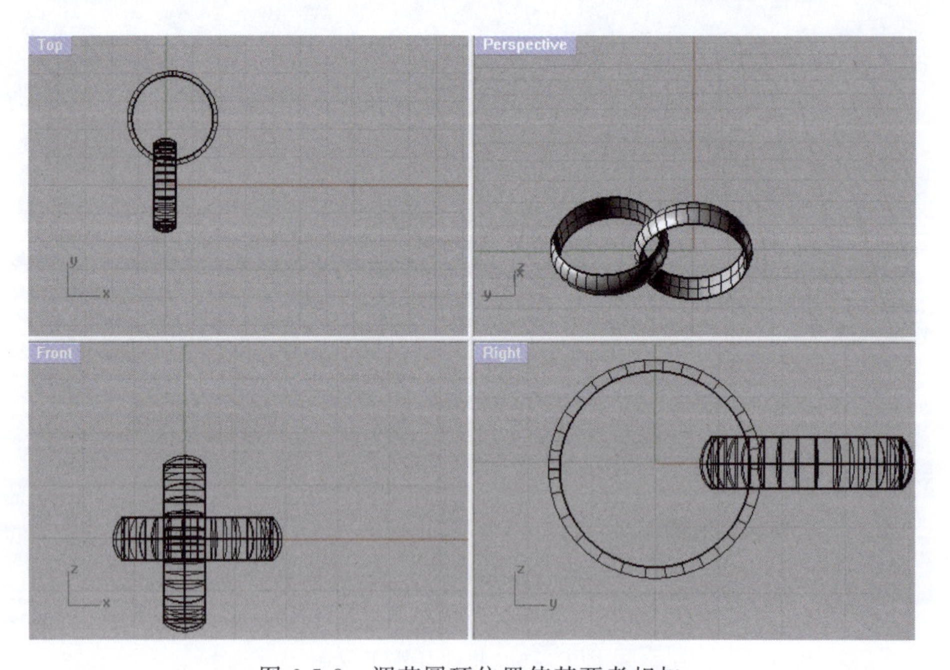

图 6-5-8　调节圆环位置使其两者相扣

(8)在顶视图中画一条左右对称的曲线作为圆环群组路径线(图 6-5-9)。

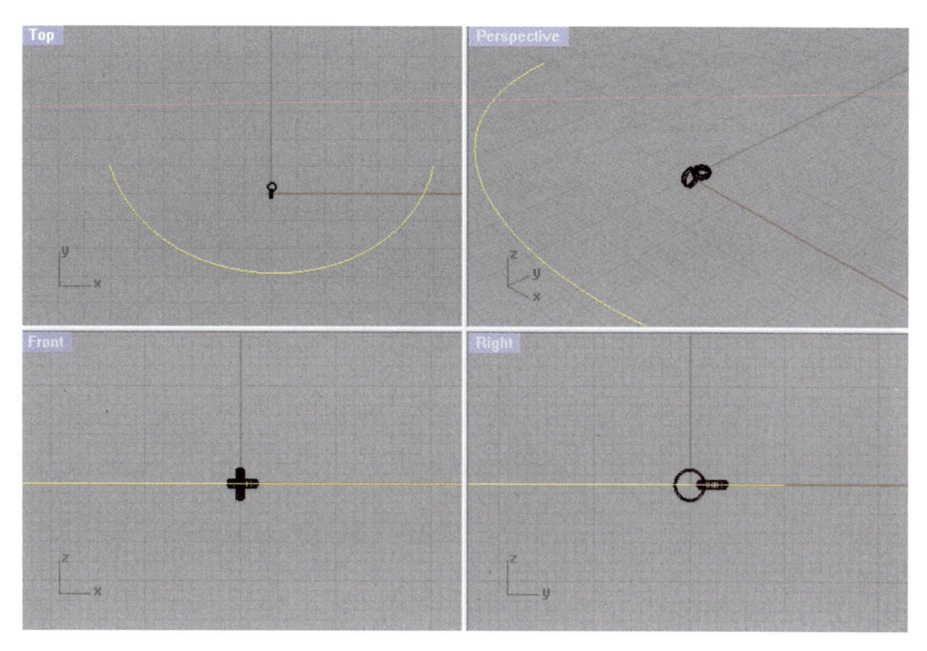

图 6-5-9 画对称曲线

(9)在顶视图中移动并旋转圆环群组,使其位于路径线的顶端(图 6-5-10)。

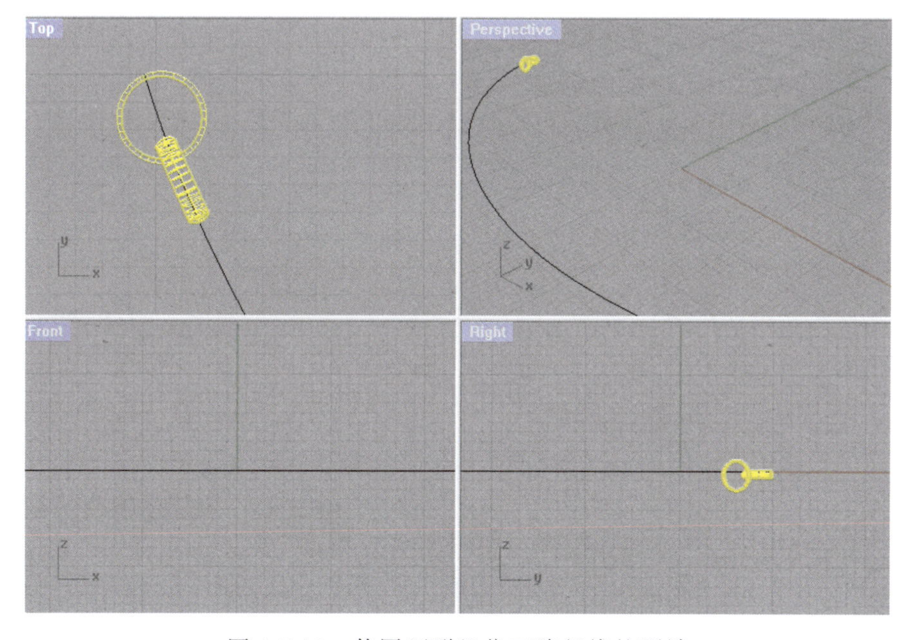

图 6-5-10 使圆环群组位于路径线的顶端

(10)利用“沿曲线阵列”命令沿曲线排列圆环群组(注意点选“项目间距”,间距为4.50mm)(图 6-5-11)。

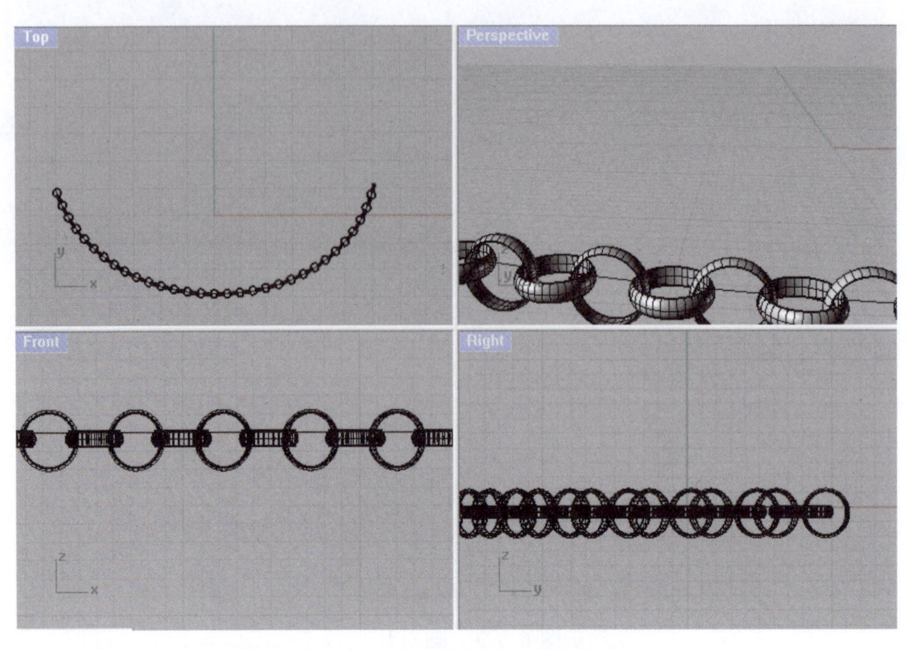

图 6-5-11　将圆环群组沿曲线排列

(11)导入文件“水滴型刻面宝石包镶.3dm”,调节宝石与项链位置(图 6-5-12)。

图 6-5-12　导入水滴形宝石并调节其位置

(12)在右视图中,用“椭圆”命令画一椭圆连接项链与吊坠圆环(图 6-5-13),用“长度分析”命令测得其长度为 8.00mm。

图 6-5-13 画一椭圆连接项链与吊坠圆环

(13)在顶视图中,画一条长度为 8.00mm 的直线作为基准线,再用“矩形”命令画一个长、宽各为 8.00mm、1.50mm 的矩形,两者位置如图 6-5-14 所示。

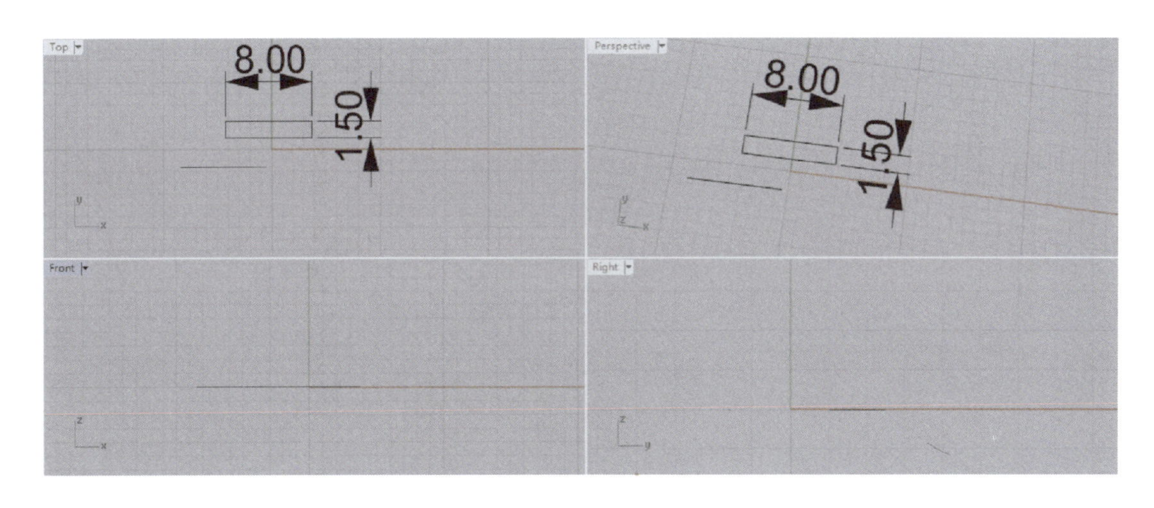

图 6-5-14 画直线和矩形

(14)将矩形向内偏移0.50mm后，利用“挤出封闭的平面曲线”命令分别将内外矩形分别挤出4.00mm、0.5mm的实体，其中外矩形是单侧挤出，内矩形是两侧挤出(图6-5-15)。

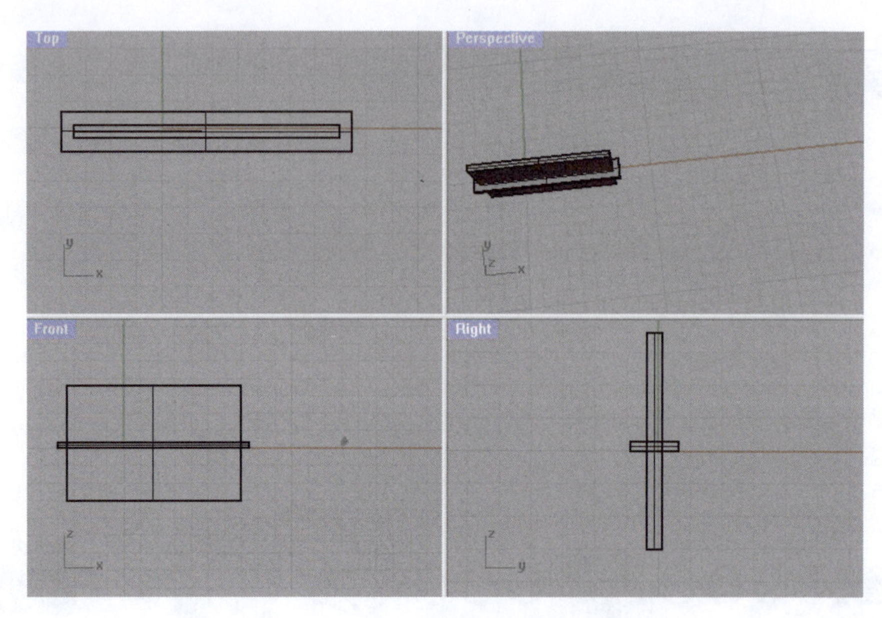

图6-5-15　将内外矩形挤出实体

(15)对两者进行布尔差集运算，得到如图6-5-16所示矩形方框实体。

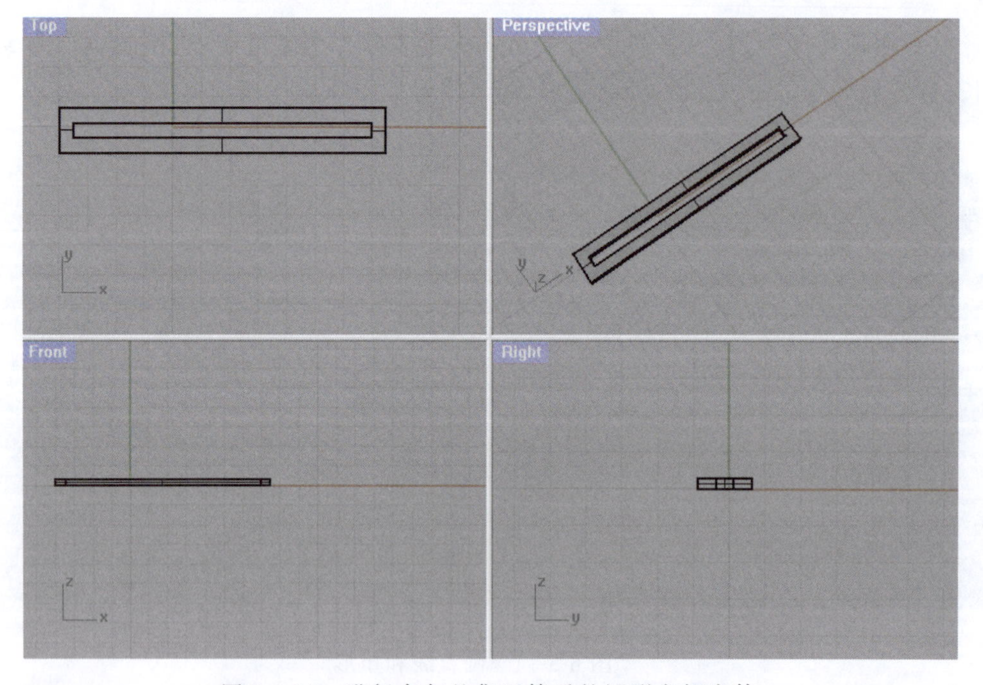

图6-5-16　进行布尔差集运算后的矩形方框实体

(16)利用“不等距边缘斜角”命令对方框的四个垂直边缘进行斜角处理，斜角半径为0.50mm(图 6-5-17)。

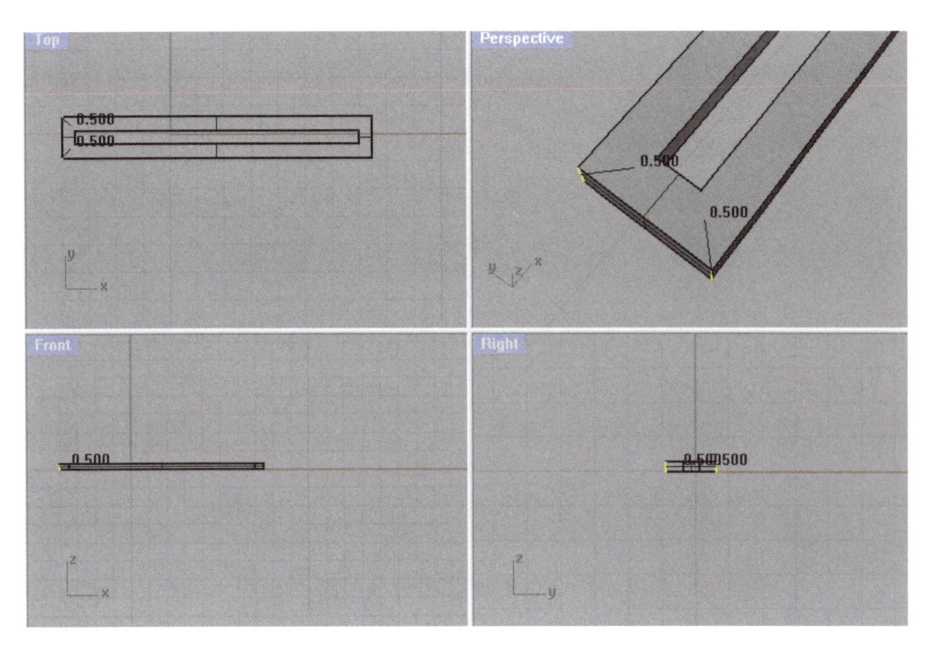

图 6-5-17 对方框边缘进行斜角处理

(17)斜角处理后的方框效果如图 6-5-18 所示。

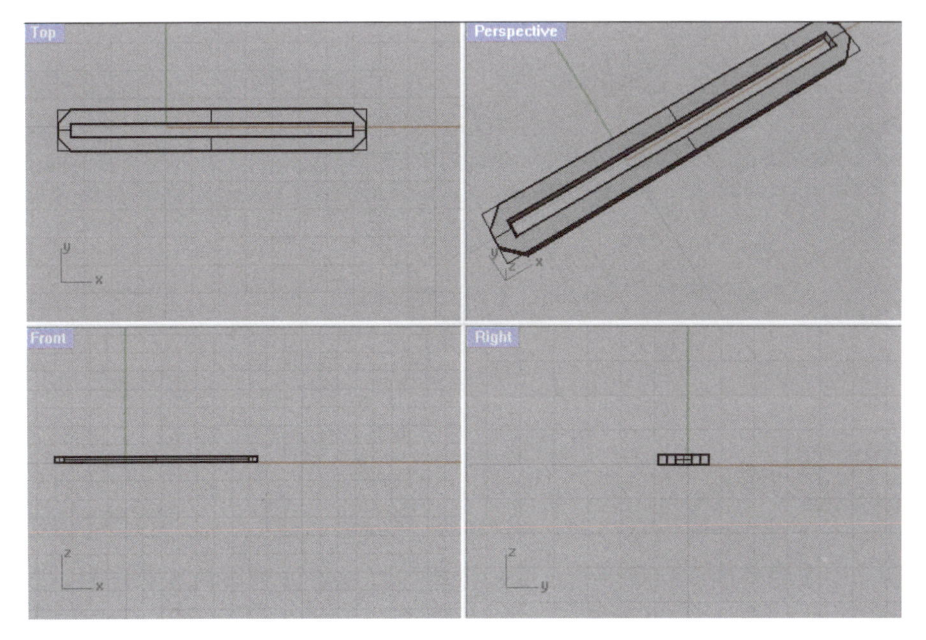

图 6-5-18 斜角处理后的方框

(18)执行“沿曲线流动”命令,先后点选矩形方框、基准直线和目标曲线椭圆,得到连接项链和吊坠的扣环(图6-5-19)。

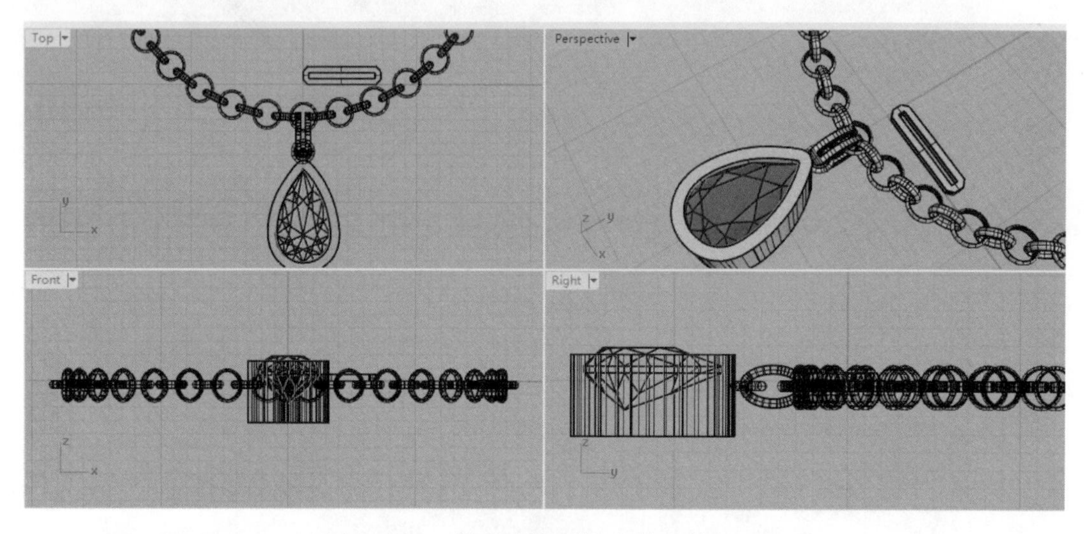

图6-5-19　得到连接项链和吊坠的扣环

(19)完成后的项链效果如图6-5-20所示。

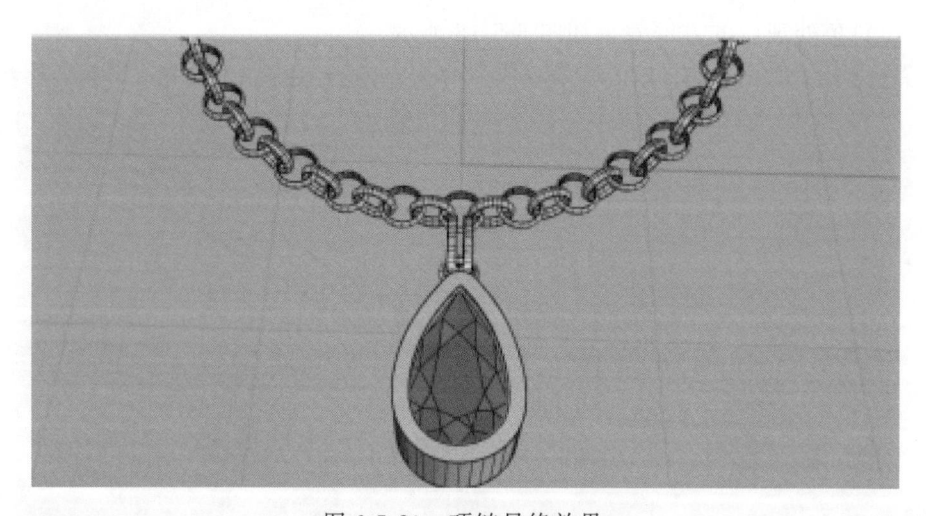

图6-5-20　项链最终效果

案例小结

步骤(13)中的基准线和矩形的长度一定要与目标物体椭圆的周长一致,过短会使扣环合不拢,过长又会导致折叠变形。

6.6 栅栏戒指的制作

任务描述

制作一个内圈直径为 18.10mm，宽度为 7.50mm，厚度为 1.00mm 的栅栏戒指（图 6-6-1）。

图 6-6-1 栅栏戒指效果图

所用命令

操作中将用到如下命令图标：

依次为："圆（中心点、半径）"命令、"偏移曲线"命令、"移动"命令、"镜像"命令、"复制"命令、"从中点建立直线"命令、"圆弧"命令、"双轨扫掠"命令、"以平面曲线建立曲面"命令、"放样"命令、"挤出封闭的平面曲线"命令、"矩形"命令、"修剪"命令、"偏移曲面"命令、"环形阵列"命令、"不等距边缘圆角"命令，请对照使用。

操作步骤

（1）在前视图中，画一直径为 18.10mm 的圆作为戒指内圈（图 6-6-2）。

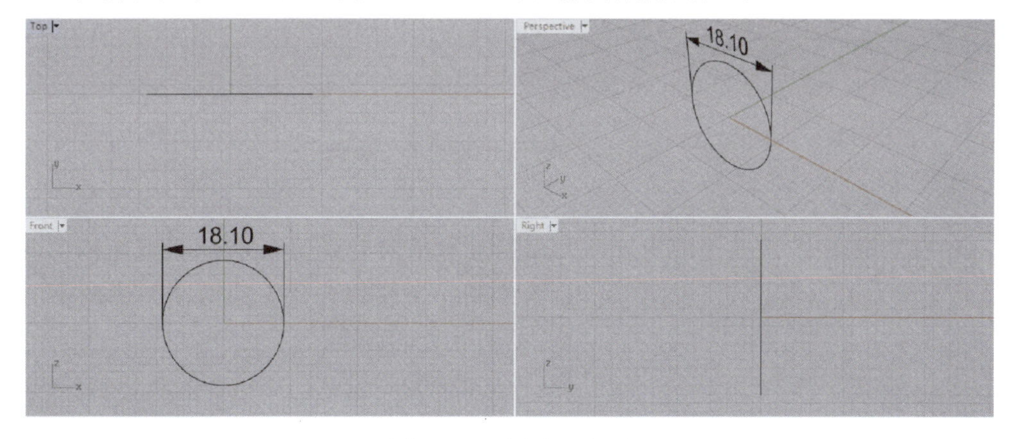

图 6-6-2 创建一个圆

(2)使用“偏移曲线”命令,将圆往外偏移1.00mm(图6-6-3)。

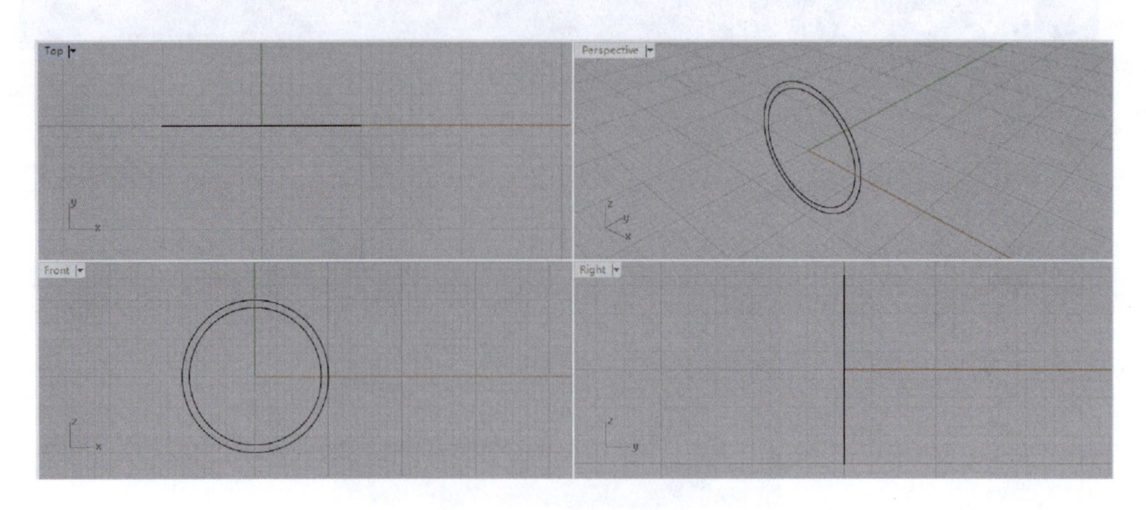

图6-6-3　将圆向外偏移

(3)选择内外两圆,在顶视图中将其向下垂直移动3.75mm,然后上下镜像,使戒指宽度为7.50mm(图6-6-4)。

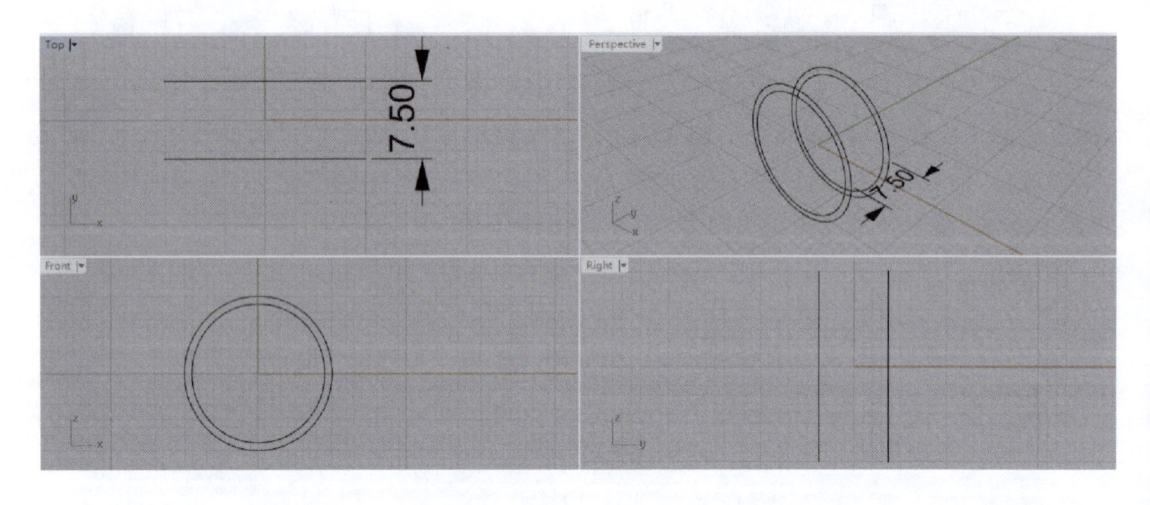

图6-6-4　将内外两圆上下镜像

(4)在右视图中,将左边的内外两圆复制并水平向右移动1.20mm(戒指侧面两边金属边的宽度为1.20mm),使用“直线”命令绘制一条线段连接左边两个外圆的下方端点(图6-6-5)。

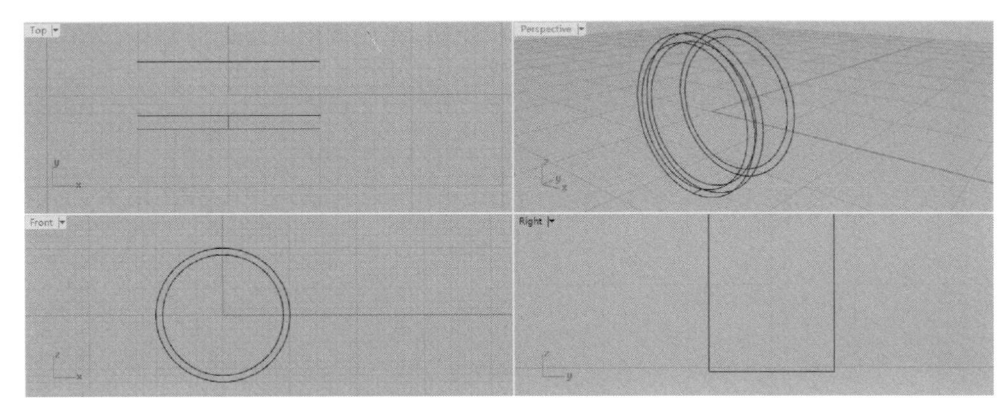

图 6-6-5　绘制一条线段连接左边两个外圆的下方端点

(5)将线段复制并向下移动 0.40mm(图 6-6-6)。

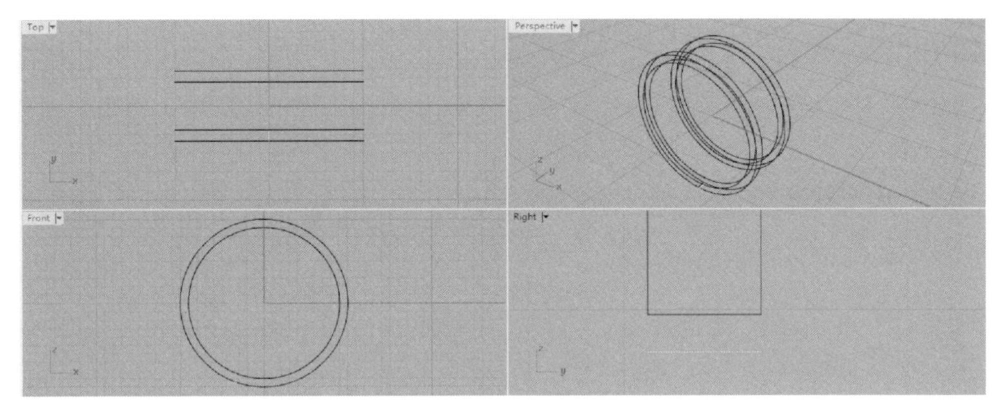

图 6-6-6　将线段复制并下移

(6)在这两条线段之间绘一条弧线与下面线段相切,以作为双轨扫掠的断面曲线(图 6-6-7),删除多余直线。

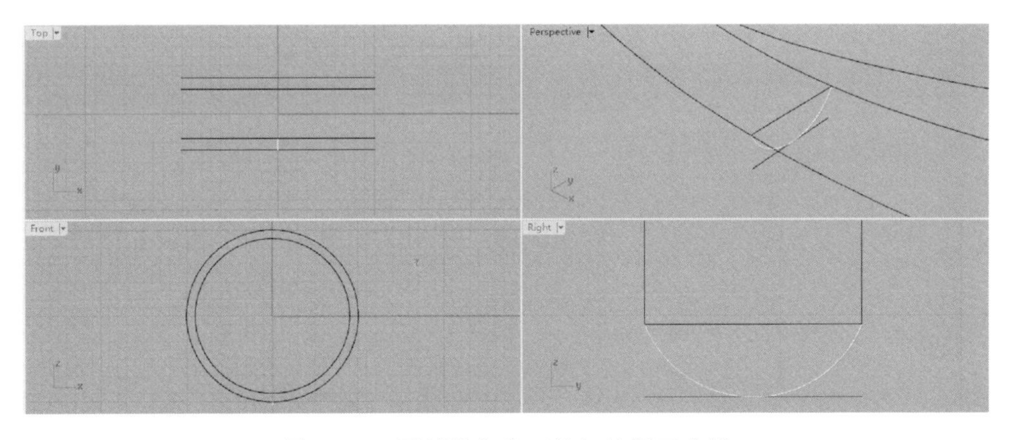

图 6-6-7　画弧线作为双轨扫掠断面曲线

(7)将外面的两条线和断面曲线进行双扫掠轨,完成戒指外表面的制作(图 6-6-8)。

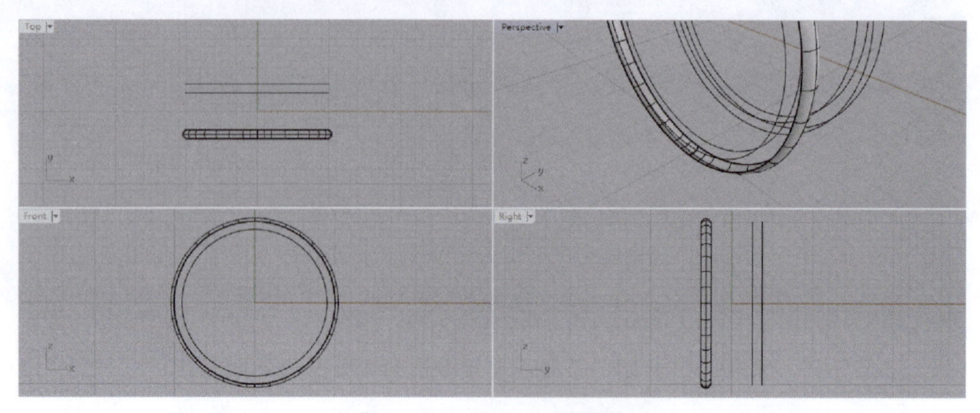

图 6-6-8 进行双轨扫掠

(8)利用“以平面曲线建立曲面”命令和“放样”命令分别完成戒圈两个侧面和内表面的制作(图 6-6-9)。

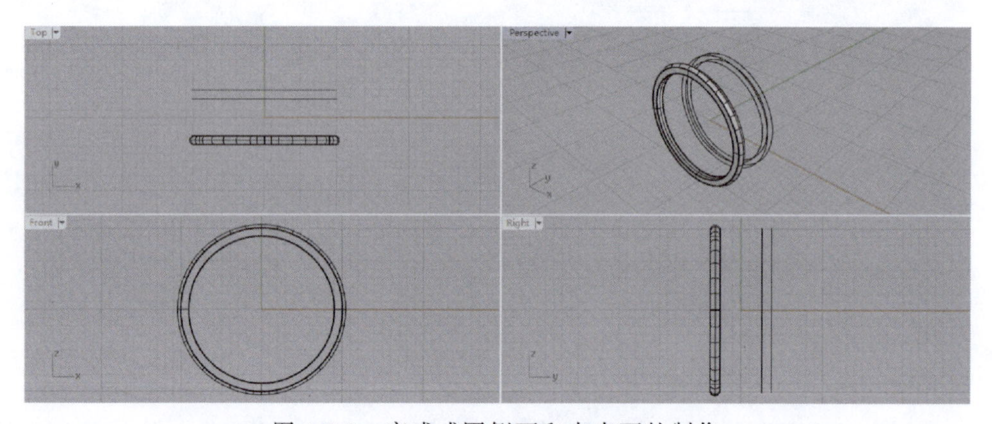

图 6-6-9 完成戒圈侧面和内表面的制作

(9)在顶视图中,将上面制作的多重曲面组合后上下镜像(图 6-6-10)。

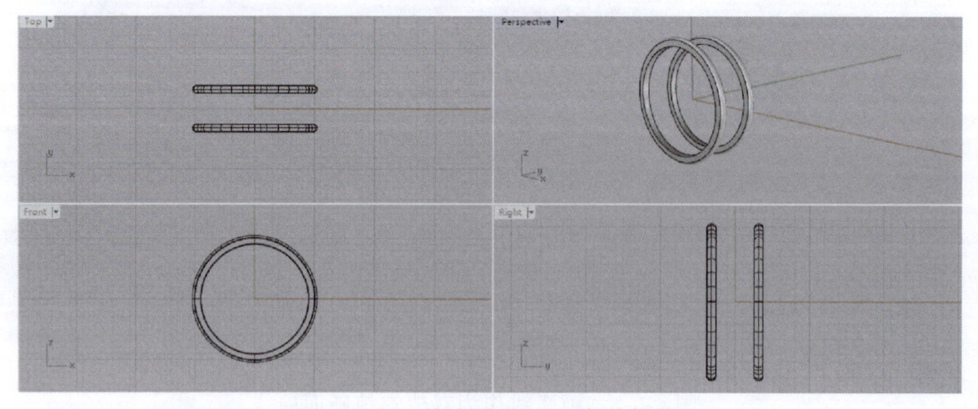

图 6-6-10 将多重曲面组合并镜像

(10)在前视图中绘一圆心在原点、直径为 18.10mm 的圆形曲线(图 6-6-11)。

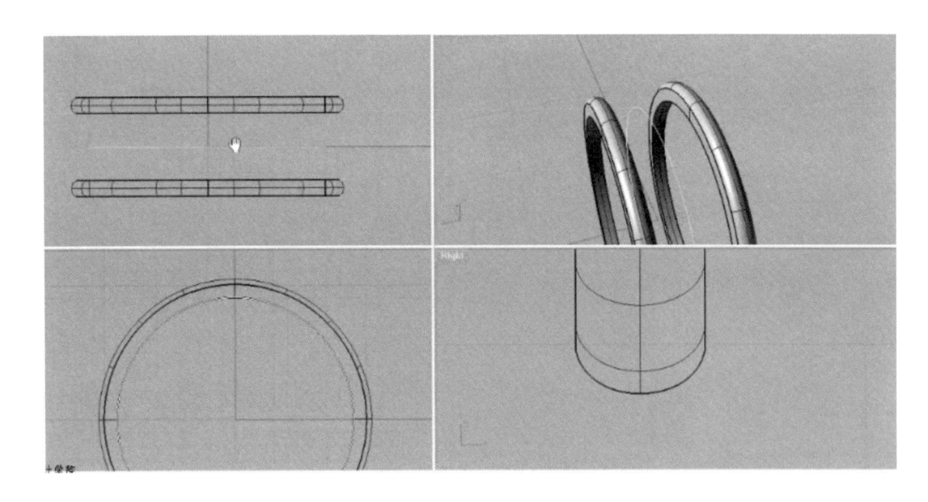

图 6-6-11 画圆

(11)在顶视图中,利用“挤出封闭的平面曲线”命令挤出一曲面(不加盖),宽度与戒圈相同(图 6-6-12)。

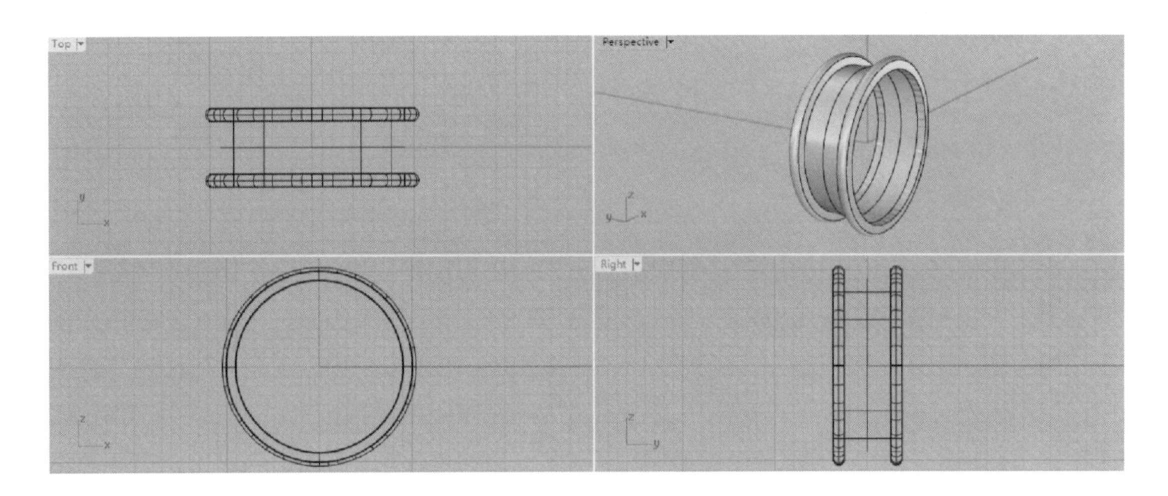

图 6-6-12 挤出曲面

(12)在顶视图中绘一中心在原点的、宽度为 1.50mm 的矩形(长度大于戒指宽度即可)(图 6-6-13)。

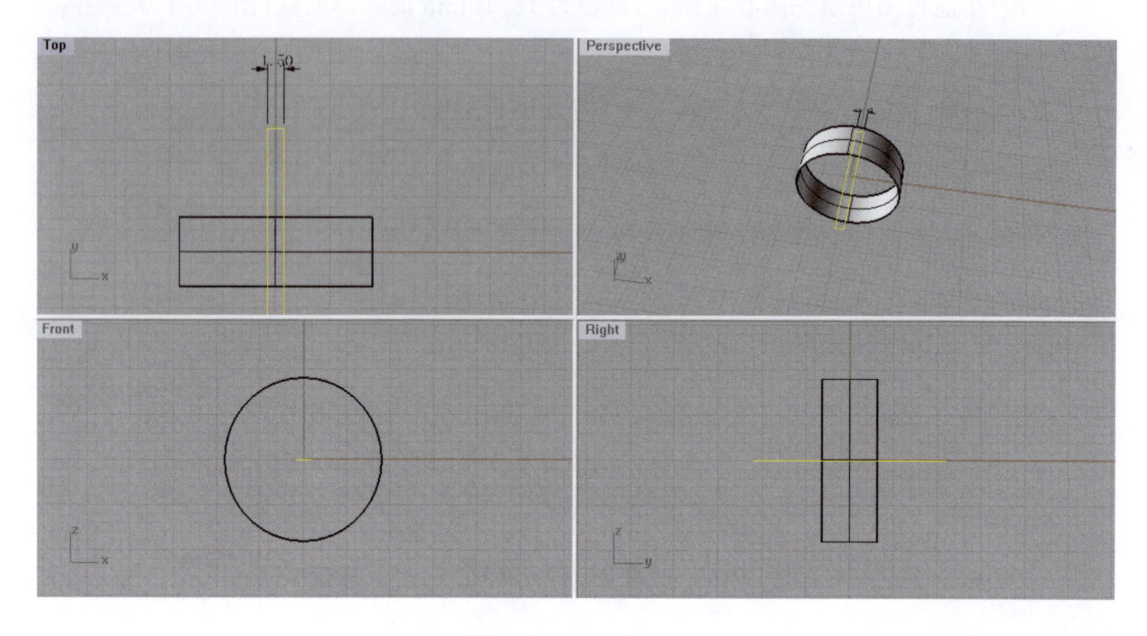

图 6-6-13　画矩形

(13)选择曲面和矩形,利用"修剪"命令将曲面进行修剪,删掉不需要的部分,得到上下两个曲面(图 6-6-14)。

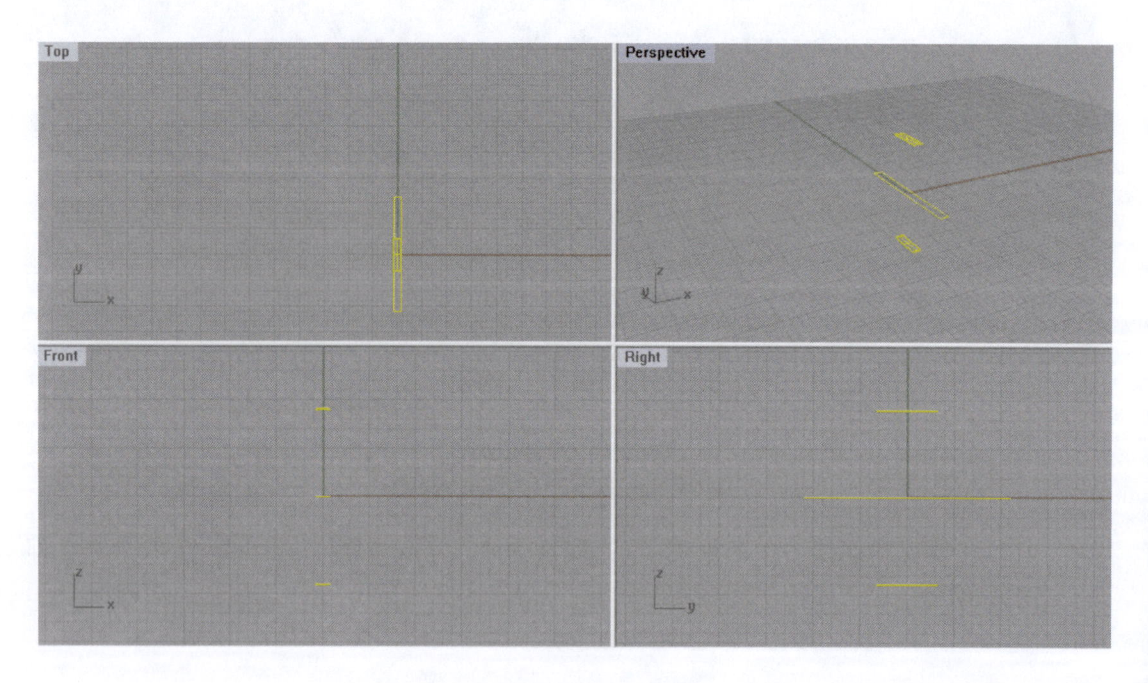

图 6-6-14　修剪出两个曲面

(14)显示所有物件,删除矩形和下曲面,保留上曲面(图 6-6-15)。

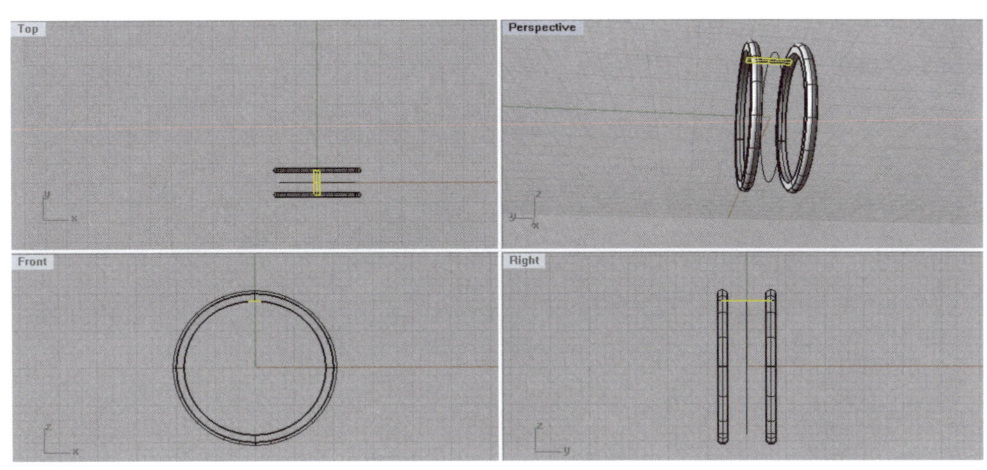

图 6-6-15 保留上曲面

(15)利用“偏移曲面”命令将曲面往上偏移成栅栏条实体,厚度为 1.00mm(图 6-6-16)。

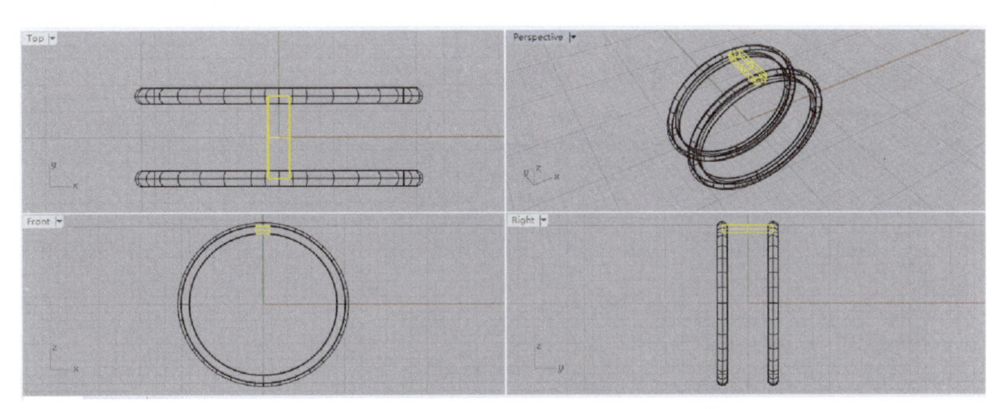

图 6-6-16 将曲面条偏移成栅栏条实体

(16)在前视图中将栅栏条环形阵列,复制为 20 个(图 6-6-17)。

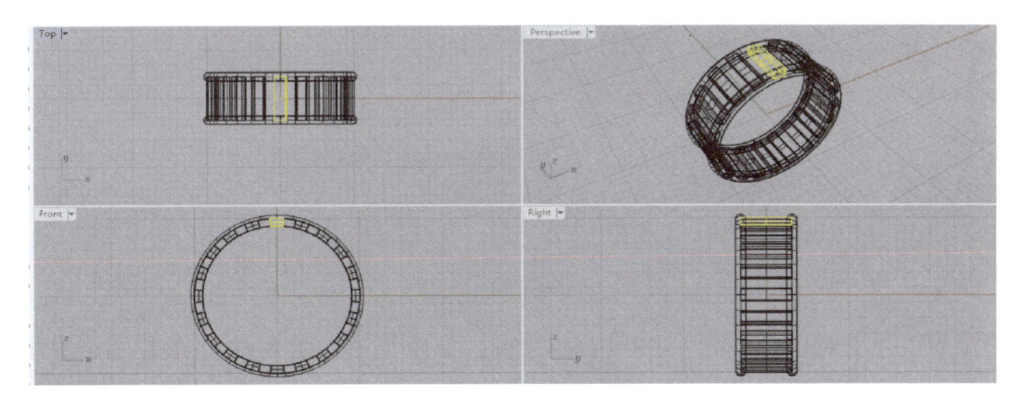

图 6-6-17 将 20 个栅栏条环形阵列

(17)在立体视图中检查栅栏条间距,如果太窄会影响生产。再对所有栅栏条进行不等距边缘圆角处理(图 6-6-18)。或者在环形阵列前先对栅栏条进行圆角处理后再复制,圆角的半径设为 0.20mm。

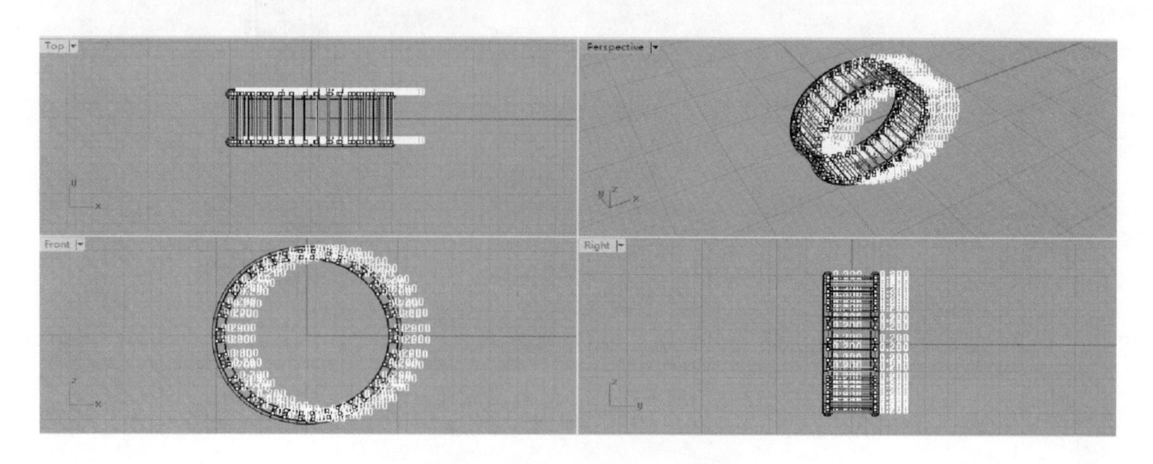

图 6-6-18　对栅栏条进行不等距圆角处理

(18)最后得到以下效果(图 6-6-19)。

图 6-6-19　栅栏戒指最终效果图

案例小结

步骤(17)中对栅栏条实体进行圆角处理时,圆角半径不能太大,一般应小于边缘最小宽度的一半,比如栅栏条的宽度为 0.50mm,则圆角半径不能超过 0.25mm,否则会出现破面。

6.7 轨道镶女戒的制作

任务描述

制作一个内圈直径为 16.70mm，厚度为 1.60mm，宽度为 4.60mm 的轨道镶女戒（图 6-7-1）。

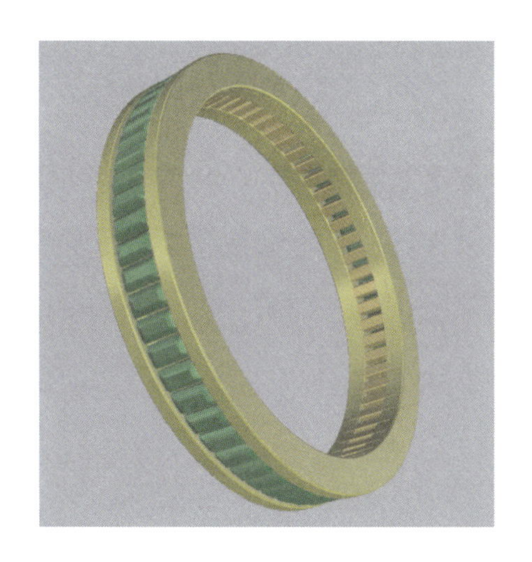

图 6-7-1 轨道镶女戒效果图

所用命令

操作中将用到如下命令图标：

依次为："圆（中心点、半径）"命令、"偏移曲线"命令、"移动"命令、"复制"命令、"多重直线"命令、"修剪"命令、"单轨扫掠"命令、"以平面曲线建立曲面"命令、"放样"命令、"双轨扫掠"命令、"组合"命令、"镜像"命令、"环形阵列"命令、"挤出封闭的平面曲线"命令、"隐藏/显示"命令、"矩形"命令、"不等距边缘圆角"命令，请对照使用。

操作步骤

（1）在前视图中画一个中心在圆点、直径为 16.70mm 的圆，然后向外偏移 1.60mm（图 6-7-2）。

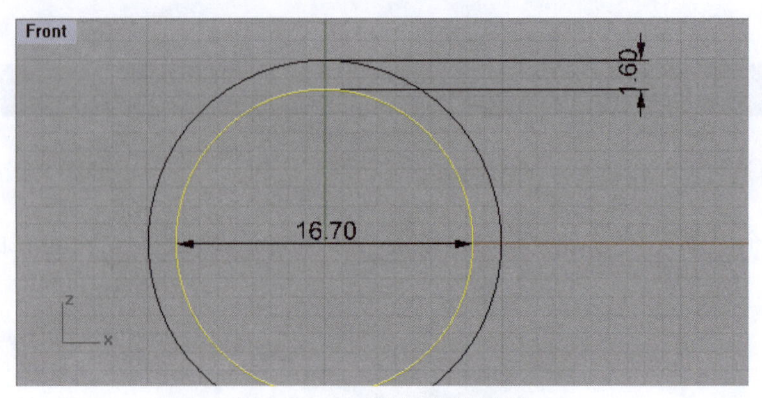

图 6-7-2　画圆并向外偏移

(2)在顶视图原点处导入一个长度为 2.00mm 的祖母绿琢型的宝石(图 6-7-3)。

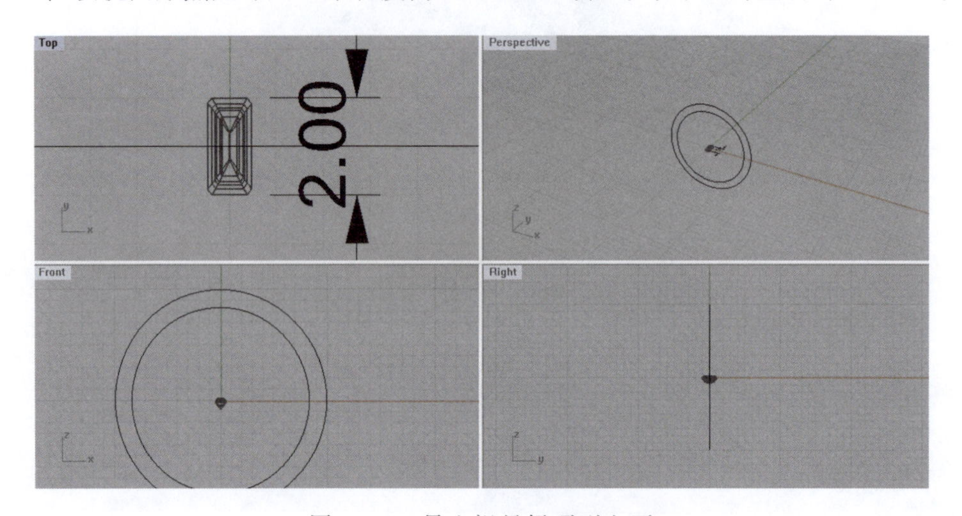

图 6-7-3　导入祖母绿琢型宝石

(3)测量宝石底尖与内圆顶点的垂直距离为 9.09mm(图 6-7-4)。

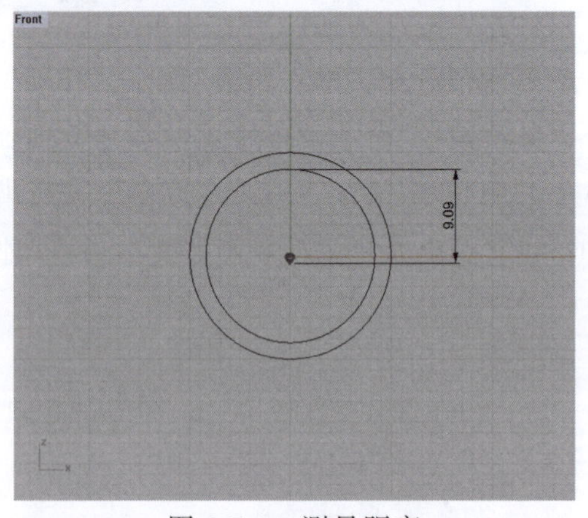

图 6-7-4　测量距离

(4)在前视图中将宝石垂直向上平移 9.69mm，使宝石底尖与内圆顶点保持 0.60mm 的距离(图 6-7-5)。

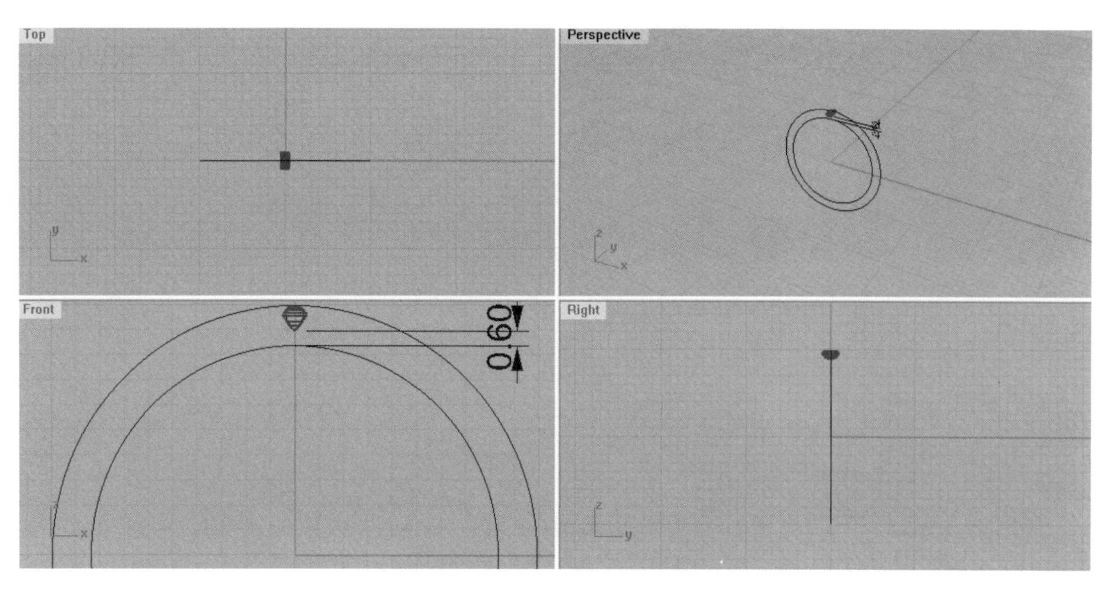

图 6-7-5　将宝石垂直上移

(5)在顶视图中，选择内外两圆将其垂直向上平移 0.90mm(咬石 0.10mm)(图 6-7-6)。

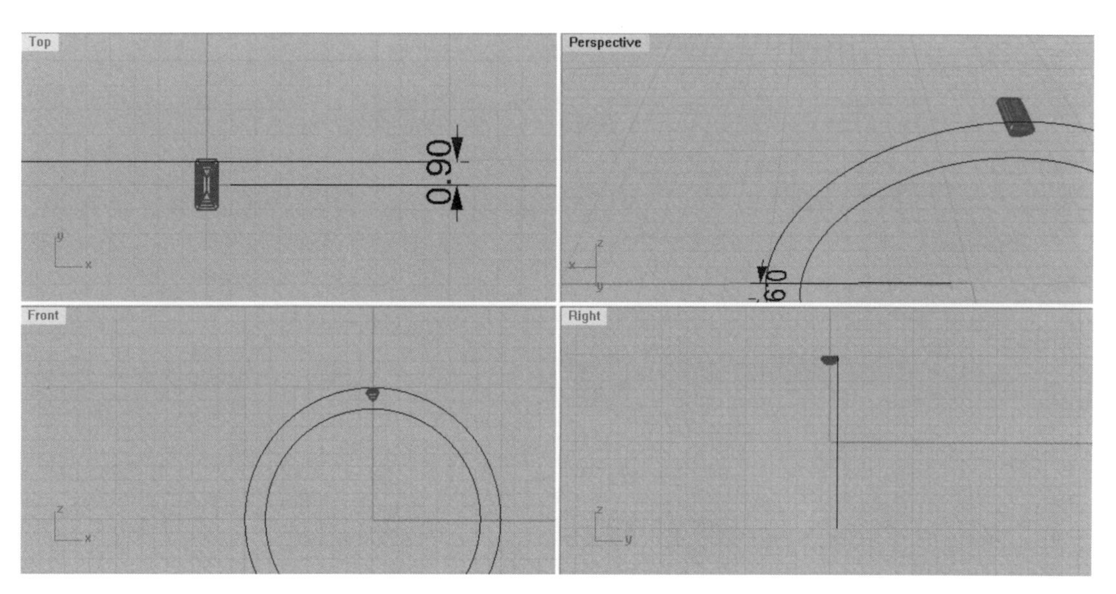

图 6-7-6　将内外两圆垂直上移

(6)将两圆复制并在顶视图中将其向上平移 0.70mm(图 6-7-7)。

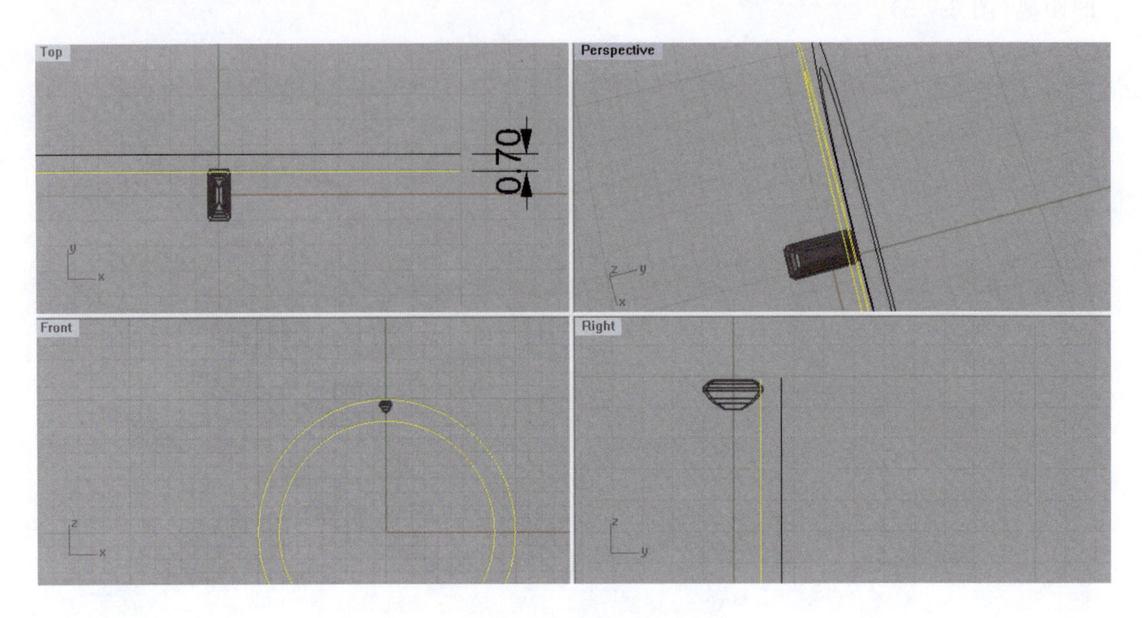

图 6-7-7　将两圆复制并上移

(7)在右视图中,捕捉左侧外圆的四分点画如图 6-7-8 所示多重直线,其中斜线的长度为 0.50mm。

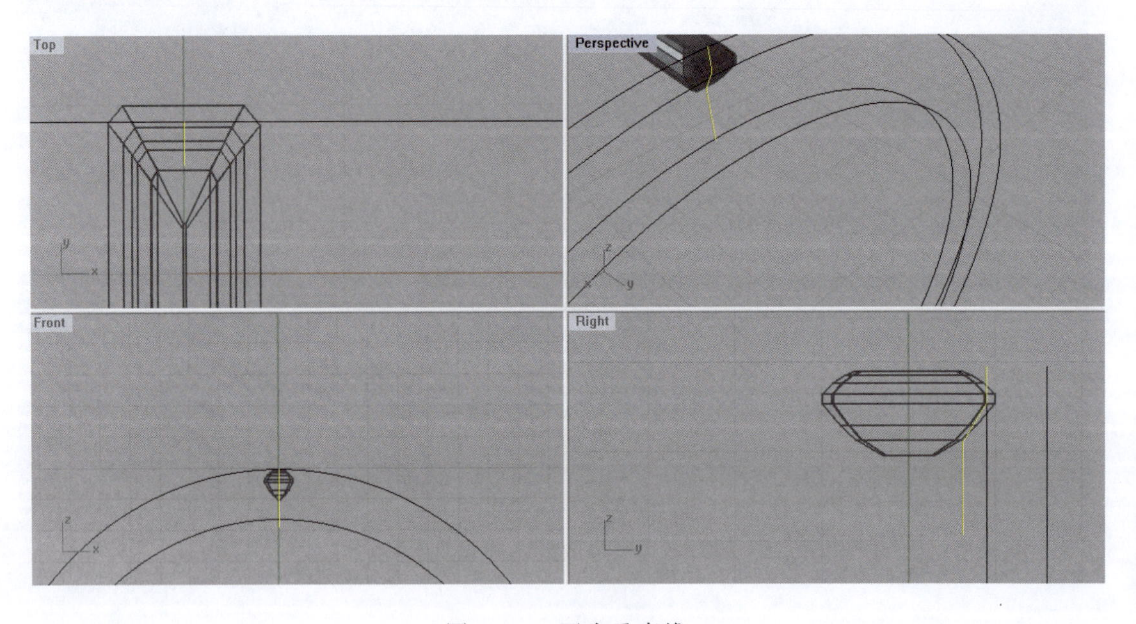

图 6-7-8　画多重直线

(8)选择多重直线和左侧内圆,在前视图中利用“修剪”命令切掉伸出内圆外多余的长度部分(图 6-7-9)(注意修剪选项“视角交点”选“是”)。

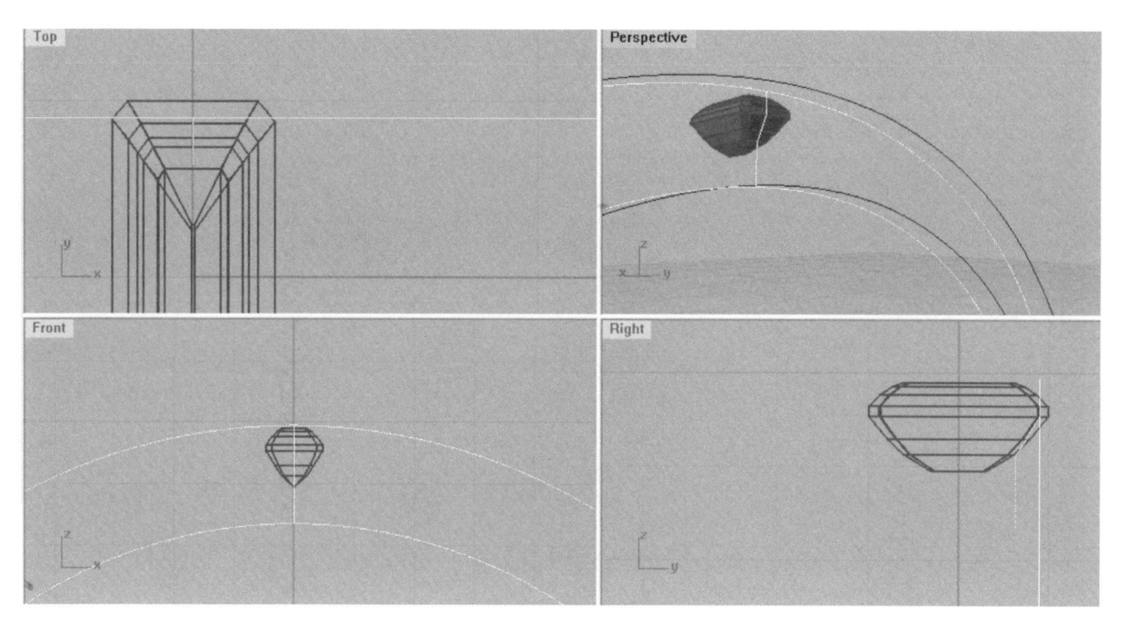

图 6-7-9 修剪伸出内圆外的线条

(9)以右视图左侧外圆为路径,以修剪后的折线为断面曲线,用“单轨扫掠”命令建立内侧曲面(图 6-7-10)。

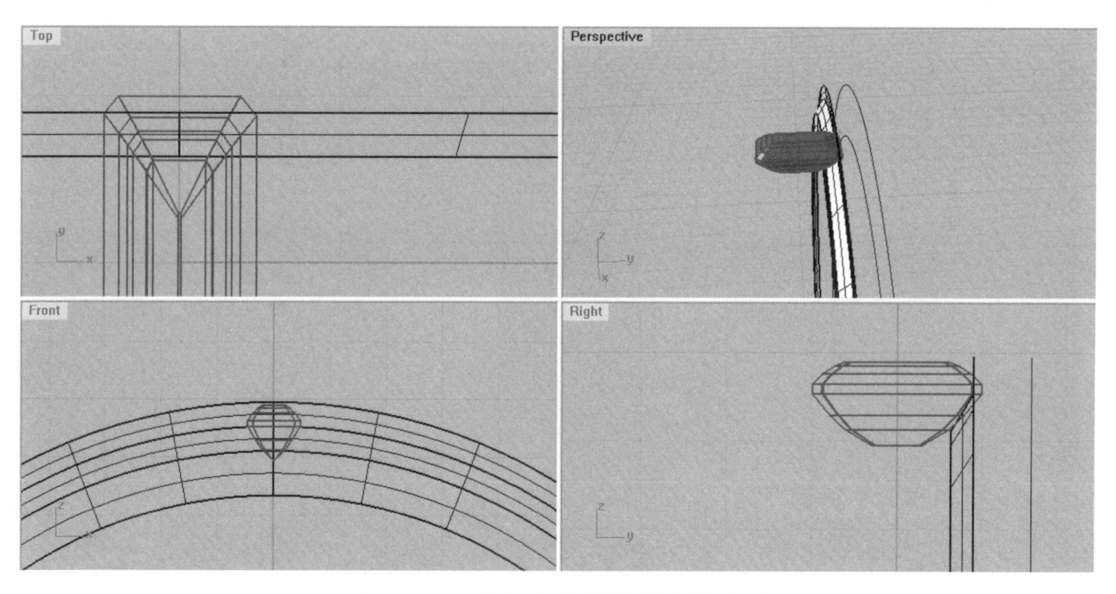

图 6-7-10 单轨扫掠后得到内侧曲面

(10)选择外侧的内外两圆,利用“以平面曲线建立曲面”命令完成外侧面的制作(图 6-7-11)。

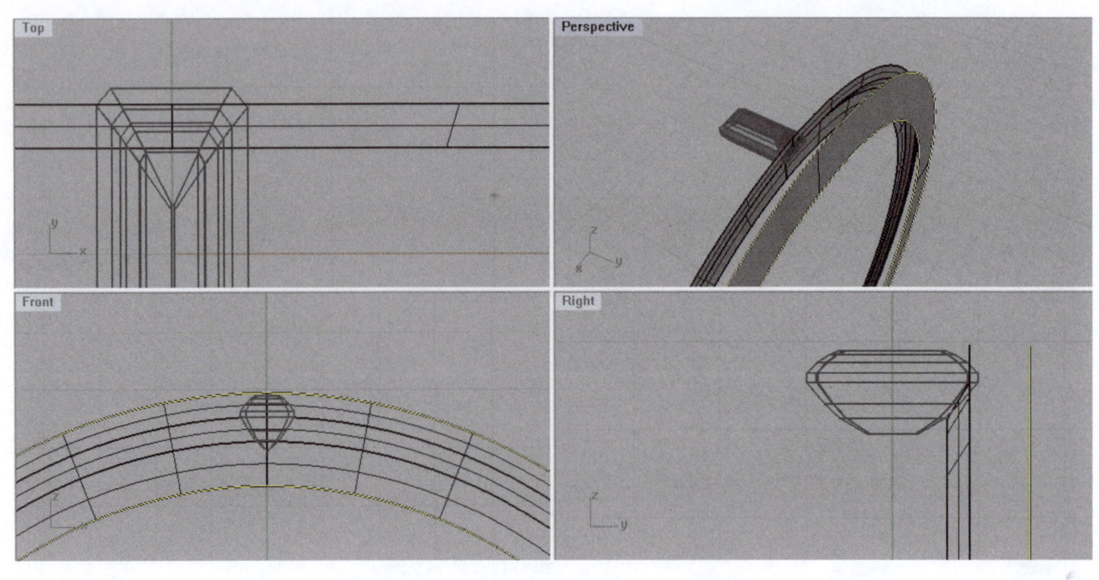

图 6-7-11　完成外侧面的制作

(11)选择两个外圆,利用“放样”命令完成上表面的制作(图 6-7-12)。

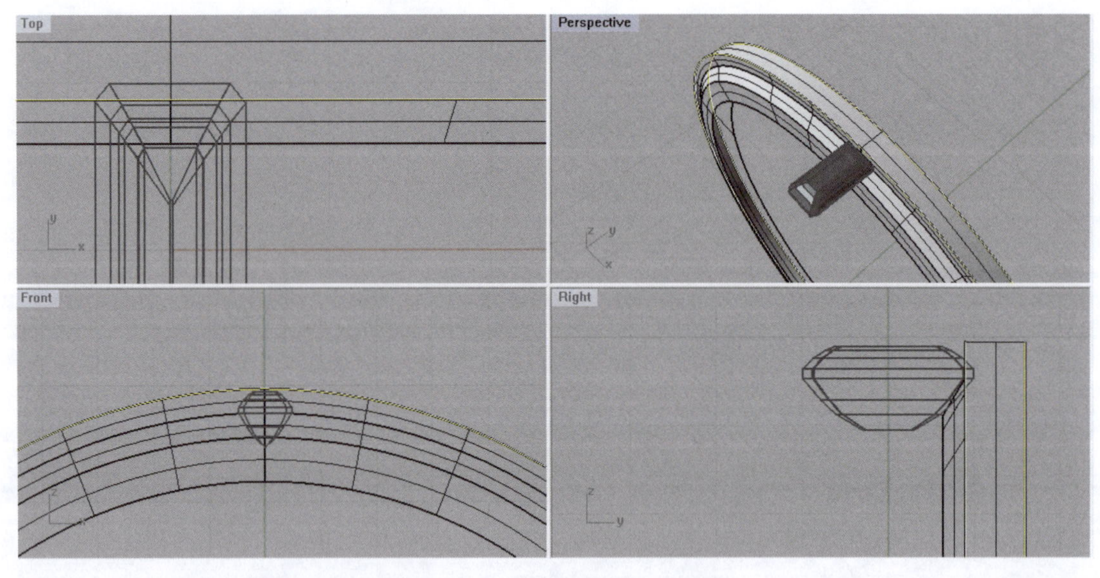

图 6-7-12　完成上表面的制作

(12)过两个内圆的四分点画一条直线作为双轨扫掠的断面曲线(图 6-7-13)。

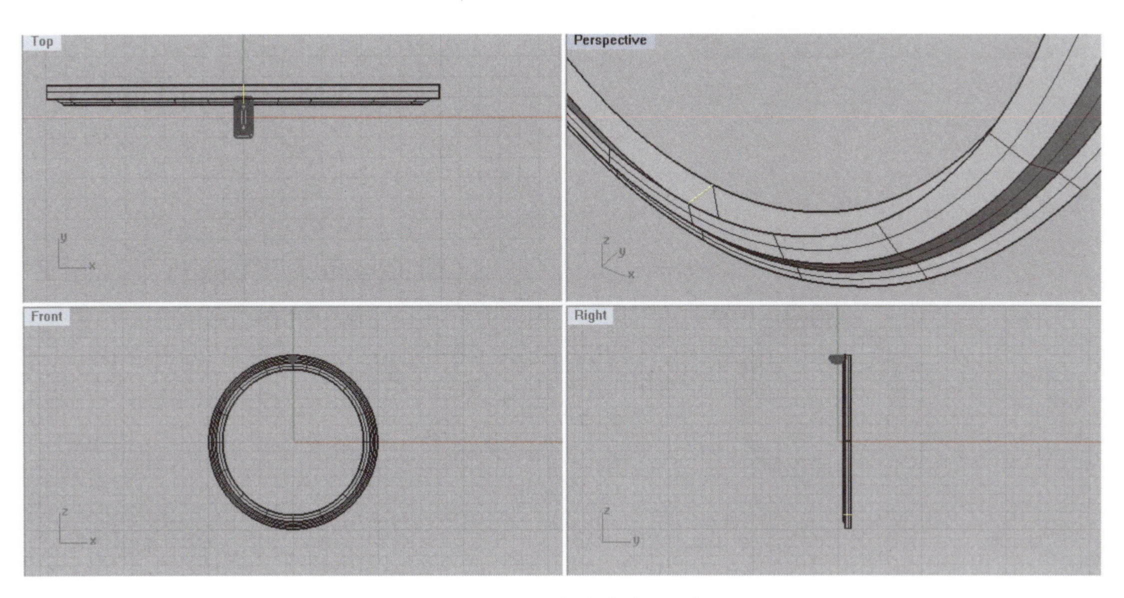

图 6-7-13 画直线作断面曲线

(13)利用“双轨扫掠”命令完成内表面的制作(图 6-7-14)。

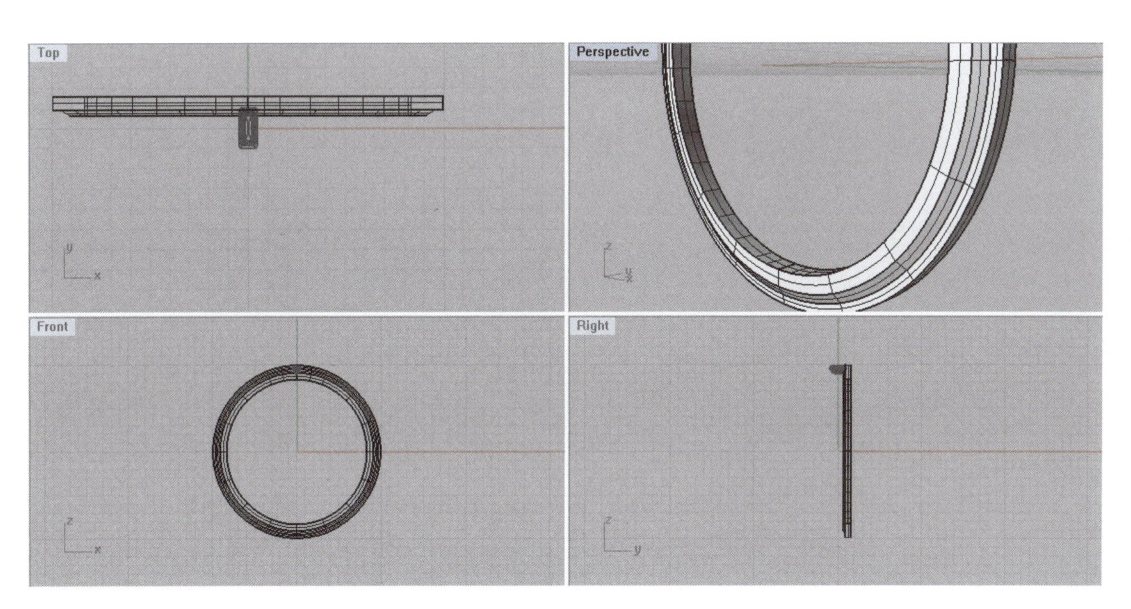

图 6-7-14 完成内表面制作

(14)将制作的 4 个曲面组合成一个实体,对其边缘线进行圆角处理,再在右视图中垂直镜像(图 6-7-15)。

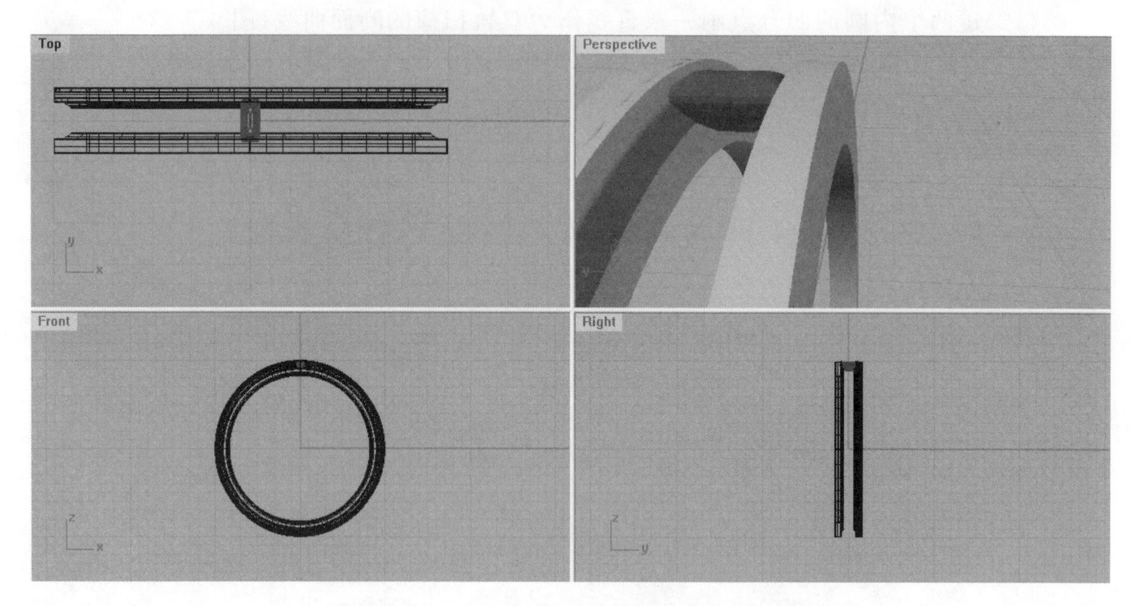

图 6-7-15　对组合曲面进行圆角处理并镜像

(15)在前视图中选择宝石后,将其以原点为中心进行环形复制,阵列数目为 64(图 6-7-16)。

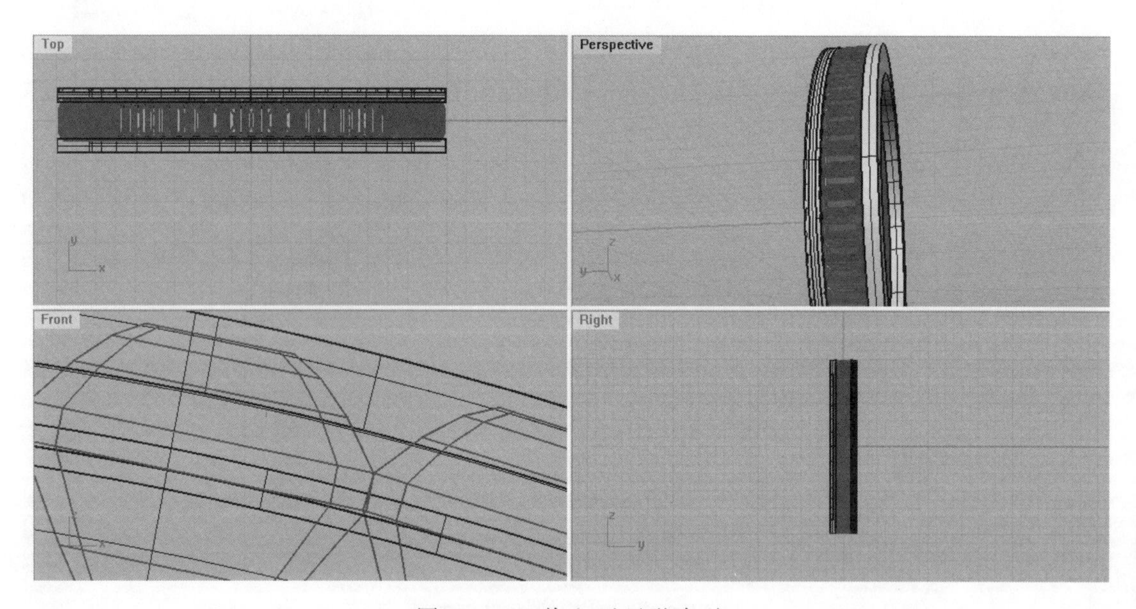

图 6-7-16　将宝石环形阵列

(16)在前视图中以原点为圆心画一个直径为 16.70mm 的圆(图 6-7-17)。

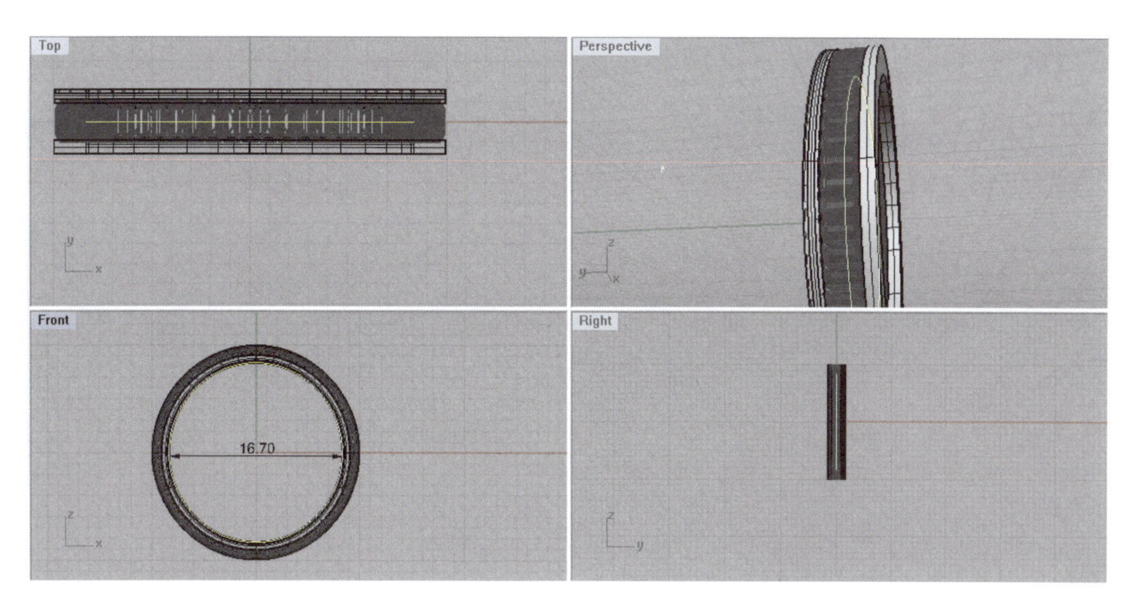

图 6-7-17 画圆

(17)在右视图中,用“挤出封闭的平面曲线”命令将圆往两侧挤出至合适宽度(不加盖)(图 6-7-18)。

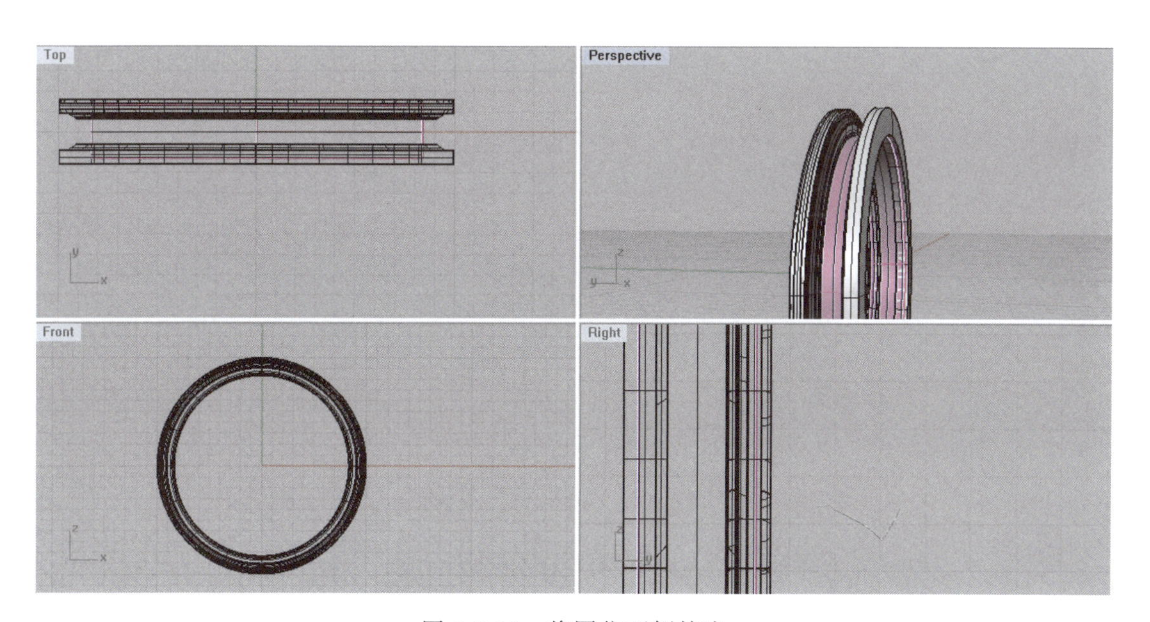

图 6-7-18 将圆往两侧挤出

(18)除刚挤出形成的曲面外,将其他物件全部隐藏,在顶视图中画一个中心在原点、宽度为 0.60mm、长度大于曲面宽度的矩形(图 6-7-19)。

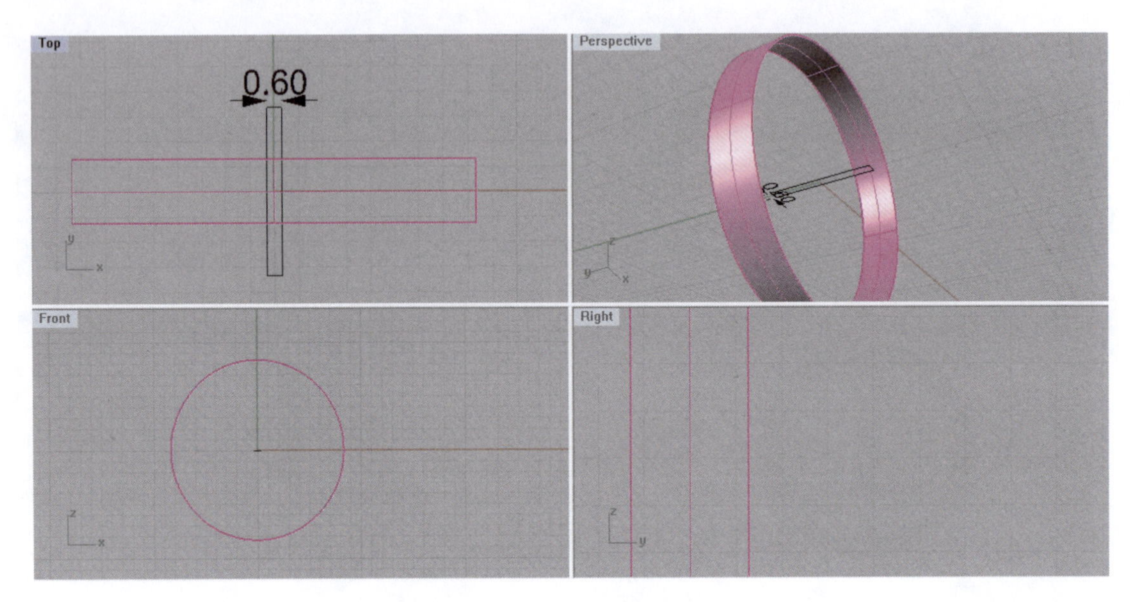

图 6-7-19　画矩形

(19)选择矩形和曲面,利用“修剪”命令将曲面多余部分切掉,得到上下两个窄条曲面(图 6-7-20)。

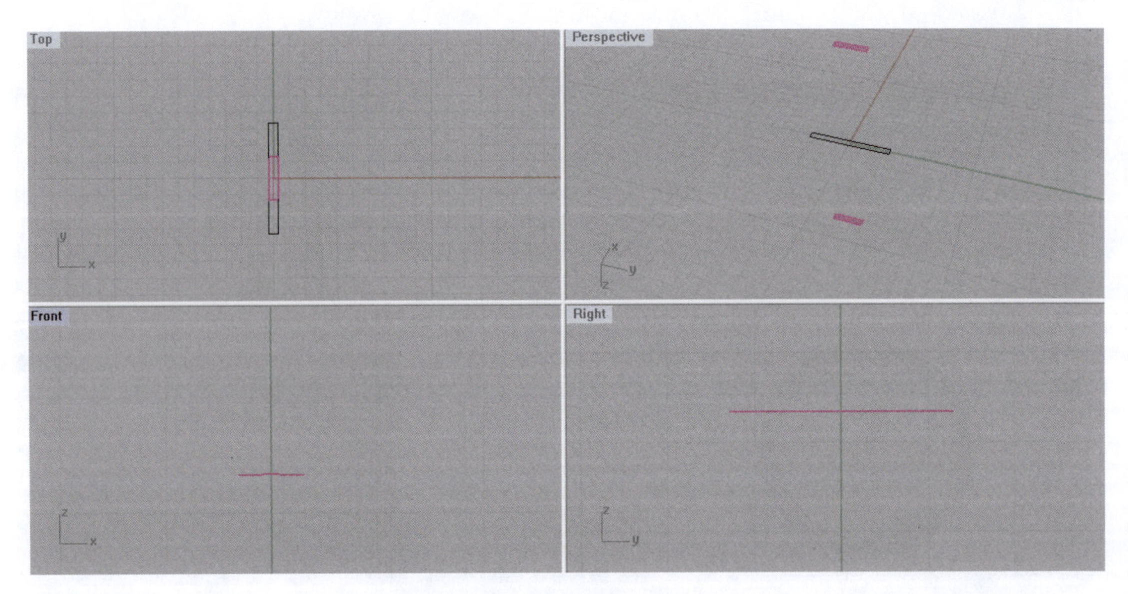

图 6-7-20　修剪出窄条曲面

(20)删除矩形和下窄条曲面,在前视图中用“挤出封闭的平面曲线”命令将上面的窄条曲面向上挤出厚度为 0.50mm 的长方形实体(图 6-7-21)。

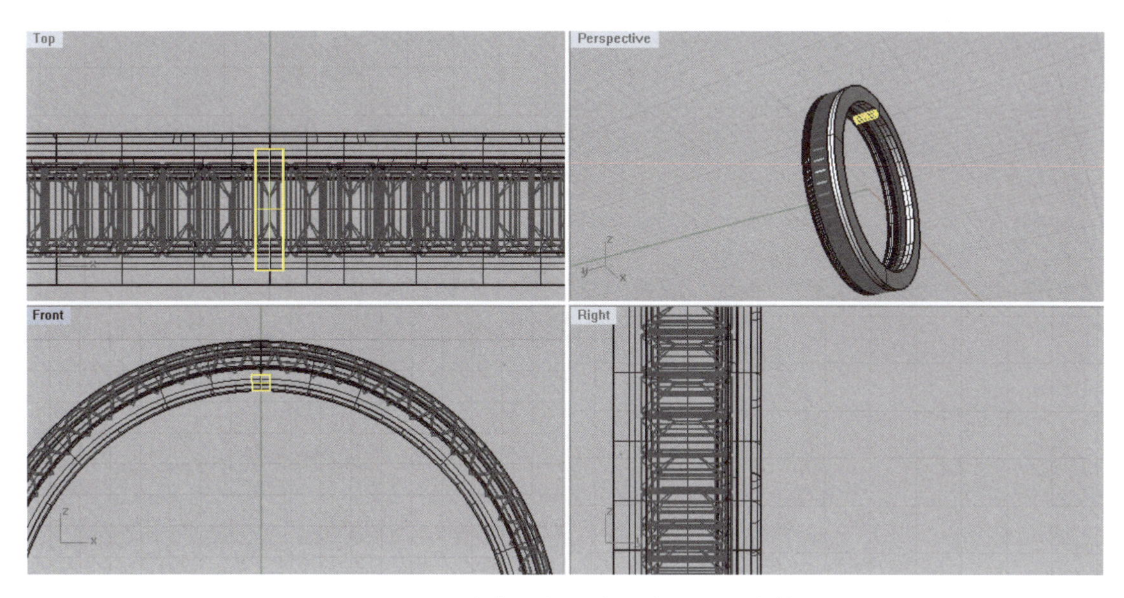

图 6-7-21　将曲面向上挤出成长方形实体

(21)用“不等距边缘圆角”命令对长方形实体进行圆角处理(图 6-7-22)。

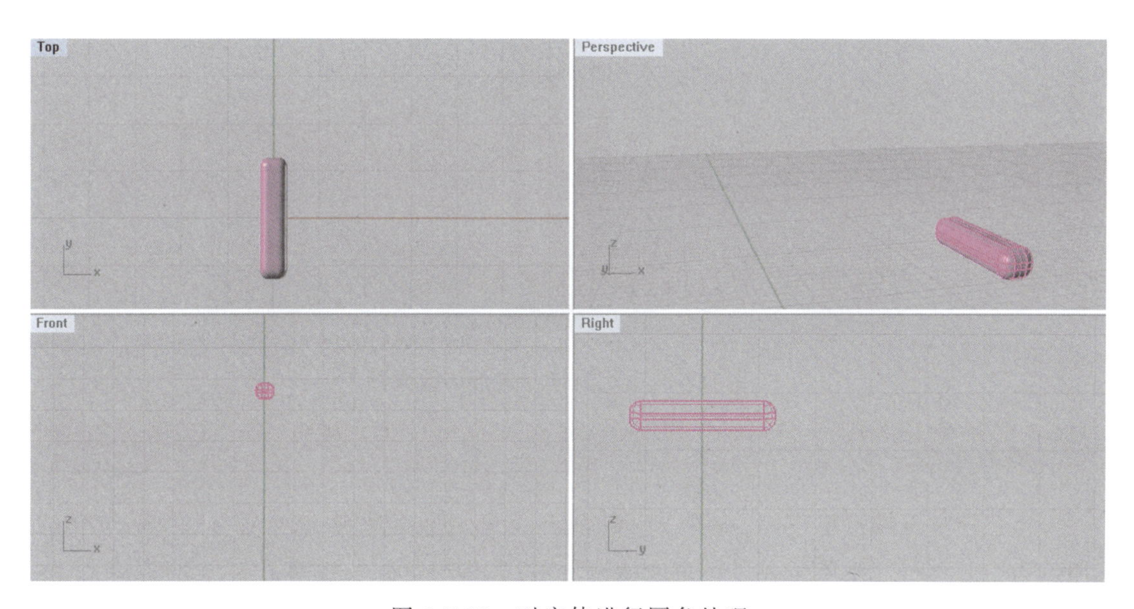

图 6-7-22　对实体进行圆角处理

(22)选择长方形实体,在前视图中用“环形阵列”命令将其以原点为中心进行环形复制,阵列数为 32,完成整个轨道镶女戒的制作(图 6-7-23)。

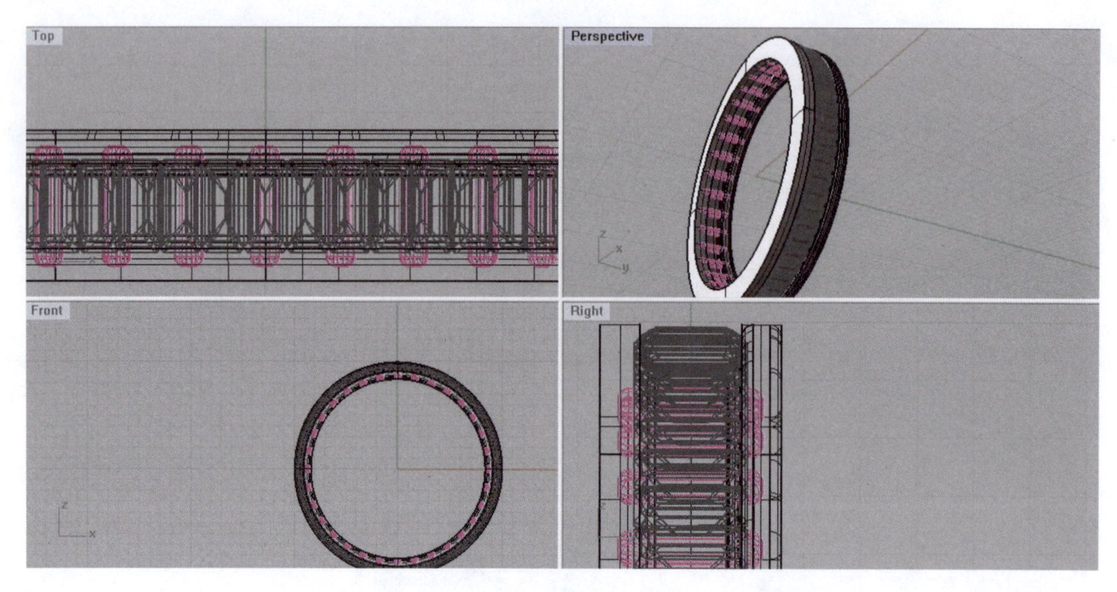

图 6-7-23　在前视图中将长方形实体环形复制

(23)最终的效果如图 6-7-24 所示。

图 6-7-24　轨道镶女戒最终效果图

案例小结

为了使宝石镶嵌更稳固,步骤(23)完成后,可以在前视图中选择所有长方形实体,以原点为中心进行二维旋转并进行角度微调,使长方体均匀分布在两个宝石之间。

6.8　S型女戒的制作

任务描述

制作一个内圈直径为 16.70mm,戒圈上部厚 1.70mm,下部厚 1.30mm,宽 2.50mm,主石直径为 3.50mm 的圆形刻面宝石爪镶女戒(图 6-8-1)。

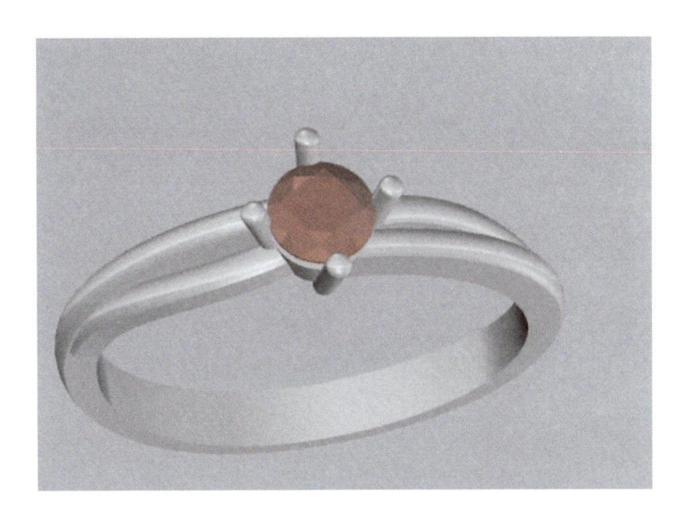

图 6-8-1 S型女戒的制作效果图

所用命令

操作中将用到如下命令图标：

依次为："圆(直径)"命令、"偏移曲线"命令、"移动"命令、"镜像"命令、"隐藏/显示"命令、"从中点建立直线"命令、"修剪"命令、"重建曲线"命令、"复制"命令、"旋转"命令、"直线"命令、"组合"命令、"挤出封闭的平面曲线"命令、"拉回曲线"命令、"炸开"命令、"圆弧"命令、"双轨扫掠"命令、"锁定"命令、"控制点曲线"命令、"延伸曲线"命令、"投影曲线"命令、"偏移曲面"命令、"反选选取集合"命令、"二轴缩放"命令、"以平面曲线建立曲面"命令、"旋转成型"命令、"圆管"命令、"环形阵列"命令、"抽离曲面"命令、"复原"命令、"群组"命令、"布尔运算差集"命令，请对照使用。

操作步骤

(1)在前视图中，过原点画一个直径为 16.70mm 的圆，再过圆的上下四分点画一个直径分别为 1.70mm 和 1.30mm 的辅助圆(图 6-8-2)。

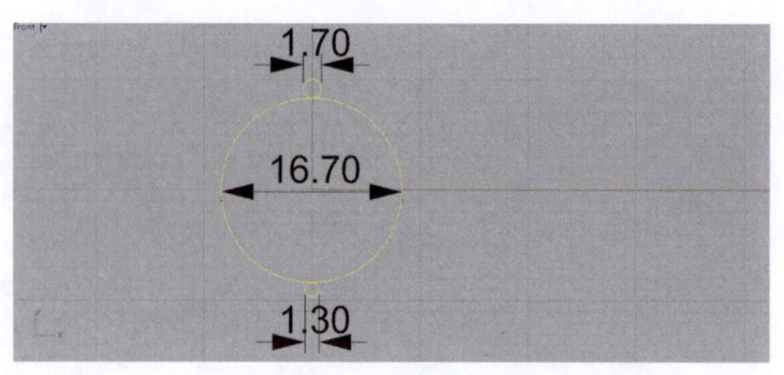

图 6-8-2　画三个圆

(2)在前视图中，通过两个小圆的上下四分点画外圆(图 6-8-3)。

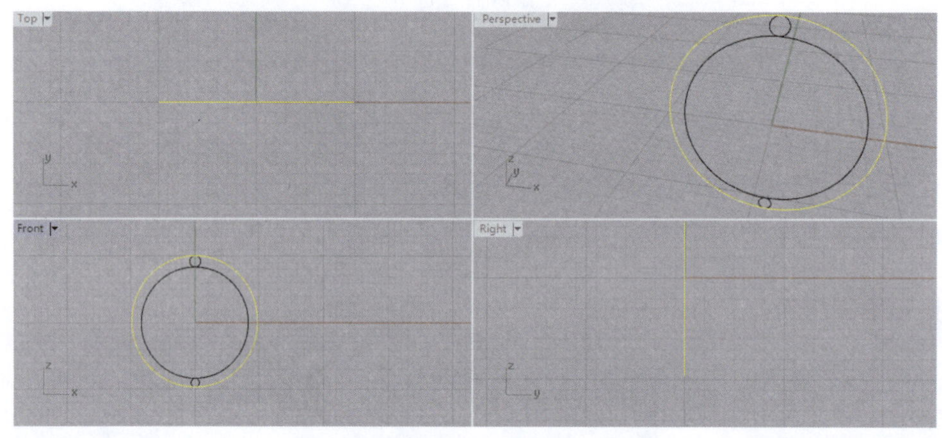

图 6-8-3　画与两小圆相切的外圆

(3)删除辅助小圆，将外圆向内偏移 0.30mm 后，删除最外部的圆，再将内外两圆在右视图中向左平移 1.25mm，然后左右镜像(图 6-8-4)。

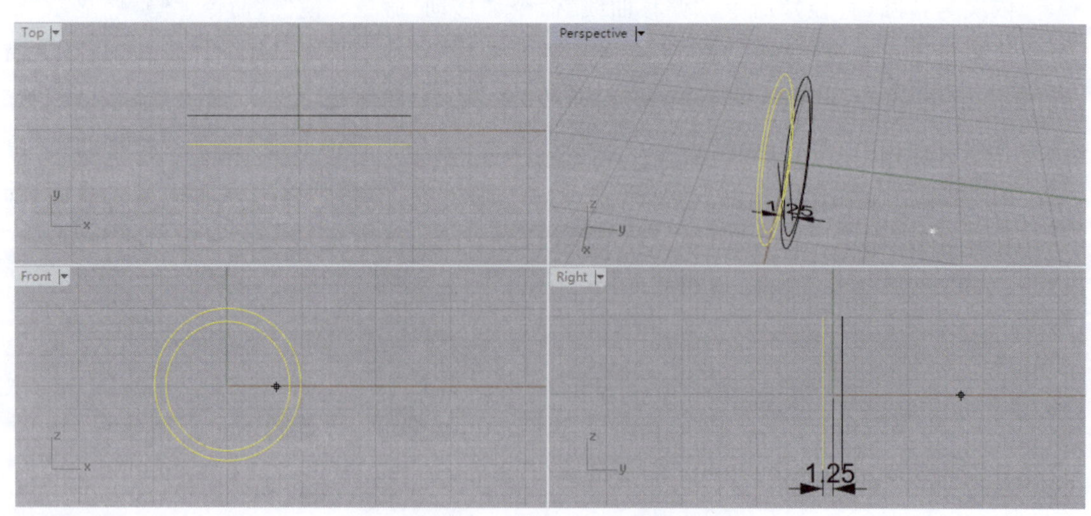

图 6-8-4　将两圆左右镜像

(4)隐藏内圆,在前视图中用“从中点建立直线”命令画一条过原点的垂直线(图 6-8-5)。

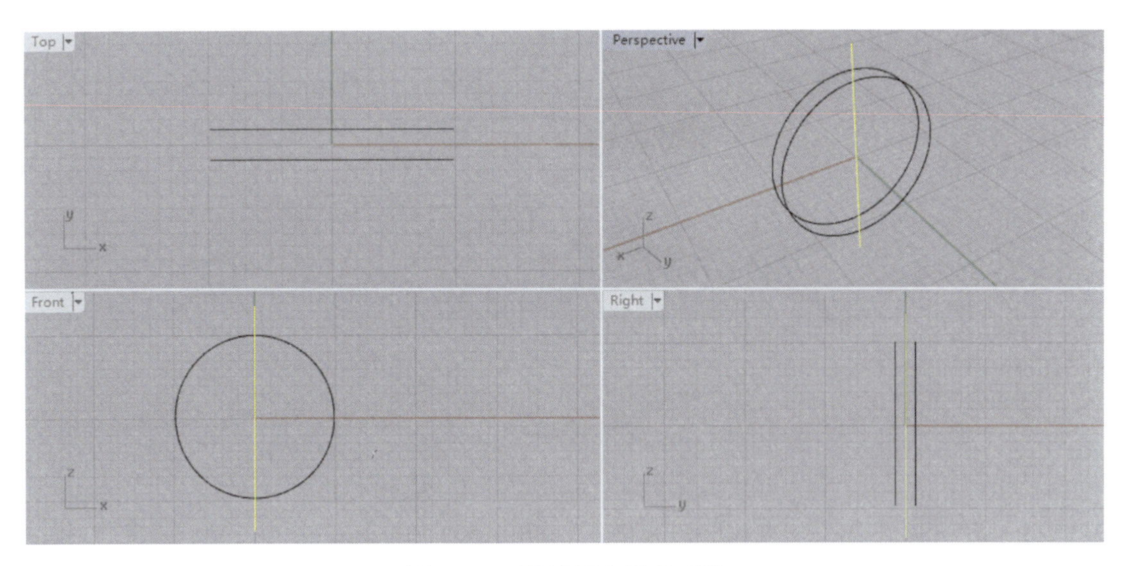

图 6-8-5 画过原点的垂直线

(5)利用“修剪”命令删除右半圆及辅助直线(图 6-8-6)。

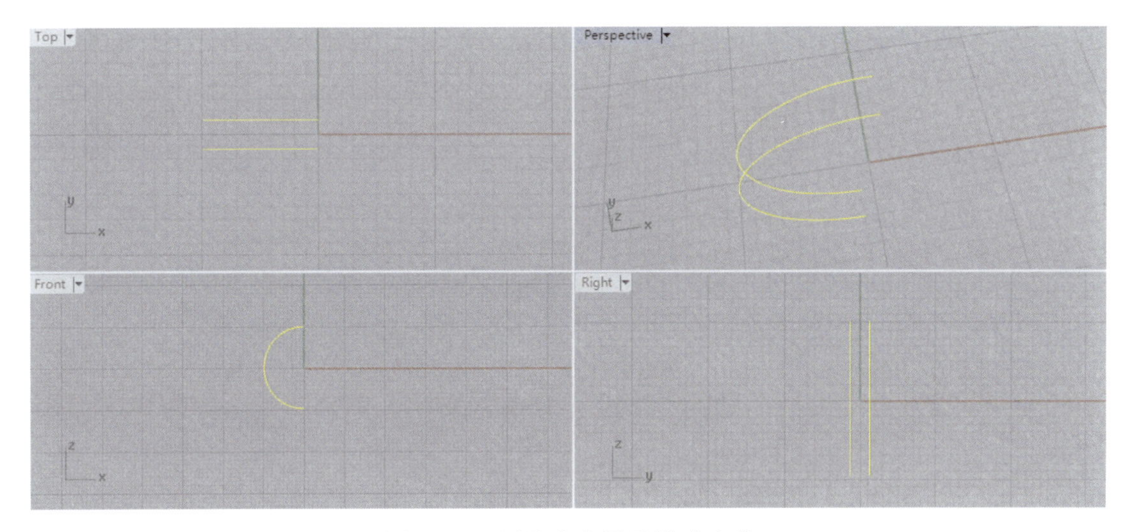

图 6-8-6 删除右半圆及辅助直线

(6)在顶视图中选择下方的半圆,利用“重建曲线”命令将其控制点设为 7,阶数为 3(图 6-8-7)。

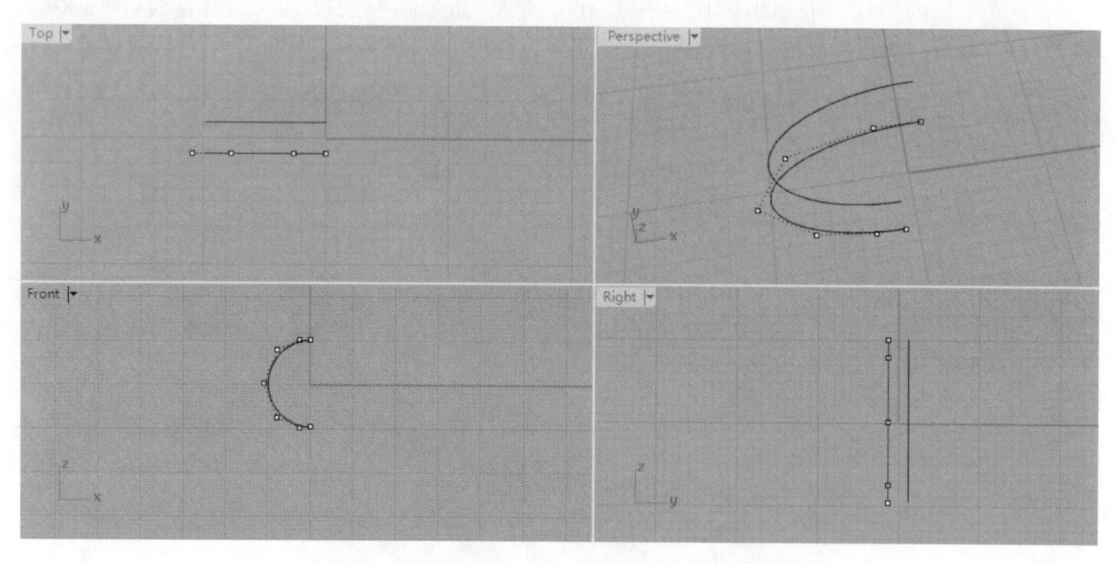

图 6-8-7　重建下方半圆曲线上的控制点

(7)调节控制点,使两曲线上端宽度为 1.00mm,且保持线条渐变流畅(图 6-8-8)。

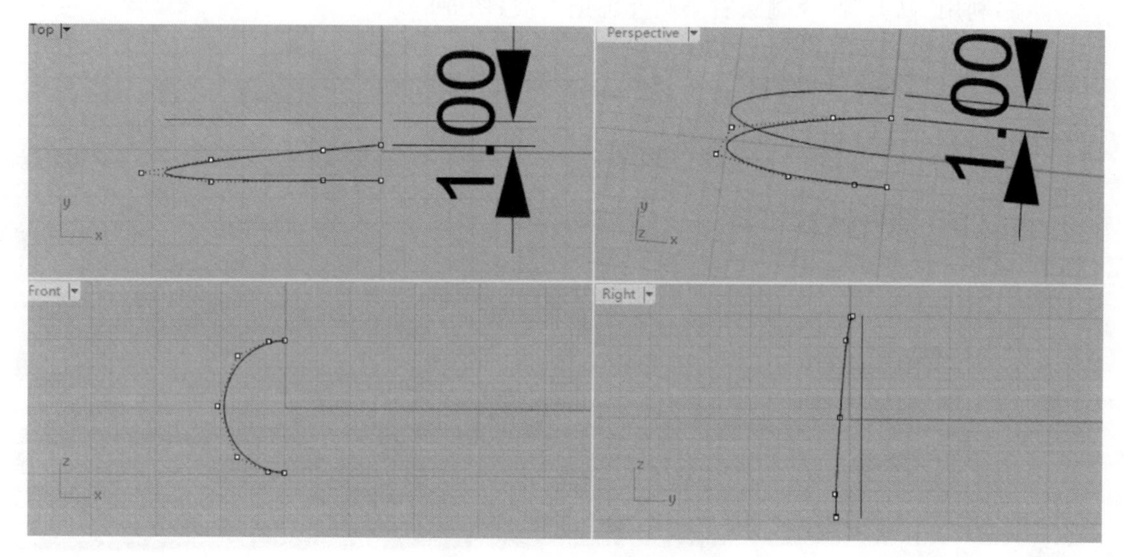

图 6-8-8　调节下方曲线控制点

(8)关闭控制点,选择两曲线,将其原地复制,然后顶视图中将曲线旋转,旋转中心为原点,旋转角度为 180°(图 6-8-9)。

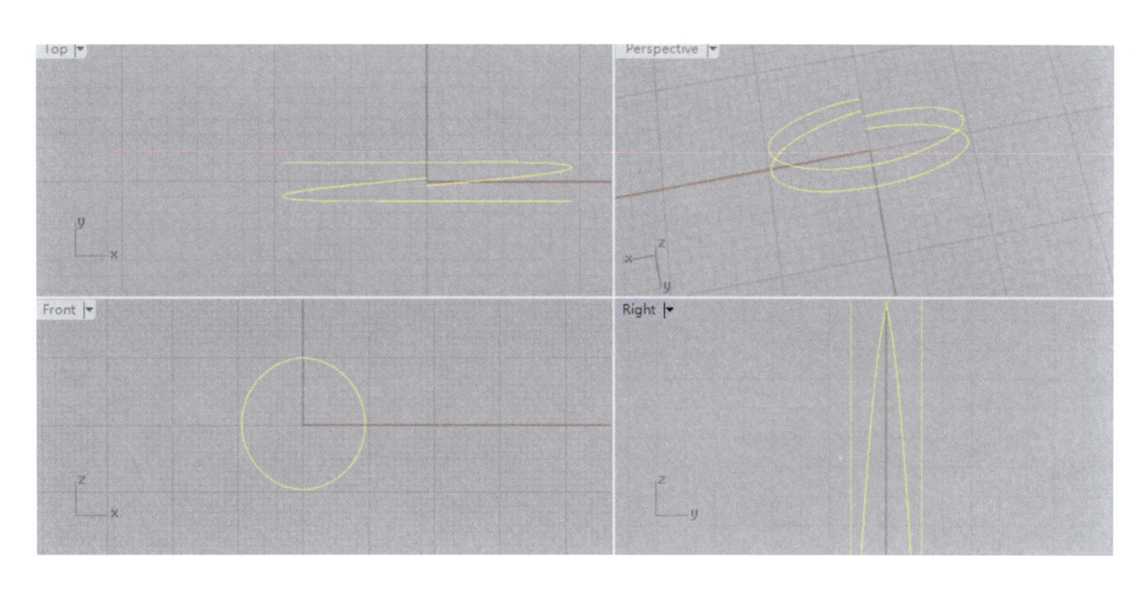

图 6-8-9 将两曲线复制后旋转

(9)在顶视图中，画两线段分别连接两曲线的端点并组合成一条封闭的曲线，显示内圆，并在右视图中使用“挤出封闭的平面曲线”命令将内圆往两侧挤出一个曲面(图 6-8-10)。

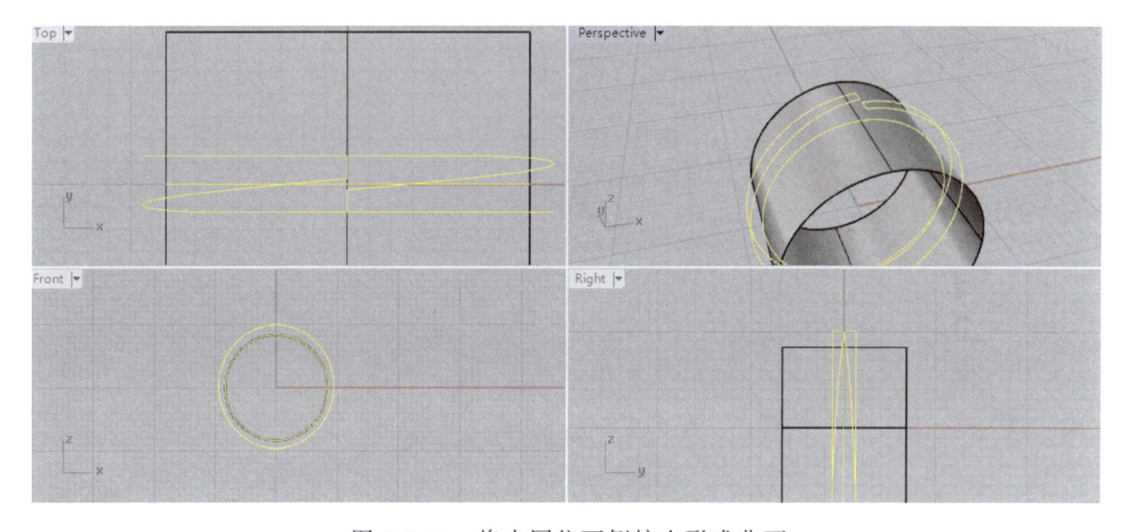

图 6-8-10 将内圆往两侧挤出形成曲面

(10)隐藏内圆，将步骤(9)中的封闭曲线原地复制后，在顶视图中利用“拉回曲线”命令将曲线拉至曲面上(图 6-8-11)。

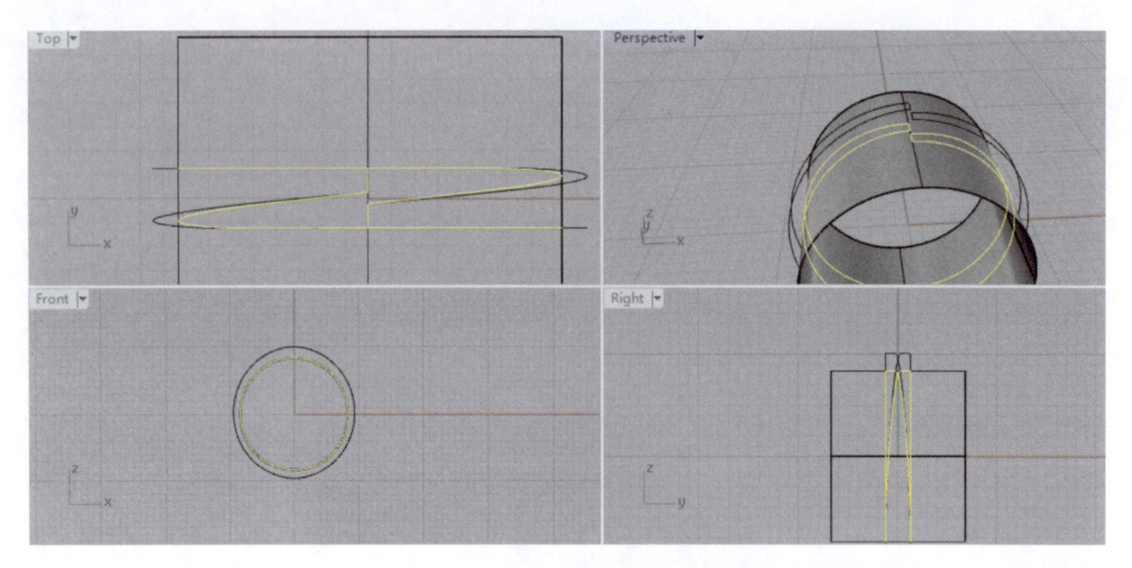

图 6-8-11　将封闭曲线拉至曲面

(11)选择曲面和曲面上方的曲线,执行“修剪”命令后得到戒圈曲面(图 6-8-12)。

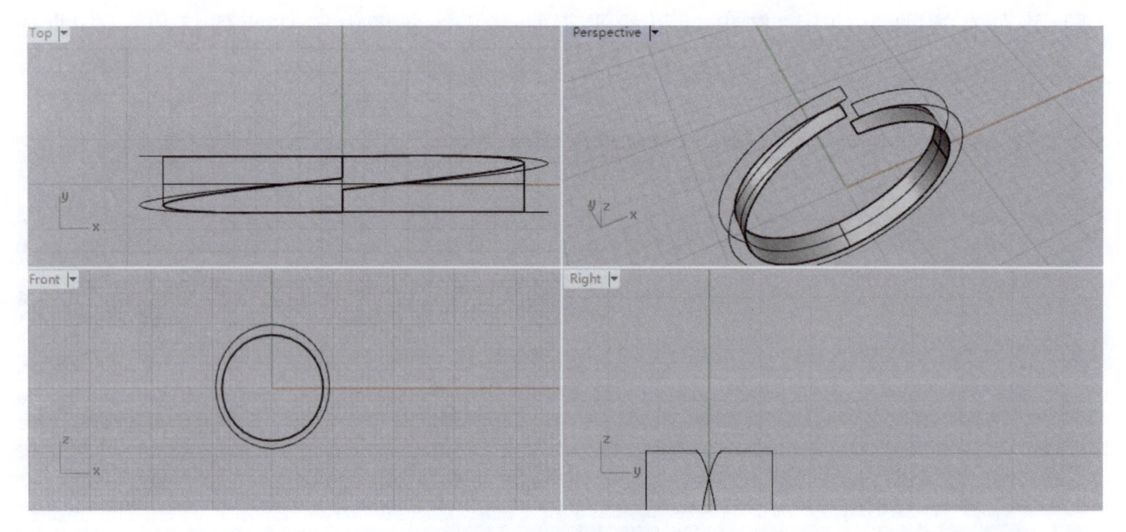

图 6-8-12　修剪出戒圈曲面

(12)炸开上方曲线,在右视图中将上方短线段向上垂直移动 0.30mm,通过捕捉端点和中点用“圆弧”命令画出如图 6-8-13 所示的弧线,以作为下一步双轨扫掠所需的断面曲线。

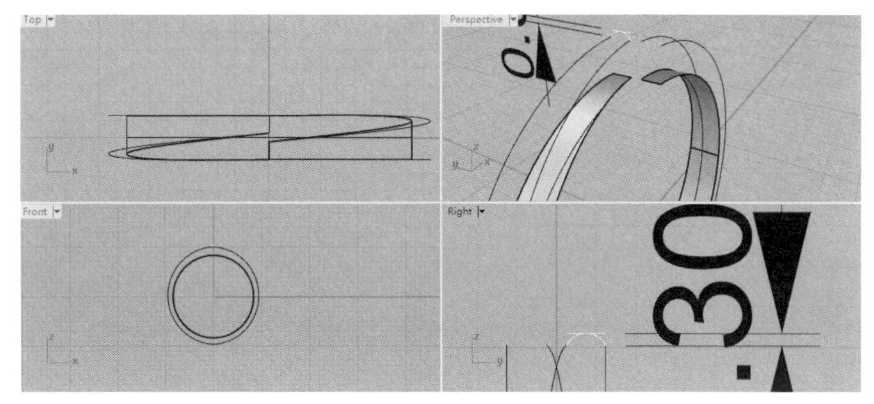

图 6-8-13 画出断面曲线

(13)利用“双轨扫掠”命令得到戒圈上表面(注意勾选“保持高度”选项)(图 6-8-14)。

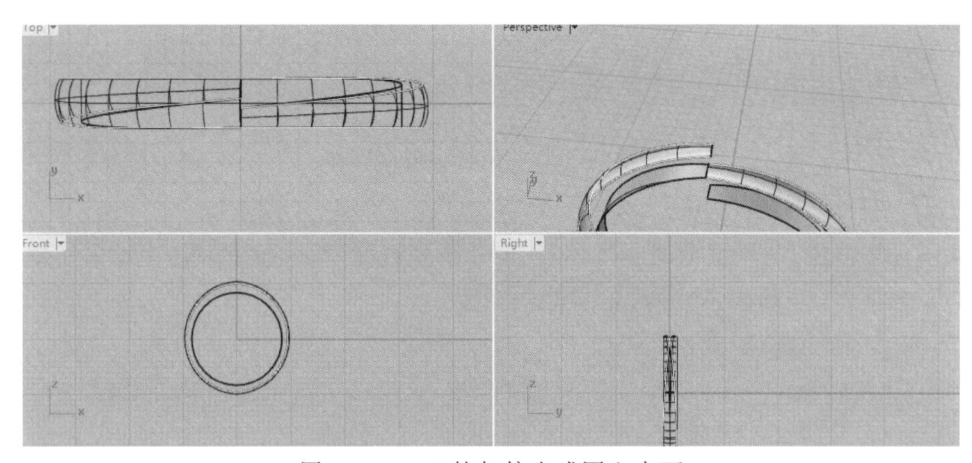

图 6-8-14 双轨扫掠出戒圈上表面

(14)用“直线”命令画四条直线段连接各端点(图 6-8-15)。

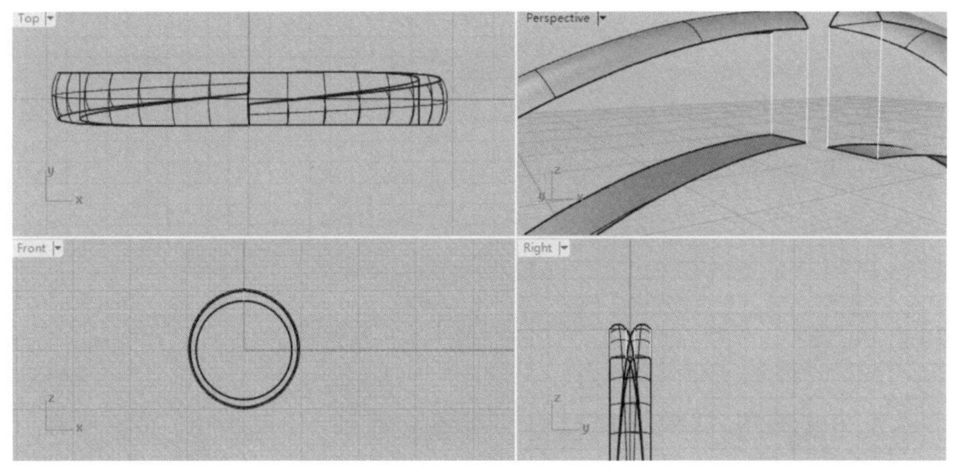

图 6-8-15 用线段连接各端点

(15)同样用“双轨扫掠”命令完成其他曲面的制作并组合成戒圈实体(图6-8-16)。

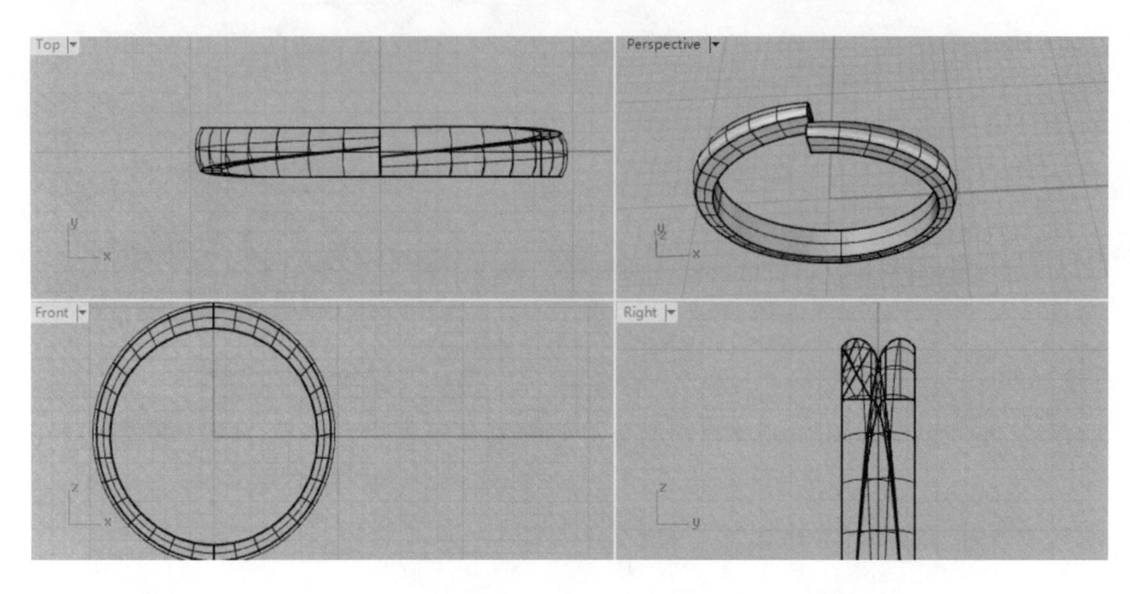

图6-8-16　组合出戒圈实体

(16)用“锁定”命令锁定戒圈实体,在顶视图中过原点画一条曲线,原地复制后再沿原点2D旋转180°,与步骤(8)方法相同(图6-8-17)。

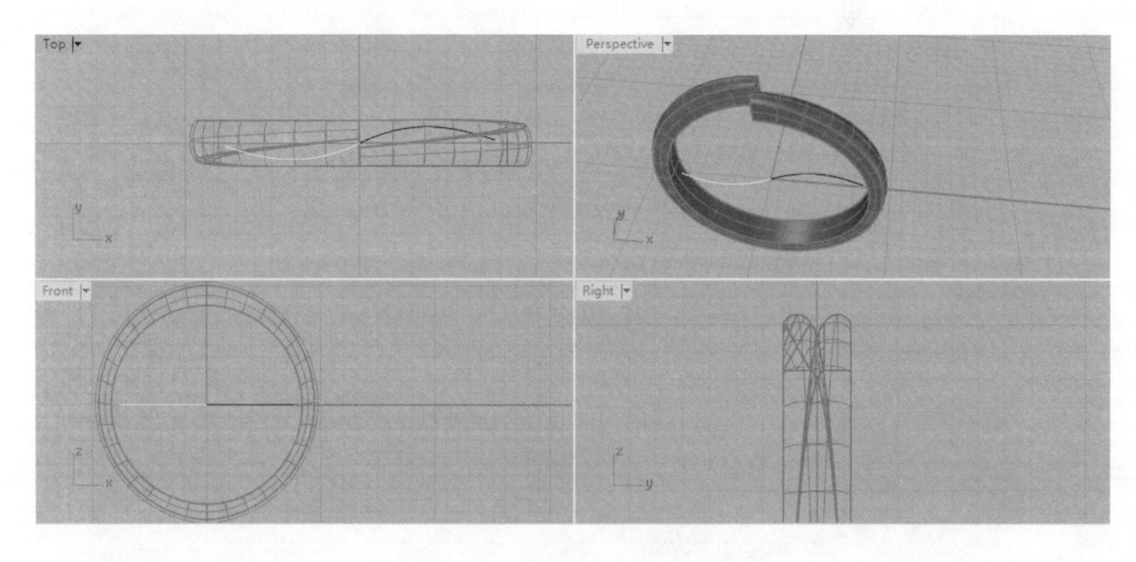

图6-8-17　将曲线复制后旋转

(17)在顶视图中,将两段曲线组合后偏移曲线,分别向上、下各偏移0.50mm(图6-8-18)。

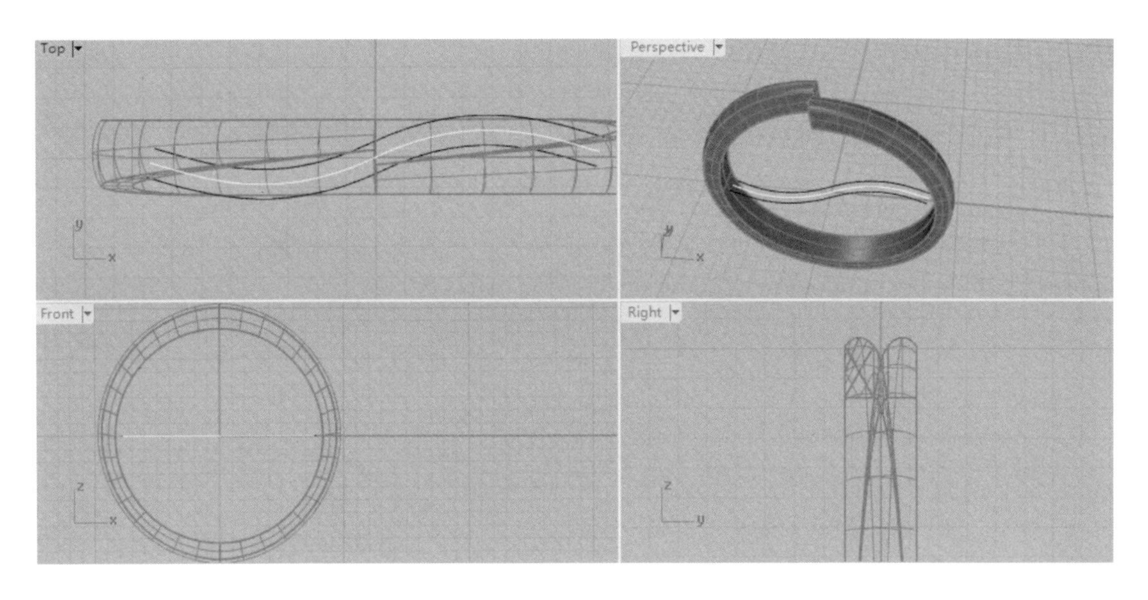

图 6-8-18　将组合曲线向上、下偏移

(18)在顶视图中，删除中间曲线，用“延伸曲线”命令延长上曲线，通过下曲线的左端点画垂直向上的直线(图 6-8-19)。

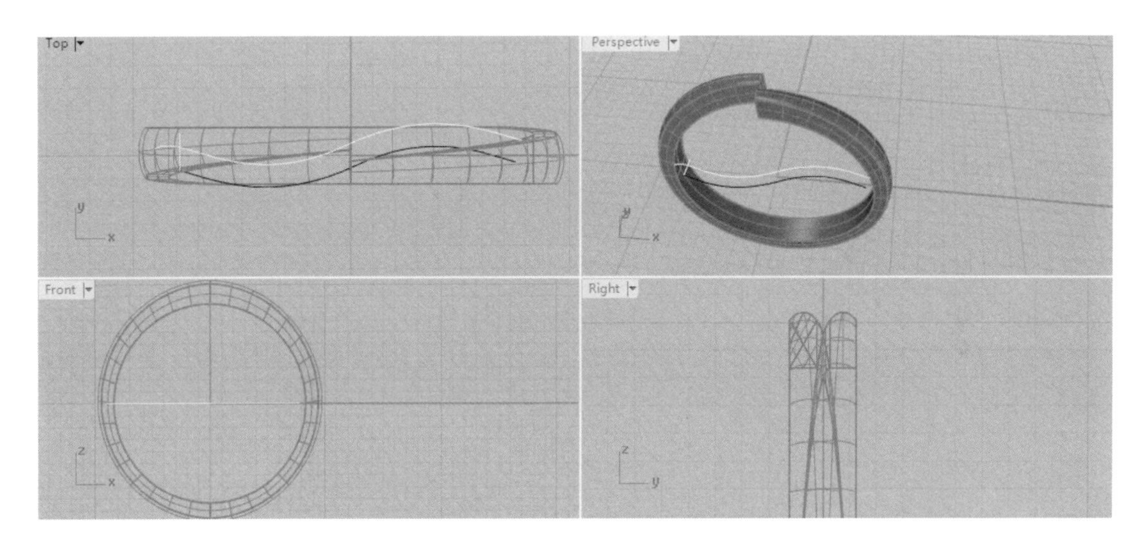

图 6-8-19　过下曲线端点画直线

(19)用“修剪”命令删除多余线条，用相同的方法完成右端连接线，选择所有线条，将其组合成一条封闭的曲线(图 6-8-20)。

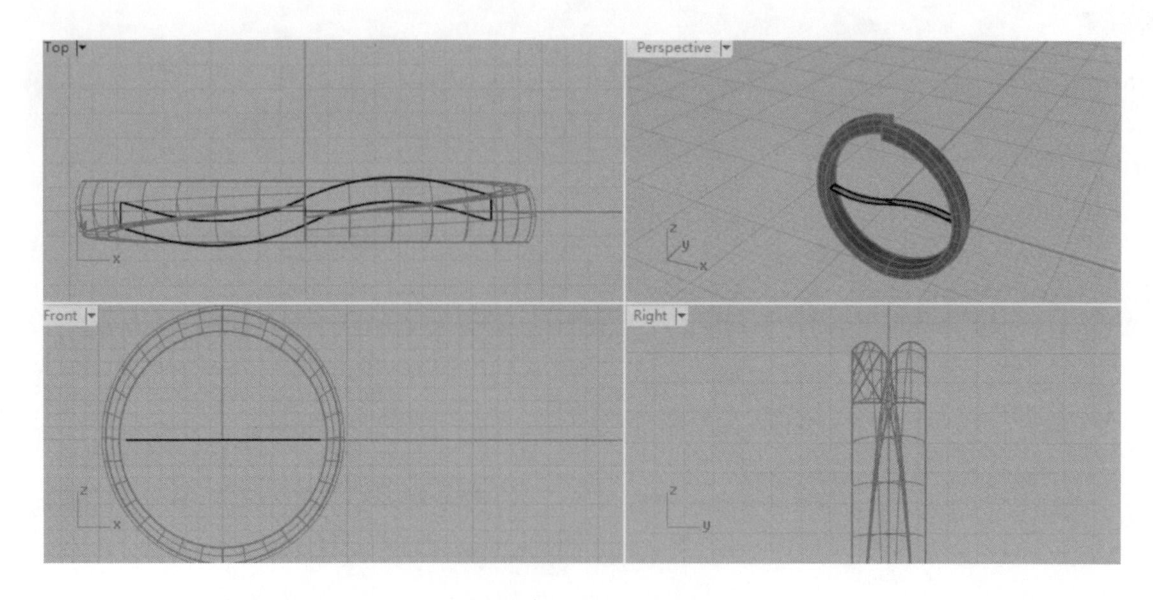

图 6-8-20　组合出封闭曲线

(20)显示隐藏的内圆并在右视图中使用“挤出封闭的平面曲线”命令将内圆往两侧挤出一个圆柱面,在顶视图中用“投影曲线”命令使封闭曲线投影到圆柱面上(图 6-8-21)。

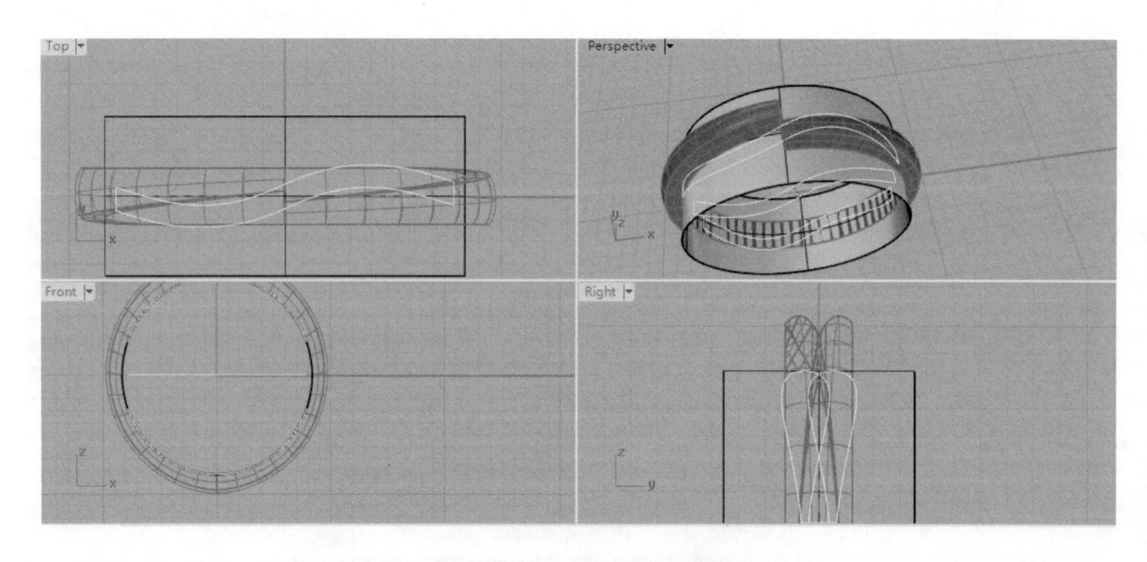

图 6-8-21　将封闭曲线投影到圆柱面上

(21)对投影的封闭曲线与圆柱面执行“修剪”命令,删除不必要的线条和面,保留上面一个长条曲面(图 6-8-22)。

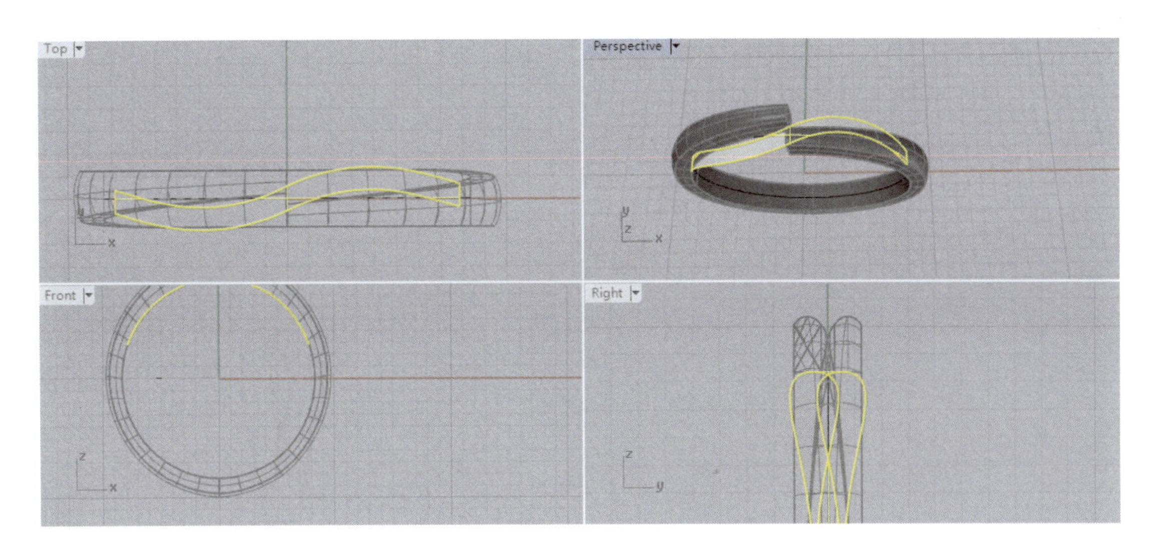

图 6-8-22 修剪出一个长条曲面

(22)用“偏移曲面”命令将长条曲面向上偏移 1.00mm，形成长条实体(图 6-8-23)。

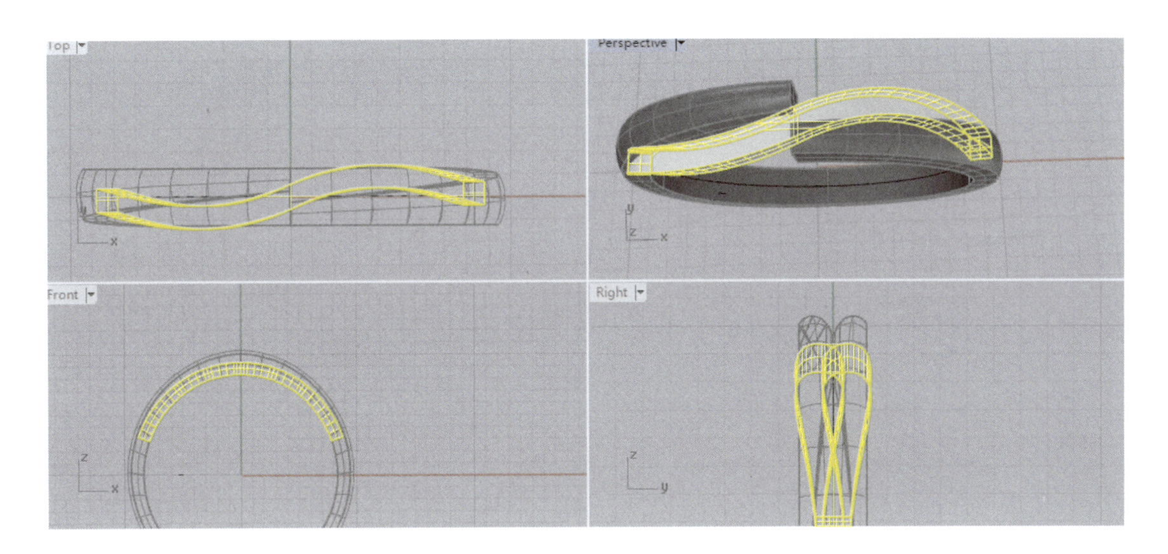

图 6-8-23 将曲面偏移成实体

(23)解除物体锁定，用“反选选取集合”命令进行反选，隐藏其他物件，保留长条实体，通过“炸开”命令炸开实体，删除上表面和两个端面(图 6-8-24)。

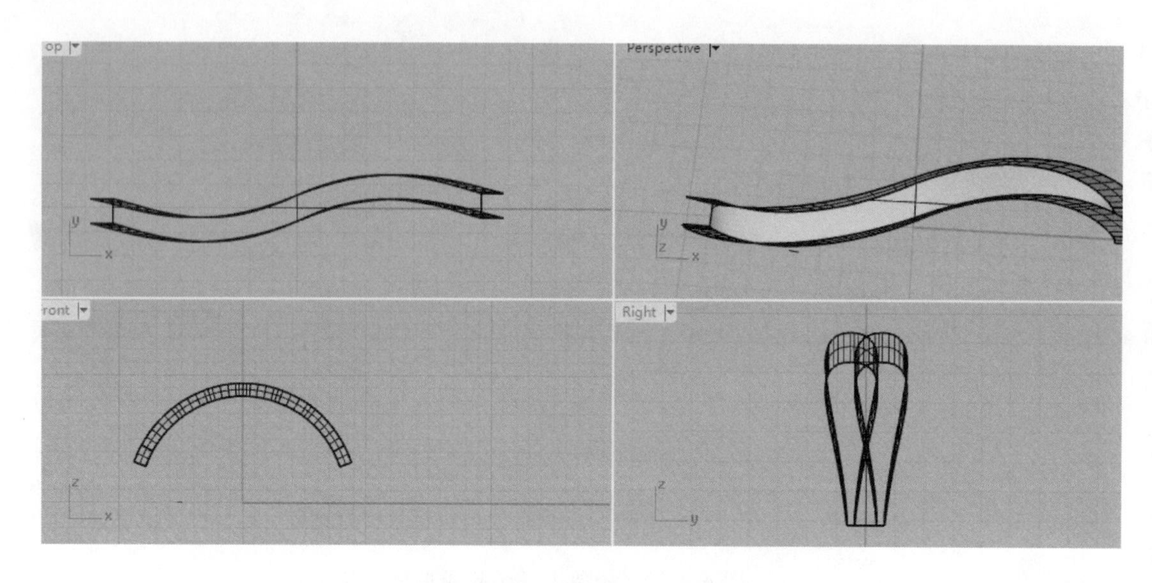

图 6-8-24　删除长条实体的上表面和端面

(24)画线段连接两端点并将其控制点重建为 4 个(图 6-8-25)。

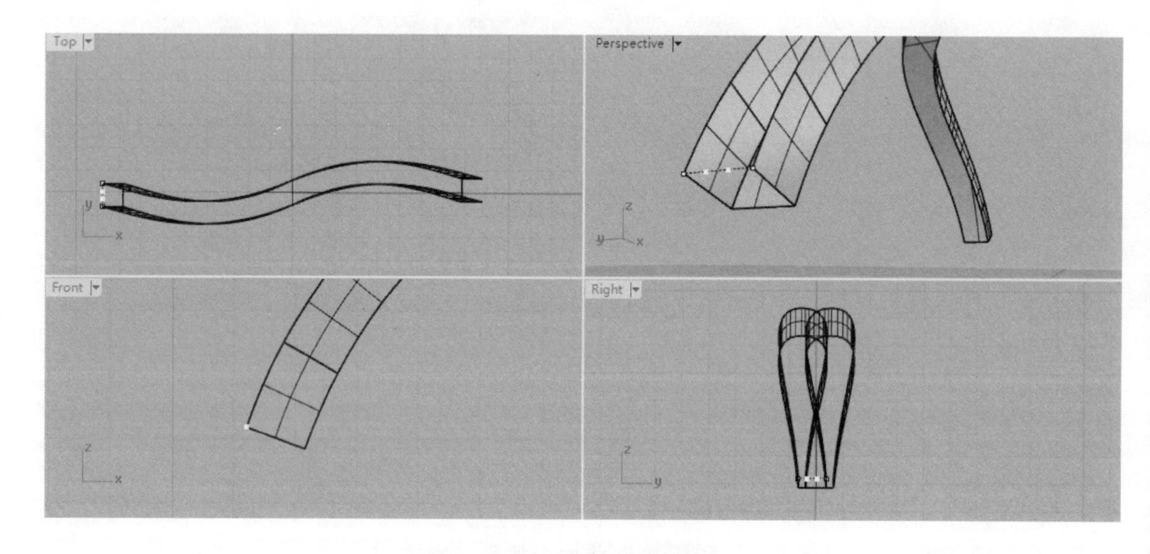

图 6-8-25　重建线段控制点

(25)结合顶视图和前视图,用"移动"命令和"二轴缩放"命令调节中间两个控制点,使其呈一定的弧度(高度为 0.20mm)(图 6-8-26)。

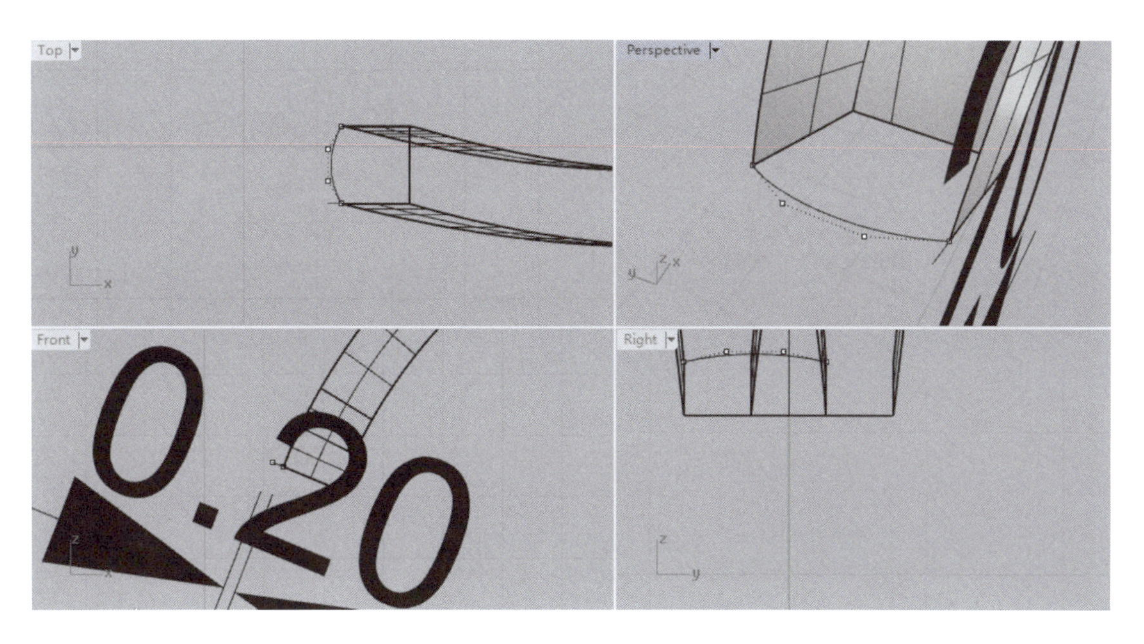

图 6-8-26 将线段调整为弧线

(26)利用“双轨扫掠”命令和“以平面曲线建立曲面”命令重建步骤(23)中删除的 3 个面并组合所有曲面,显示所有,完成戒圈的制作(图 6-8-27)。

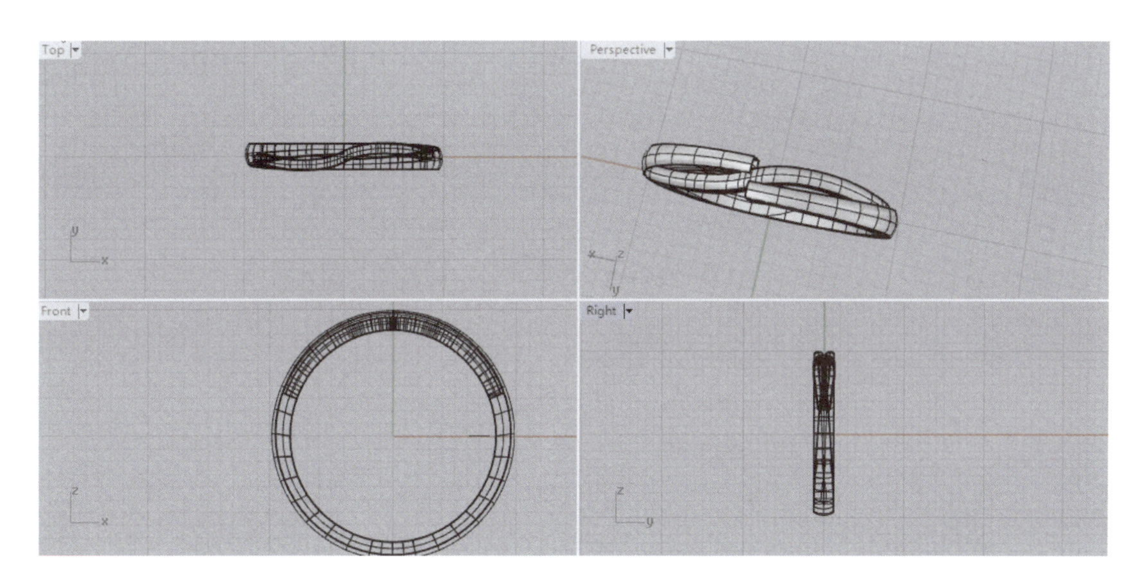

图 6-8-27 完成戒圈制作

(27)锁定戒圈,在顶视图中导入一个直径为 3.50mm 的圆形刻面宝石(图 6-8-28)。

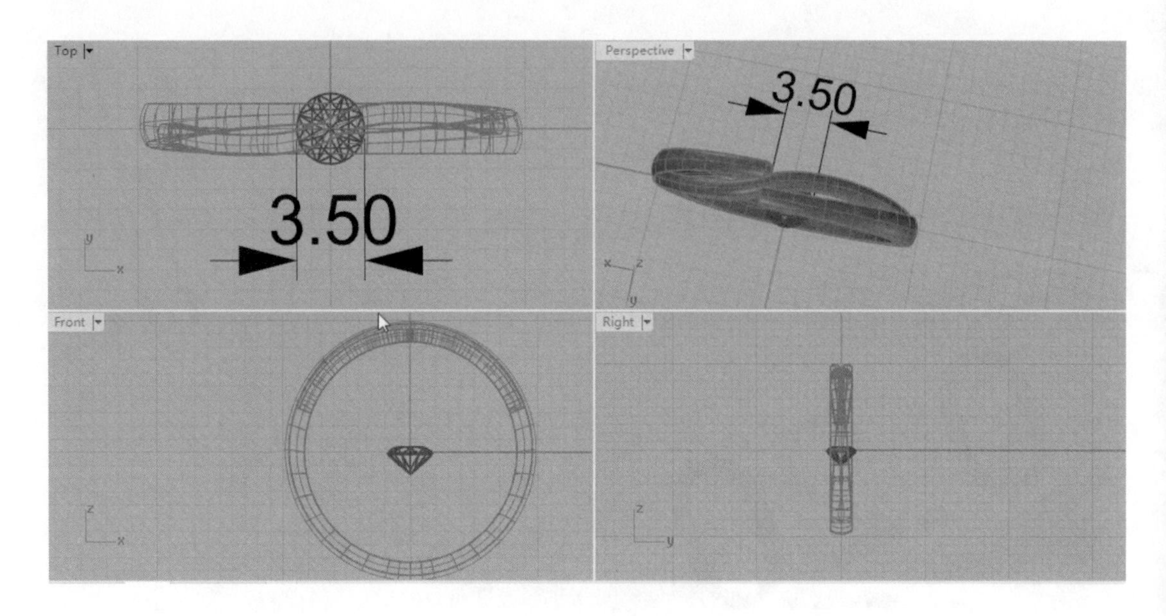

图 6-8-28　导入宝石

(28)画一个与宝石边缘重合的圆,并向内偏移 0.50mm,删除外圆(图 6-8-29)。

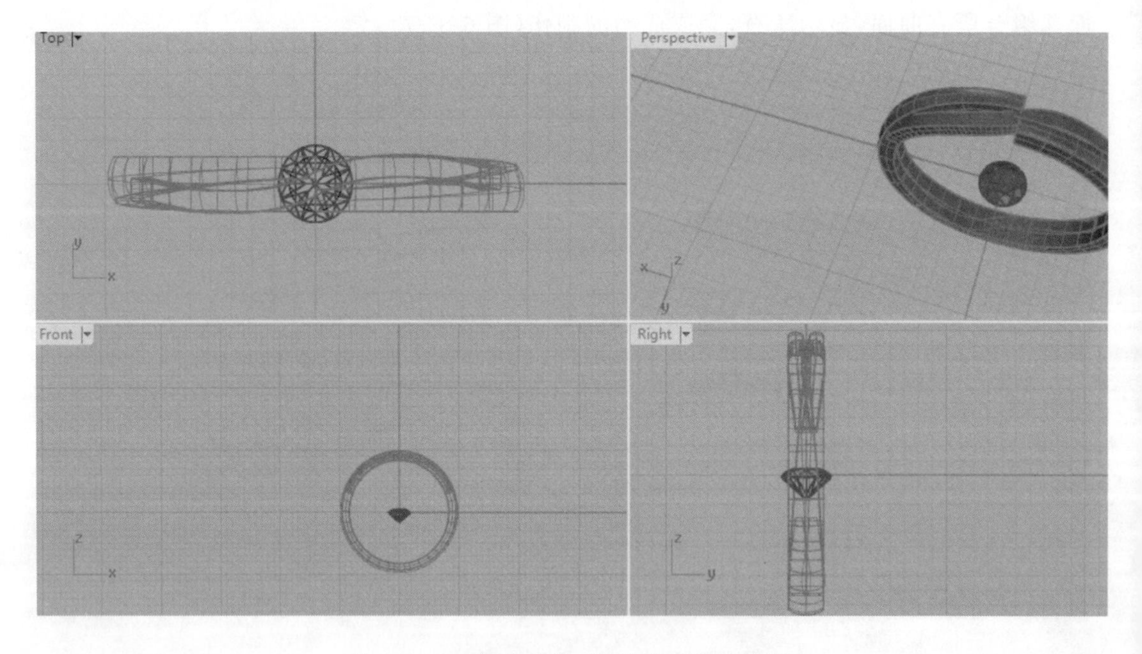

图 6-8-29　偏移曲线,删除外圆后效果图

(29)在前视图中垂直向下平移内圆,直到刚好托住宝石亭部(从立体视图看),在顶视图再将其向外偏移 0.50mm(图 6-8-30)。

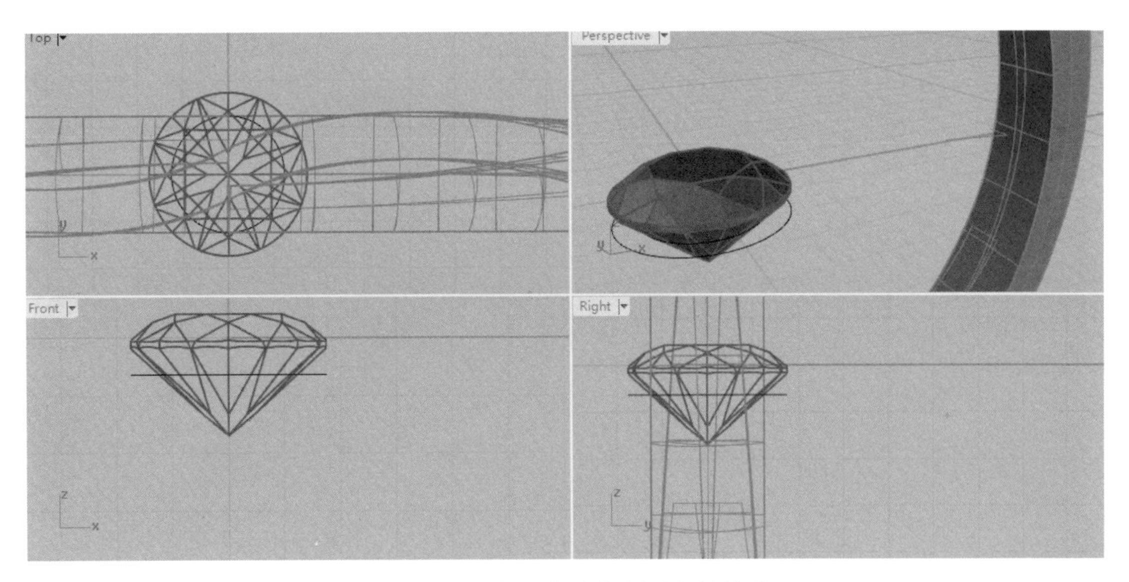

图 6-8-30　将下移后的内圆向外偏移

(30)选择外圆，原地复制后向下平移适当距离，使宝石底尖与外圆中心垂直距离大于0.60mm，在顶视图中将底部外圆进行二轴缩放(收底)，并将其向内偏移 0.50mm(图 6-8-31)。

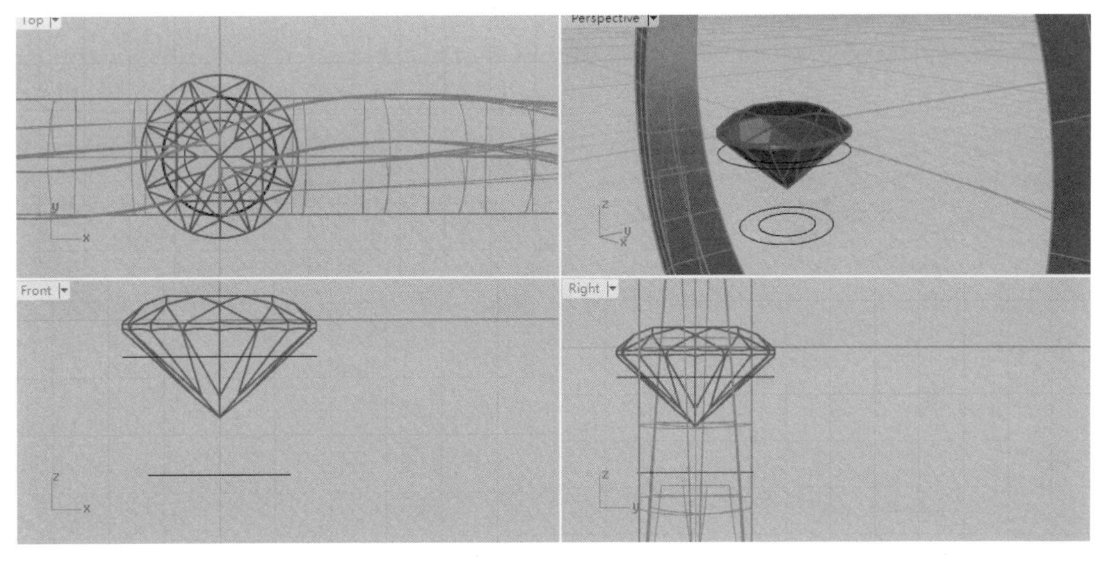

图 6-8-31　底部外圆二轴缩放后向内偏移

(31)在前视图中，过上、下、内、外圆的右边四分点画 4 条线段并组合(图 6-8-32)。

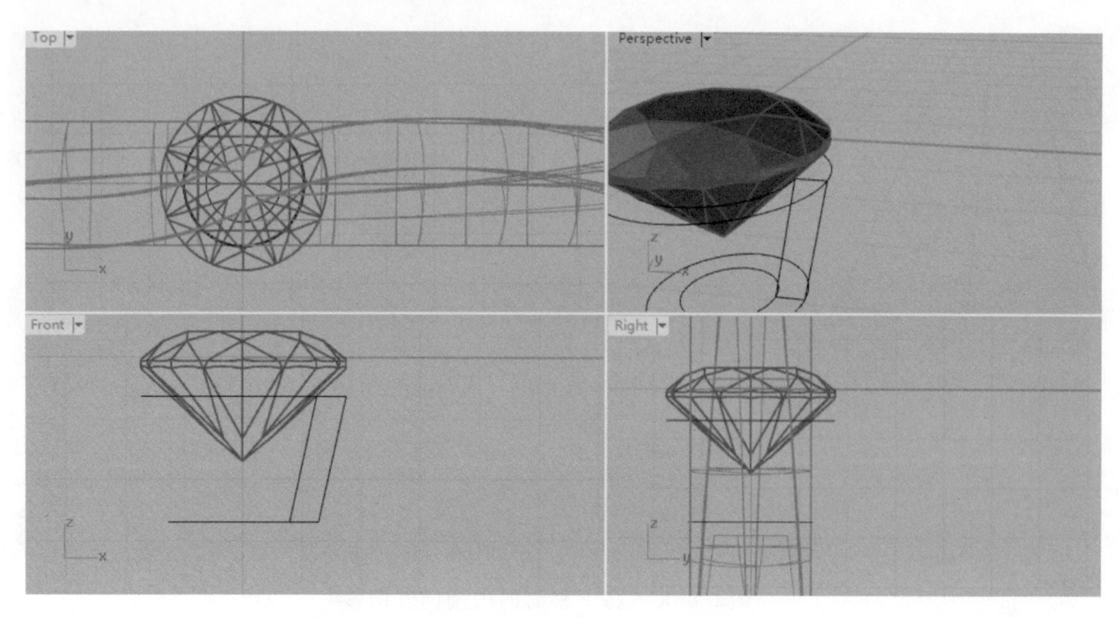

图 6-8-32　连接四圆四分点并组合

(32)在前视图中,利用“旋转成型”命令将四边形沿过原点的垂直轴旋转 360°,完成包镶镶口的制作,然后在顶视图中捕捉宝石顶端画一个直径为 0.80mm 的圆,并向下平移 0.10mm(图 6-8-33)。

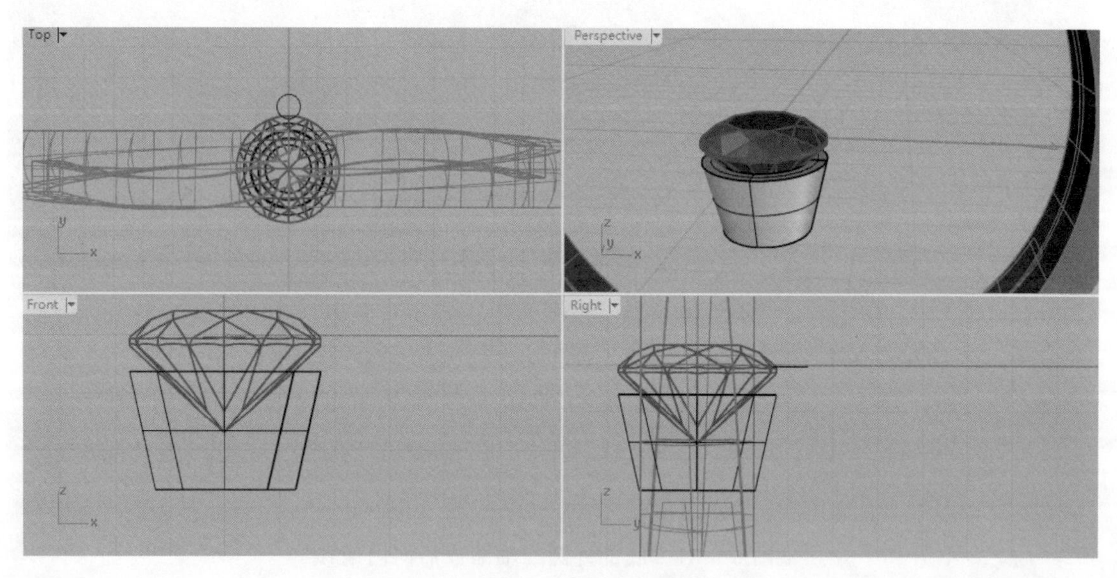

图 6-8-33　画圆并下移

(33)在右视图,通过圆的中心点画直线,再在高于宝石台面 0.50mm 处画一辅助线(图 6-8-34)。

图 6-8-34 画直线和辅助线

(34)用“修剪”命令删除多余线条后,用“圆管”命令制作直径为 0.80mm 的圆管,作为第一个爪(图 6-8-35)。

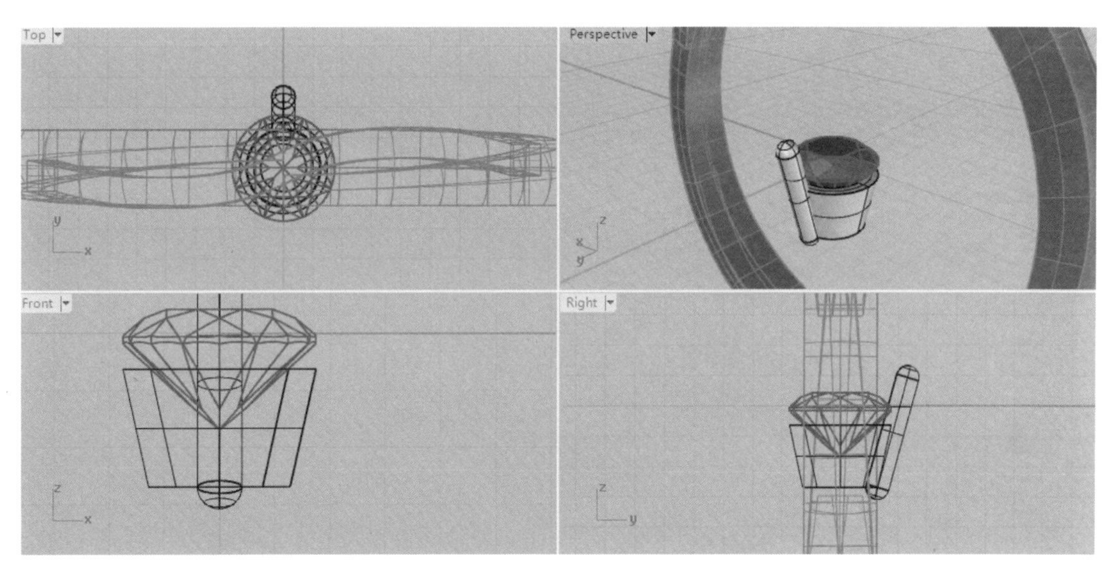

图 6-8-35 制作第一个爪

(35)在顶视图中将爪进行环形复制，阵列数目为 4，然后将爪和镶口底部选中进行 2D 旋转，旋转角度为 45°(图 6-8-36)。

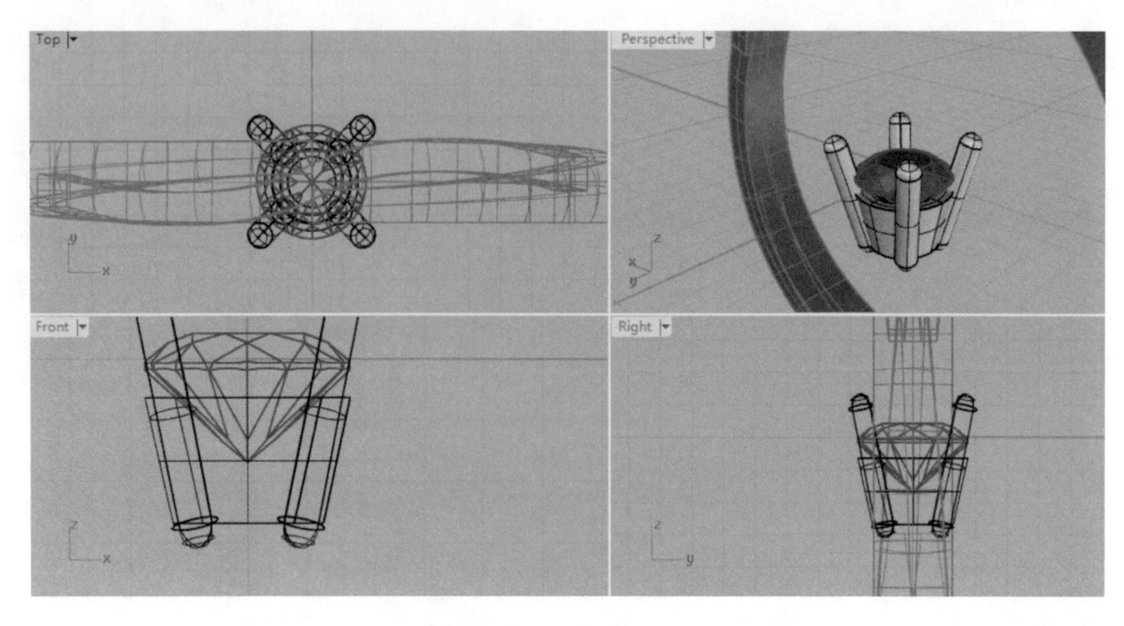

图 6-8-36　形成 4 个爪

(36)在前视图中选择宝石及镶口，将其垂直往上移，使宝石底尖距戒圈内壁 0.80mm 左右距离(图 6-8-37)。

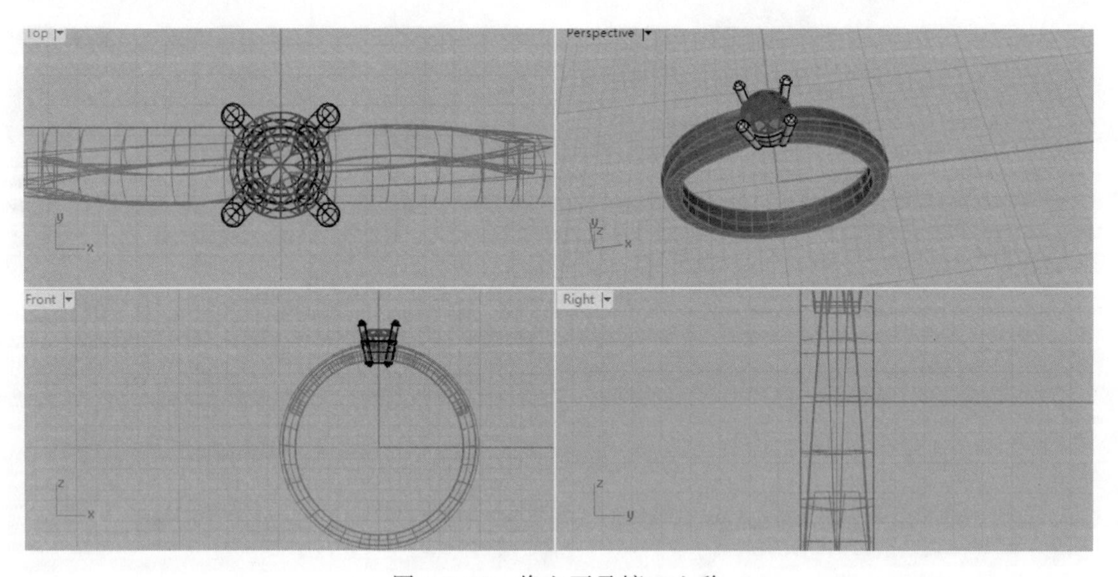

图 6-8-37　将宝石及镶口上移

(37)隐藏宝石,解锁戒圈,抽离镶口内壁曲面,复制后点击“复原”命令一次,隐藏戒圈后粘贴复制的镶口内壁曲面(图 6-8-38)。

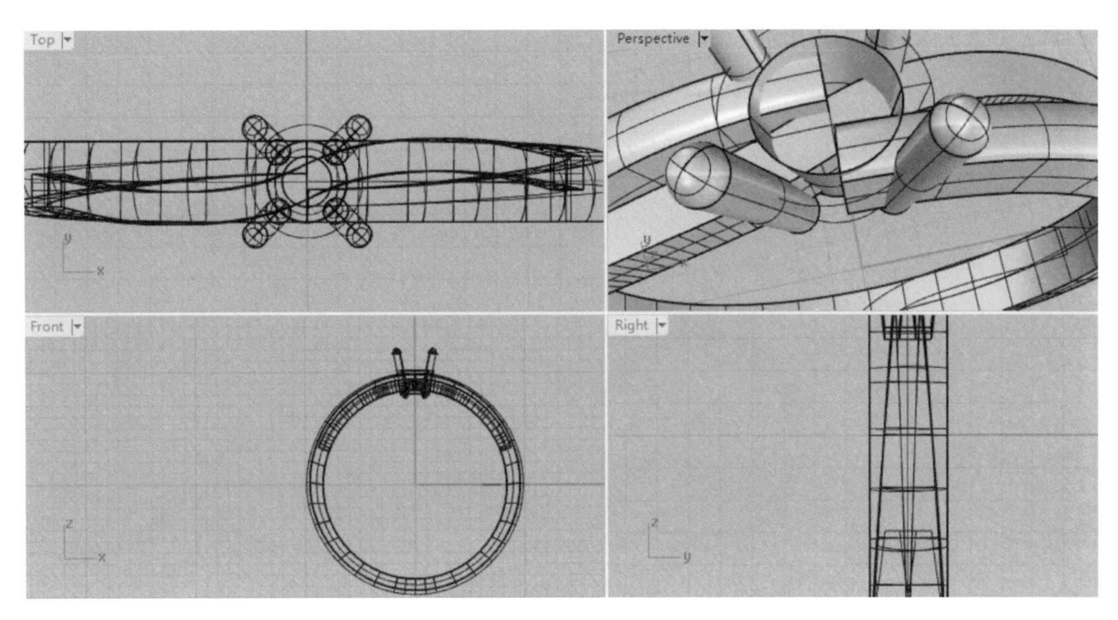

图 6-8-38　复制出来的镶口内壁曲面

(38)对戒圈部分进行群组,将其与镶口内壁曲面(见图 6-8-37 中立体视图)进行“布尔运算差集”命令相减,删除多余戒圈部分(图 6-8-39)。

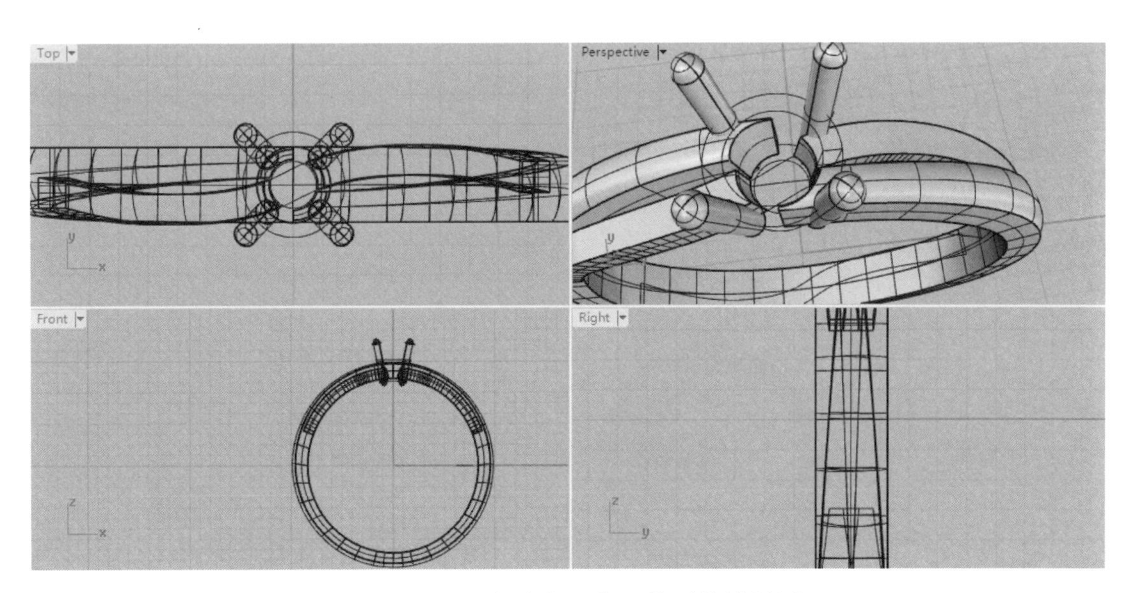

图 6-8-39　进行布尔差集运算后的效果图

(39)显示隐藏的戒圈和宝石，在右视图中将戒圈内圆往两侧挤出圆柱实体(图 6-8-40)。

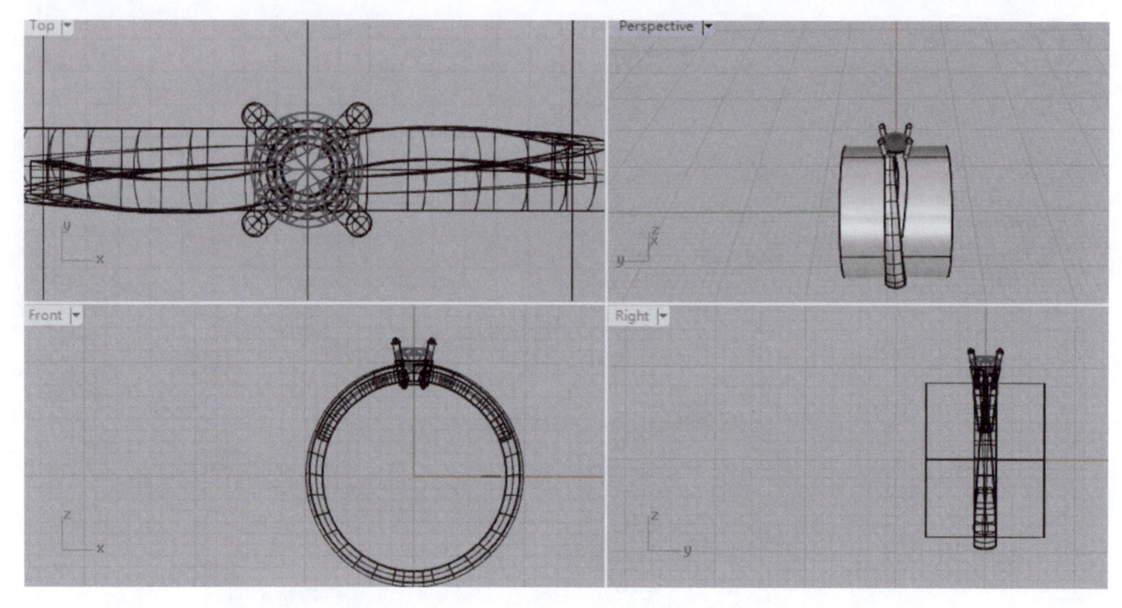

图 6-8-40　将戒圈内圆往两侧挤出圆柱实体

(40)群组镶口各部件，将其与圆柱实体进行布尔差集运算，删除镶口多余部分，完成整个 S 型戒指的制作(图 6-8-41)。

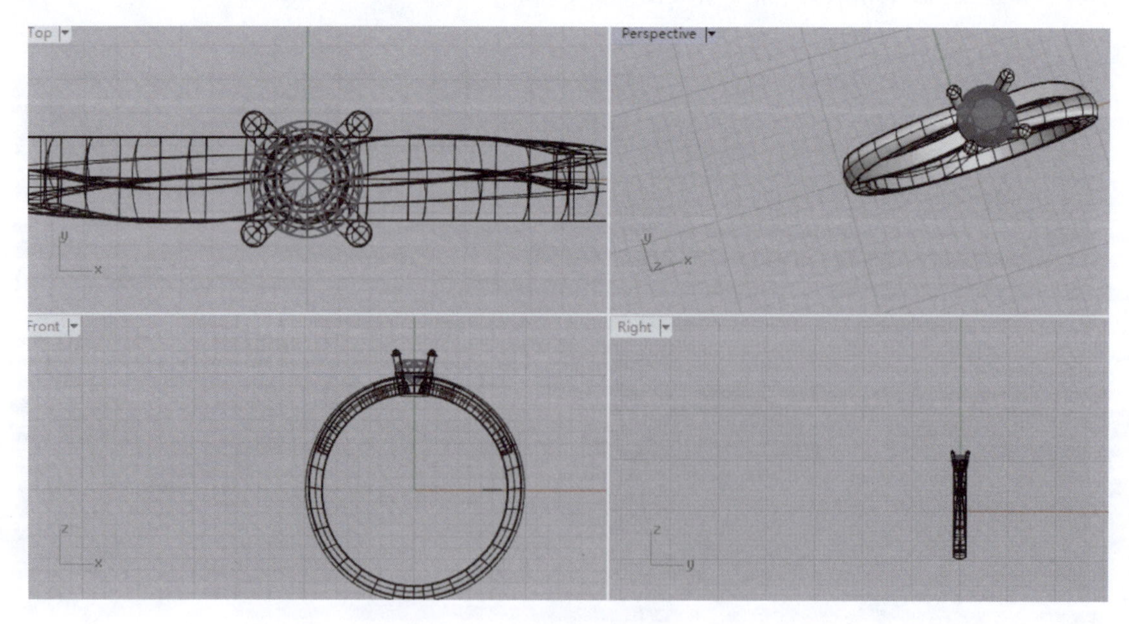

图 6-8-41　完成 S 型戒指制作

(41)最终的效果如图 6-8-42 所示。

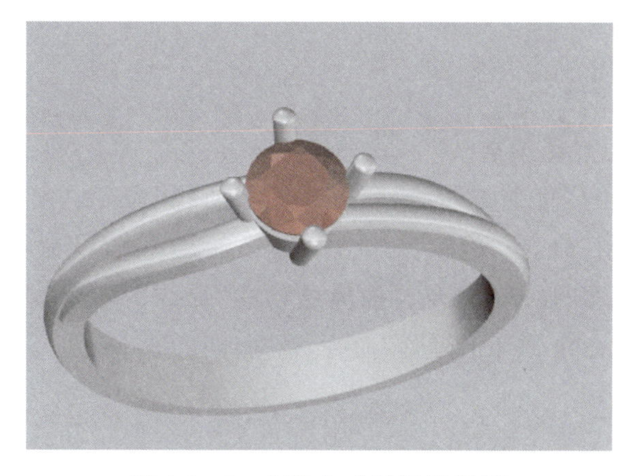

图 6-8-42 S 型女戒最终效果图

案例小结

步骤(38)中,需对戒圈部分和镶口内壁曲面进行“布尔运算差集”命令相减,以删除镶口内多余戒圈部分。在建模过程中,要注意结合各个视图进行操作。

6.9 虎爪镶女戒的制作

任务描述

制作一个内径为 16.70mm 的虎爪镶女戒(图 6-9-1)。虎爪镶是一种宝石在贵金属表面种爪的镶嵌方式,由于侧面看起来像长城,又称“长城爪”。

图 6-9-1 虎爪镶女戒效果图

所用命令

操作中将用到如下命令图标：

依次为："圆(直径)"命令、"移动"命令、"偏移曲线"命令、"挤出封闭的平面曲线"命令、"群组"命令、"复制"命令、"旋转"命令、"镜像"命令、"修剪"命令、"控制点曲线"命令、"双轨扫掠"命令、"隐藏/显示"命令、"抽离结构线"命令、"布尔运算差集"命令、"解散群组"命令、"延伸曲面"命令、"环形阵列"命令，请对照使用。

操作步骤

(1)在前视图中，以原点为中心画一个直径为 16.70mm 的圆作为戒圈内圆(图 6-9-2)。

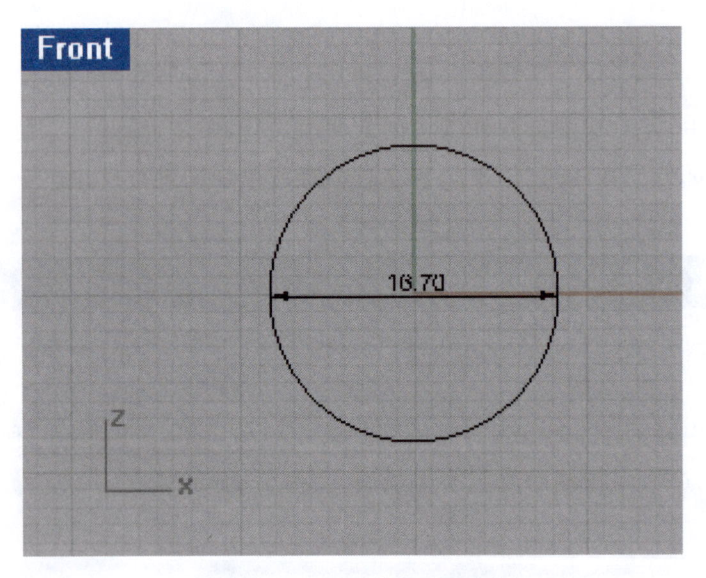

图 6-9-2　画圆作戒圈内圆

(2)在顶视图中，以原点为中心导入一个直径为 1.50mm 的圆形刻面宝石(图 6-9-3)。

(3)通过捕捉四分点和使用"移动"命令，将宝石在前视图中移动至圆上方 0.50mm 处，测得宝石台面距戒圈内圆 1.41mm。由于镶嵌宝石时，宝石底尖应与戒圈内壁或镶口底部至少保持 0.5mm 的安全距离，从尽可能取整的角度确定戒圈厚度为 1.50mm(图 6-9-4)。

(4)复位宝石，利用"曲线偏移"命令将圆向外偏移 1.50mm(图 6-9-5)。

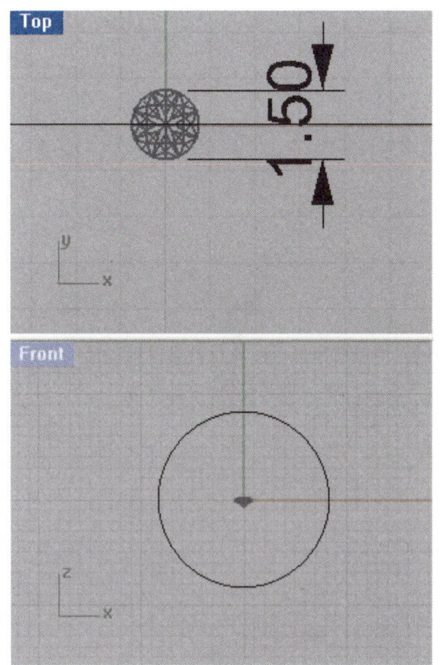

图 6-9-3　导入宝石

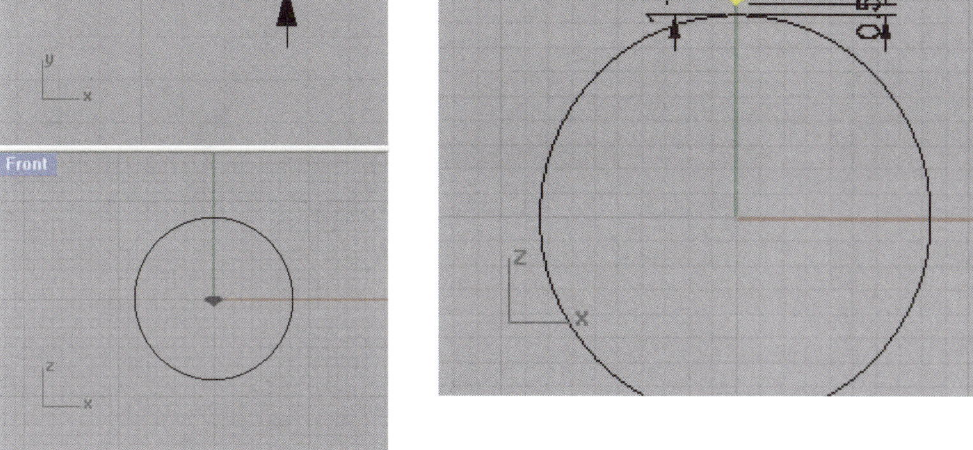

图 6-9-4　将宝石上移

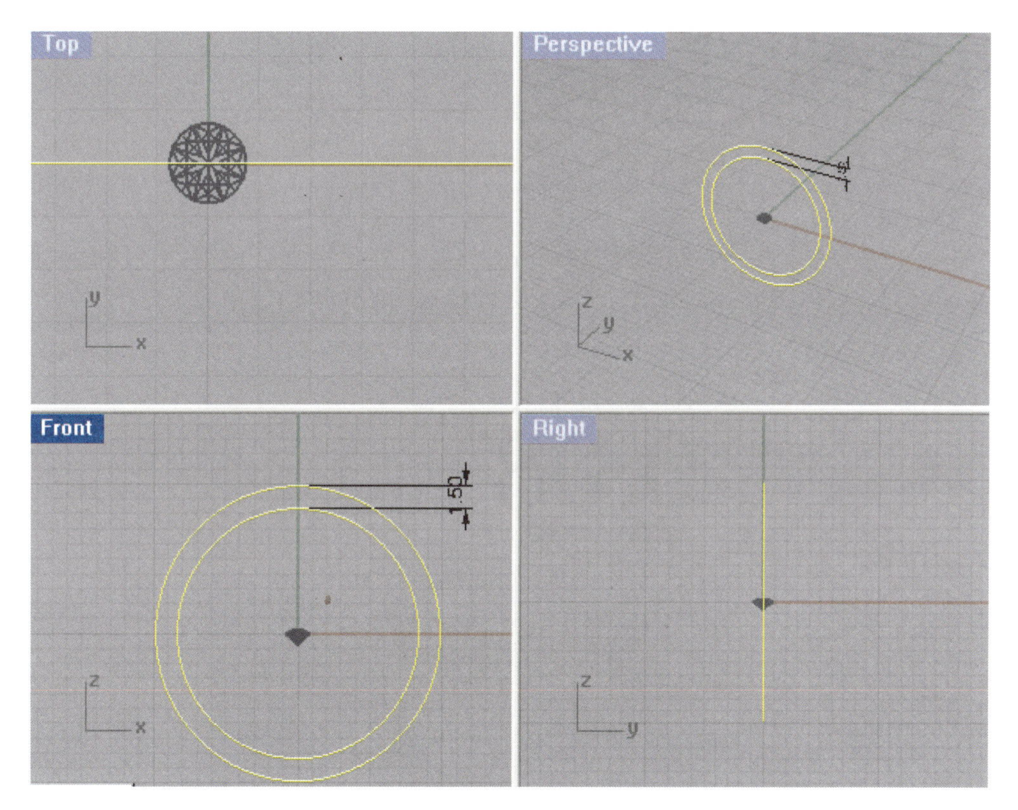

图 6-9-5　将圆向外偏移

(5)同时选择内外两圆,利用"挤出封闭的平面曲线"命令将其向两侧挤出 0.75mm(宽度为 1.50mm),完成戒圈的制作(图 6-9-6)。

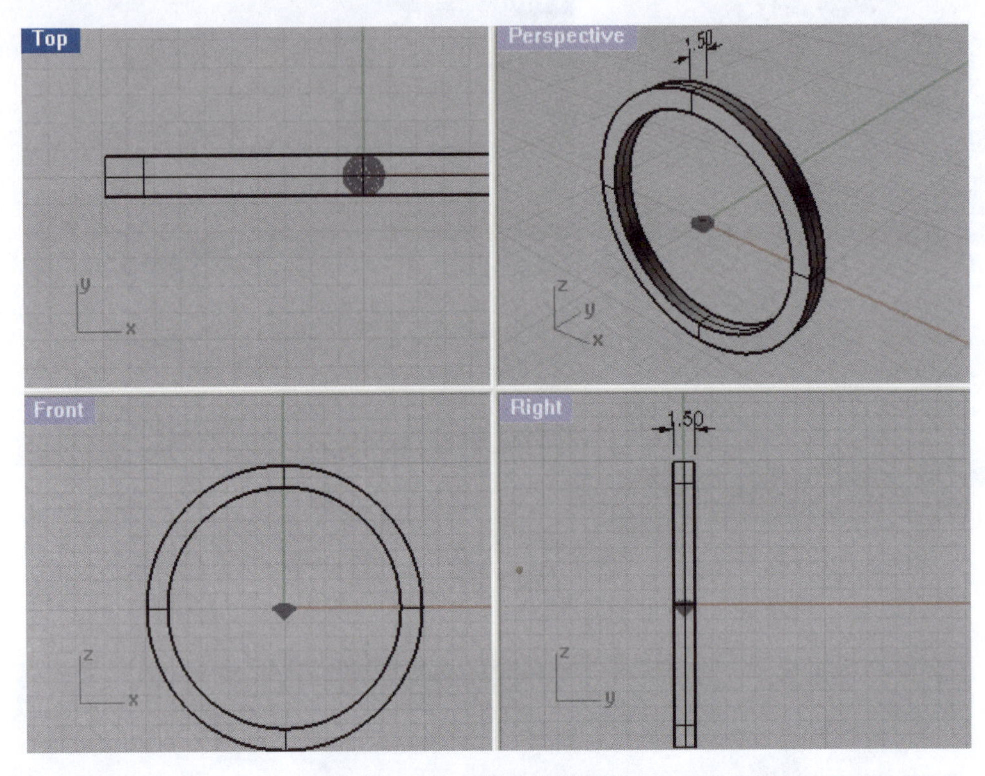

图 6-9-6　完成戒圈制作

(6)在顶视图中,画一个直径为 1.50mm、与宝石外边缘重合的圆,然后利用"偏移曲线"命令将其分别向内外各偏移 0.10mm(咬石距离)和 0.08mm(图 6-9-7)。

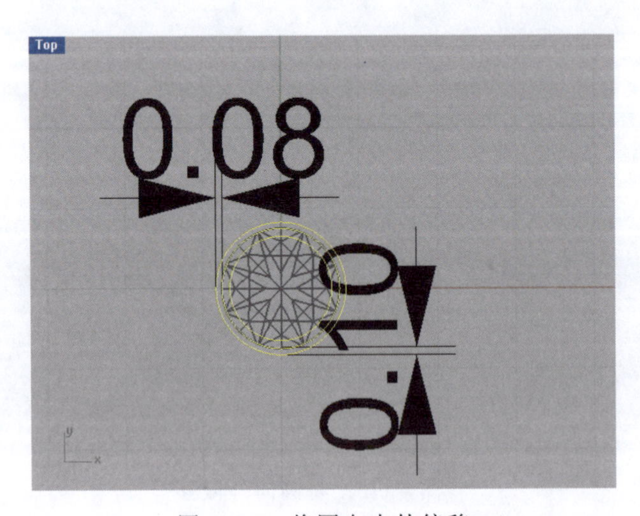

图 6-9-7　将圆向内外偏移

(7)将宝石和所有辅助圆曲线进行群组,复制后水平移动,使两者相切(图 6-9-8)。

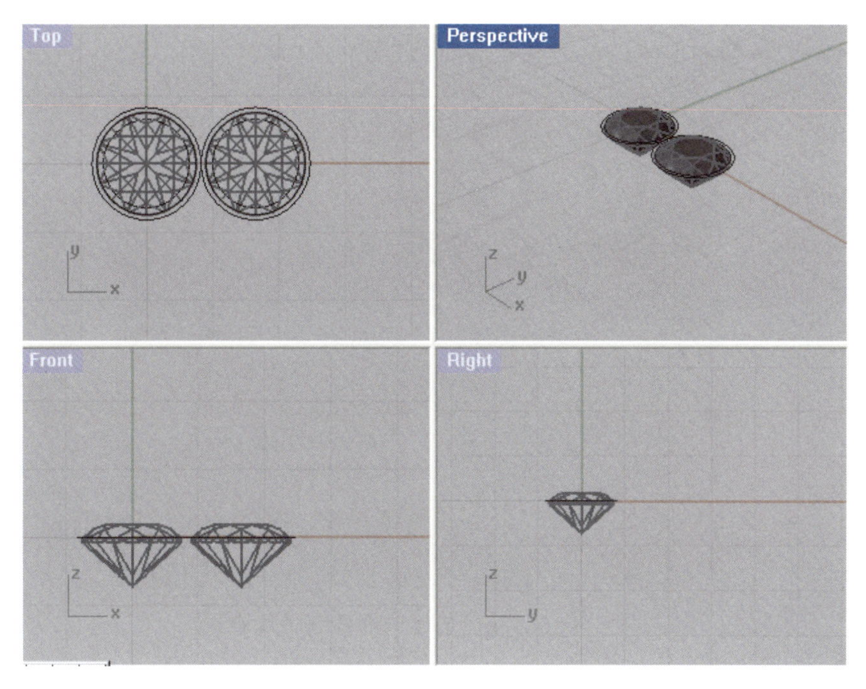

图 6-9-8 使两颗宝石相切

(8)在顶视图中过最内圆的四分点作一个直径为 0.60mm 的圆(图 6-9-9)。

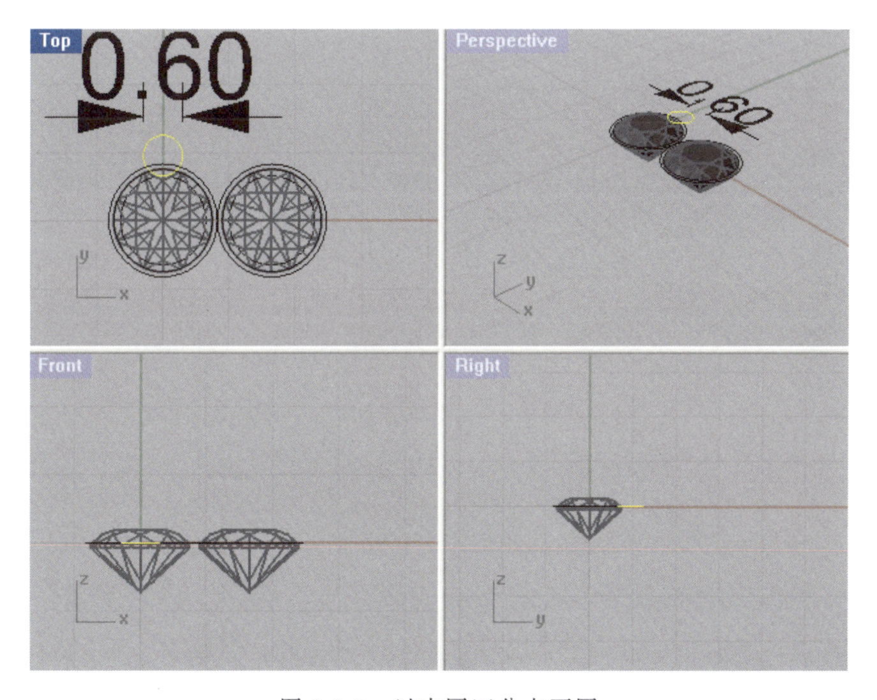

图 6-9-9 过内圆四分点画圆

(9)在顶视图中，以原点为中心将该圆进行 2D 旋转(旋转中心为原点)，使之与左右内辅助圆均相切；再以原点为中心进行水平镜像；过两圆作公切线，再将公切线以原点为中心垂直镜像，得到虎爪镶口的两条边缘直线(图 6-9-10)。

图 6-9-10　画虎爪镶口的两条边缘直线

(10)保留虎爪镶口的两条边缘直线，删除不必要的辅助线及复制的宝石(图 6-9-11)。

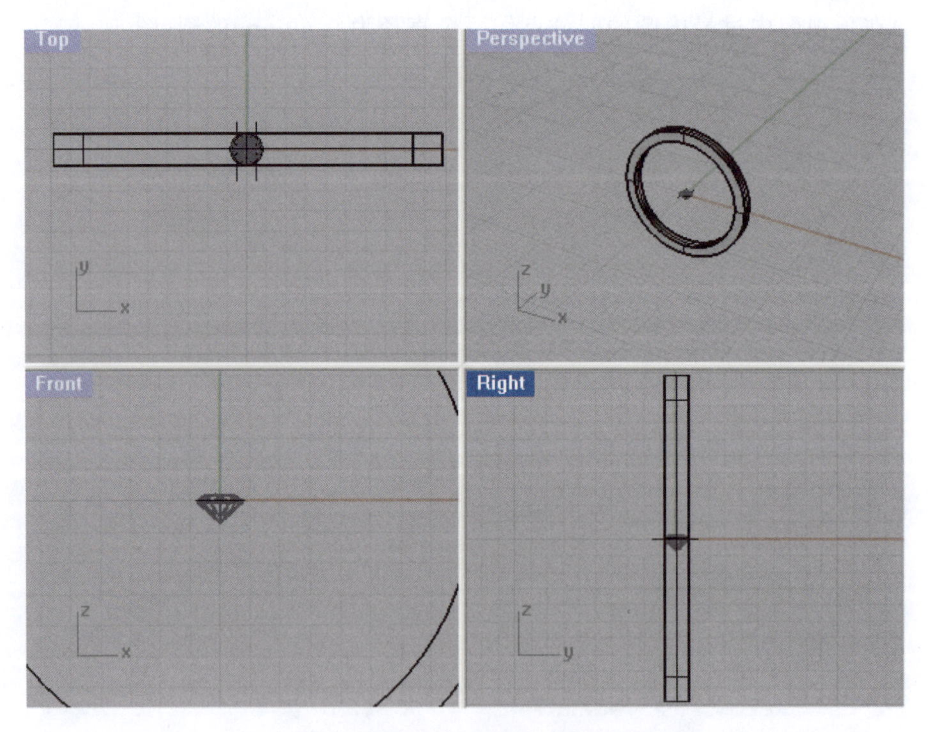

图 6-9-11　删除多余辅助线及复制的宝石

(11)通过捕捉端点,在前视图中画出如图 6-9-12 所示两条相交线。

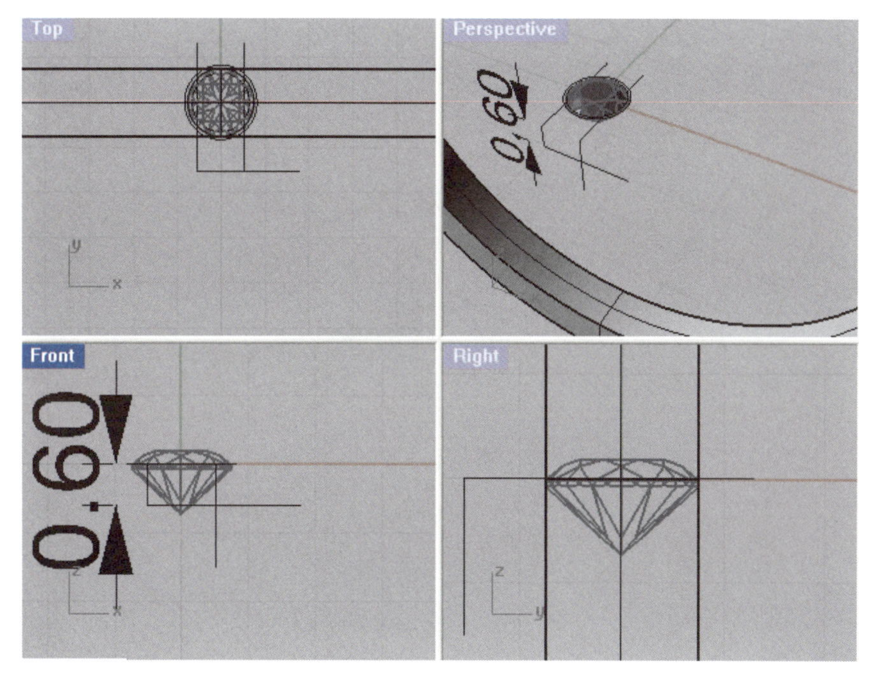

图 6-9-12 画两条相交线

(12)选择所有线条,将其修剪成如图 6-9-13 所示形状。

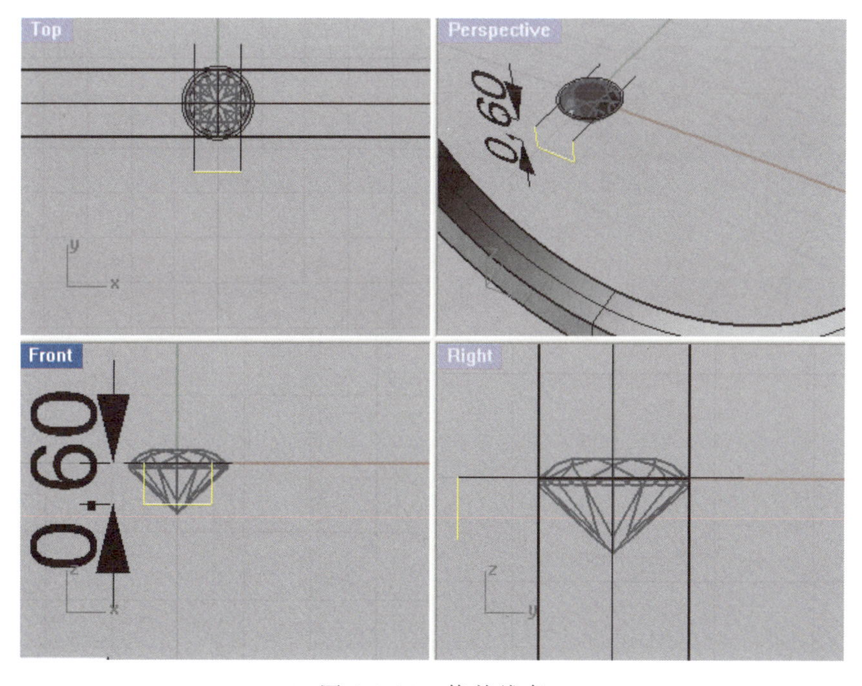

图 6-9-13 修剪线条

(13)通过捕捉端点和中点,使用"控制点曲线"命令在前视图中画出如图6-9-14所示曲线,作为下一步双轨扫掠的断面曲线。

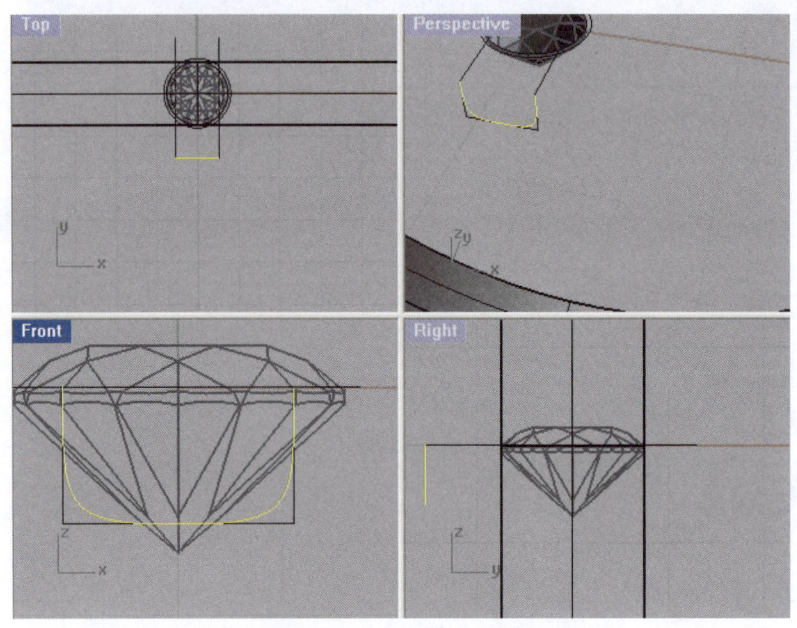

图6-9-14　画断面曲线

(14)删除折线,保留断面曲线,将两条公切线作为双轨扫掠路径,利用"双轨扫掠"命令完成径向石槽曲面的制作(图6-9-15)。

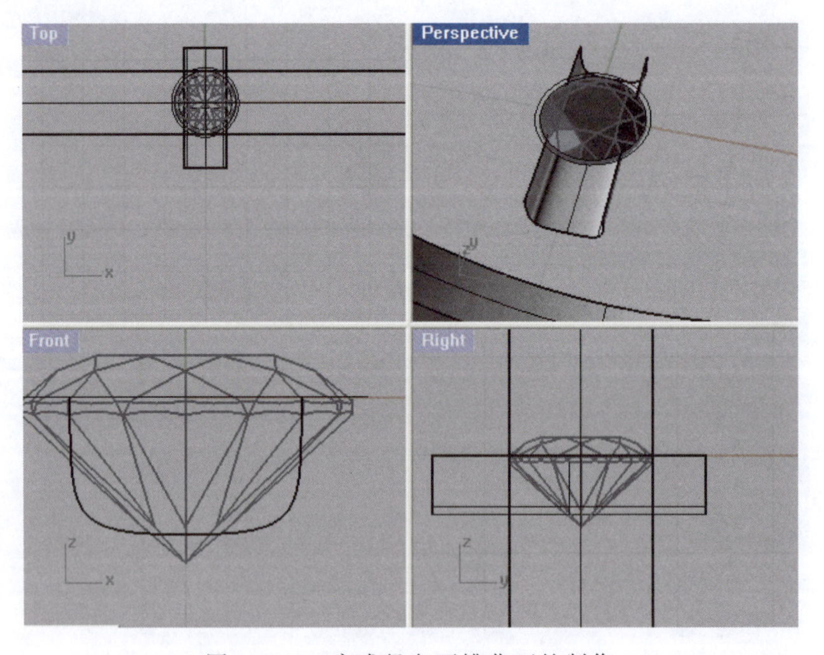

图6-9-15　完成径向石槽曲面的制作

(15)在顶视图中画一个中心在原点、直径为 1.00mm 的圆(图 6-9-16)。

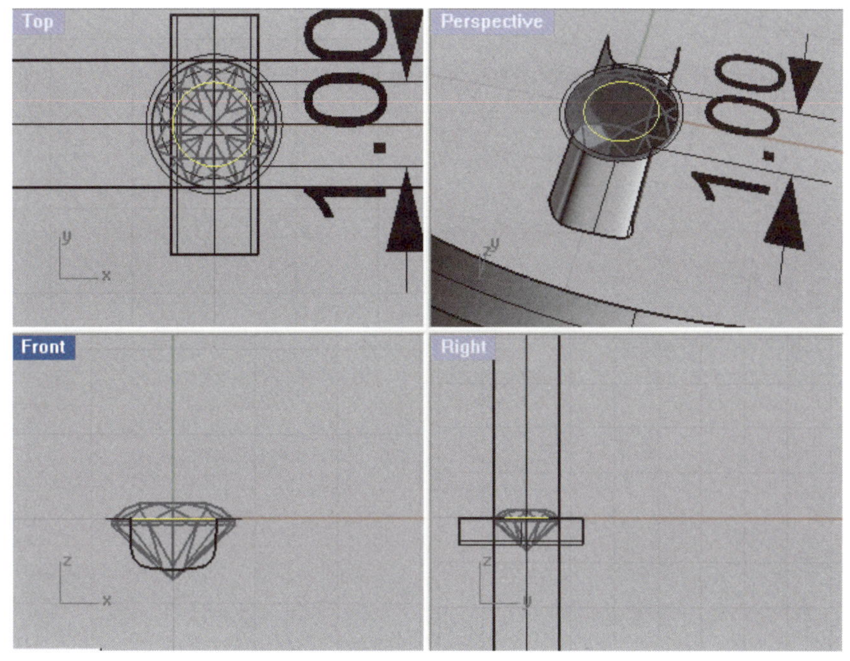

图 6-9-16 在顶视图中画圆

(16)在右视图中,利用“挤出封闭的平面曲线”命令将该圆挤出一个开石洞的圆柱实体(图 6-9-17)。

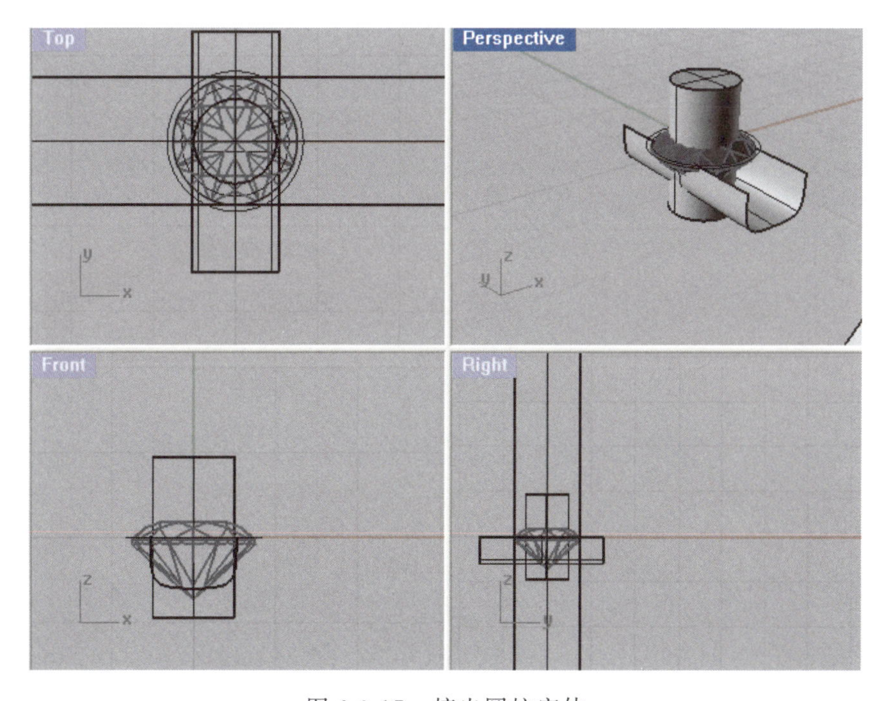

图 6-9-17 挤出圆柱实体

(17)将径向石槽、石洞圆柱体及宝石进行群组并隐藏,用“抽离结构线”命令抽离戒圈外表面中央结构线(图 6-9-18)。

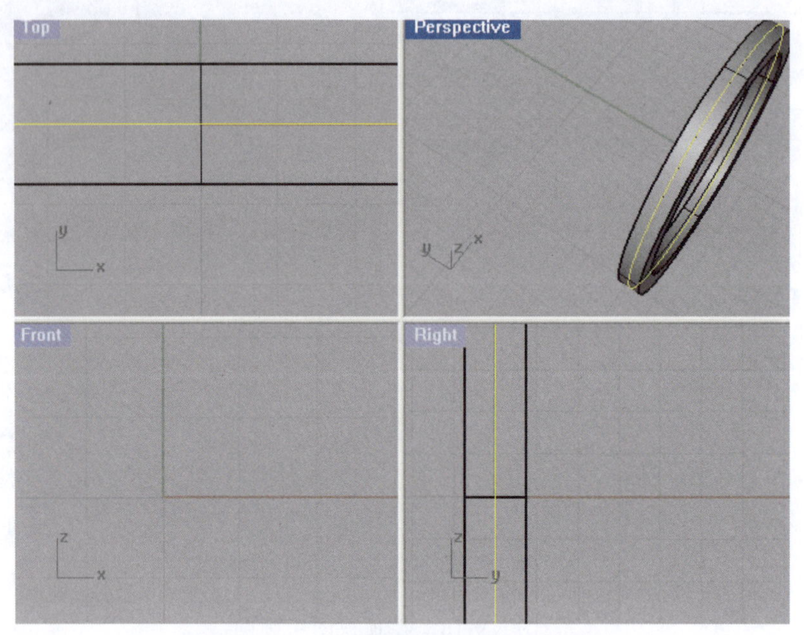

图 6-9-18　抽离戒圈外表面中央结构线

(18)在右视图中,用“偏移曲线”命令将中央结构线向左、右各偏移 0.25mm,作为两条中央石槽的路径曲线(图 6-9-19)。

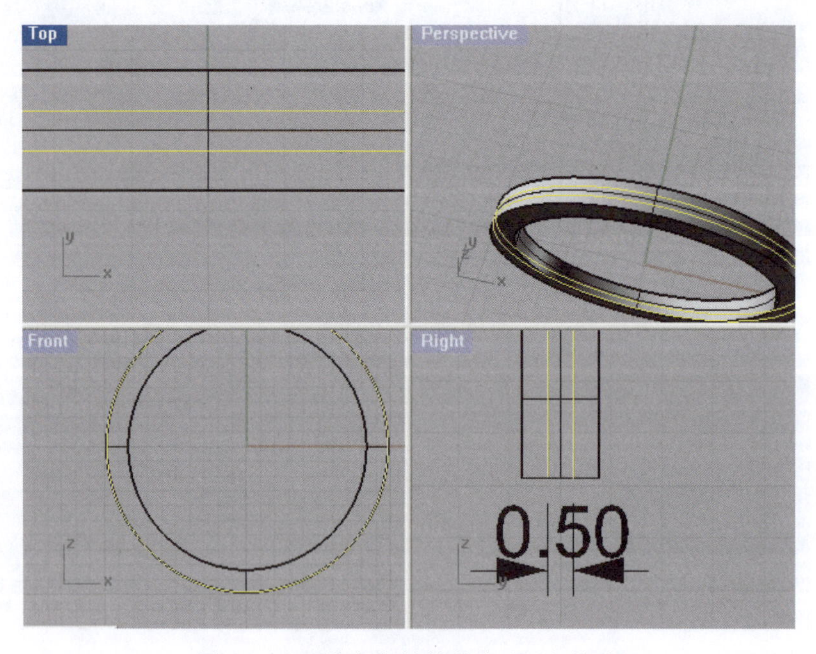

图 6-9-19　将中央结构线向左、右偏移

(19)过两路径圆的四分点画一条线段,重复步骤(11)、(12)、(13)的方法,再过线段的两端画出如图 6-9-20 所示折线与曲线。

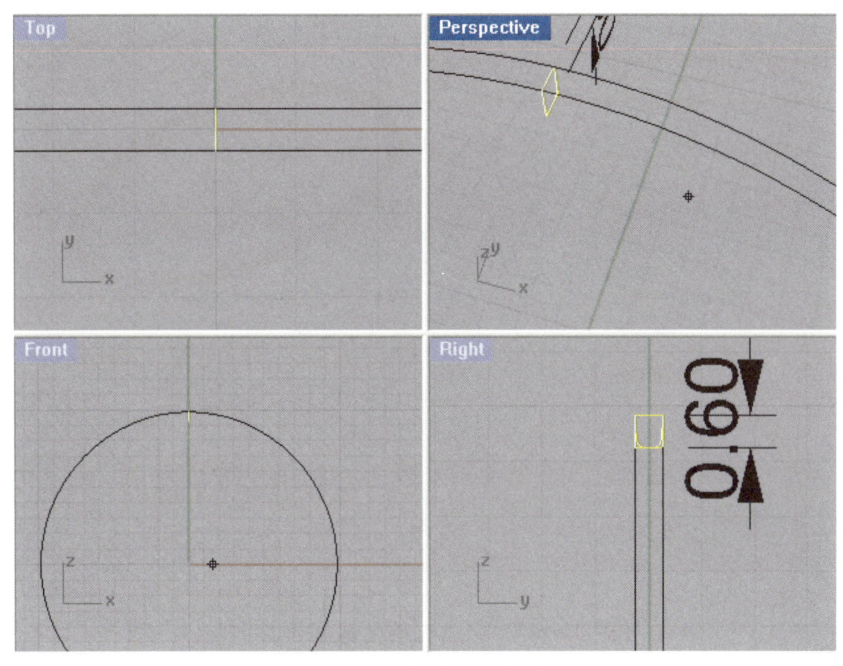

图 6-9-20 绘制折线与曲线

(20)删除折线,保留曲线作为步骤(21)中双轨扫掠的断面曲线(图 6-9-21)。

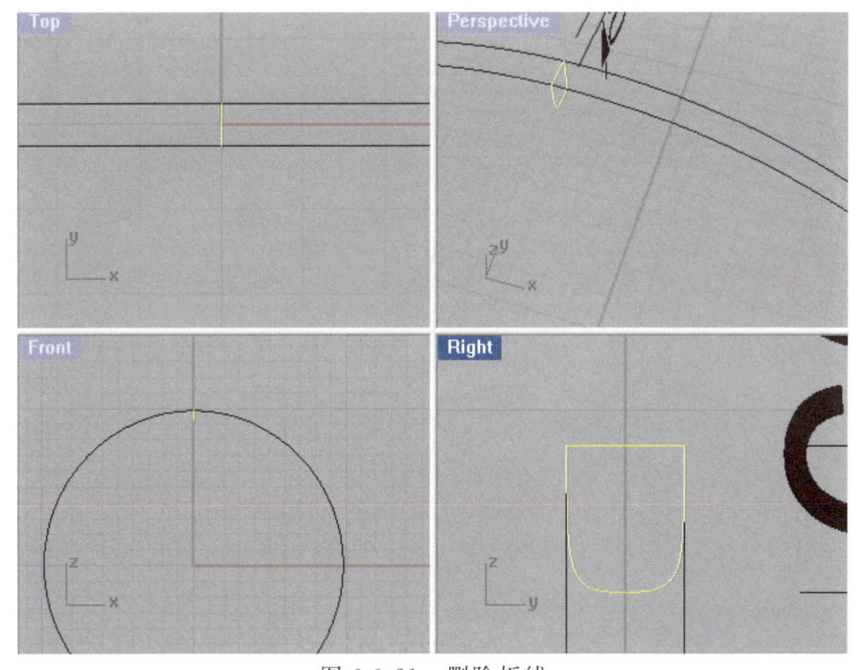

图 6-9-21 删除折线

(21)利用“双轨扫掠”命令完成中央石槽实体的制作,完成后上色(图 6-9-22)。

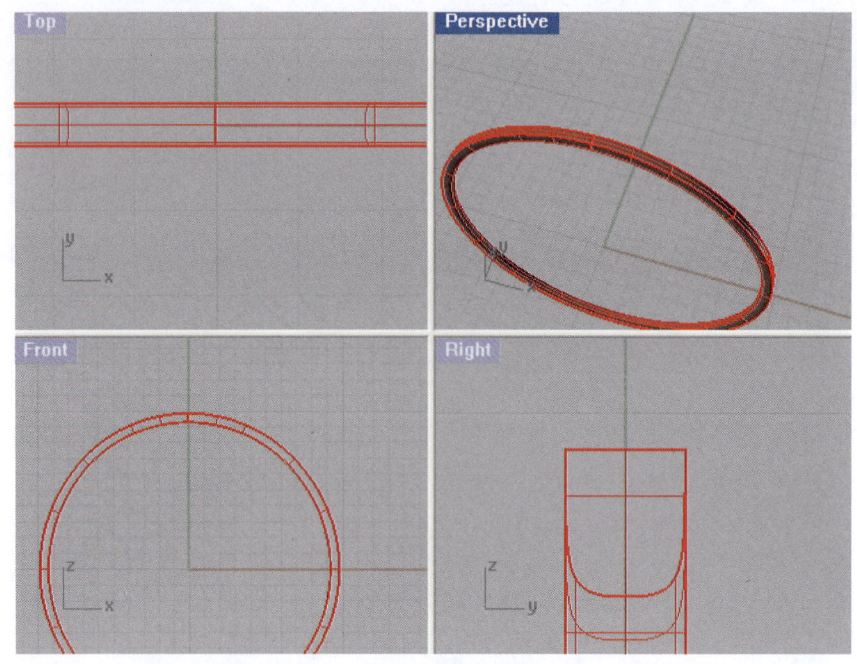

图 6-9-22　完成石槽实体制作并上色

(22)显示隐藏的所有物件(图 6-9-23)。

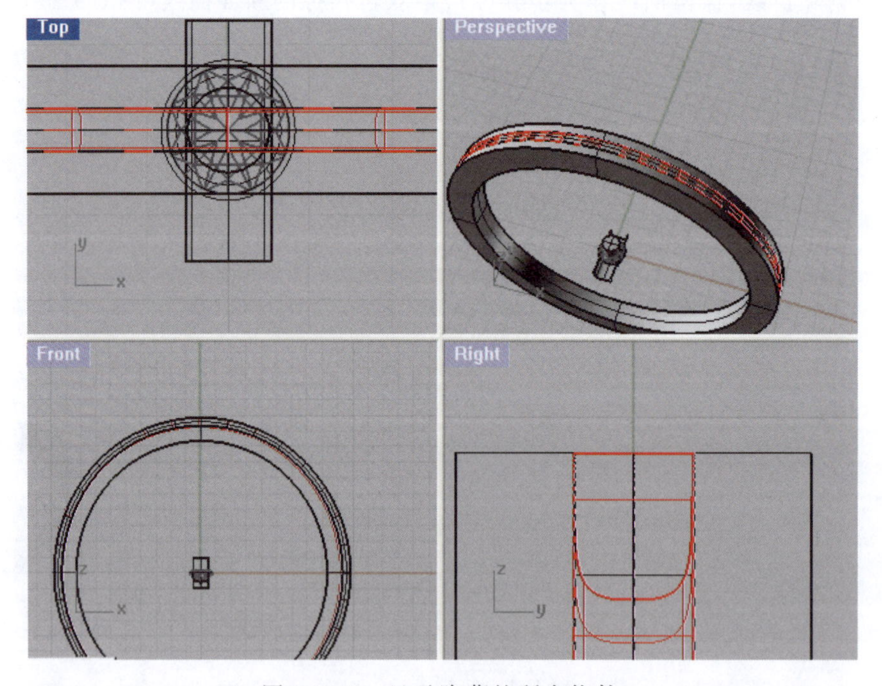

图 6-9-23　显示隐藏的所有物件

(23)将戒圈与石槽实体进行布尔差集运算,完成开中央石槽的操作(图 6-9-24)。

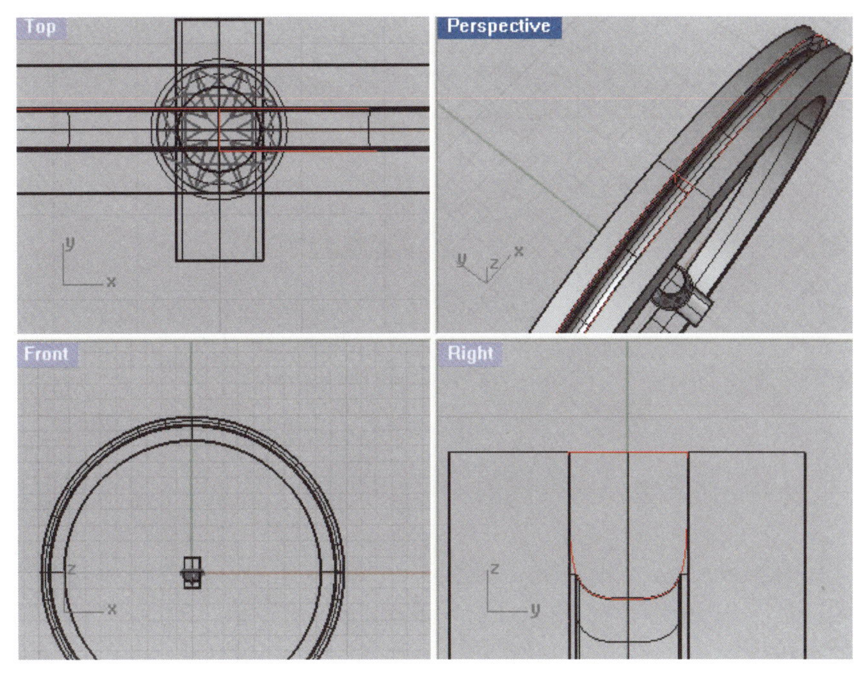

图 6-9-24 完成开中央石槽的效果图

(24)在前视图中,将宝石及石洞和横向石槽群组垂直向上移动,使得宝石台面与戒圈顶部光金面持平(图 6-9-25)。

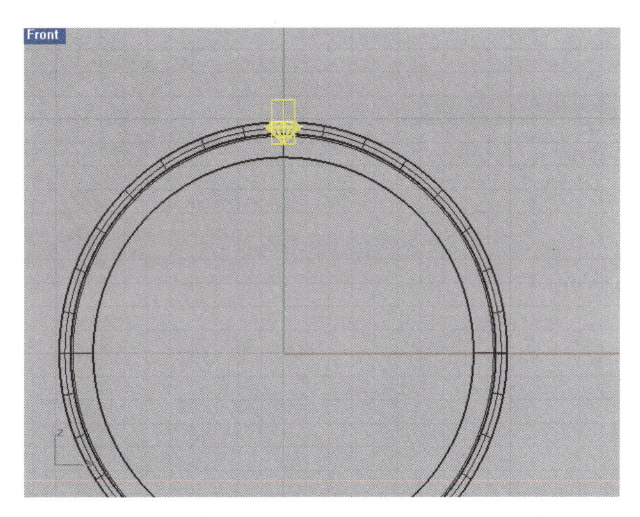

图 6-9-25 使宝石台面与戒圈顶部光金面持平

(25)解散群组,并用“延伸曲面”命令延长径向石槽曲面左右边缘,使其高于戒圈光金面(图 6-9-26)。

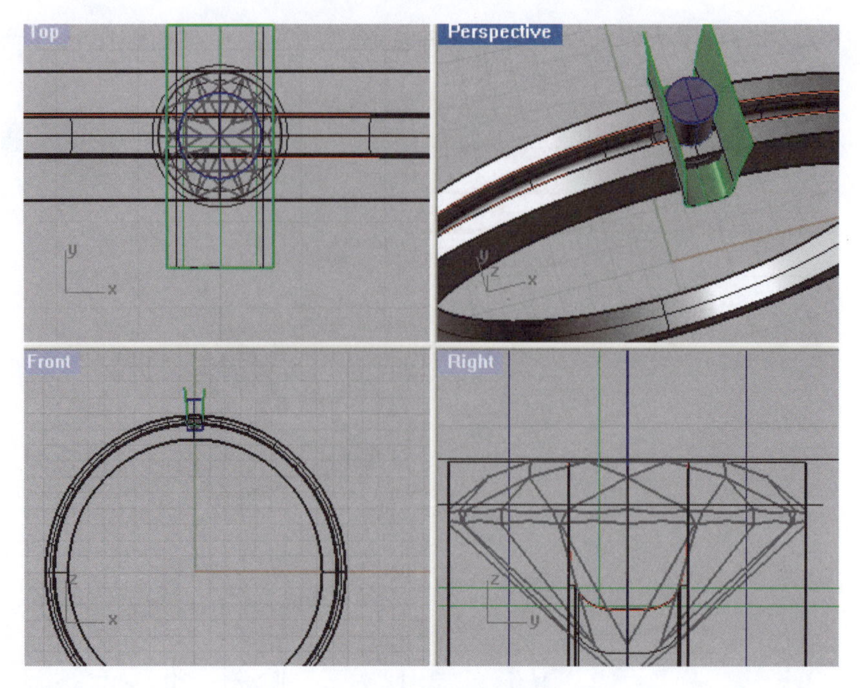

图 6-9-26　延长横向石槽左右边缘

(26)将径向石槽实体、石洞圆柱实体和宝石进行群组，在前视图中将其环行阵列，阵列数为 32(图 6-9-27)。

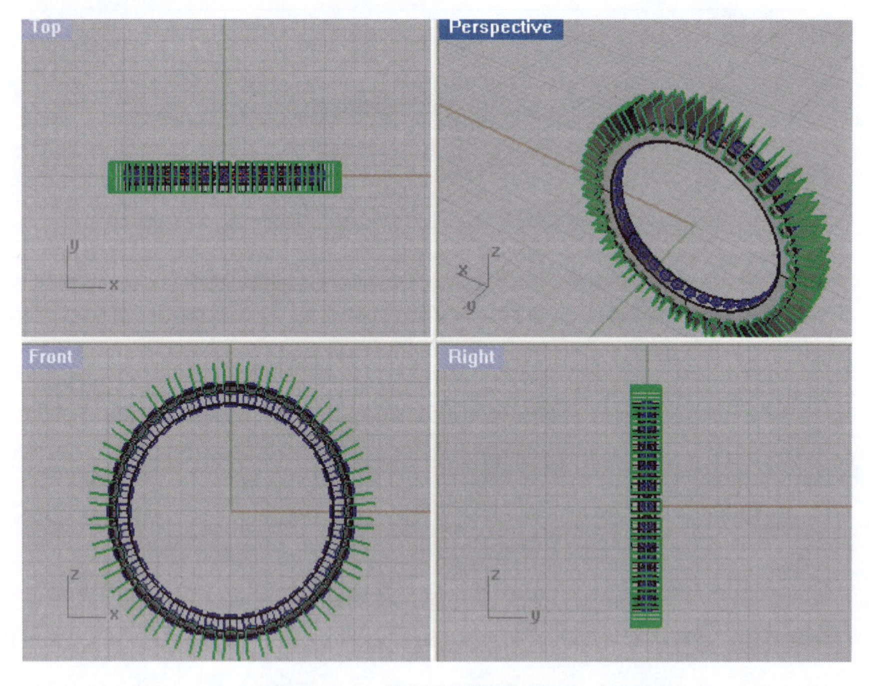

图 6-9-27　执行“环形阵列”命令

(27)将石槽实体和石洞实体分别与戒圈实体进行布尔差集运算(图 6-9-28)。

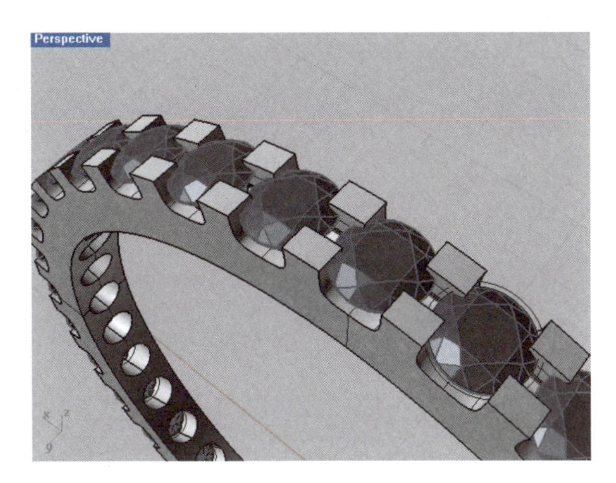

图 6-9-28　进行布尔差集运算

(28)虎爪镶女戒最终的效果如图 6-9-29 所示。

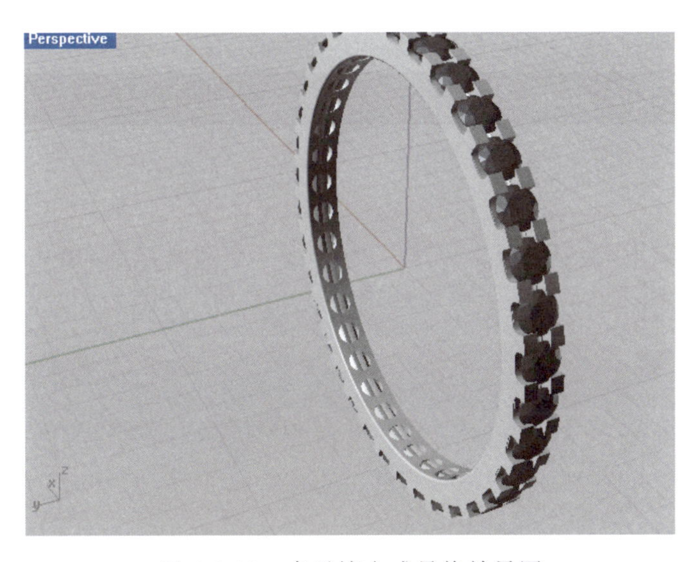

图 6-9-29　虎爪镶女戒最终效果图

案例小结

虎爪镶涉及开中央石槽、开径向石槽和开石洞,其中制作具有中央石槽的戒圈,可以在前视图先画一个直径为 16.70mm 的圆,再在右视图画一个边长为 1.50mm 的正方形,并用步骤(19)的 U 型曲线去修剪,得到单轨扫掠的断面曲线,利用单轨扫掠可快速成形(图 6-9-30)。

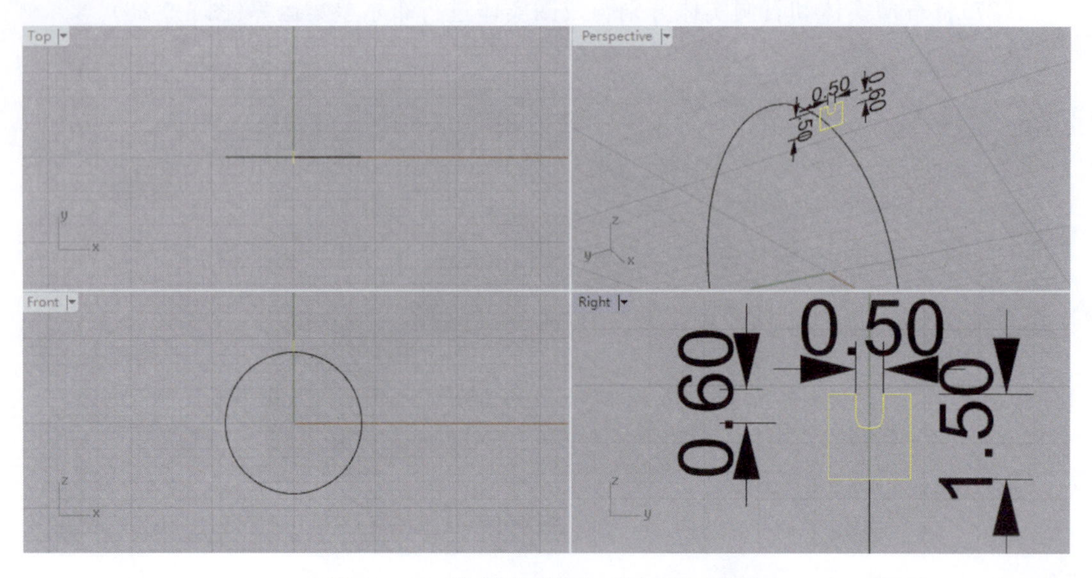

图 6-9-30　修剪出单轨扫掠的断面曲线

6.10　围镶女戒的制作

任务描述

制作一个内径为 16.70mm 的围镶女戒，其中主石为直径 5.40mm 的弧面形宝石，其他宝石是直径为 1.00mm 圆形刻面宝石(图 6-10-1)。

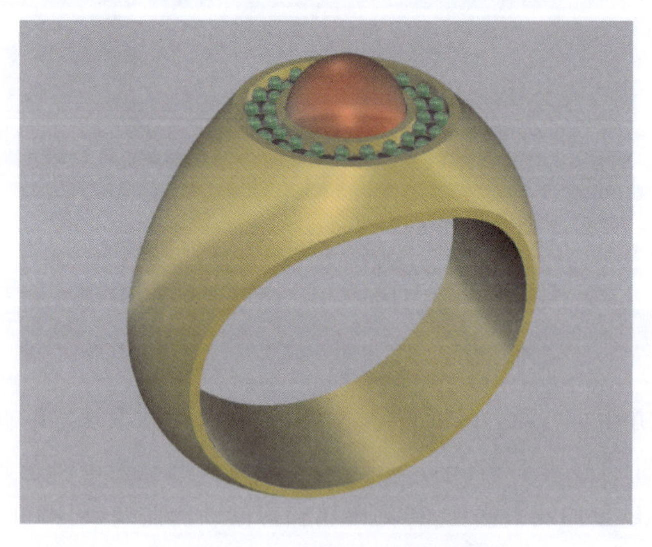

图 6-10-1　围镶女戒的制作效果图

所用命令

操作中将用到如下命令图标：

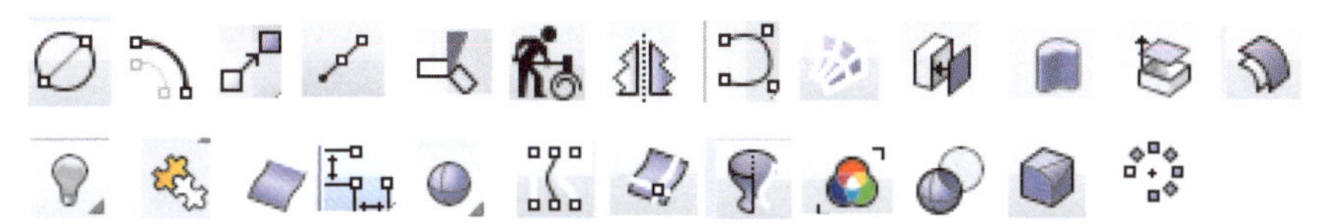

依次为："圆(直径)"命令、"偏移曲线"命令、"移动"命令、"从中点建立直线"命令、"修剪"命令、"重建曲线"命令、"镜像"命令、"控制点曲线"命令、"从网格建立曲面"命令、"将平面洞加盖"命令、"挤出封闭的平面曲线"命令、"抽离曲面"命令、"偏移曲面"命令、"隐藏/显示"命令、"组合"命令、"复制边缘"命令、"直线尺寸标注"命令、"球体"命令、"在两条曲线间建立均分线"命令、"抽离结构线"命令、"旋转成型"命令、"以颜色选择"命令、"布尔运算差集"命令、"不等距边缘圆角"命令、"环形阵列"命令，请对照使用。

操作步骤

(1)在前视图中，以原点为中心画一个直径为 16.70mm 的圆(图 6-10-2)。

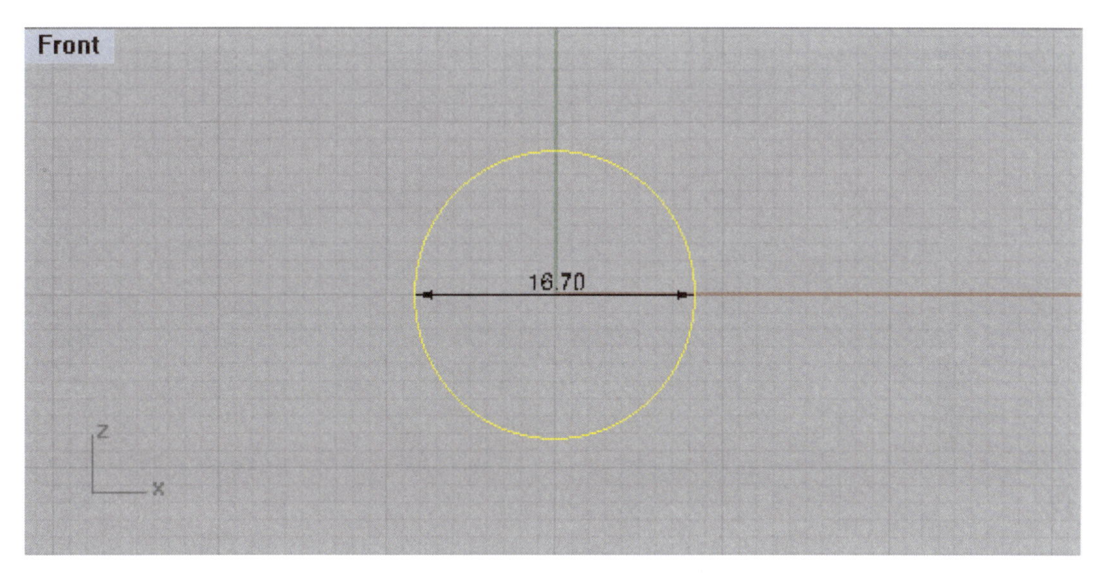

图 6-10-2 画圆作戒圈内圆

(2)选定圆，用"偏移曲线"命令将圆依次向外偏移 0.50mm 和 1.50mm(图 6-10-3)，删除内圆。

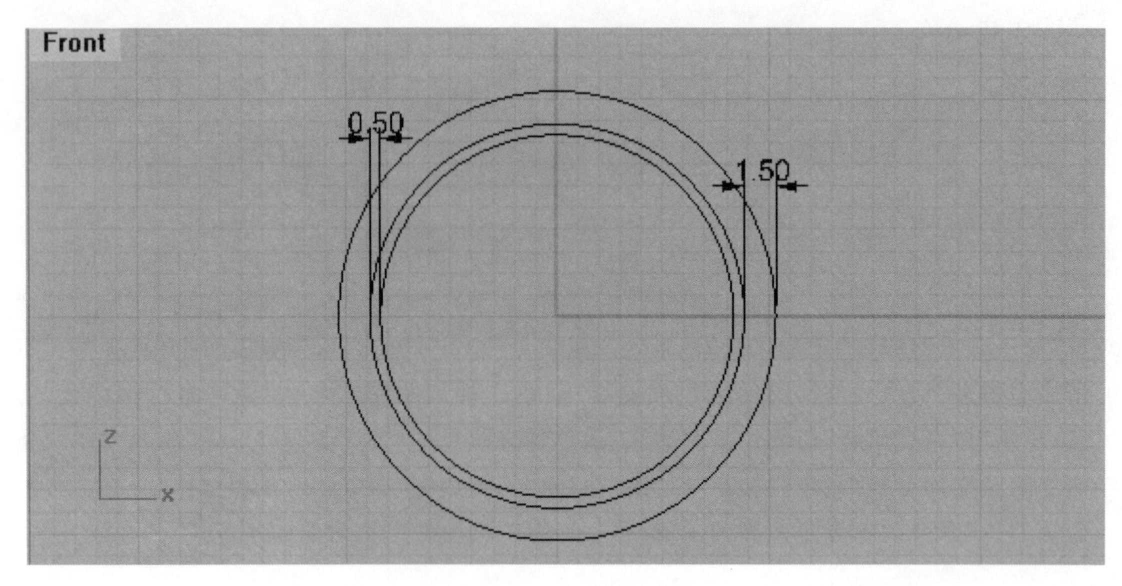

图 6-10-3　将圆向外偏移

(3)在顶视图中画一个直径为 10.00mm 的圆(图 6-10-4)。

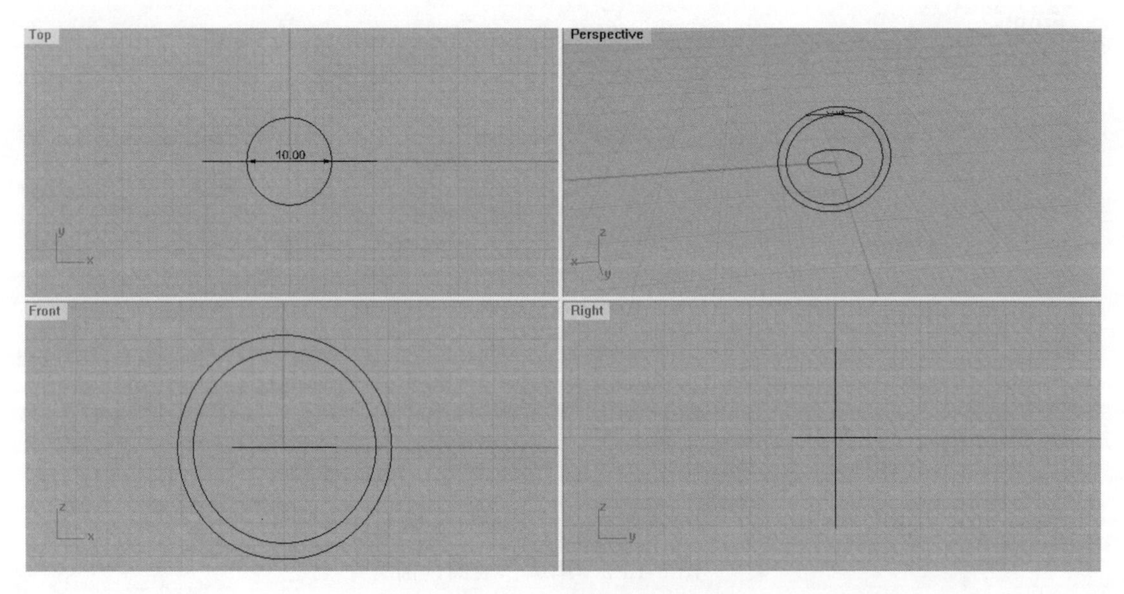

图 6-10-4　在顶视图中画圆

(4)在前视图中,将步骤(3)中的圆垂直向上移动,使内圆与此圆的距离为 2.00mm(图 6-10-5)。

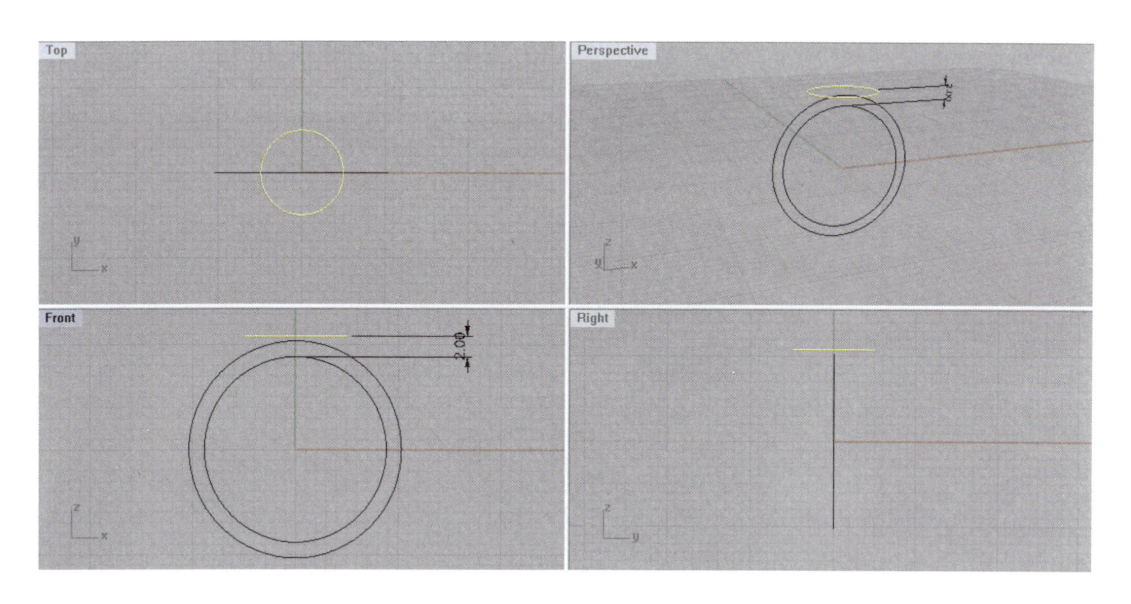

图 6-10-5 将圆垂直上移

(5)在前视图中过圆心画一条垂直线(图 6-10-6)。

(6)选择外圆和垂直线,利用“修剪”命令将外圆修剪成半圆弧,删除垂直线(图 6-10-7)。

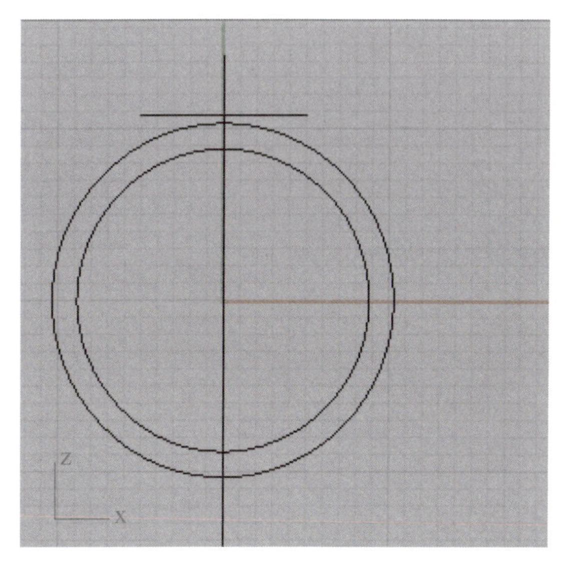

图 6-10-6 过圆心画垂直线

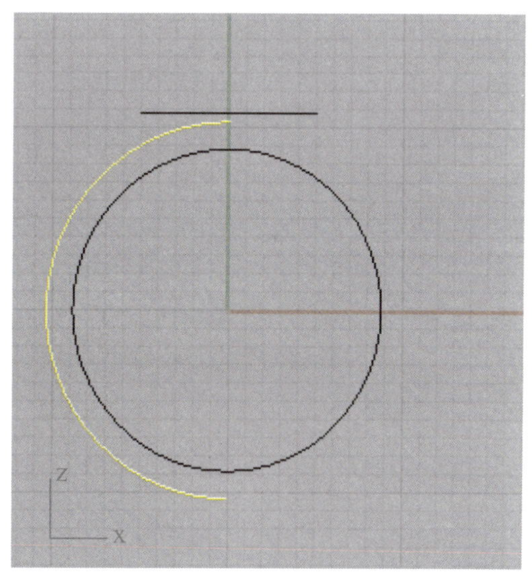

图 6-10-7 把外圆修剪成半圆弧

(7)将半圆弧曲线的控制点重建为 7 个，在前视图中移动最上面的端点使其与上圆左端的四分点重合，同时调节其他控制点使其成为流畅的弧线(图 6-10-8)。

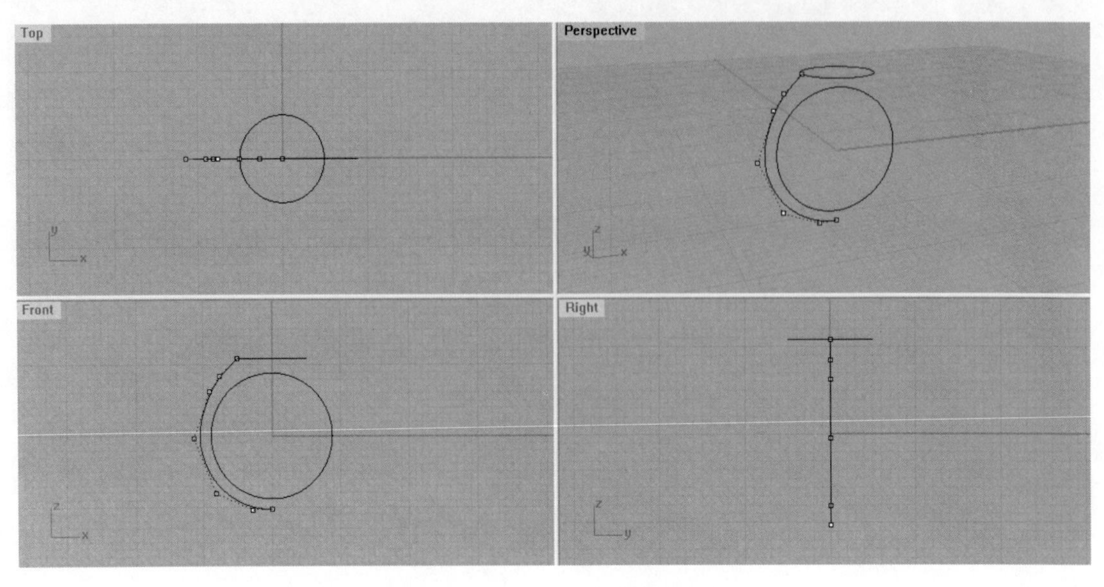

图 6-10-8　调节半圆弧的控制点

(8)在前视图中将弧线左右镜像(图 6-10-9)。

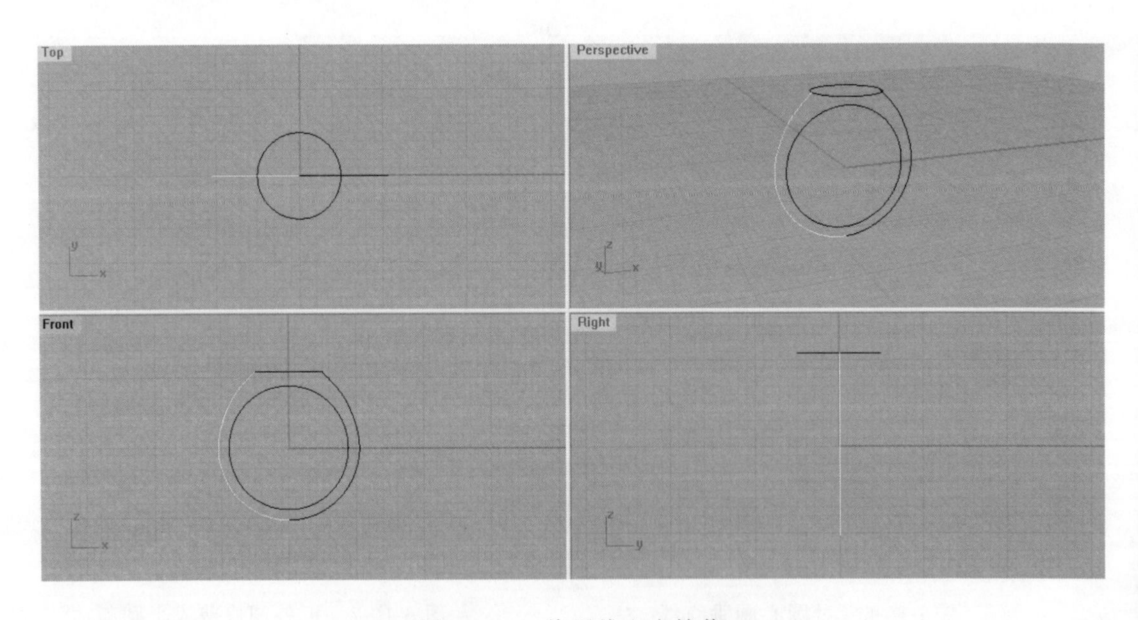

图 6-10-9　将弧线左右镜像

(9)在右视图中，通过捕捉顶圆的四分点和弧线下端点，利用“控制点曲线”命令画一条流畅的曲线(图 6-10-10)。

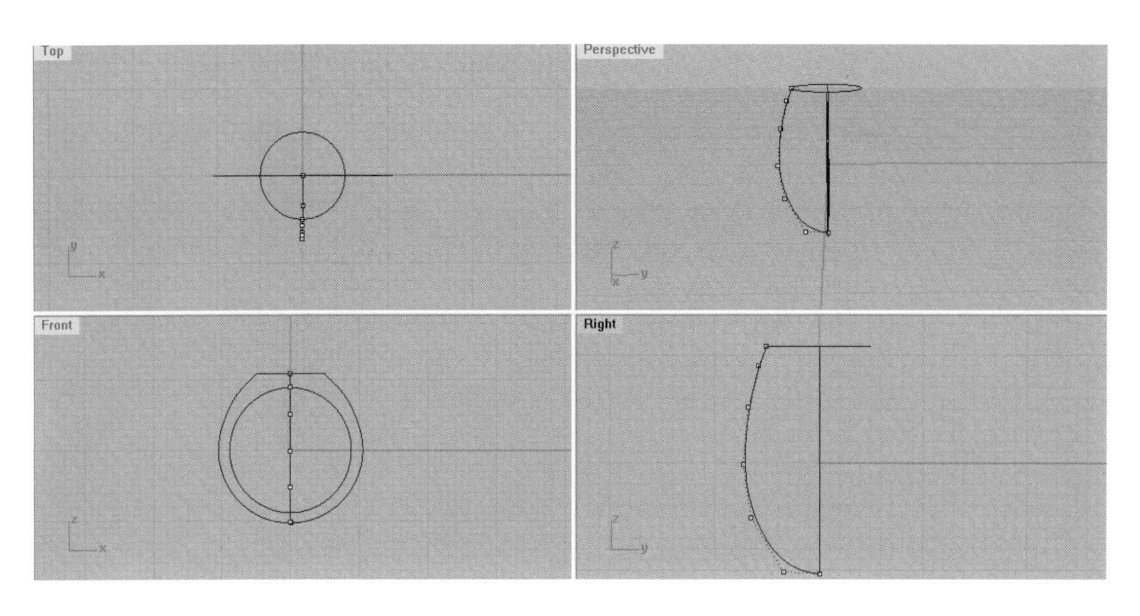

图 6-10-10 右视图中画曲线

(10)在右视图中将曲线左右镜像(图 6-10-11)。

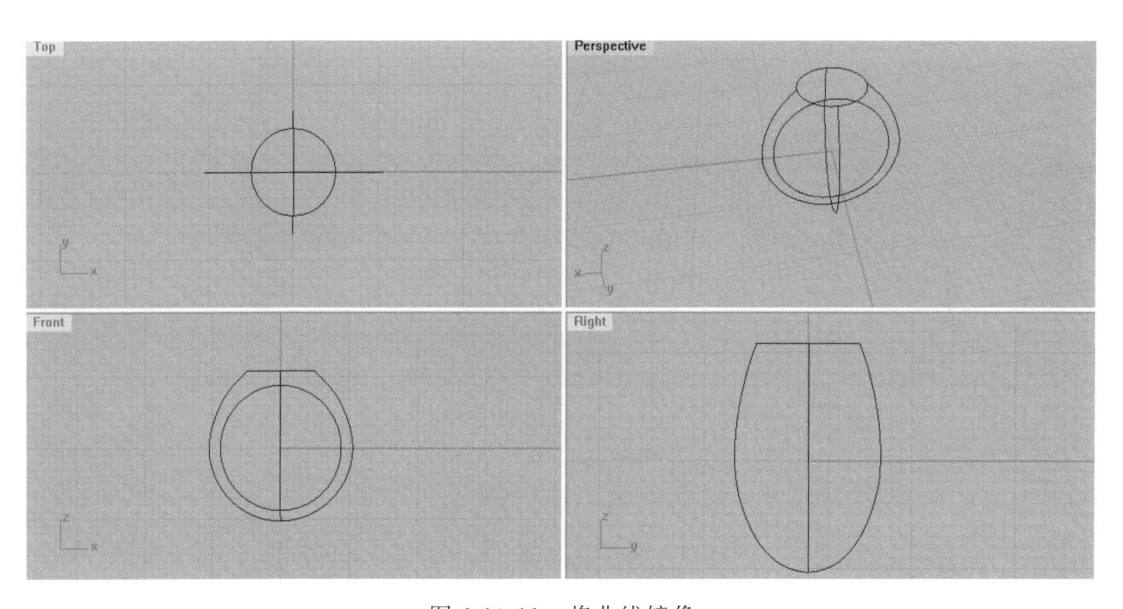

图 6-10-11 将曲线镜像

(11)选择除内圆外的所有曲线，利用“从网格建立曲面”命令生成如图 6-10-12 所示的曲面，然后利用“将平面洞加盖”命令生成实体。

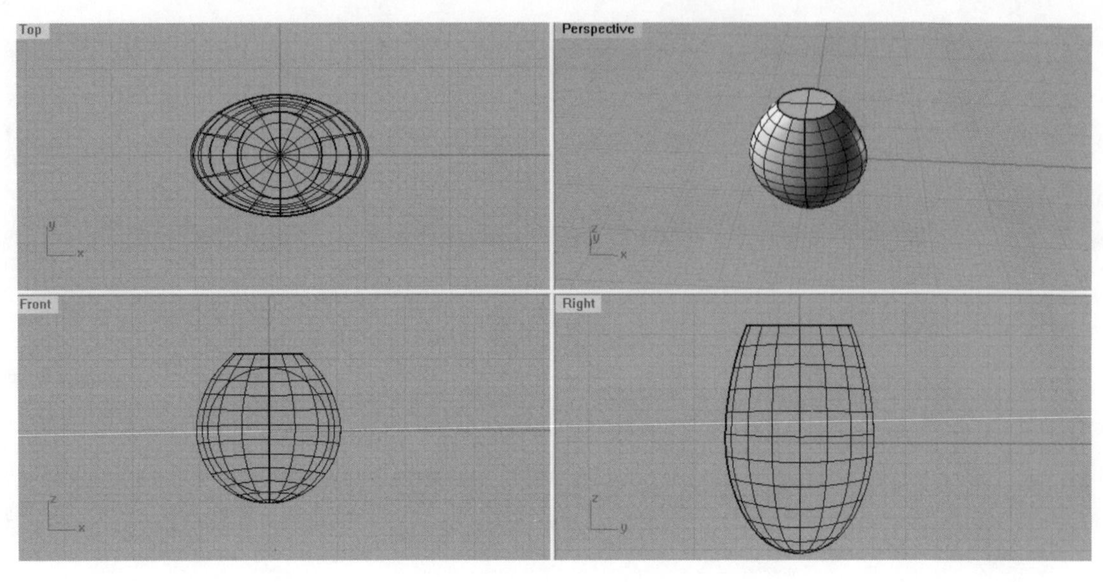

图 6-10-12　生成实体

(12)选择内圆，在右视图中利用“挤出封闭的平面曲线”命令挤出一个圆柱实体(图 6-10-13)。

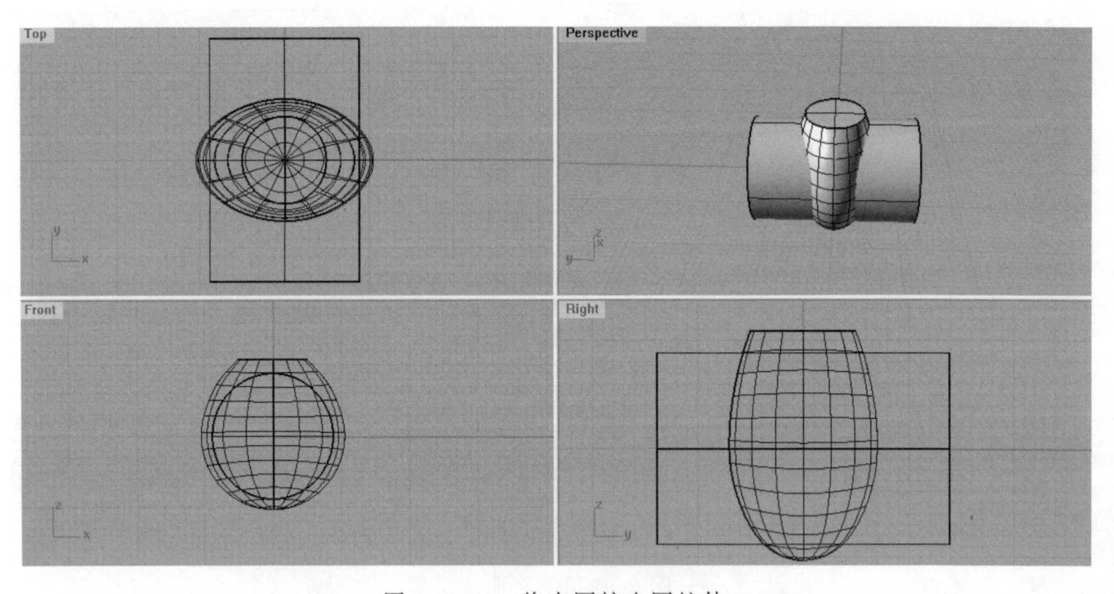

图 6-10-13　将内圆挤出圆柱体

(13)将步骤(11)和步骤(12)中的两个实体用“布尔运算差集”命令进行相减，得到一个戒圈(图 6-10-14)。

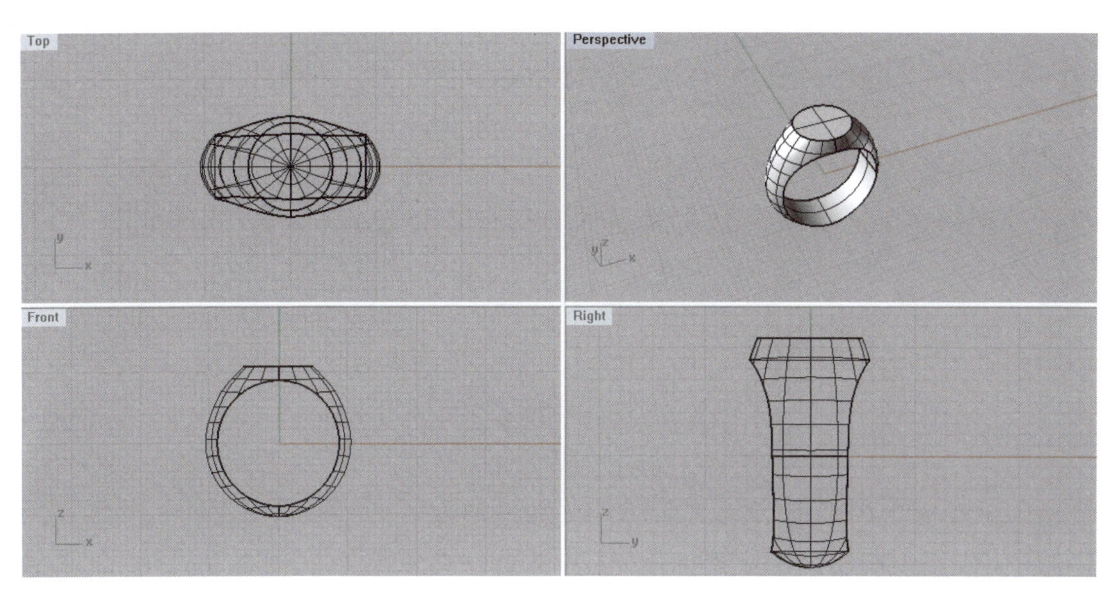

图 6-10-14　执行“布尔运算差集”命令

(14)利用“抽离曲面”命令抽离戒圈内表面(图 6-10-15)。

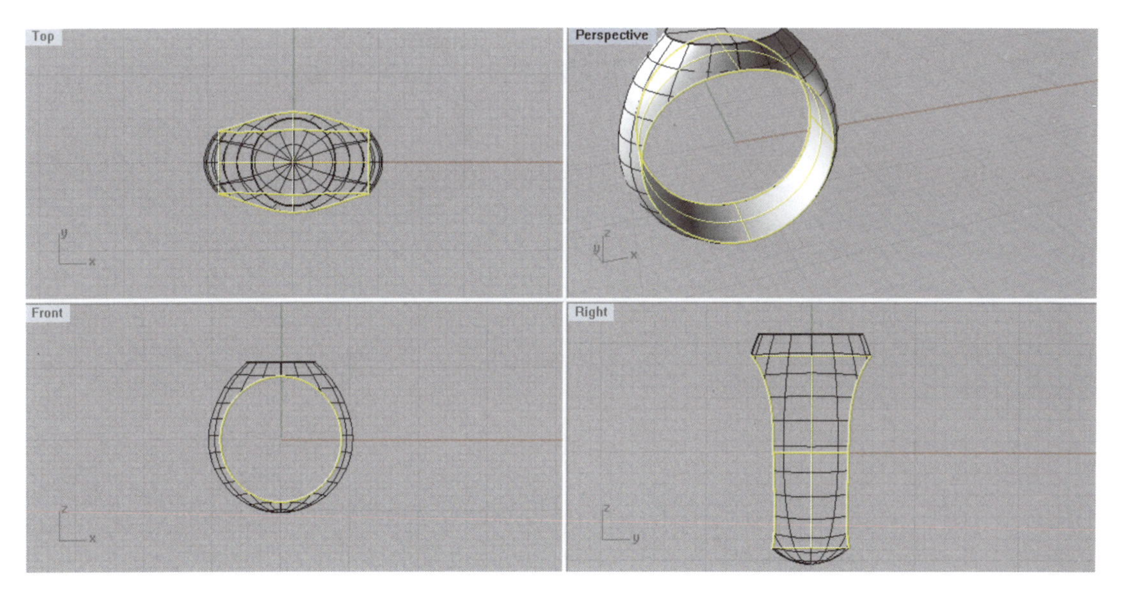

图 6-10-15　抽离戒圈内表面

(15)利用“偏移曲面”命令将内表面向外偏移出厚度为0.50mm的实体(图6-10-16)。

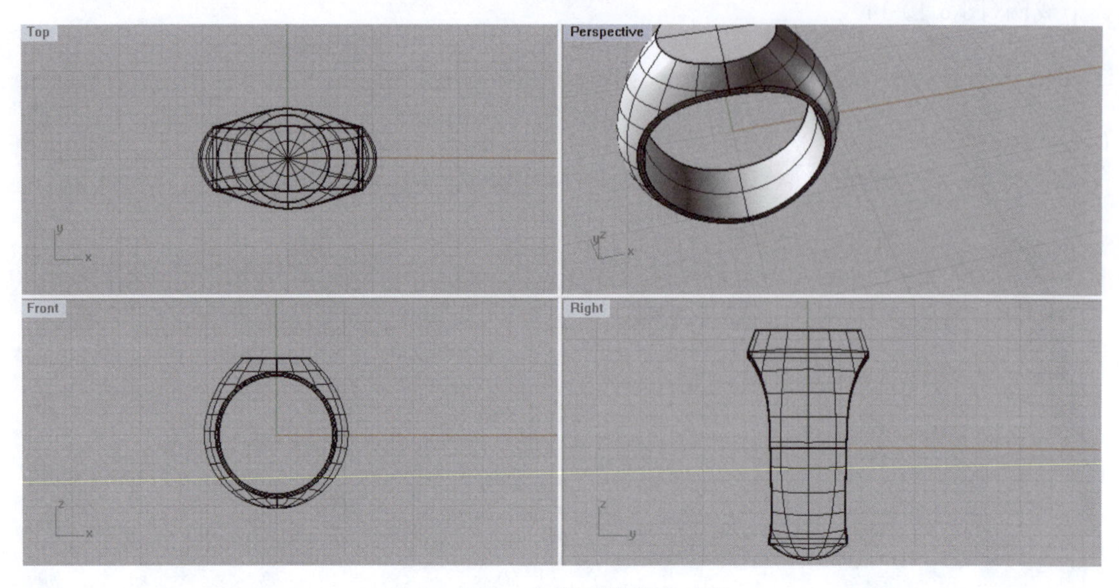

图6-10-16　内表面偏移出实体

(16)隐藏偏移得到的所有物件(实体除外),用“抽离曲面”命令抽离偏移得到的实体外表面并删除(图6-10-17)。

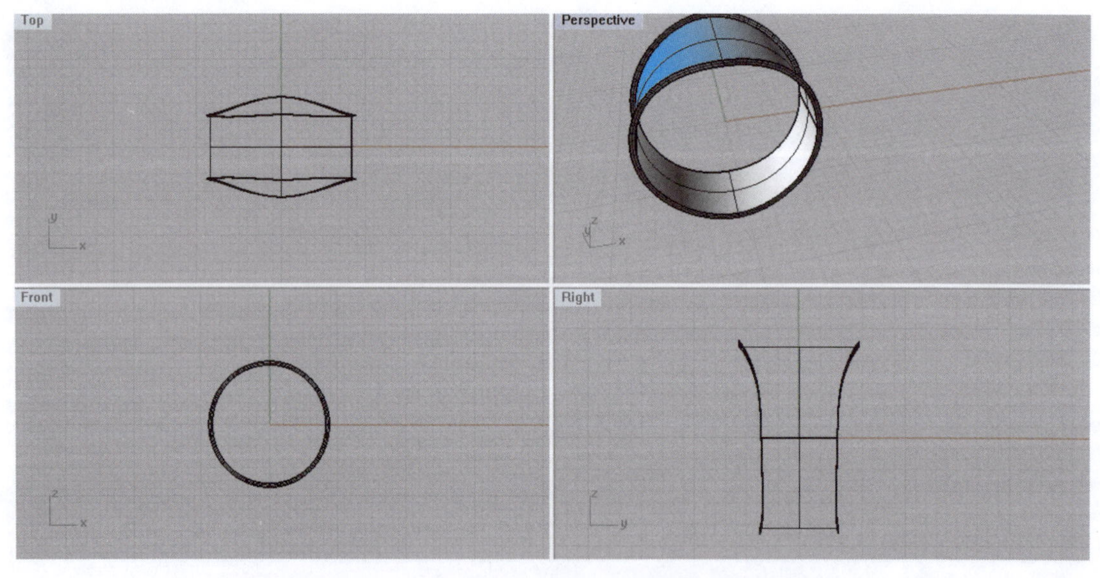

图6-10-17　抽离并删除偏移得到的实体外表面

(17)显示隐藏的物件,将两个曲面组合成一个实体(图 6-10-18)。

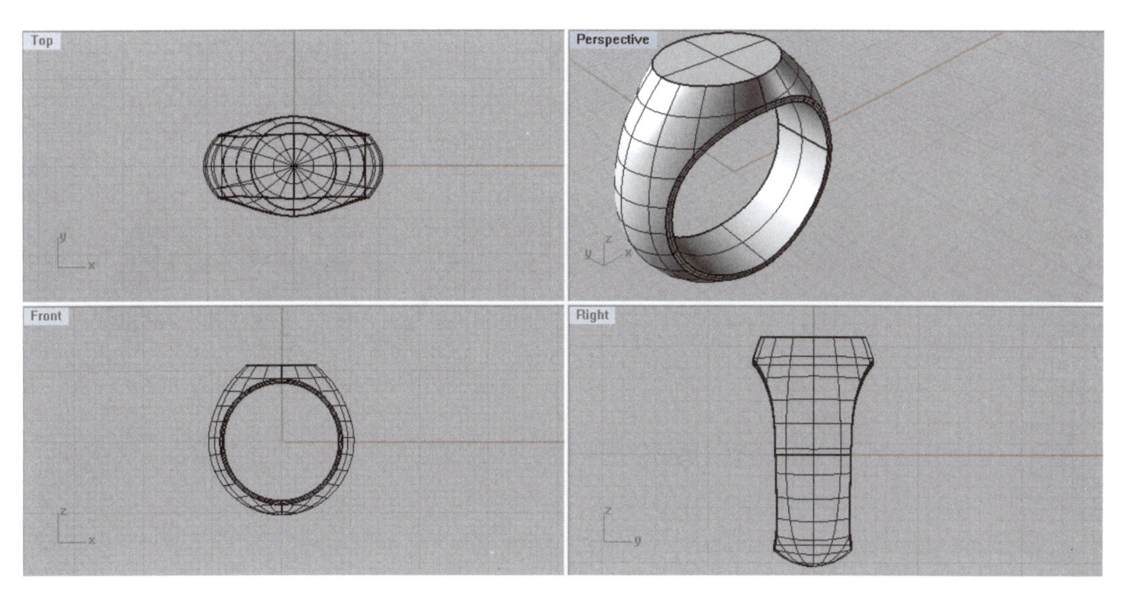

图 6-10-18 把曲面组合成实体

(18)用“复制边缘”命令复制戒圈上端边缘圆,依次向内偏移 0.50mm、1.40mm、0.40mm 和 0.50mm,得到 4 条圆周曲线(图 6-10-19)。

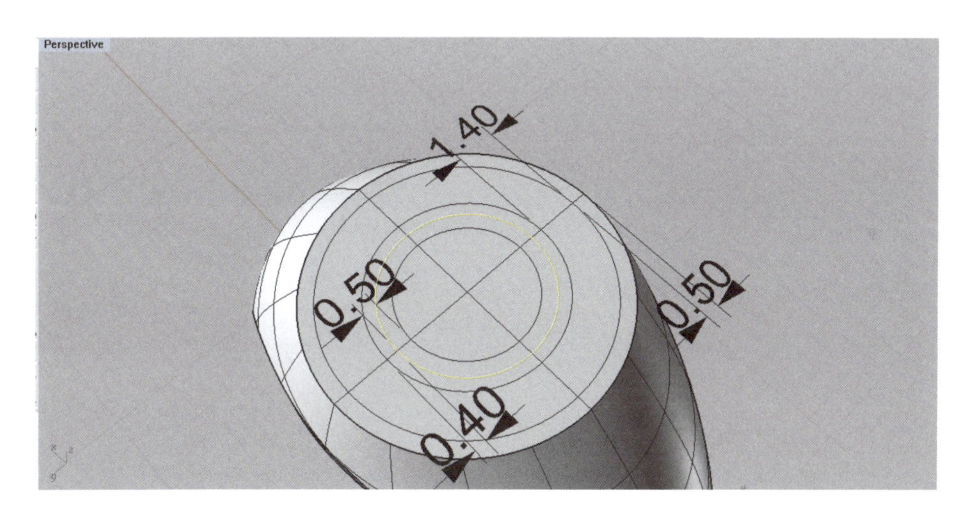

图 6-10-19 偏移出 4 条圆周曲线

(19)选择偏移得到的 4 条曲线,在前视图中利用“挤出封闭的平面曲线”命令向两侧挤出高度为 1.00mm 的实体(图 6-10-20)。

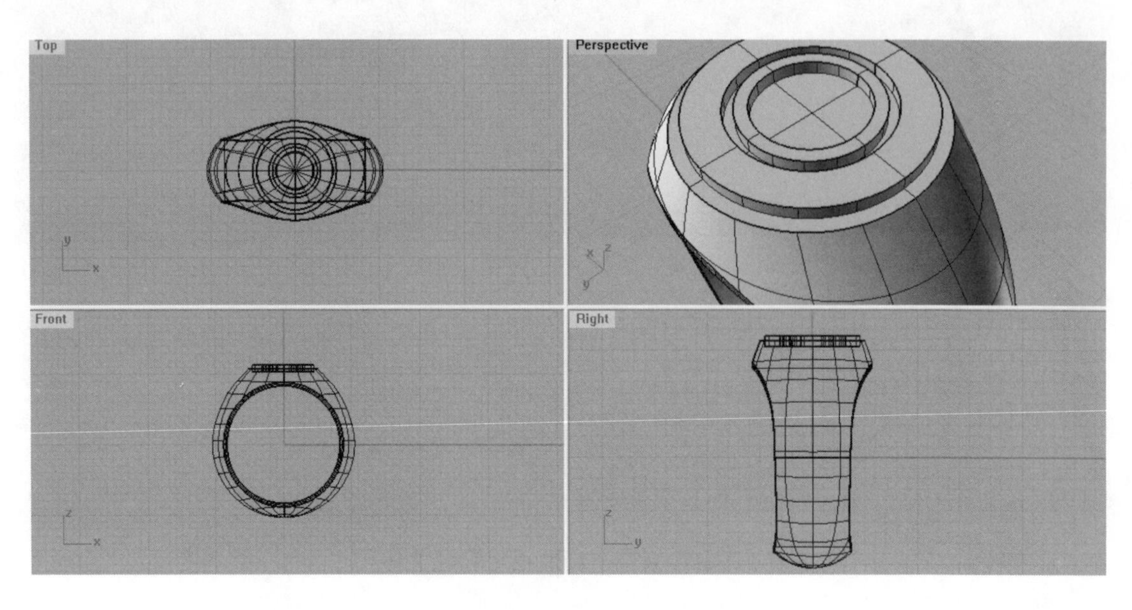

图 6-10-20　将曲线挤出实体

(20)将挤出的两个实体分别与戒圈进行布尔差集运算,得到两个环形凹槽(图 6-10-21)。

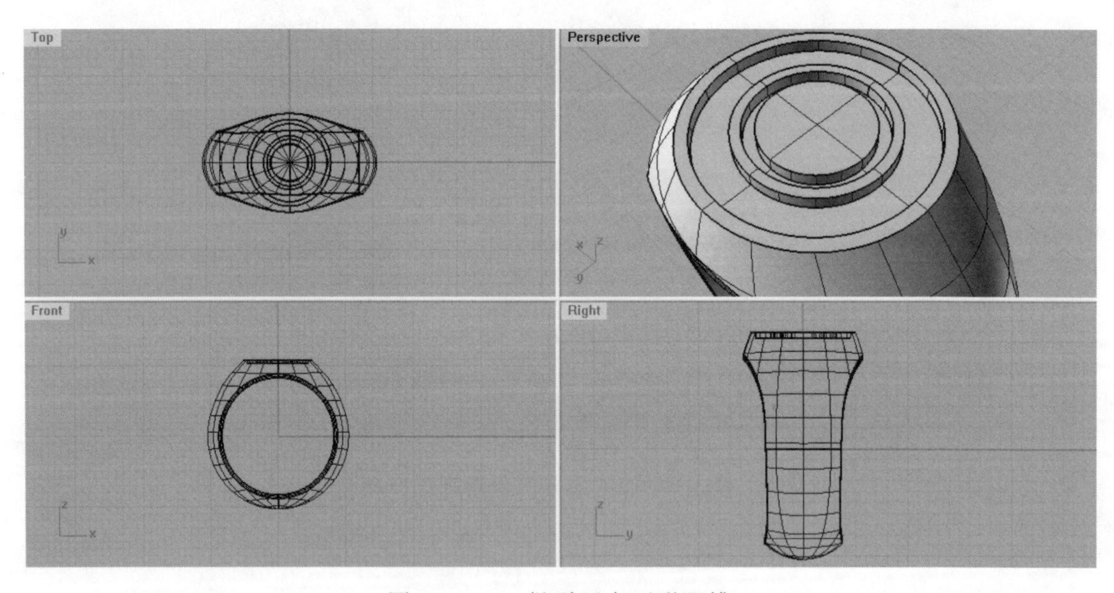

图 6-10-21　得到两个环形凹槽

(21)复制并选择内凹槽内边缘曲线,在前视图中,利用“挤出封闭的平面曲线”命令将其挤出长度足够的圆柱体(图 6-10-22)。

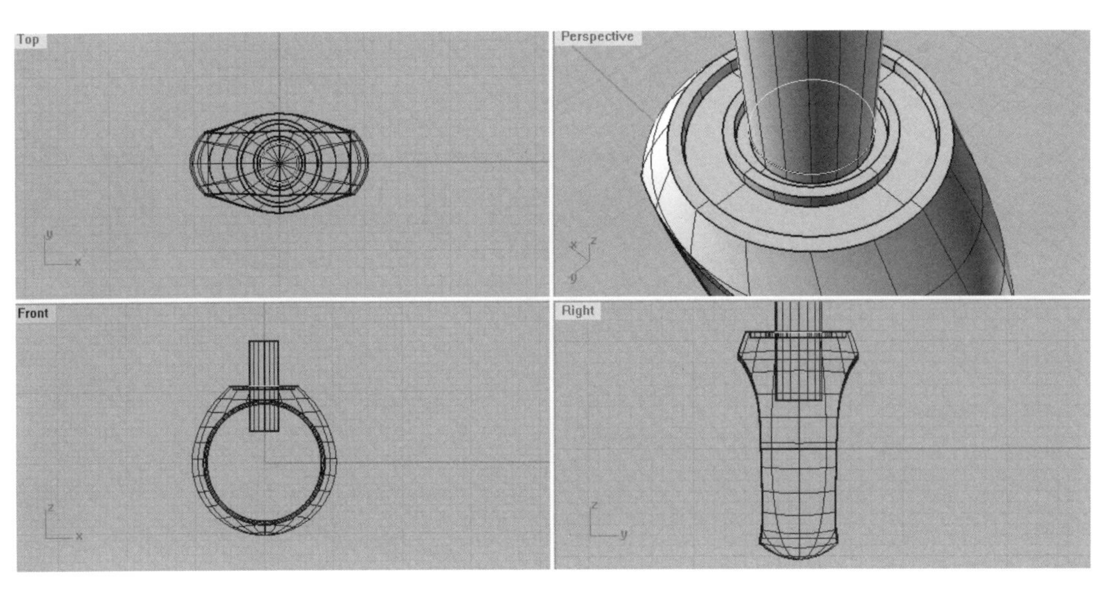

图 6-10-22　挤出圆柱体

(22)将圆柱体与戒圈进行布尔差集运算,打通戒圈顶部(图 6-10-23)。

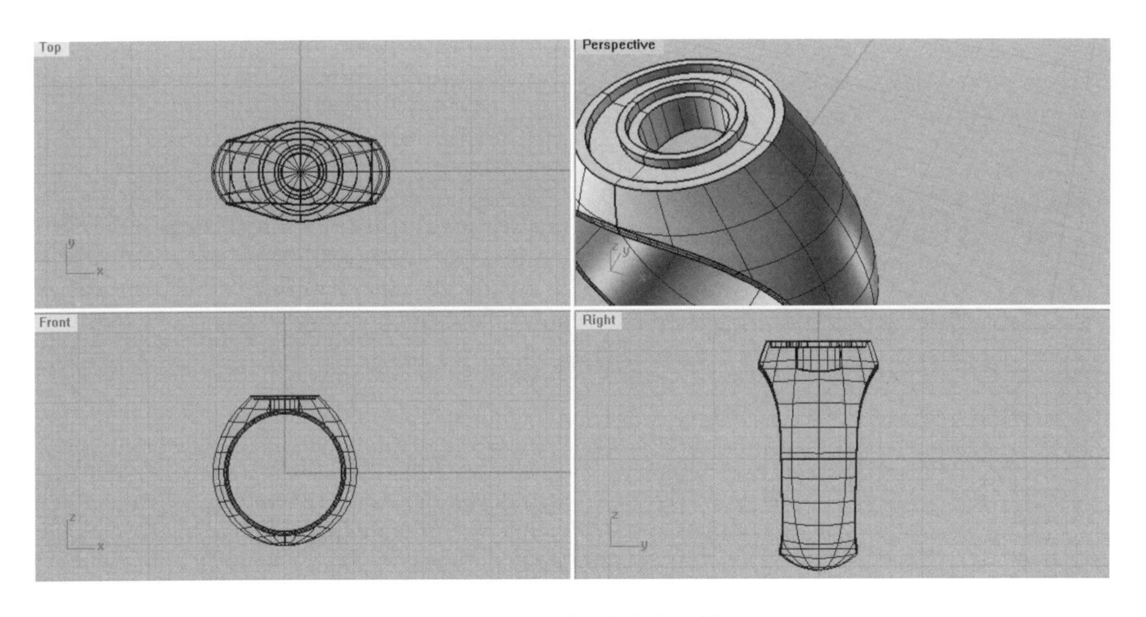

图 6-10-23　打通戒圈顶部

(23)利用“直线尺寸标注”命令测量内凹槽外边缘圆直径为 5.40mm(图 6-10-24)。

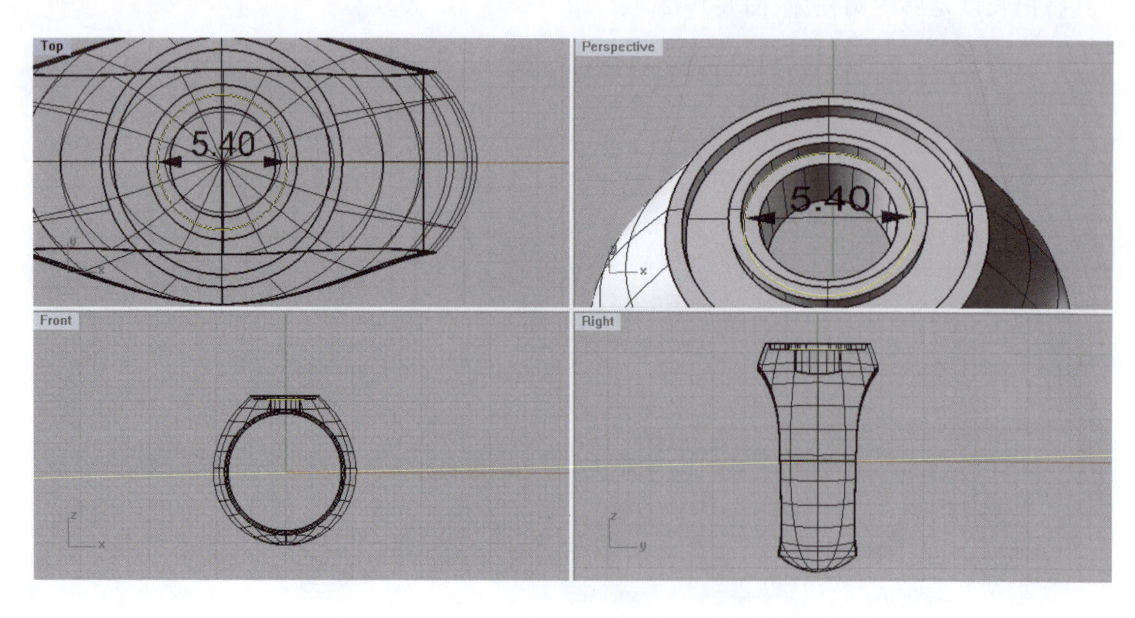

图 6-10-24　测量内凹槽外边缘圆直径

(24)在前视图中画一个直径为 5.40mm 的球体,并以颜色(红色)显示,同时画一条过原点的水平直线(图 6-10-25)。

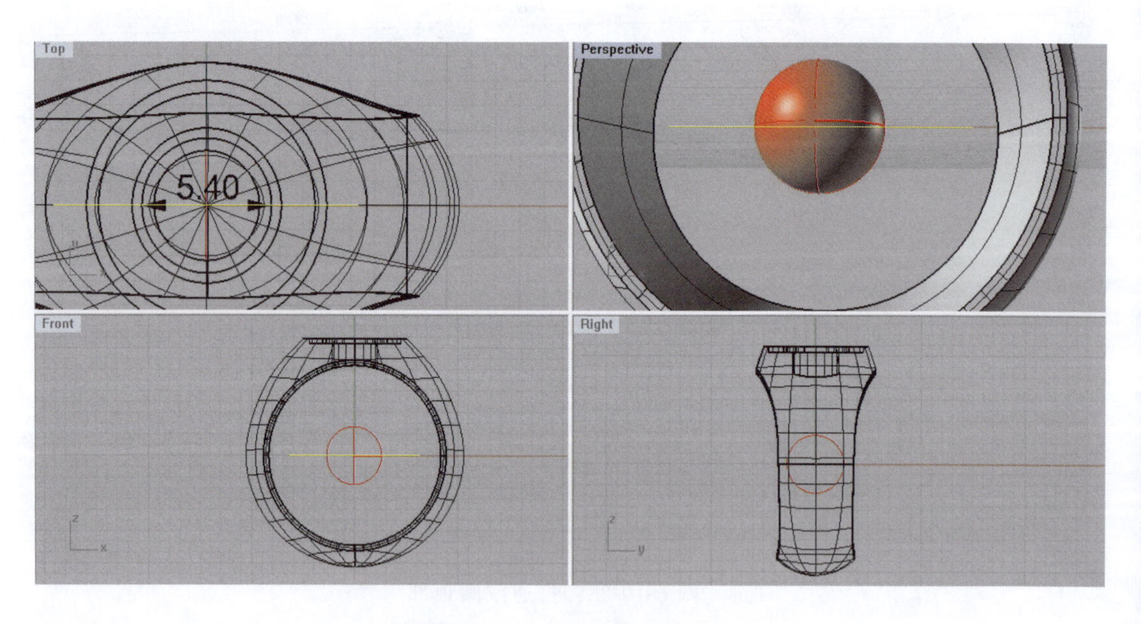

图 6-10-25　画球体和直线

(25)选择水平直线和球体,利用“修剪”命令将球体修剪成半球体并加盖(图 6-10-26)。

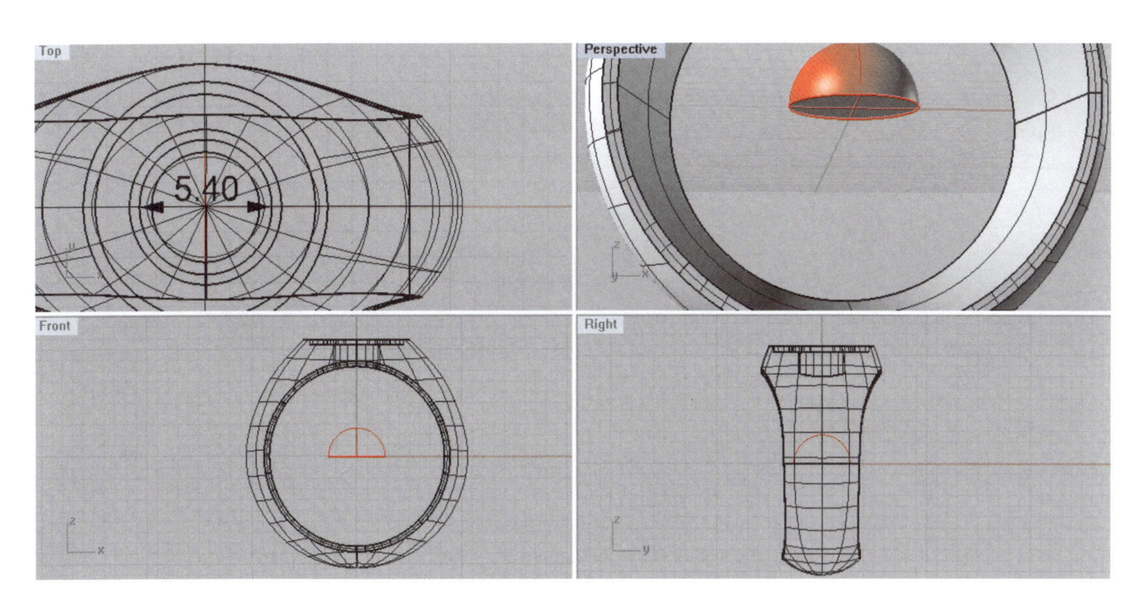

图 6-10-26 修剪成半球体并加盖

(26)测量凹槽底部与半球底部的垂直距离为 10.35mm(图 6-10-27)。

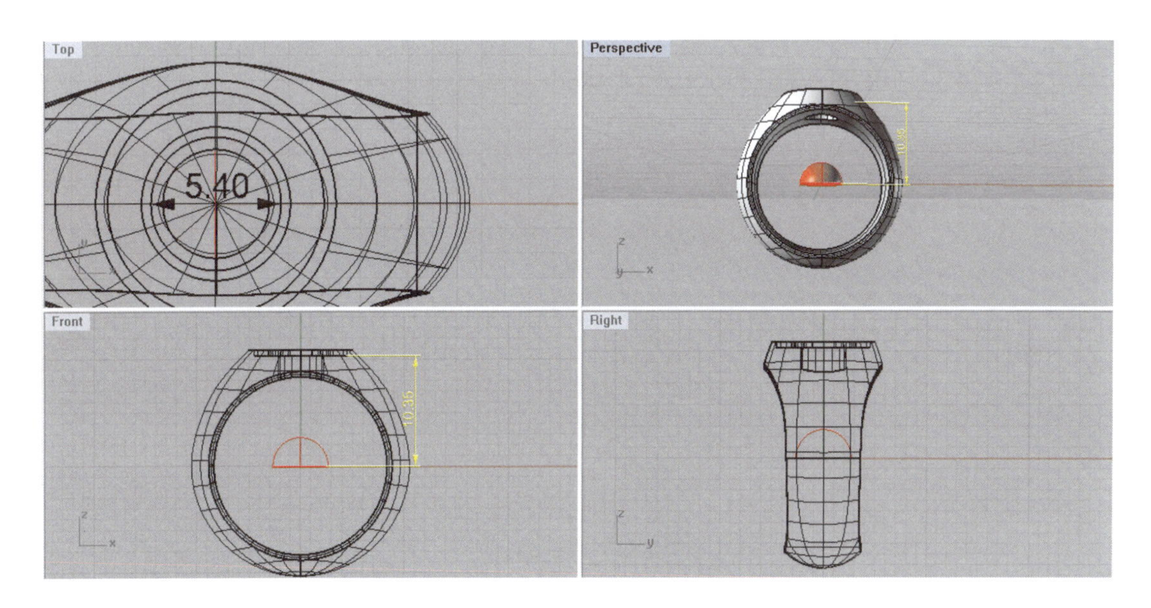

图 6-10-27 测量距离

(27)在前视图中将半球体(弧面宝石)上移 10.35mm,使其刚好放置在内凹槽上(图 6-10-28)。

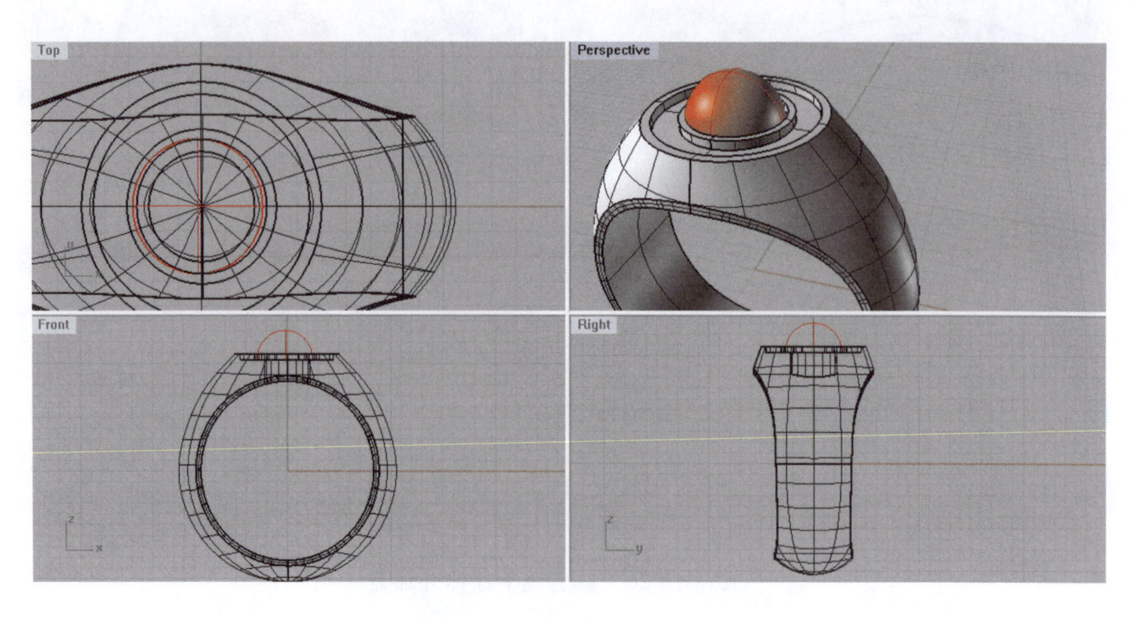

图 6-10-28　将半球体上移至内凹槽中

(28)利用"复制边缘"命令复制外凹槽底部的两条边缘线,再利用"在两条曲线间建立均分线"命令得到中央基准线(图 6-10-29)。

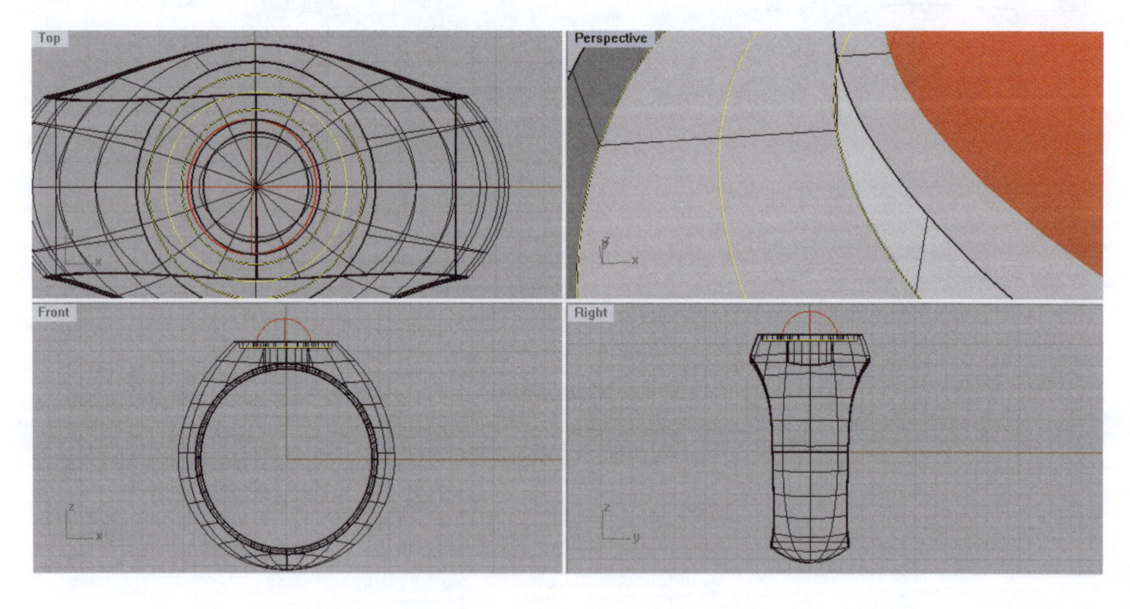

图 6-10-29　得到外凹槽中央基准线

(29)利用“抽离结构线”命令抽离凹槽底面一根与基准线垂直的结构线(图 6-10-30)。

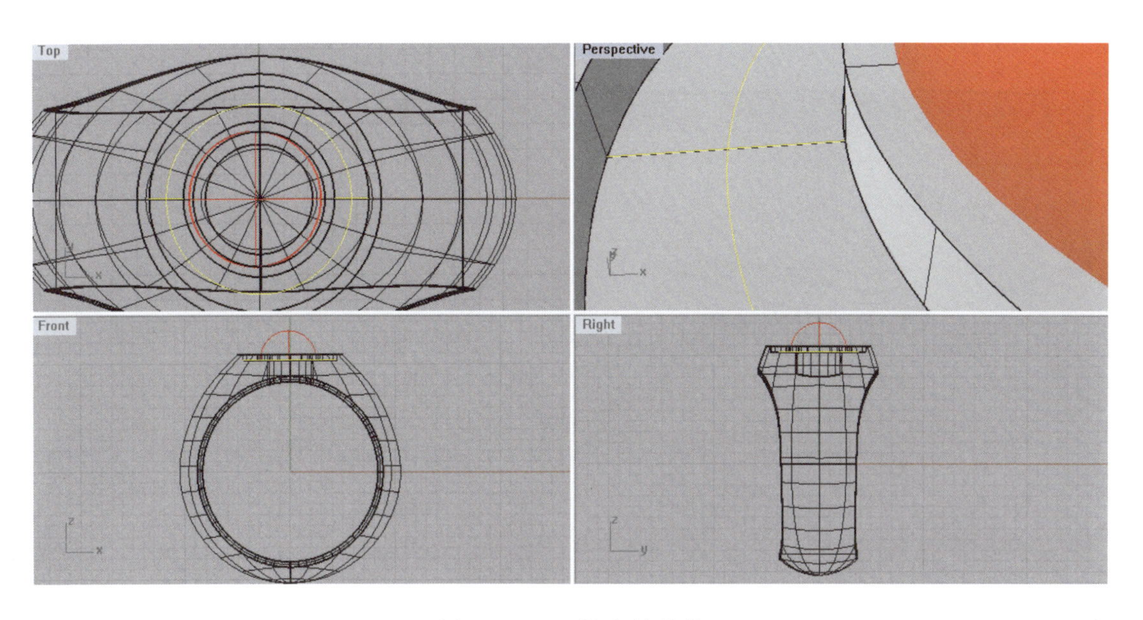

图 6-10-30 抽离结构线

(30)在前视图中,以原点为中心导入一颗直径为 1.00mm 的圆形刻面宝石,测量宝石腰与凹槽底面的垂直距离为 10.40mm(图 6-10-31)。

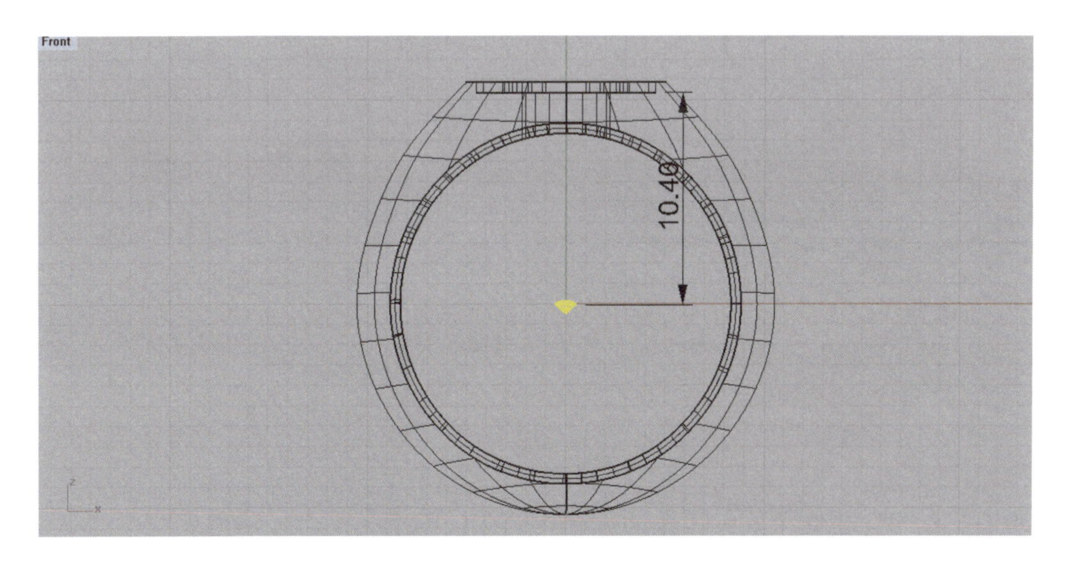

图 6-10-31 导入宝石并测量距离

(31)在前视图中将宝石向上移动10.40mm,测量中央基准线和垂直结构线的交点与宝石中央的水平距离为3.80mm(图6-10-32)。

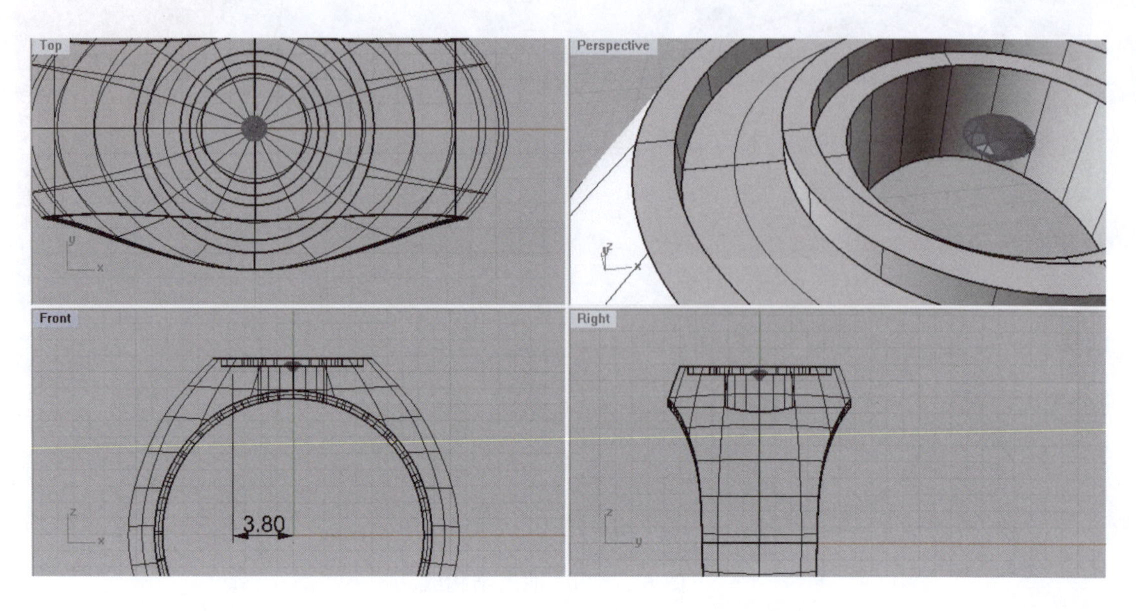

图6-10-32　测量交点到宝石中央的水平距离

(32)在前视图中将宝石水平移动3.80mm,完成宝石定位(图6-10-33)。

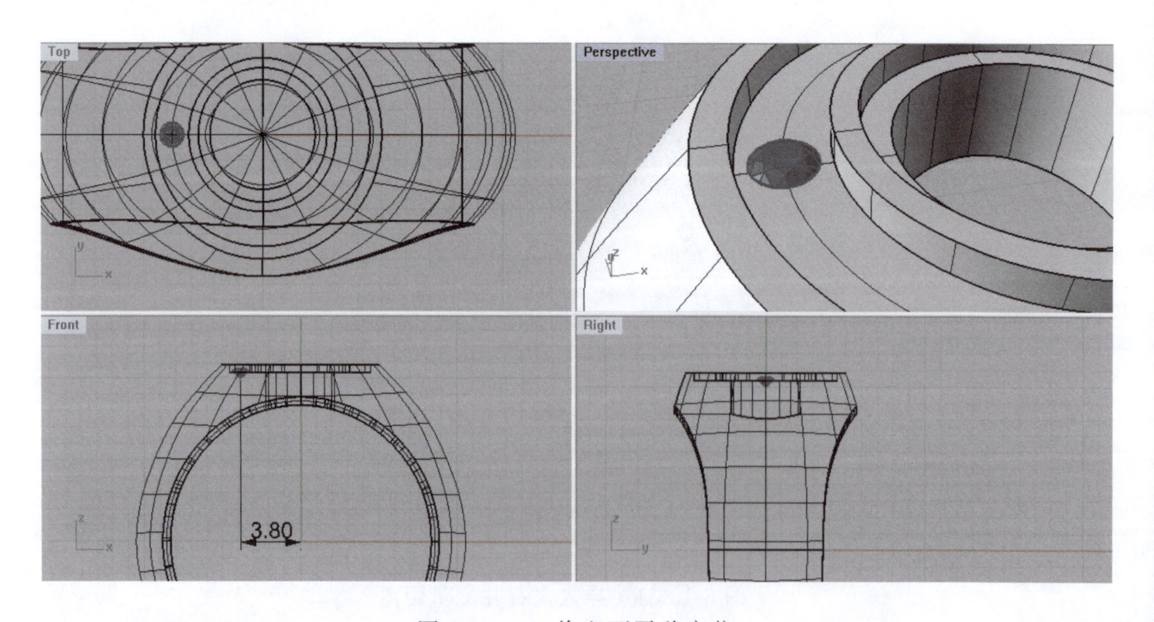

图6-10-33　将宝石平移定位

(33)在前视图中,通过捕捉端点和中点画出如图 6-10-34 所示线条。

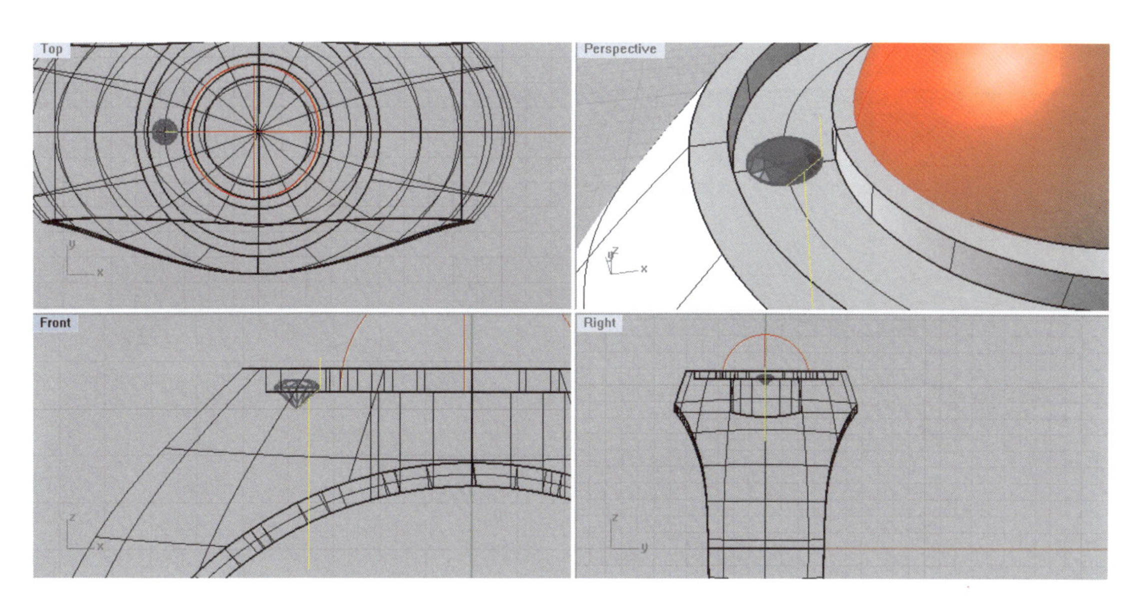

图 6-10-34 过端点和中点画线条

(34)利用"修剪"命令将两线段修剪成如图样式并组合,作为旋转成型的轮廓线(图 6-10-35)。

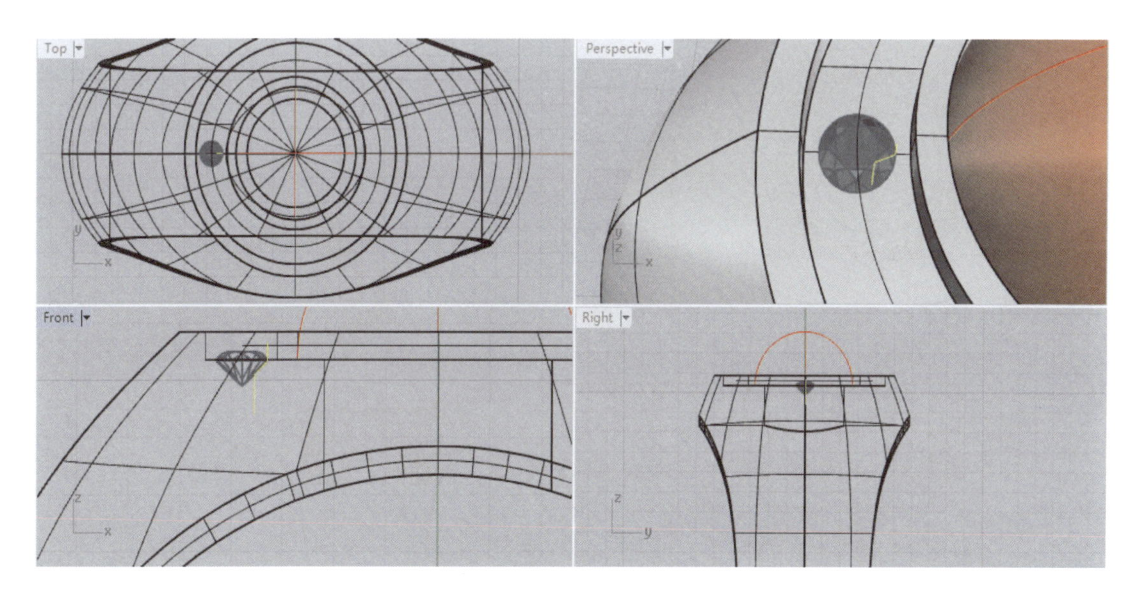

图 6-10-35 修剪线条并组合

(35)执行“旋转成型”命令(左键)并加盖,得到石洞实体,同时给予颜色(红色)显示(图 6-10-36)。

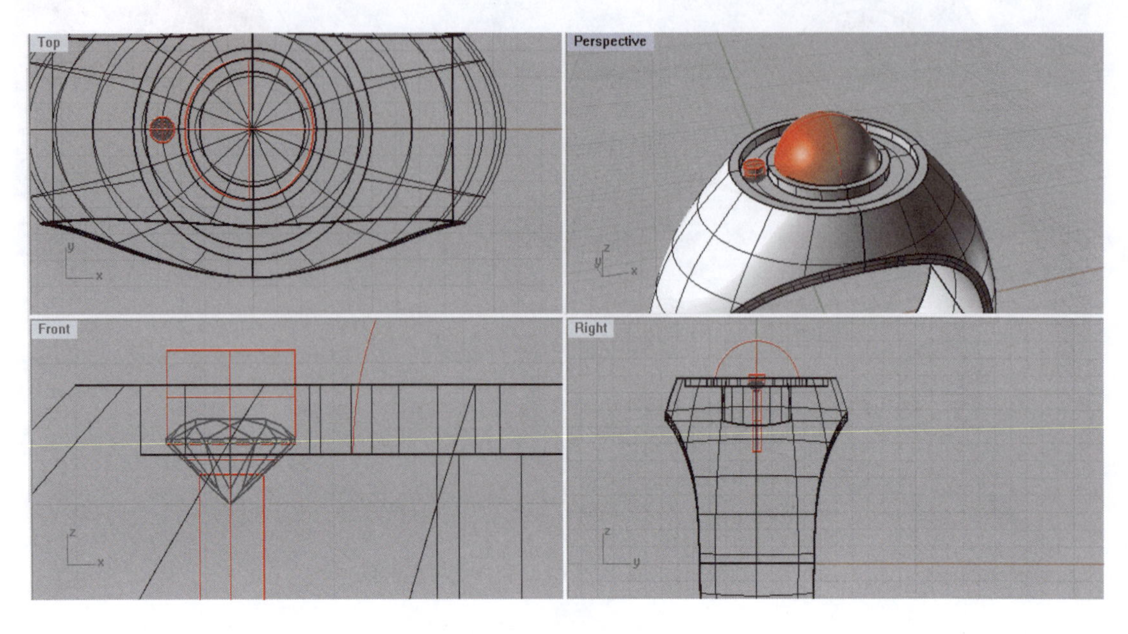

图 6-10-36　得到石洞实体

(36)选择宝石和石洞实体,将其沿基准线环形阵列,阵列数目为 20(图 6-10-37)。

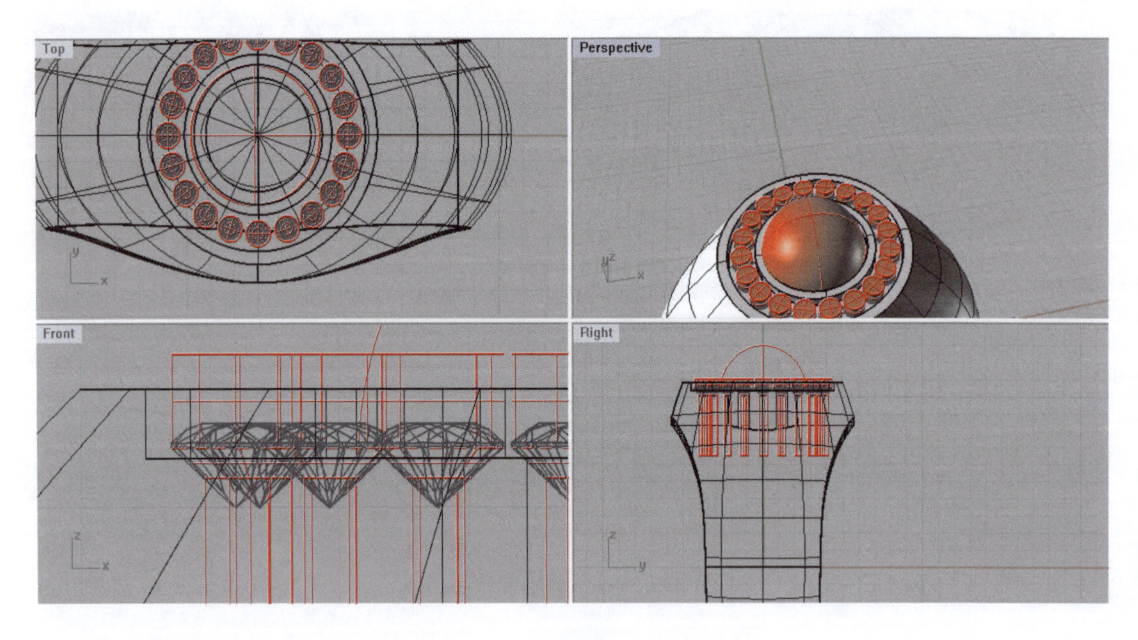

图 6-10-37　环形阵列后的效果图

(37)隐藏弧面宝石,通过“以颜色选择”命令将所有石洞实体选中并进行群组,并与戒圈进行布尔差集运算,完成开石洞操作(图 6-10-38)。

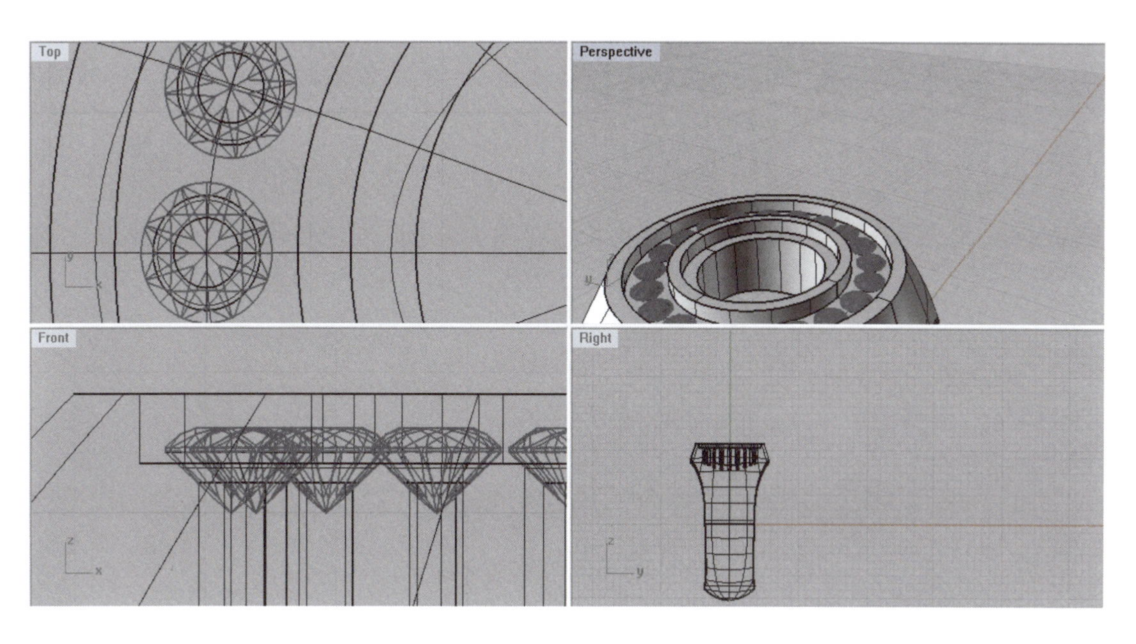

图 6-10-38 完成开石洞操作

(38)过抽离径向结构线的中点画一个直径为 1.00mm、与圆形宝石边缘重合的圆(图 6-10-39)。

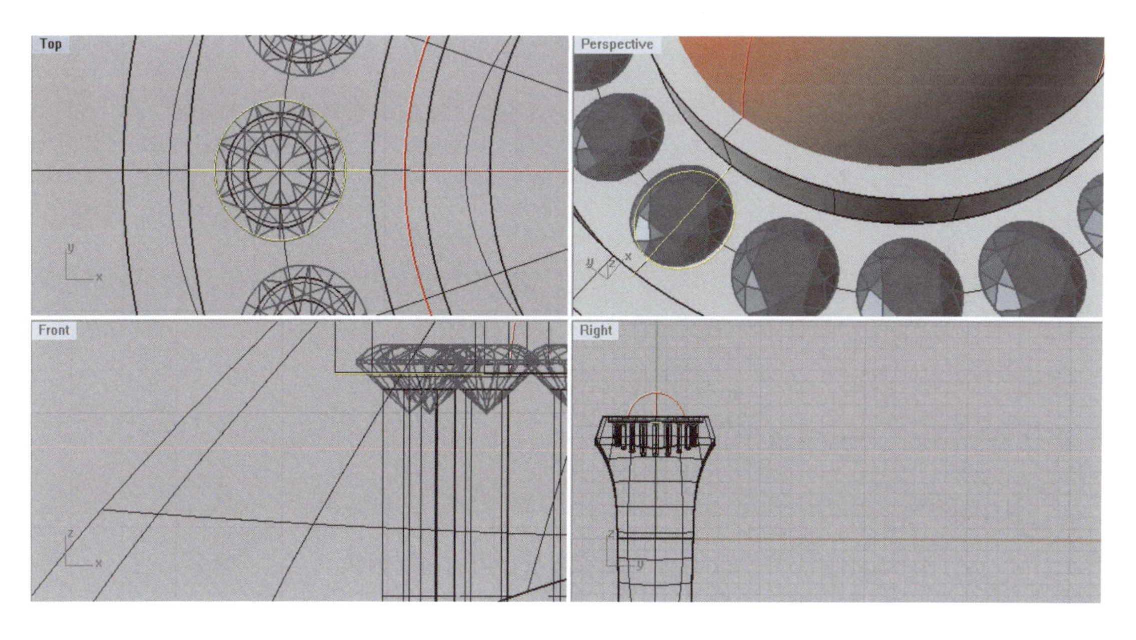

图 6-10-39 画圆

(39)将圆向内偏移 0.10mm(图 6-10-40)。

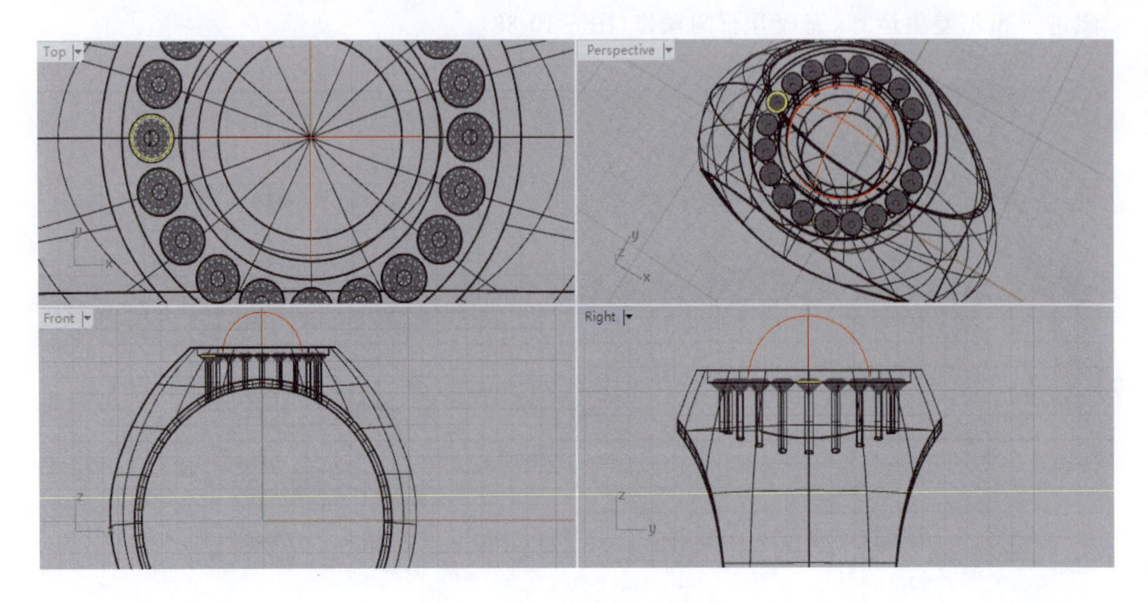

图 6-10-40　将圆向内偏移

(40)选择内外两圆,并将其沿基准线阵列,阵列数为 20,通过捕捉交点在相邻两宝石的外边缘圆之间画一条线段(图 6-10-41)。

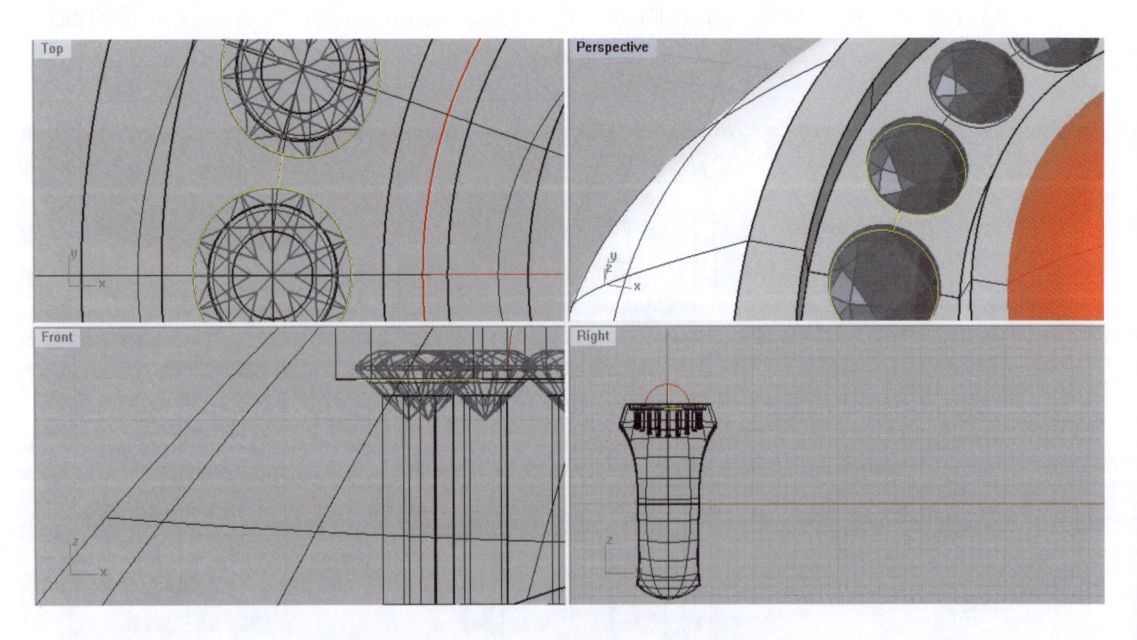

图 6-10-41　在相邻宝石边缘圆之间画线段

(41)勾选“物件锁点”中的“垂点”和“中点”，通过捕捉垂点和中点，画一条直线与凹槽底面内外边缘相交(图 6-10-42)。

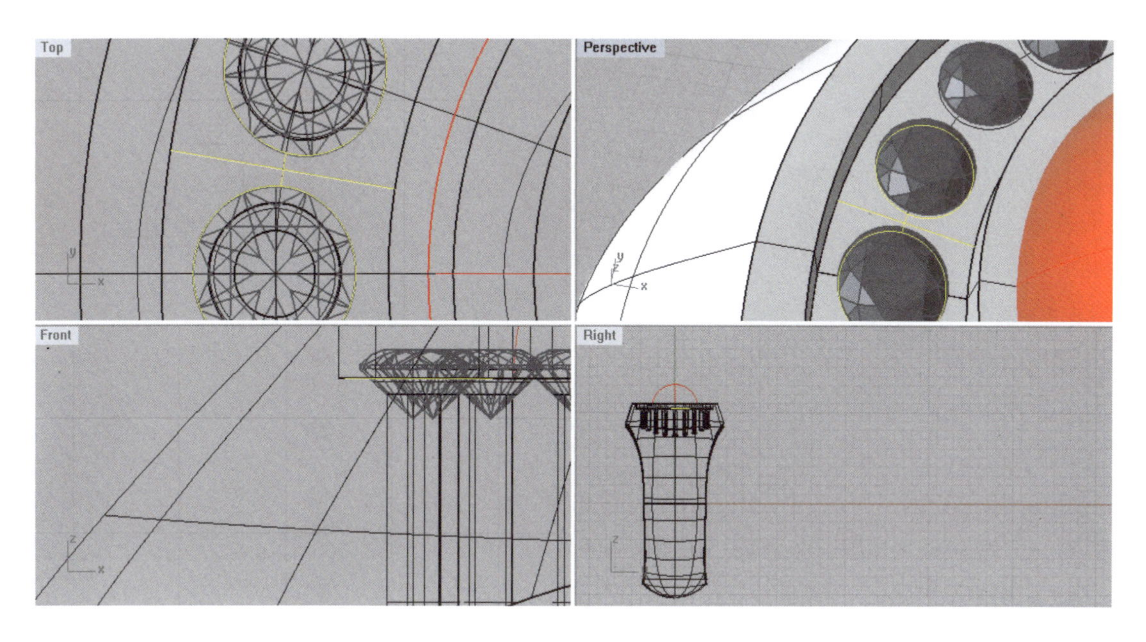

图 6-10-42　画与凹槽底面内外边缘相交的直线

(42)勾选“物件锁点”中的“端点”和“最近点”，通过捕捉端点和最近点画两个圆，咬石距离为 0.10mm(图 6-10-43)。

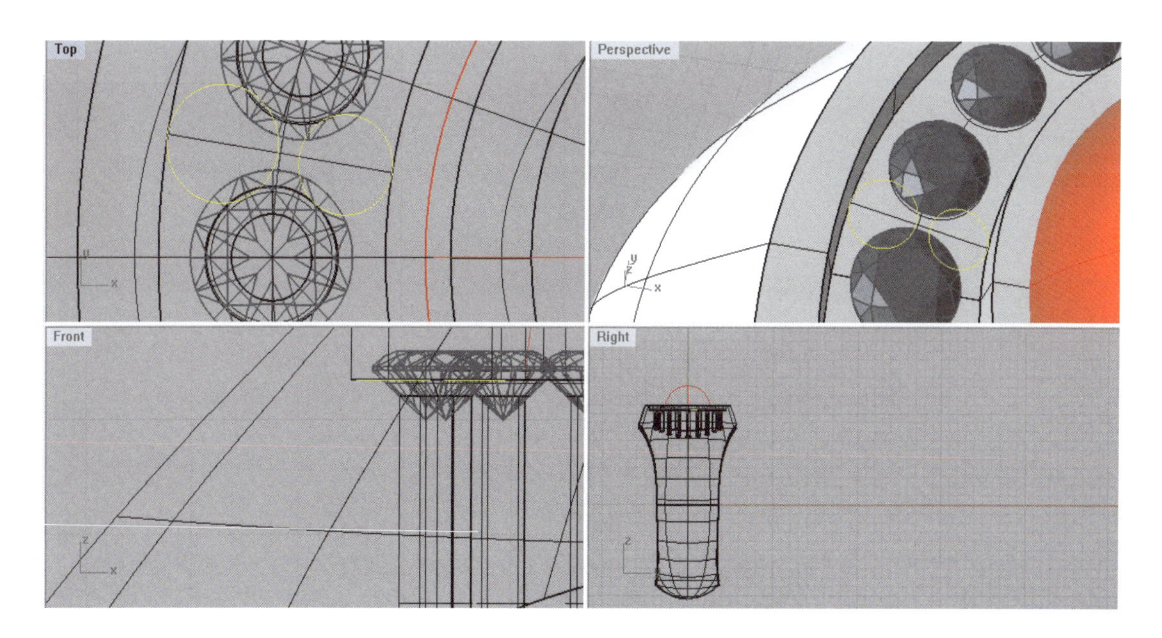

图 6-10-43　两圆咬石距离为 0.10mm

(43)选择两圆,在前视图中向两侧挤出适当高度的圆柱体(图 6-10-44)。

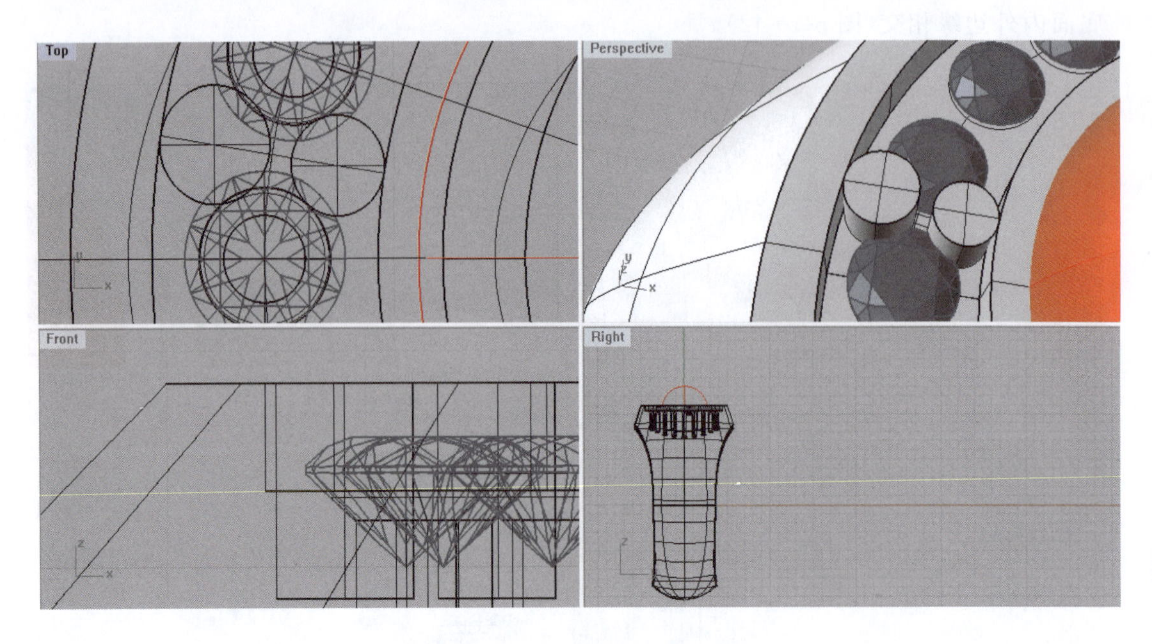

图 6-10-44　将两圆挤出圆柱体

(44)对两个圆柱体进行圆角处理并上色,完成钉镶爪的制作(图 6-10-45)。

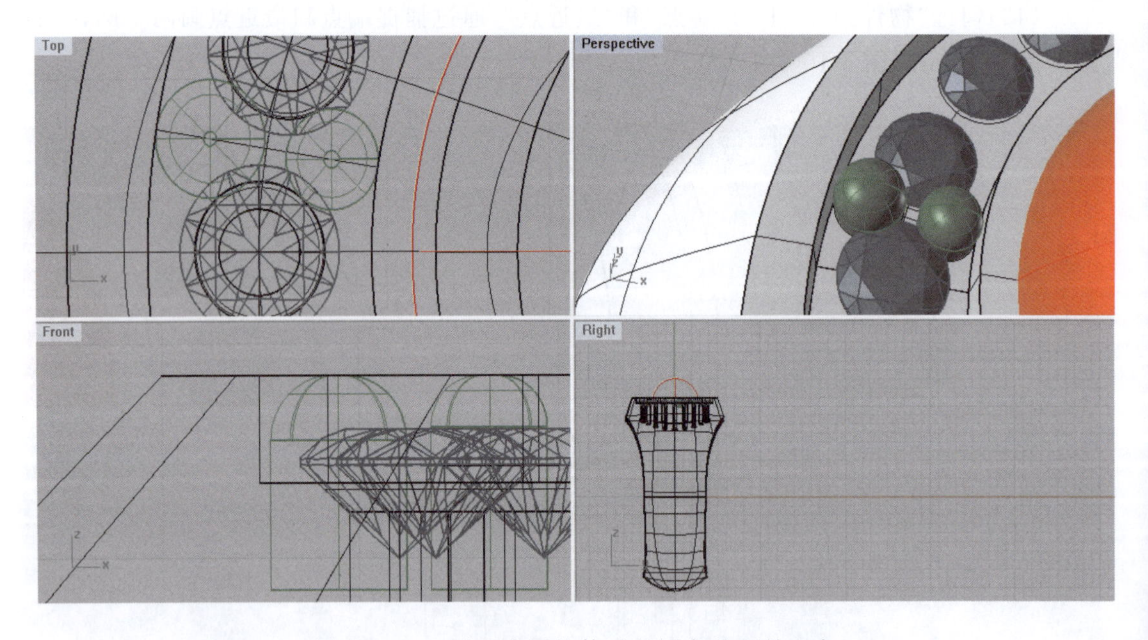

图 6-10-45　对两个圆柱体进行圆角处理并上色

(45)在顶视图中选择两爪,将其沿基准线环形阵列,阵列数目为20(图 6-10-46)。

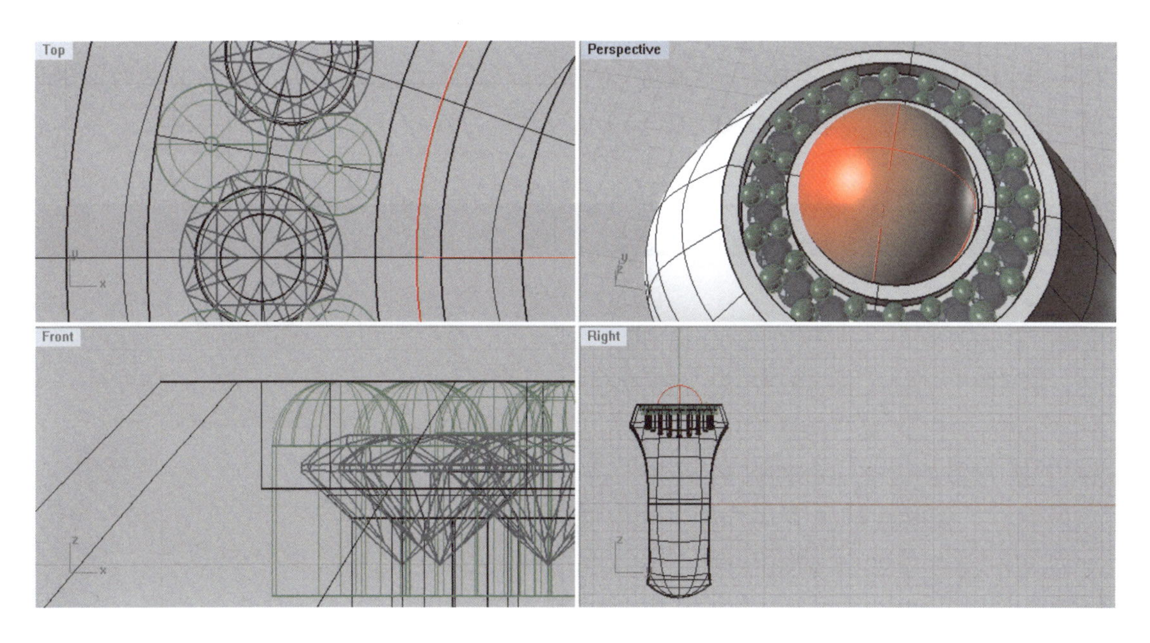

图 6-10-46 将爪环形阵列

(46)对戒圈内外边缘进行圆角处理,完成围镶女戒的制作(图 6-10-47)。

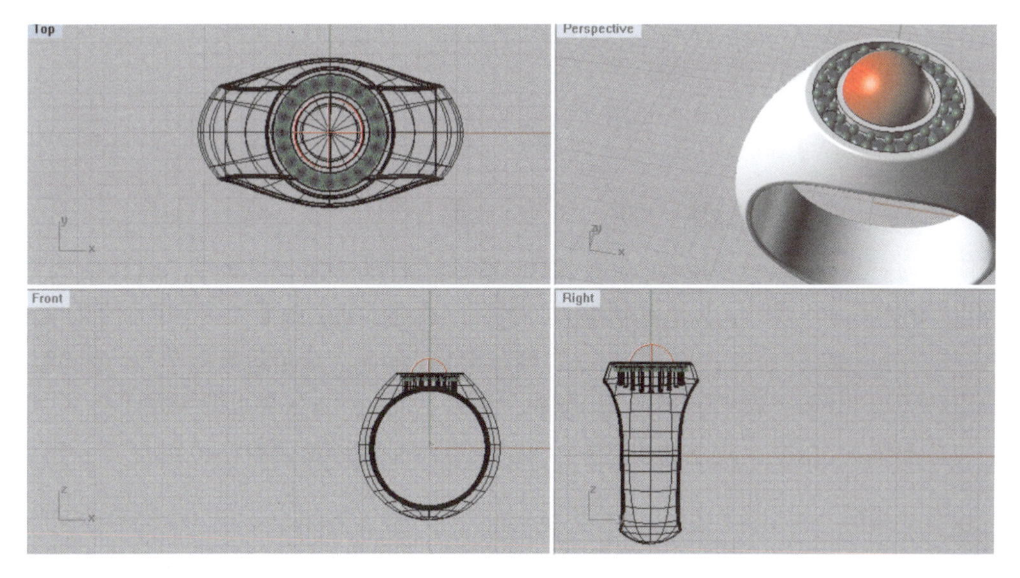

图 6-10-47 完成围镶女戒制作

案例小结

本案例的关键是完成步骤(13)戒圈的制作,要检查戒圈是否为一个实体,否则后面的开槽、打孔和开石洞等布尔差集运算都会失败。

检验多重曲面是否为实体，有两种方法：一是用“复制边框”命令 看是否有边框线复制，若没有，说明是实体；二是通过“方向分析”命令 观察单击多重曲面时能否反转方向，若方向改变，则不是实体。

6.11 钉镶女戒的制作

任务描述

制作一个戒圈内径为16.70mm的钉镶女戒（图6-11-1），石头为直径1.50mm的圆形刻面宝石。建模思路如下：①由宝石大小确定女戒的宽度和厚度；②戒圈的制作；③开石槽；④石洞实体的制作；⑤钉镶爪的制作；⑥开石洞与排石；⑦种爪。

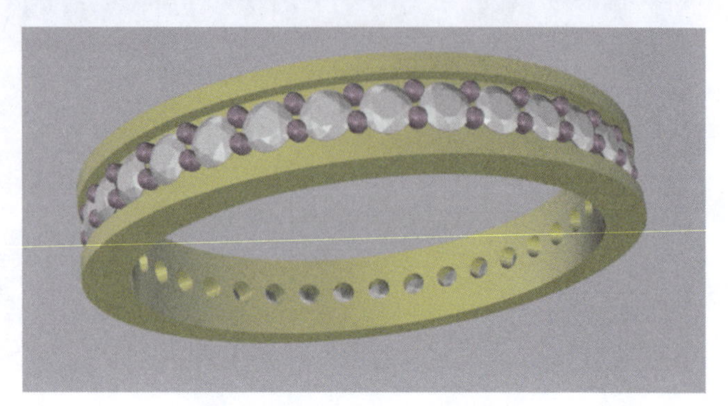

图 6-11-1　钉镶女戒效果图

所用命令

操作中将用到如下命令图标：

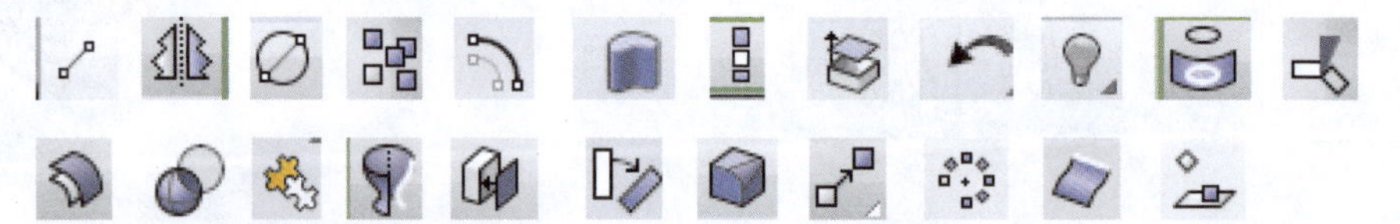

依次为：“直线”命令、“镜像”命令、“圆（直径）”命令、“复制”命令、“偏移曲线”命令、“挤出封闭的平面曲线”命令、“单轴缩放”命令、“抽离曲面”命令、“复原”命令、“隐藏/显示”命令、“投影曲线”命令、“修剪”命令、“偏移曲面”命令、“布尔运算差集”命令、“组合”命令、“旋转成型”命令、“将平面洞加盖”命令、“旋转”命令、“不等距边缘圆角”命令、“移动”命令、“环形阵列”命令、“复制边缘”命令、“定位至曲面”命令，请对照使用。

操作步骤

(1)在顶视图中，以原点为中心导入一个直径为1.50mm的圆形刻面宝石，用“直线”命令在宝石上方画两条水平线段分别作石槽边缘线（距宝石上四分点0.20mm）和戒圈边缘线（与石槽保留0.60mm的距离），以原点为中心上下镜像后得到另一条石槽边缘线和戒圈边缘线，测量出戒圈的宽度为3.10mm（图6-11-2）。

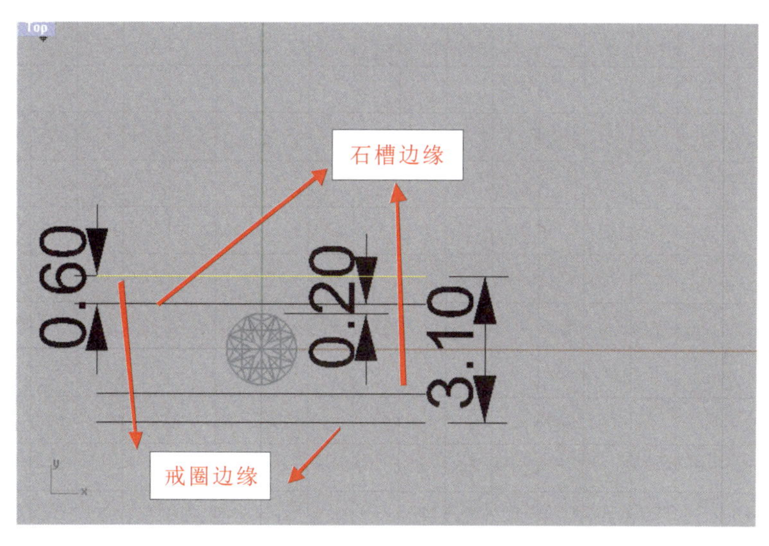

图 6-11-2 画出两条石槽边缘线和戒圈边缘线确定戒指宽度

(2)在前视图中画一个直径为 16.70mm 的圆,原地复制宝石后,将其垂直向上移动直到宝石底尖到过圆的上四分点,再将其上移 0.50mm(图 6-11-3)。

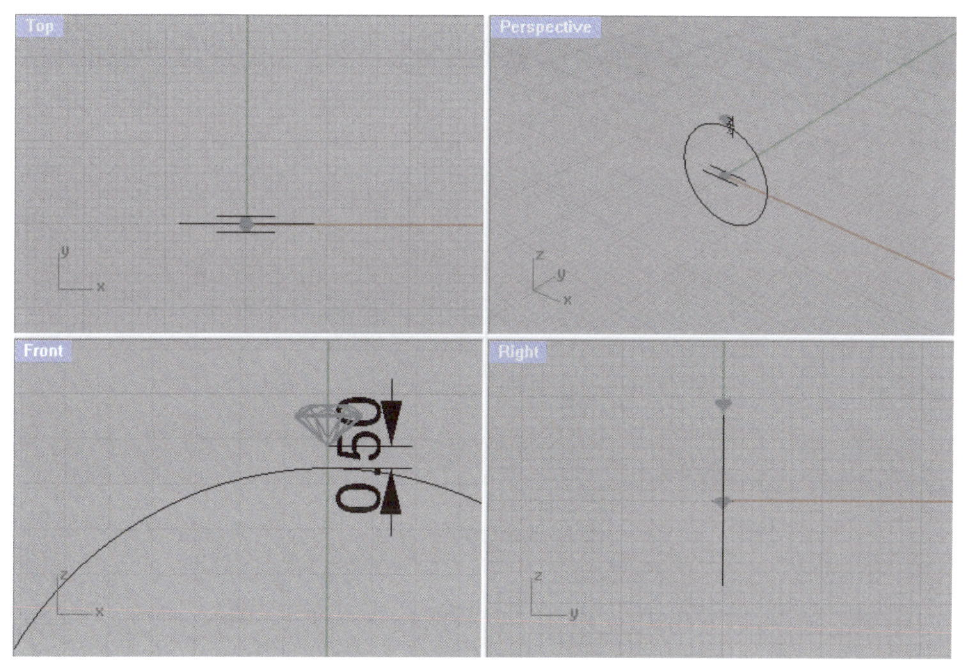

图 6-11-3 复制宝石并上移

(3)在宝石亭部合适的位置画一条水平线作为石槽底面位置,将其原地复制后向上平移 0.50mm(石槽的深度为 0.50mm),通过测量得到戒圈的厚度至少为 1.44mm,综合考虑,戒圈的厚度取 1.50mm(图 6-11-4)。

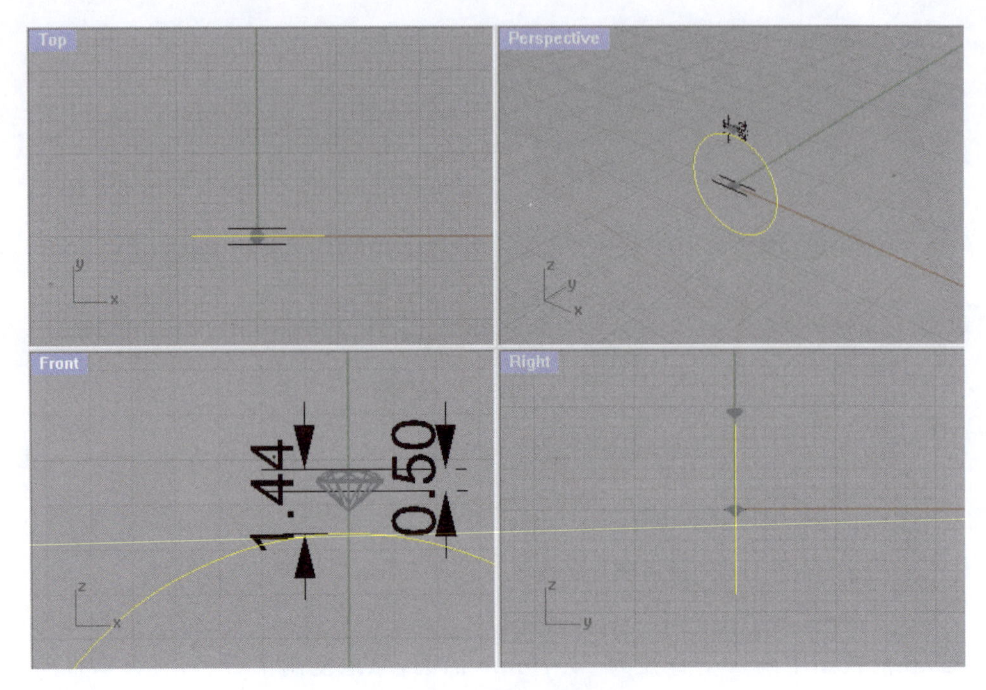

图 6-11-4　测量戒圈厚度

(4)删除不必要的宝石和辅助线,仅保留石槽边缘线作辅助线,在前视图中将圆向外偏移 1.50mm(图 6-11-5)。

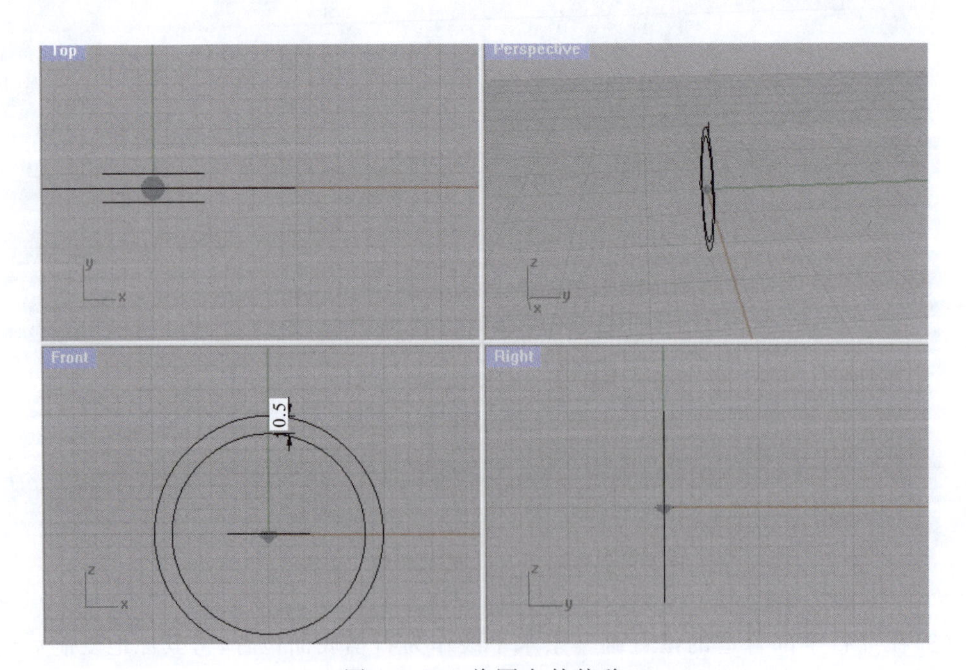

图 6-11-5　将圆向外偏移

(5)选择戒圈内外两圆,利用“挤出封闭的平面曲线”命令将两圆分别向两侧挤出1.55mm(保证厚度为3.10mm,注意选择“实体”选项)(图6-11-6)。

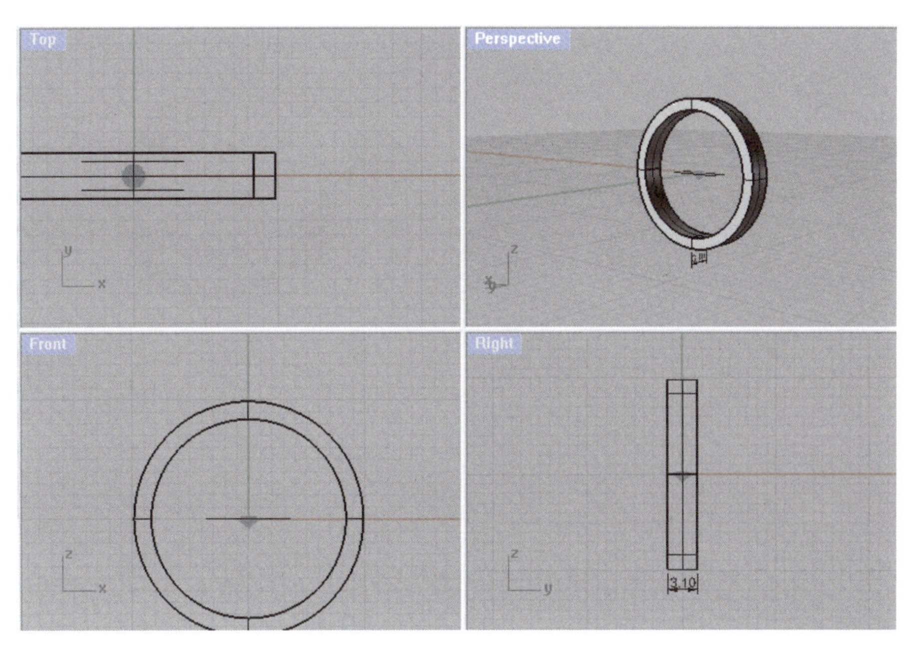

图6-11-6 将内外两圆向两侧挤出

(6)选择石槽边缘辅助线,运用“单轴缩放”命令将其两端延长,使其长度大于戒圈的外径(图6-11-7)。

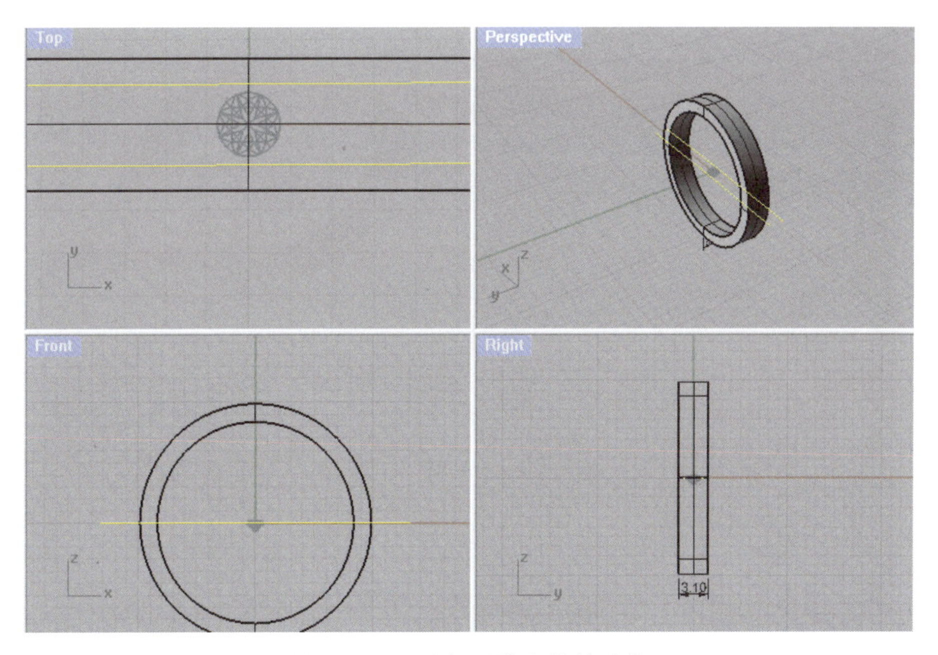

图6-11-7 延长石槽边缘辅助线

(7)用“抽离曲面”命令将戒圈外表面抽离，原地复制外表面后，点击“复原”命令使戒圈保持实体(图 6-11-8)。

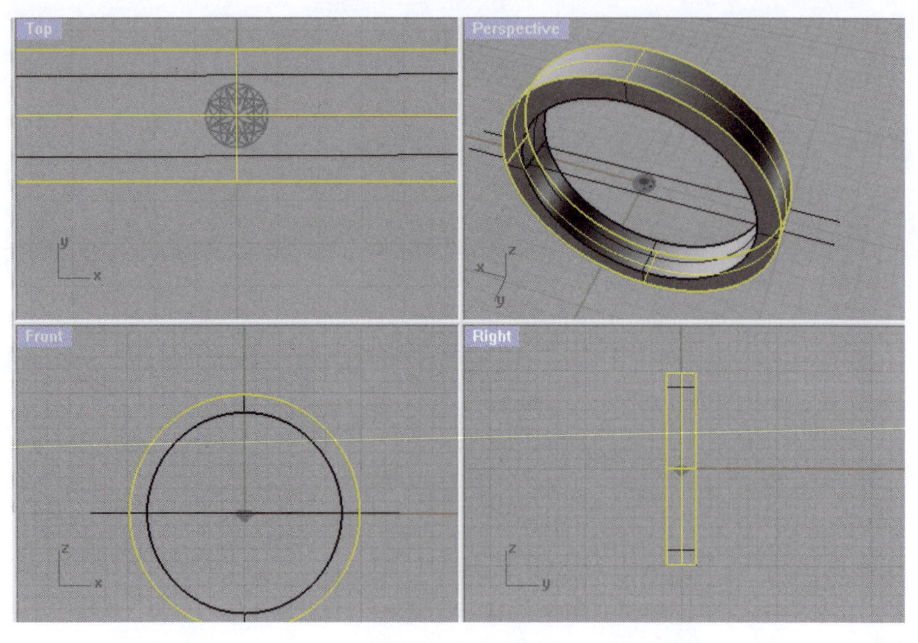

图 6-11-8　抽离戒圈外表面并原地复制

(8)将戒圈实体隐藏，粘贴外表面，利用“投影曲线”命令将石槽边缘线投影到外表面上(图 6-11-9)。

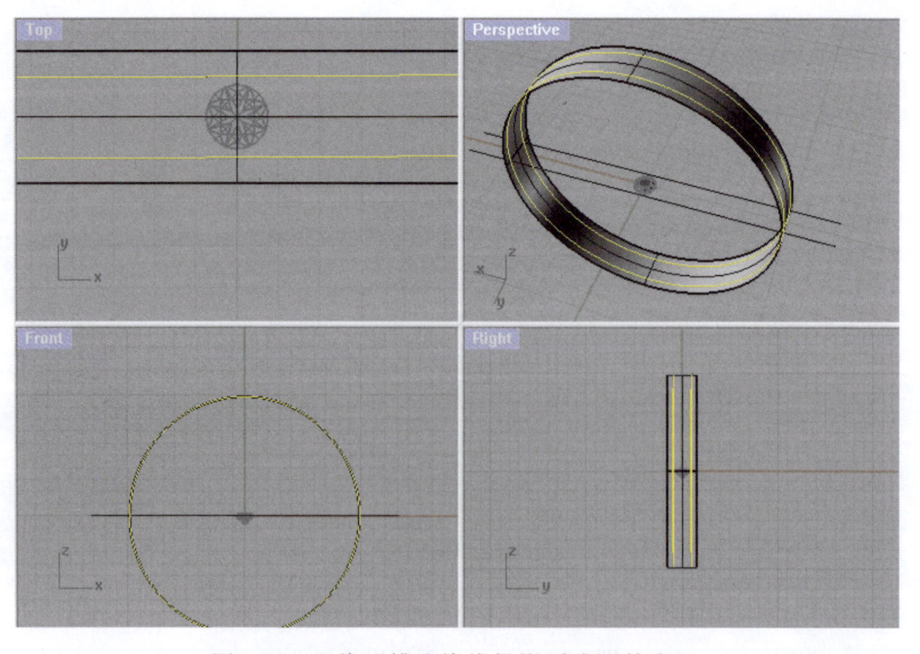

图 6-11-9　将石槽边缘线投影到戒圈外表面

(9)选择外表面和投影曲线,利用“修剪”命令将投影线外侧的面删除(图 6-11-10)。

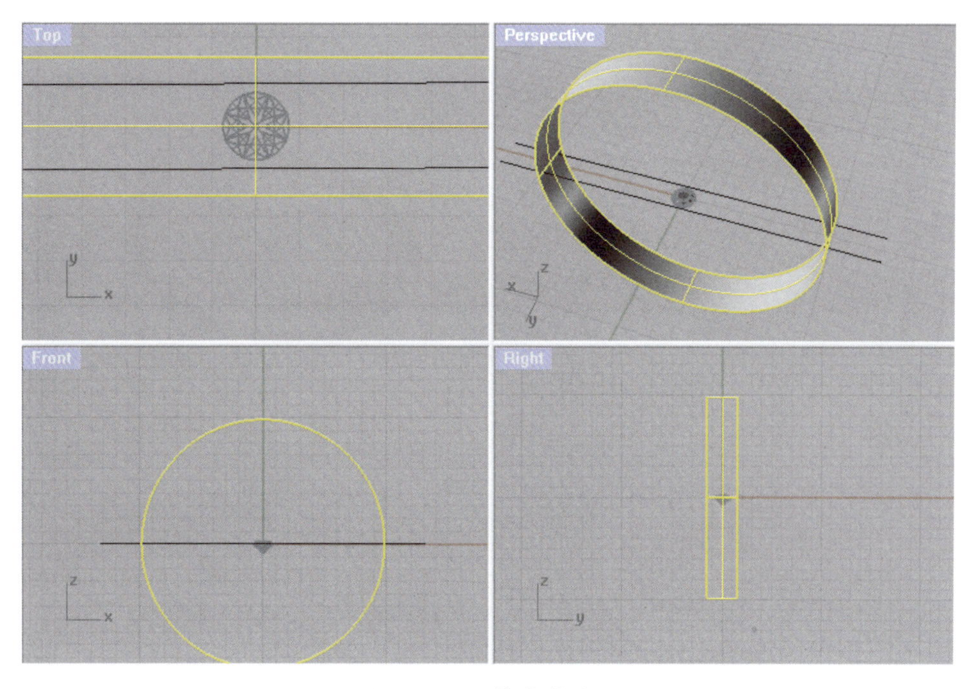

图 6-11-10 修剪外表面

(10)选择已修剪的曲面,利用“偏移曲面”命令将其向内偏移 0.50mm,形成石槽实体(图 6-11-11)。

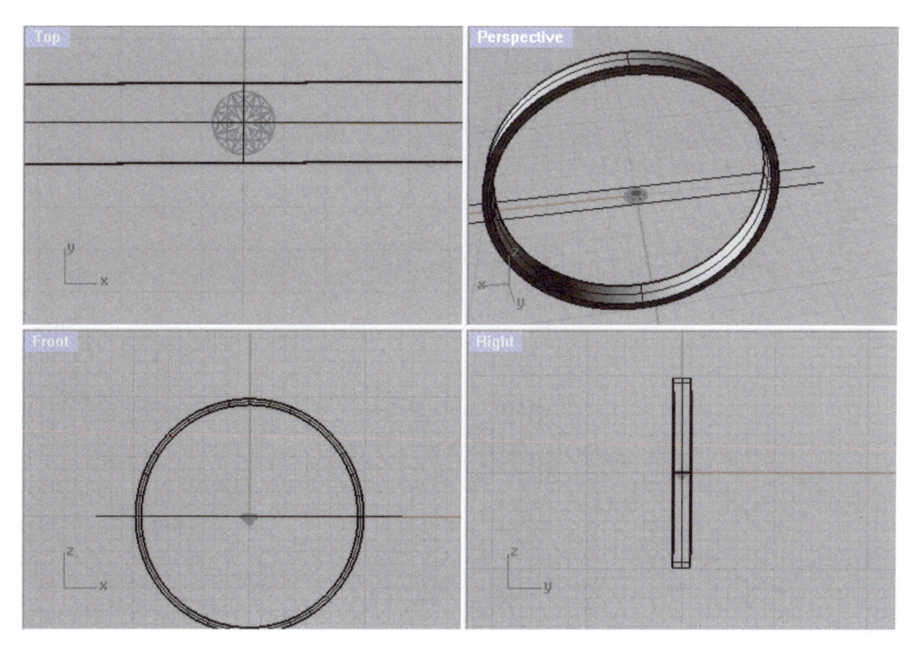

图 6-11-11 曲面偏移得到石槽实体

(11)显示隐藏的戒圈实体,将其与石槽实体进行布尔差集运算,完成戒圈开石槽(图 6-11-12)。

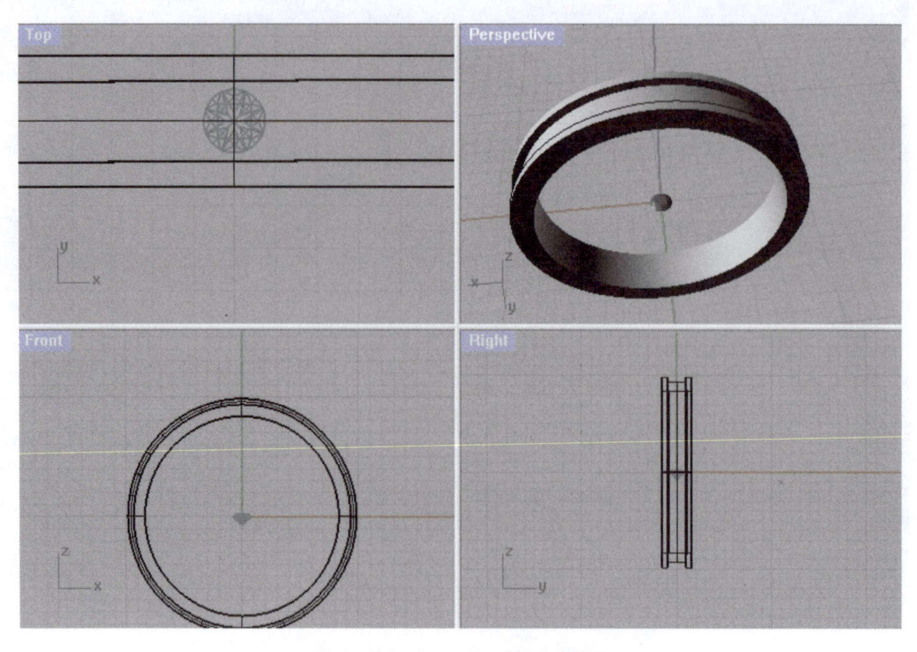

图 6-11-12　开石槽的戒圈

(12)在顶视图中,过圆心作一个直径为 1.50mm、与宝石外边缘重合的圆(图 6-11-13)。

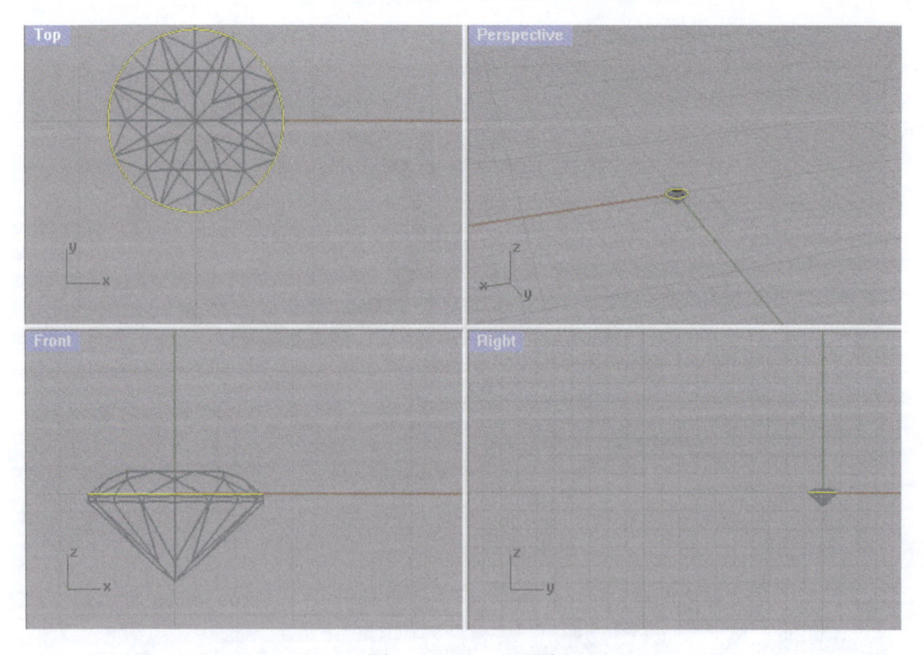

图 6-11-13　画圆

(13)在前视图中,画出如图 6-11-14 所示的直线(注意“物件锁点”中开启“四分点”和“中点”捕捉)。

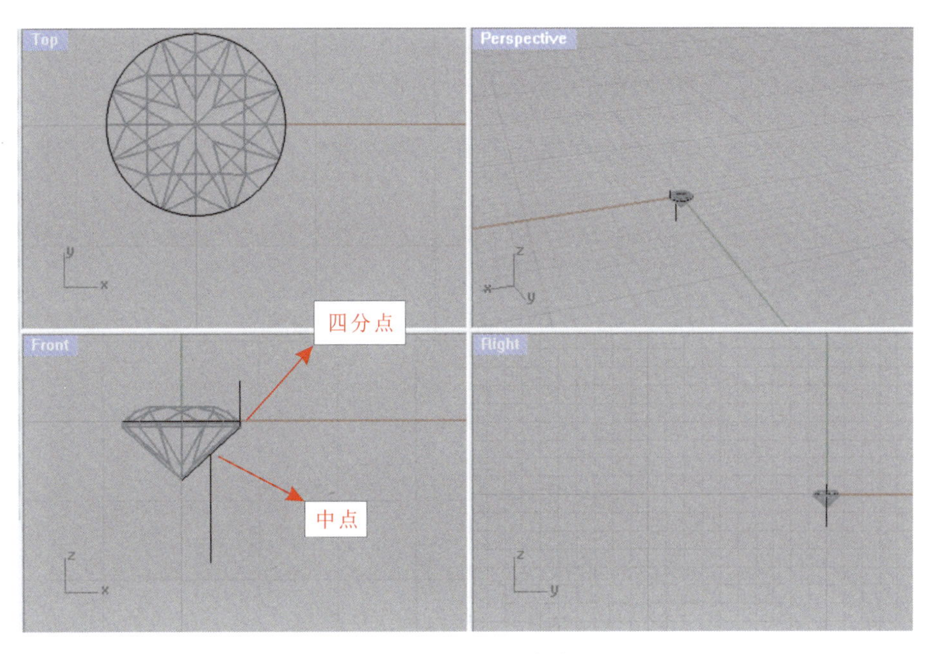

图 6-11-14 画直线

(14)将两直线修剪并组合成如图 6-11-15 所示轮廓线。

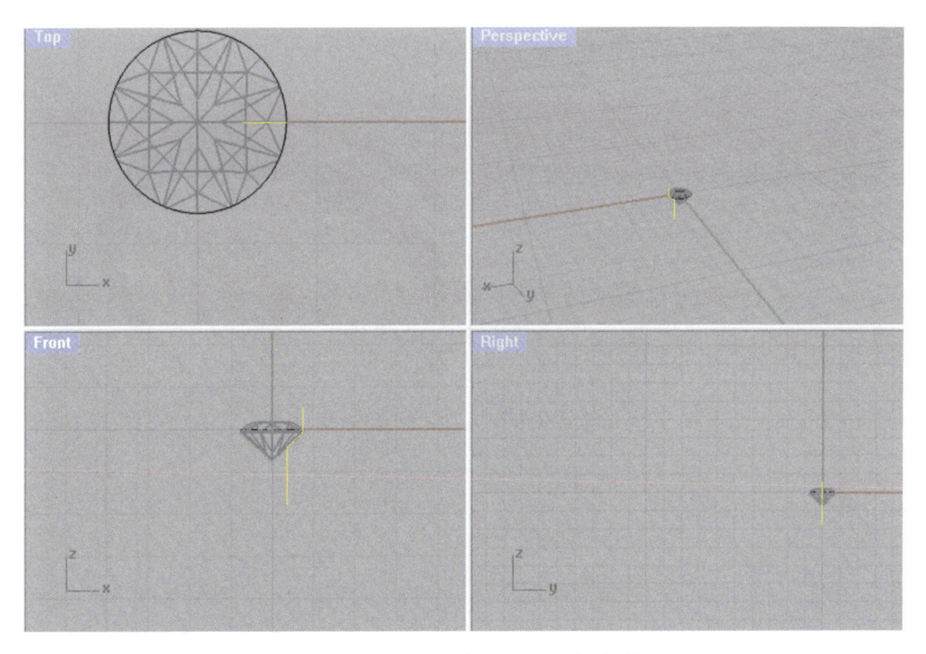

图 6-11-15 修剪、组合出轮廓线

(15)利用“旋转成型”命令将轮廓线绕过宝石底尖的垂直轴旋转一周，并用“将平面洞加盖”命令给曲面加盖，得到石洞实体，并上色(图6-11-16)。

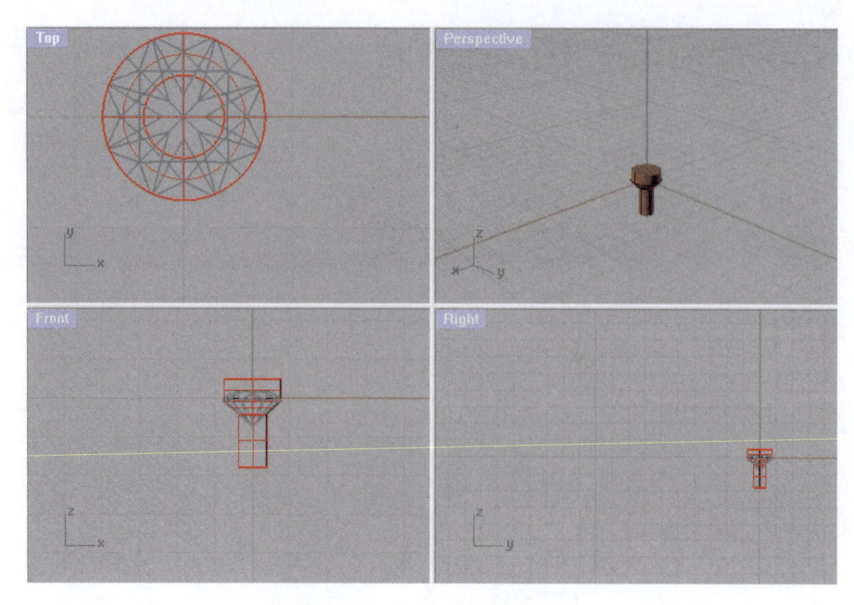

图6-11-16　给石洞实体上色

(16)在顶视图中，过宝石外边缘圆曲线的上四分点作一个直径为0.60mm的圆，将其垂直下移0.10mm(咬石0.10mm)，然后将宝石外缘线向外偏移0.10mm(保证宝石间距为0.20mm)，再用“复制”命令将两条圆曲线复制并移动到图示位置，使两外圆相切(图6-11-17)。

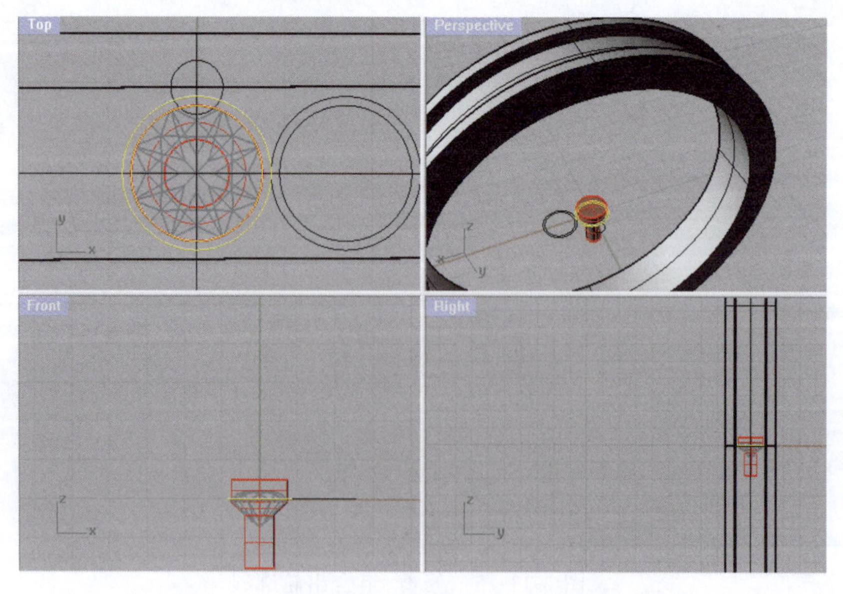

图6-11-17　移动复制圆至两外圆相切

(17)在顶视图中,用"偏移曲线"命令将复制的内圆向内偏移 0.10mm(图 6-11-18)。

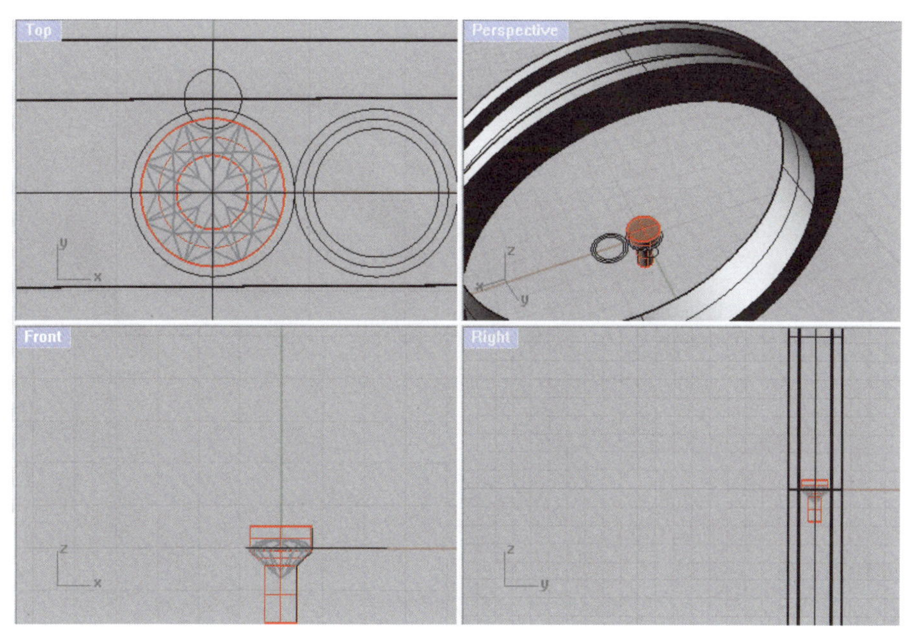

图 6-11-18 将内圆向内偏移

(18)在顶视图中,选择直径为 0.60mm 的圆,在顶视图中以原点为中心进行 2D 旋转,直到与右边的内圆相切(保障相邻宝石相距 0.20mm 时,钉镶爪两边都咬石 0.10mm)(图 6-11-19)。

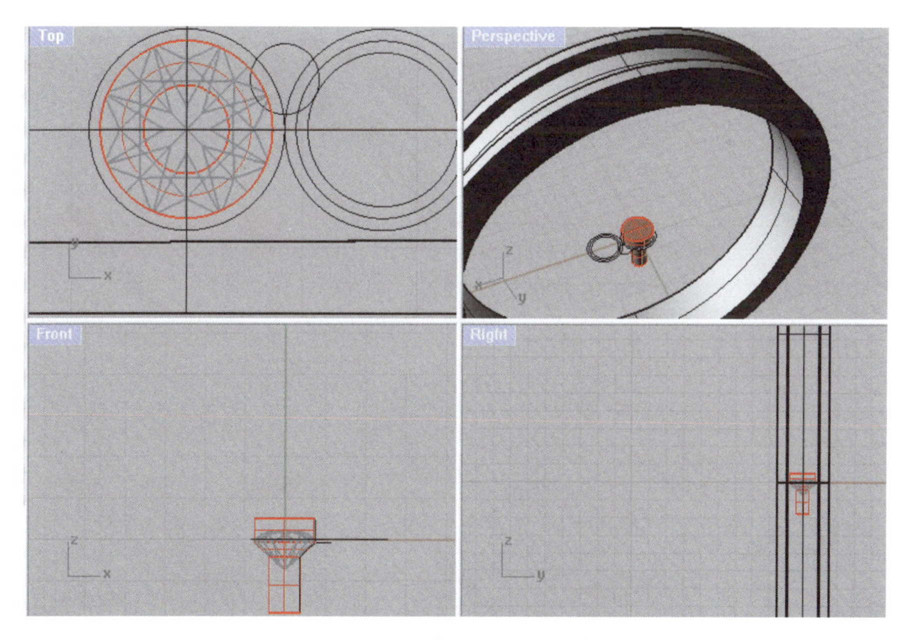

图 6-11-19 将圆进行 2D 旋转

(19)在顶视图中,删除右边的 3 个辅助圆曲线,利用"镜像"命令将旋转后的圆上下镜像(图 6-11-20)。

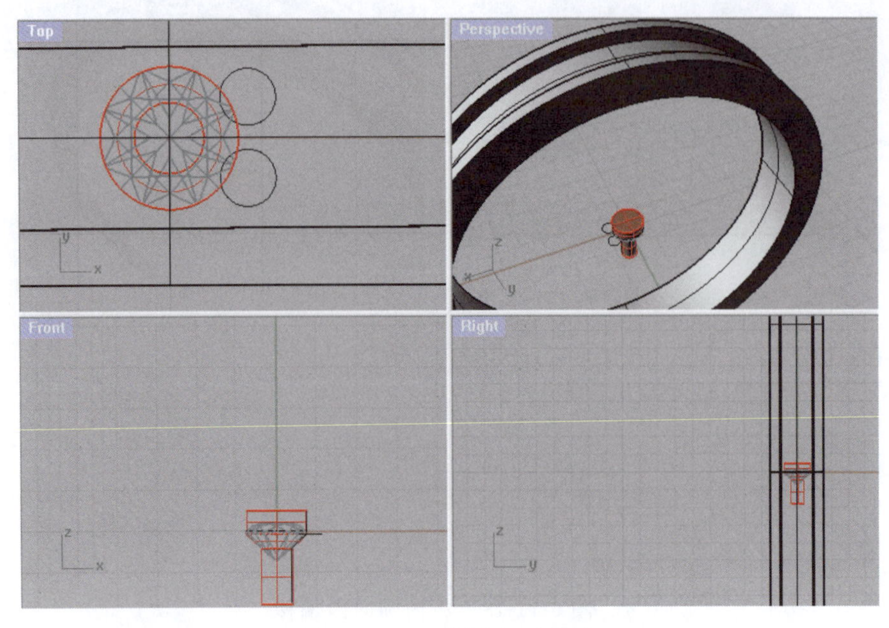

图 6-11-20　将圆上下镜像

(20)选择两个圆,在前视图中,用"挤出封闭的平面曲线"命令将其向两侧挤出,得到钉镶的两个爪(图 6-11-21),进行圆角处理(圆角半径为 0.25mm)并上色。

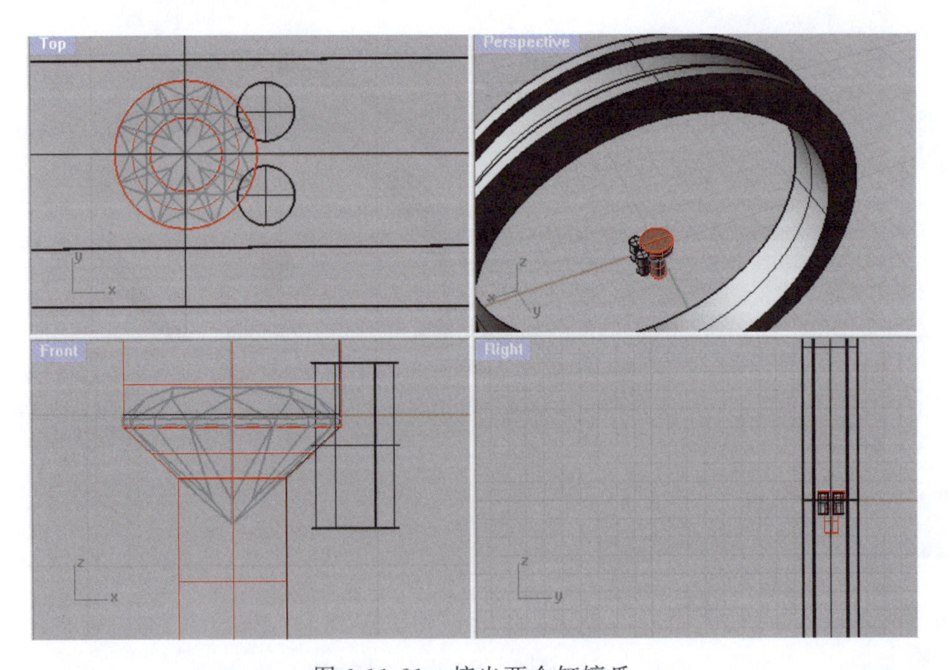

图 6-11-21　挤出两个钉镶爪

(21)选择石洞实体和宝石,将其垂直向上移动,使宝石底尖刚好与戒圈的内壁接触(图 6-11-22)。

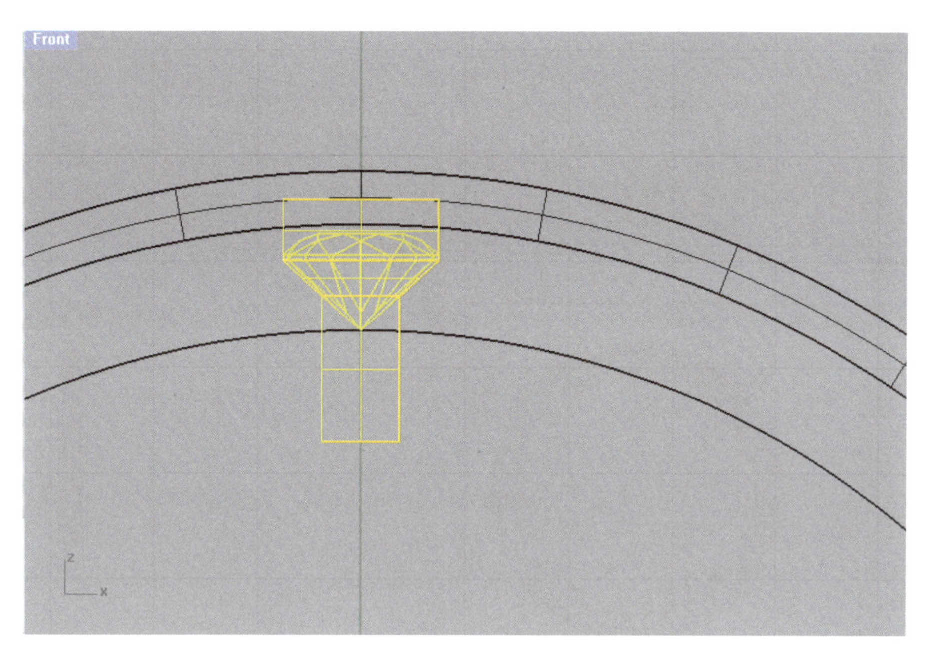

图 6-11-22 将石洞实体和宝石上移

(22)将宝石和石洞实体再垂直上移 0.50mm(图 6-11-23)。

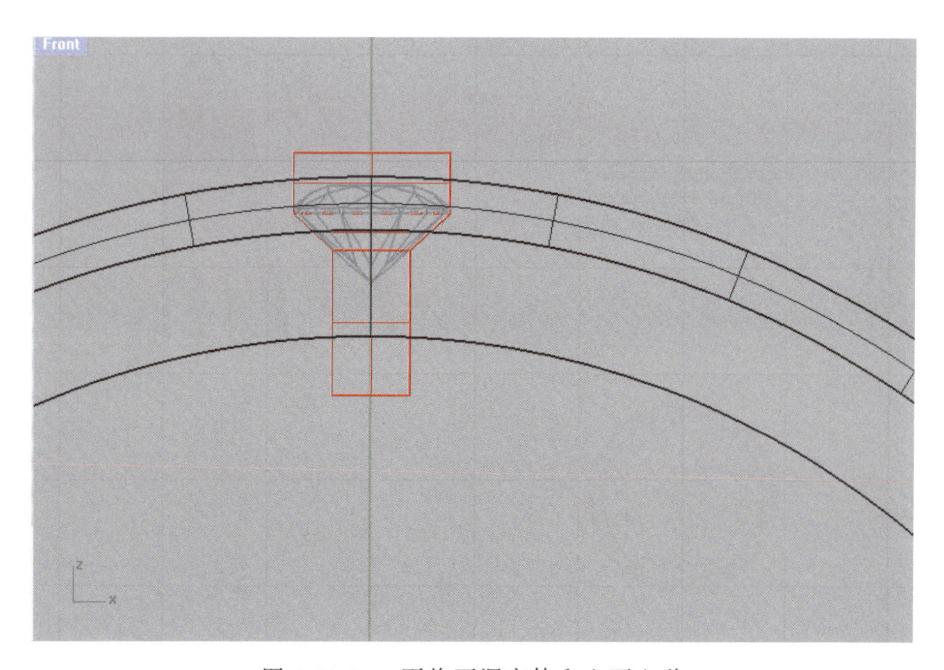

图 6-11-23 再将石洞实体和宝石上移

(23)选择石洞实体和宝石,用“环形阵列”命令将其沿圆周复制35个(根据宝石是否相距0.20mm的实际情况确定数量)并群组所有石洞实体(图6-11-24)。

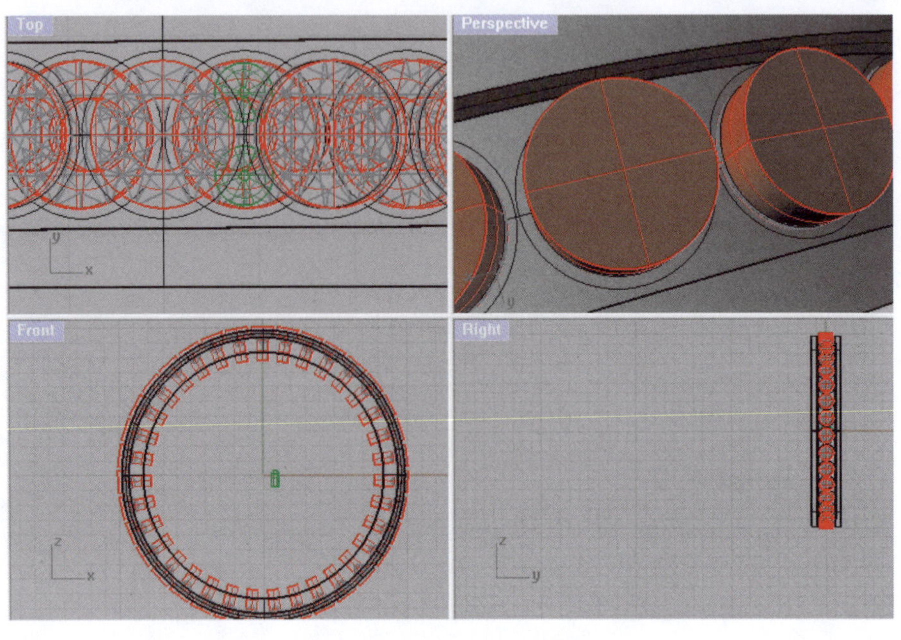

图6-11-24　将石洞实体与宝石环形阵列

(24)将石洞实体群组与戒圈进行布尔差集运算,完成开石洞与排石(图6-11-25)。

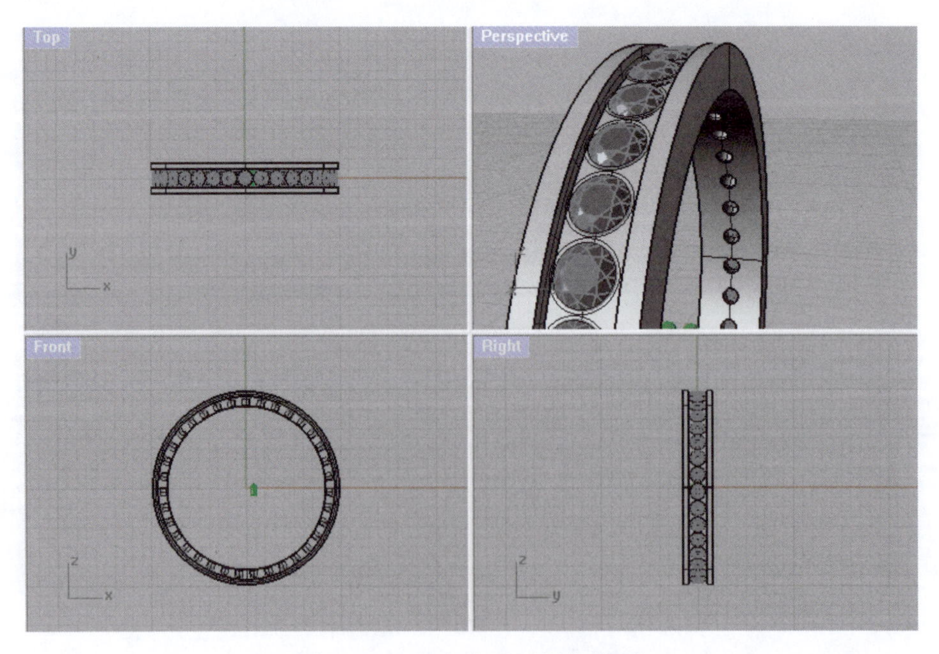

图6-11-25　完成开石洞与排石

(25)用“直线”命令画一条短线连接爪圆的两个四分点作为定位辅助线，在右视图中将其平行移动到与 y 轴重合位置后与两个爪群组(图 6-11-26)。

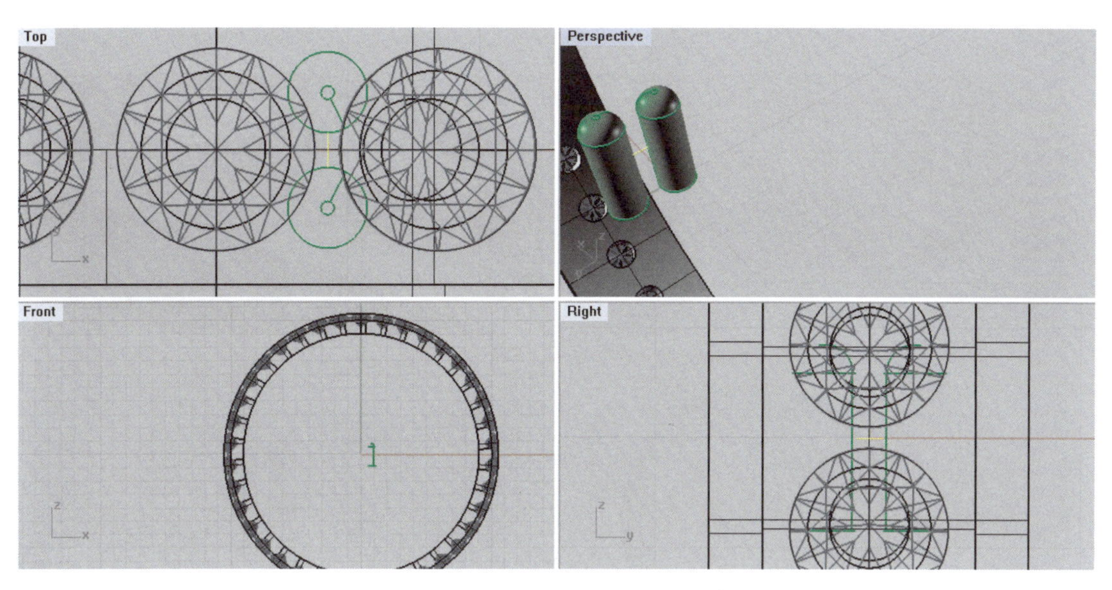

图 6-11-26　画钉镶爪定位的辅助线

(26)在立体视图隐藏两个相邻宝石，利用“复制边缘”命令复制石洞边缘。通过捕捉中点和垂点画出两条互相垂直的辅助线，其交点为两爪定位辅助线中点的定位点(图 6-11-27)。

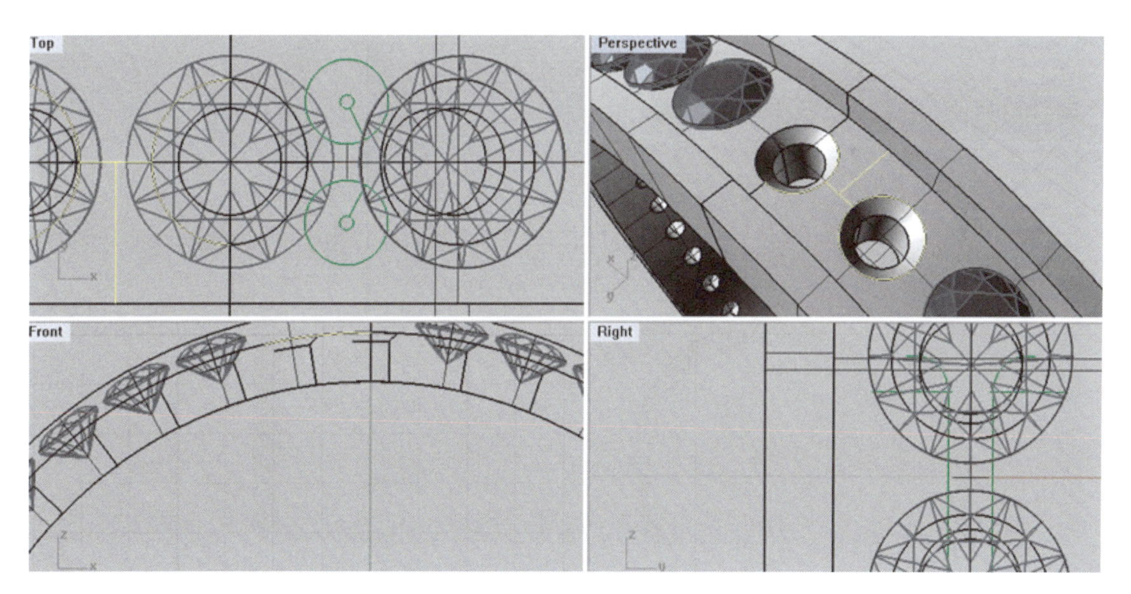

图 6-11-27　画两条互相垂直的辅助线

(27)选择两个爪及定位辅助线群组,利用“定位至曲面”命令将其定位在戒圈石槽底面上,注意在顶视图中选择两爪连线中点为参考点 1,任意点为参考点 2,定位点为辅助线的交点(图 6-11-28)。

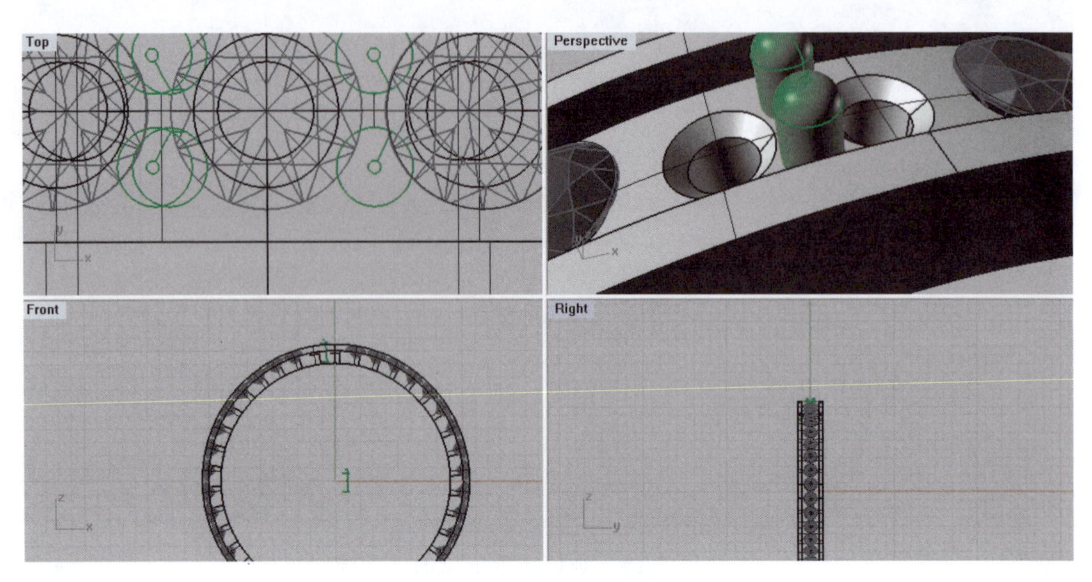

图 6-11-28　将爪定位到石槽底部表面

(28)显示所有物件,选择爪群组,在前视图中用将其环形阵列,完成钉镶制作,其中阵列中心为原点,阵列数与宝石的个数相同(图 6-11-29)。

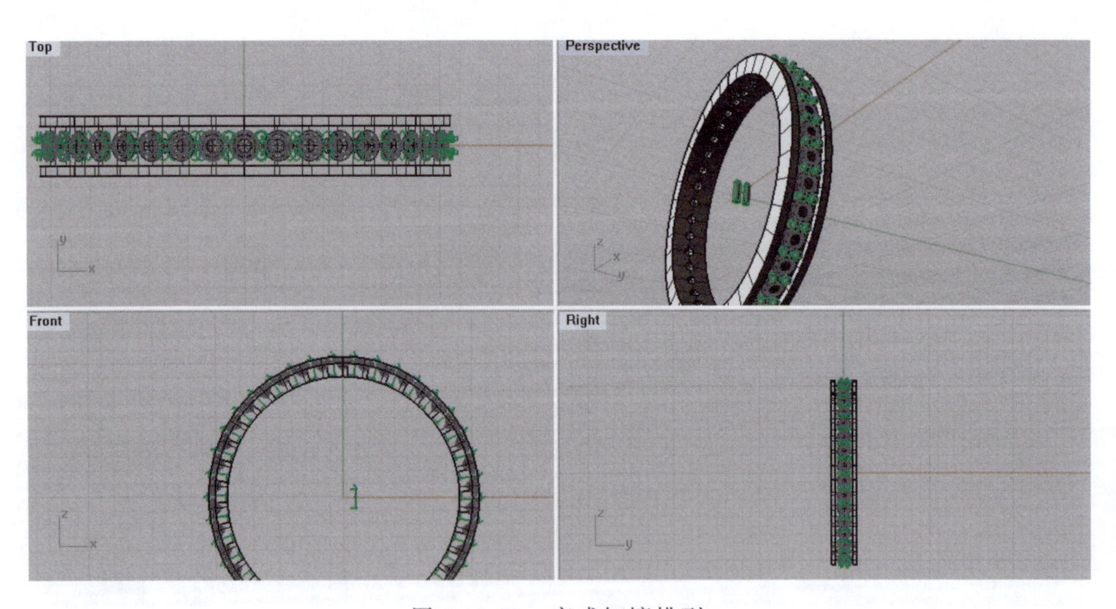

图 6-11-29　完成钉镶排列

(29)最终的效果如图 6-11-30 所示。

图 6-11-30　钉镶女戒效果图

案例小结

确定宝石环形阵列数目最好用“沿曲线阵列”命令来确定(图 6-11-31),设置宝石间距为 0.20mm,则直径为 1.50mm 的宝石中心间距为 1.70mm,选择石槽表面中央结构线为阵列曲线,可直接读出阵列宝石个数为 35。

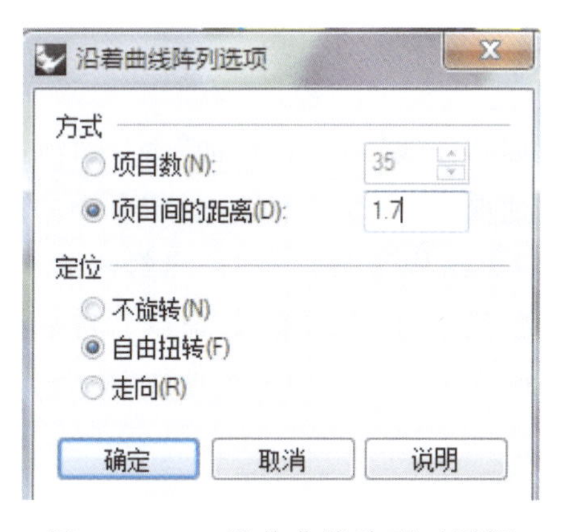

图 6-11-31　沿着曲线阵列对话框

6.12 掏底手镯的制作

任务描述

制作一个掏底手镯(图 6-12-1),内圈椭圆长轴为 55.00mm、短轴为 45.00mm,厚度为 0.80mm。建模思路如下:①手镯实体制作;②掏底实体的制作;③完成掏底手镯。

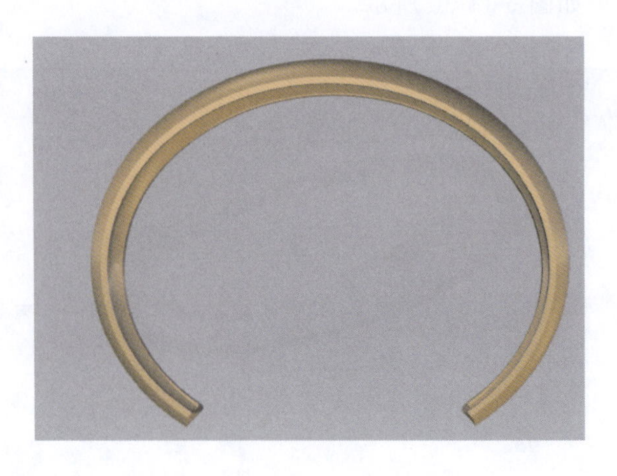

图 6-12-1　掏底手镯效果图

所用命令

操作中将用到如下命令图标：

依次为："椭圆"命令、"偏移曲线"命令、"移动"命令、"镜像"命令、"旋转"命令、"圆弧"命令、"单轴缩放"命令、"重建曲线"命令、"双轨扫掠"命令、"直线"命令、"以平面曲线建立曲面"命令、"组合"命令、"抽离结构线"命令、"挤出封闭的平面曲线"命令、"布尔运算差集"命令、"复制"命令、"隐藏/显示"命令、"修剪"命令、"将平面洞加盖"命令、"炸开"命令、"偏移曲面"命令、"延伸曲面"命令、"曲面内插点曲线"命令、"变形控制器编辑"命令，请对照使用。

操作步骤

(1)在前视图中，用"椭圆"命令画一个中心在原点，长、短轴分别为 55.00mm、45.00mm 的椭圆(图 6-12-2)。

(2)将椭圆向外偏移 0.80mm(图 6-12-3)。

(3)在顶视图中将内、外椭圆向上平移 3.00mm，然后将其以原点为中心水平镜像(图 6-12-4)。

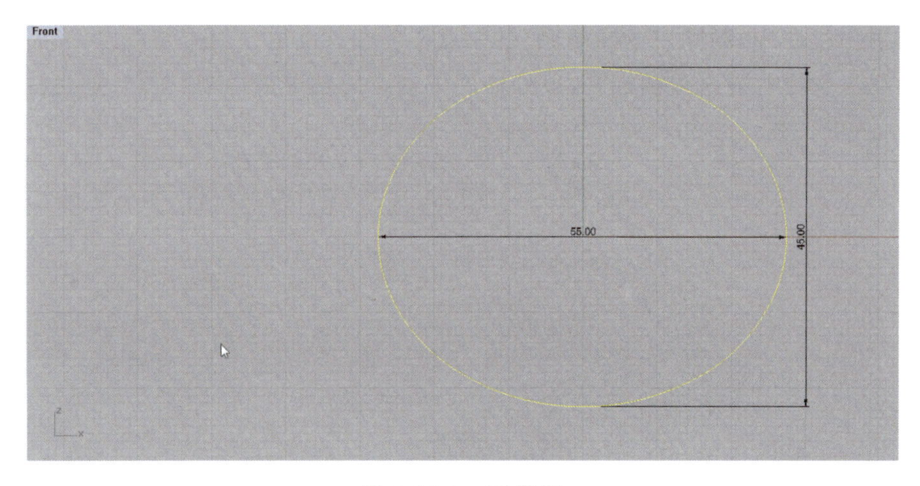

图 6-12-2　画椭圆

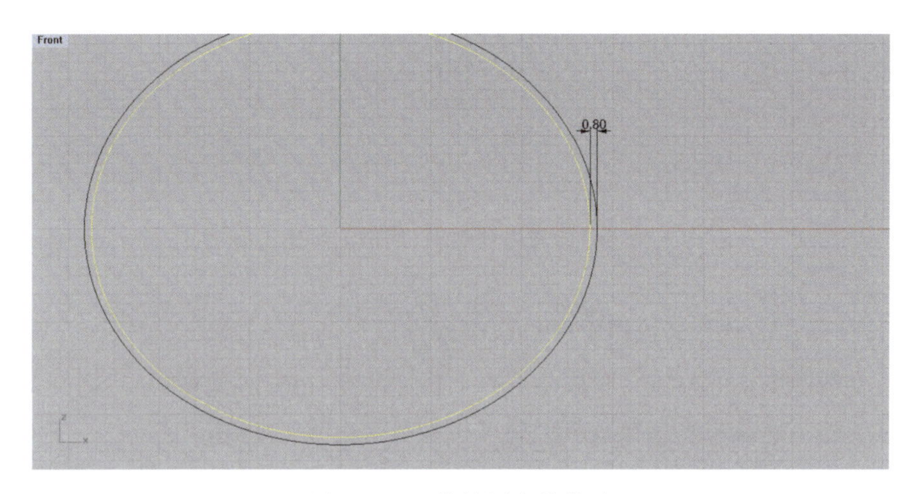

图 6-12-3　将椭圆向外偏移

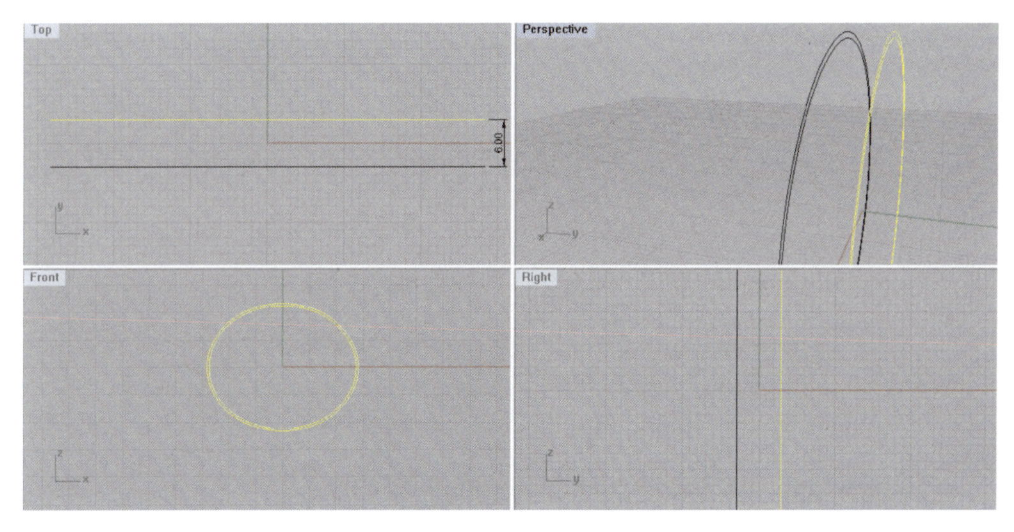

图 6-12-4　将内、外椭圆平移后镜像

(4)在右视图中，删除左侧两椭圆，过原点作一条长度适当的垂直线段，向右水平移动 5.00mm 后，选择右侧内外两椭圆，以外椭圆下端点为基点进行 2D 旋转，通过捕捉端点和交点使外椭圆上端点刚好和垂直线接触(图 6-12-5)。

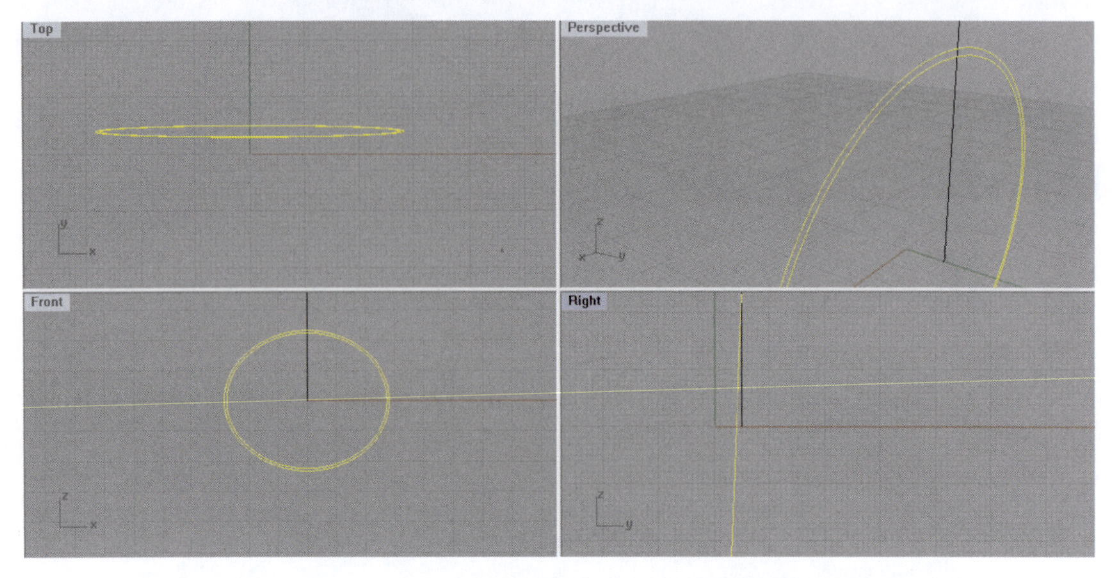

图 6-12-5　旋转内外椭圆(调节上手镯下宽度)

(5)将旋转后的内外两椭圆在右视图中绕过原点的垂直平面左右镜像。画两条线段连接左右外圆的上、下端点，复制后分别向上移动 3.00mm、向下移动 1.50mm，然后利用"圆弧"命令画两条弧线通过左右两个端点和复制线段的中点(图 6-12-6)。

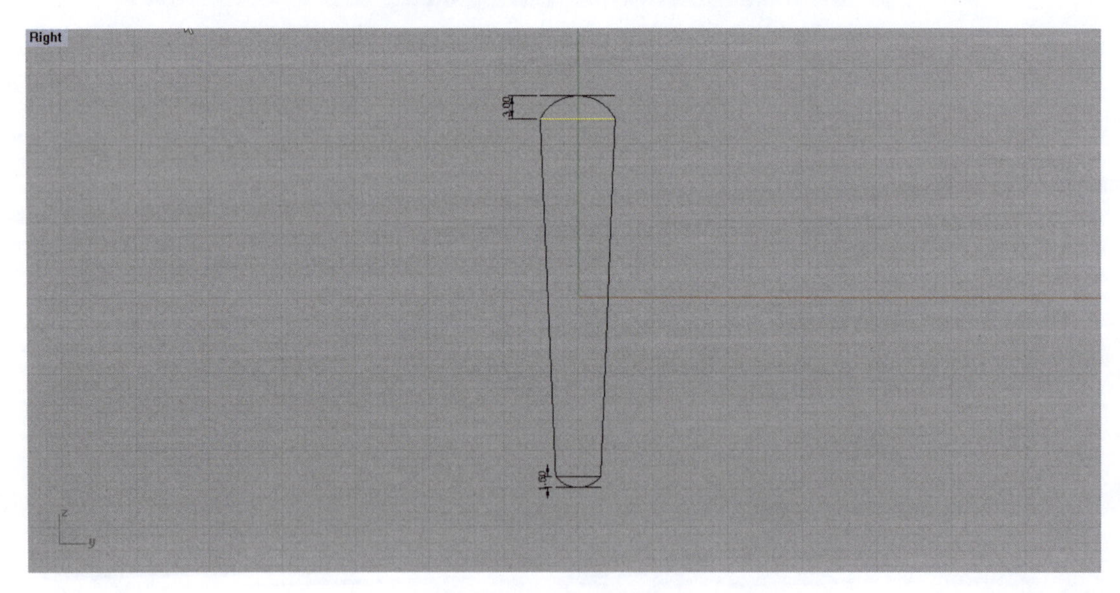

图 6-12-6　画两条弧线

(6)分别将上下两条曲线的控制点重建为 4 个,利用"单轴缩放"命令调节曲线弧度(图 6-12-7)。

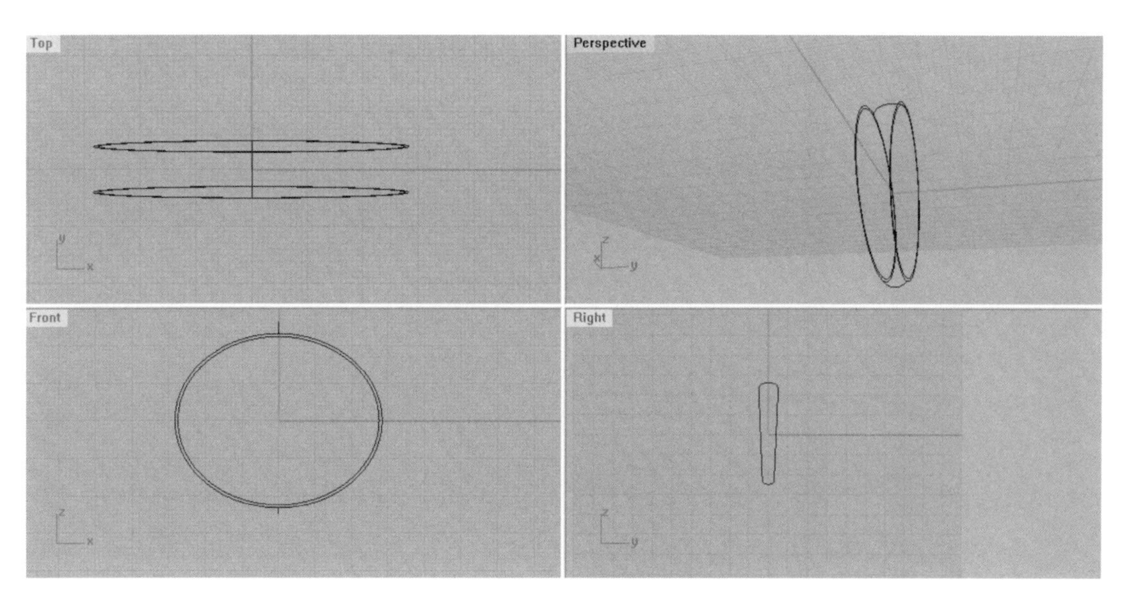

图 6-12-7 调节两条曲线弧度

(7)利用"双轨扫掠"命令完成手镯外表面制作(图 6-12-8)。

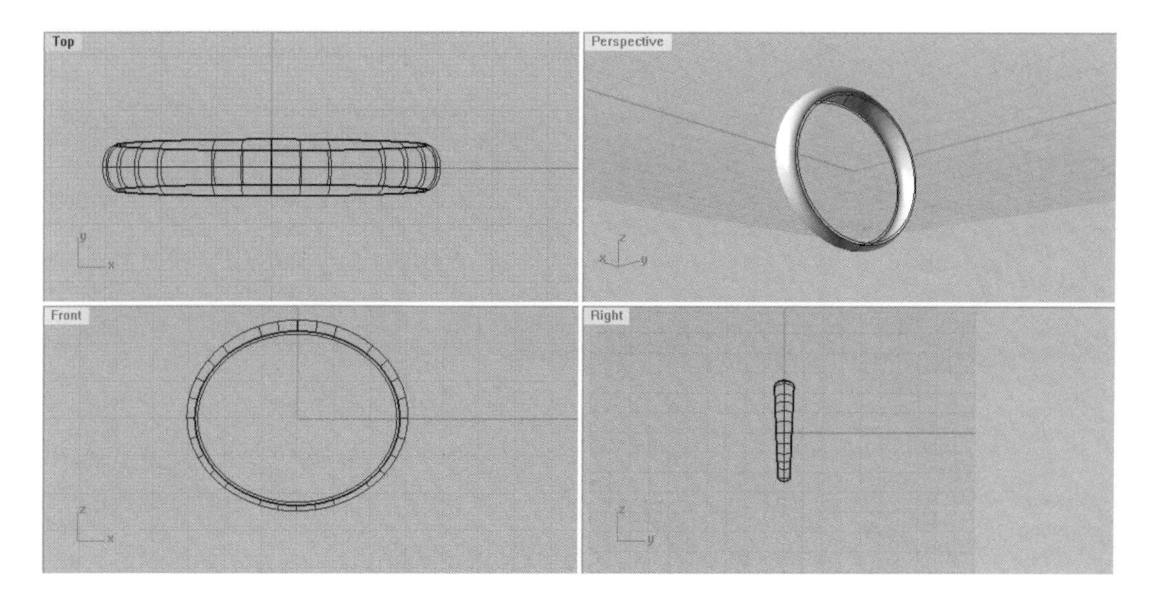

图 6-12-8 完成手镯外表面制作

(8)在右视图中,捕捉左右两内椭圆的四分点画一条线段,作为下一步双轨扫掠的断面线(图 6-12-9)。

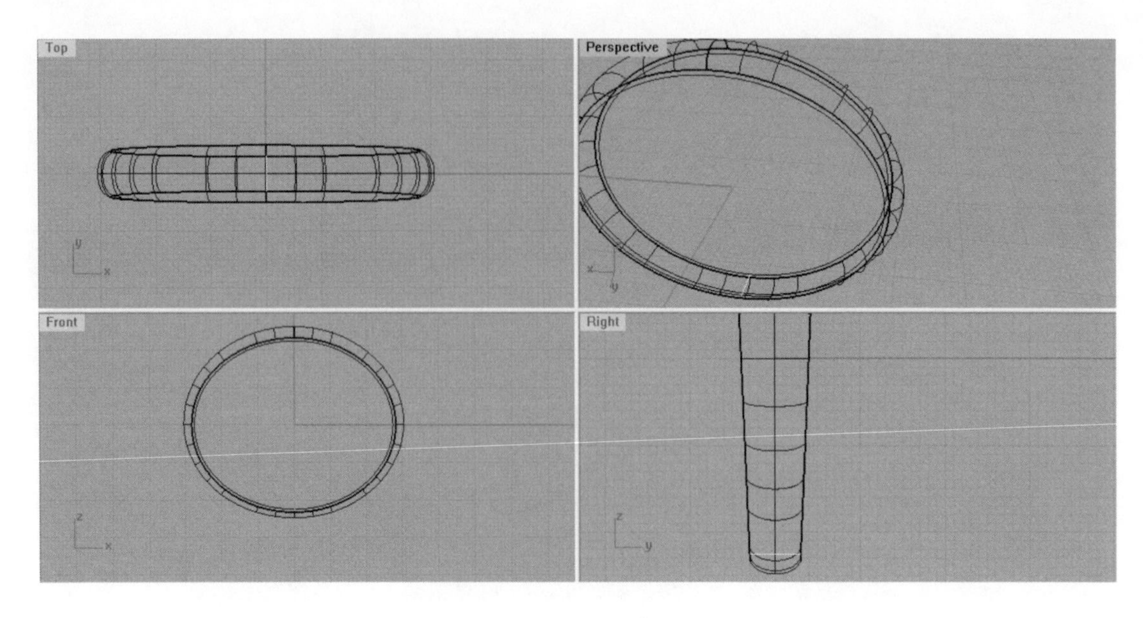

图 6-12-9　画线段

(9)利用“双轨扫掠”命令完成手镯内表面的制作(图 6-12-10)。

图 6-12-10　完成手镯内表面制作

(10)利用“以平面曲线建立曲面”命令分别完成手镯两个侧面的制作,删除所有线条,将所有面组合成一个实体(图 6-12-11)。

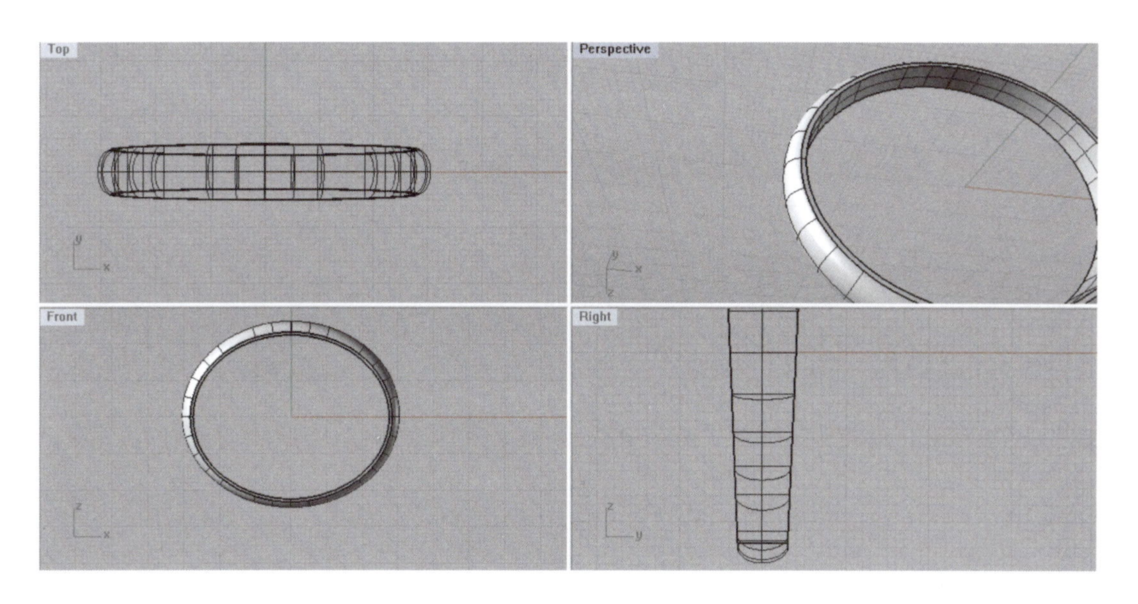

图 6-12-11 将所有面组合成实体

(11)在前视图中，过原点画一条长度适当的垂直线，并将其以原点为中心进行 2D 旋转 43°(图 6-12-12)。

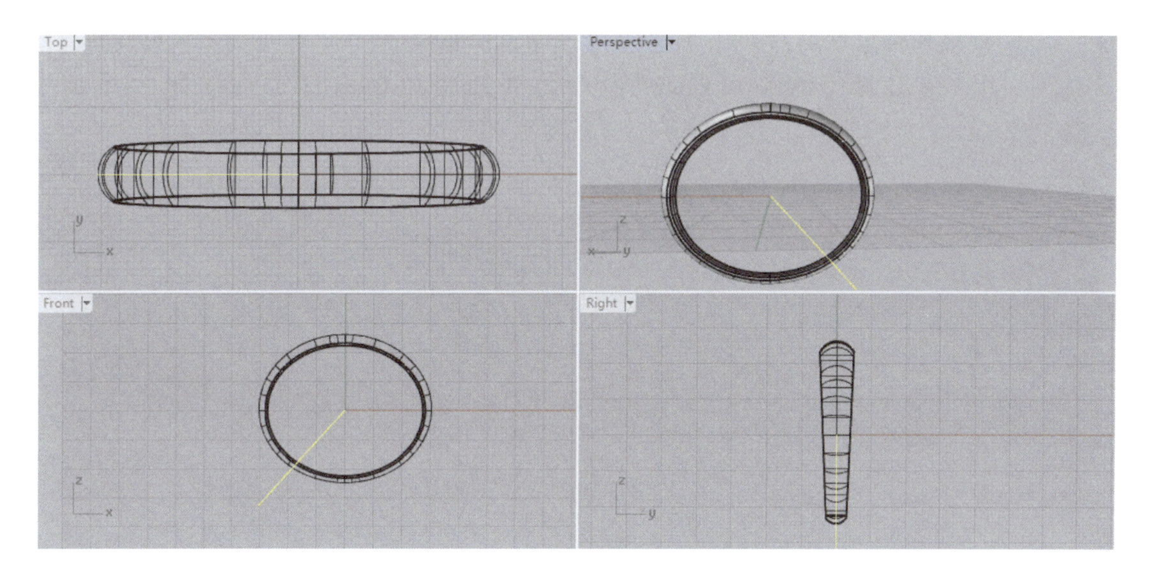

图 6-12-12 画垂直线并旋转 43°

(12)利用"抽离结构线"命令靠近线段内表面抽取一条横向结构线,重建4个控制点(图6-12-13)。

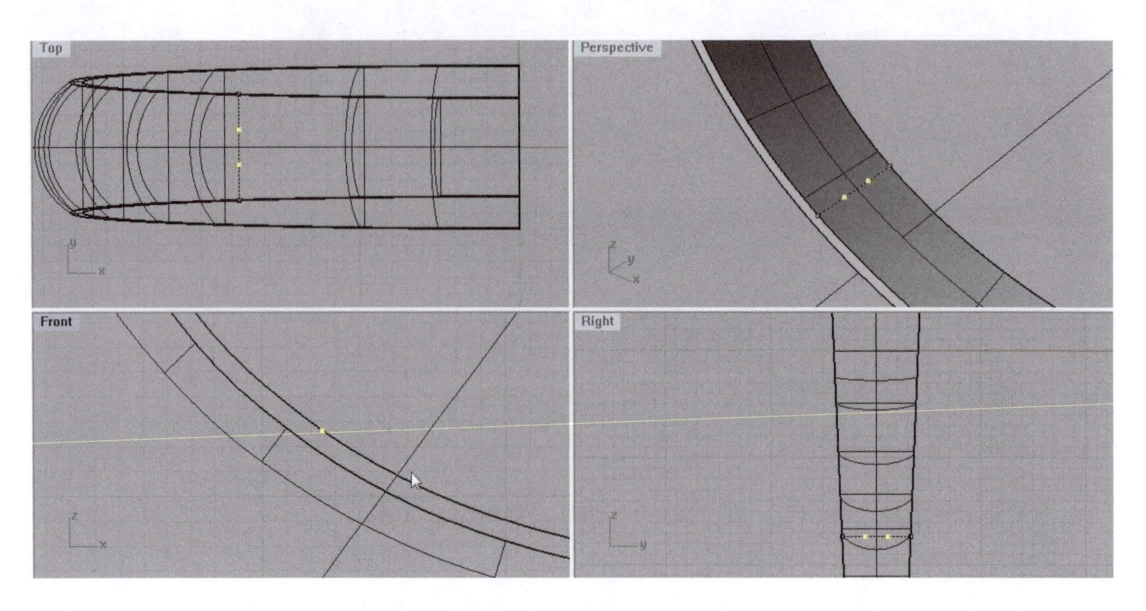

图6-12-13　抽取横向结构线并重建控制点

(13)通过捕捉最近点,调节中间的2个控制点使线段呈圆弧形,并使顶端与旋转直线段接近;用"挤出封闭的平面曲线"命令将弧线沿旋转直线方向挤出一个曲面(图6-12-14)。

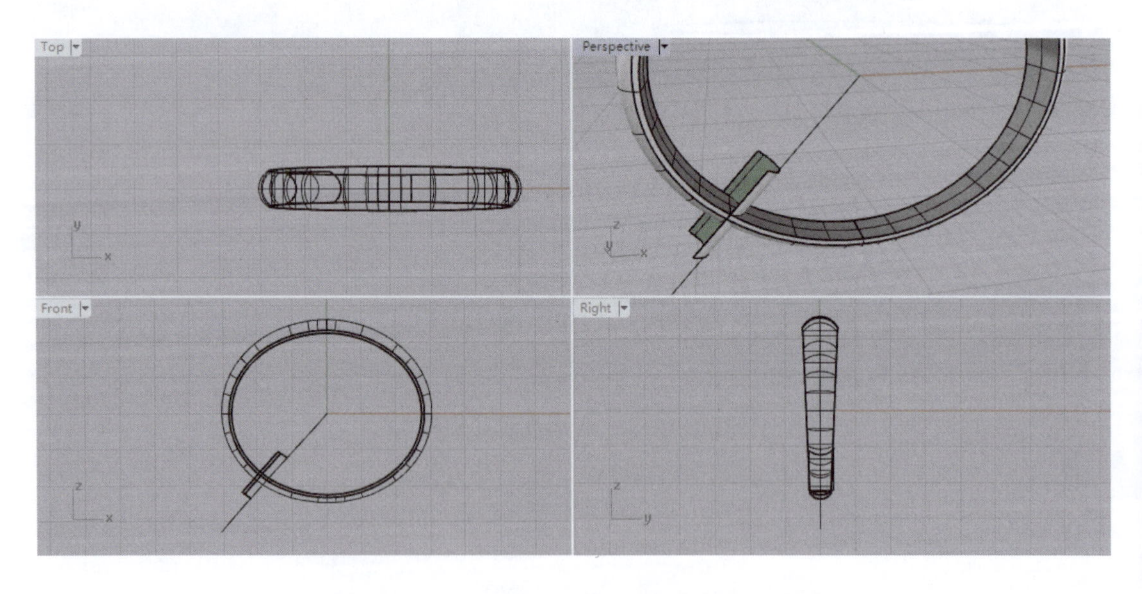

图6-12-14　将弧线沿旋转直线方向挤出曲面

(14)利用“延伸曲面”命令将曲面两个侧面边界进行延伸,使其稍宽于手镯(图 6-12-15)。

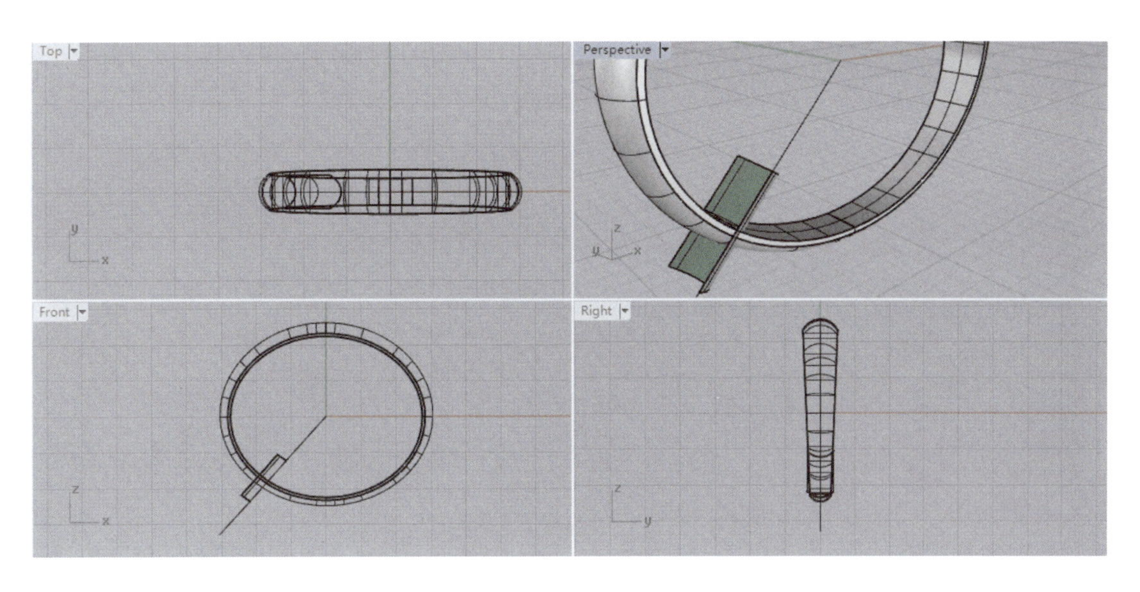

图 6-12-15　延伸曲面两侧边界

(15)在前视图中将延伸后的曲面关于 z 轴垂直镜像(图 6-12-16)。

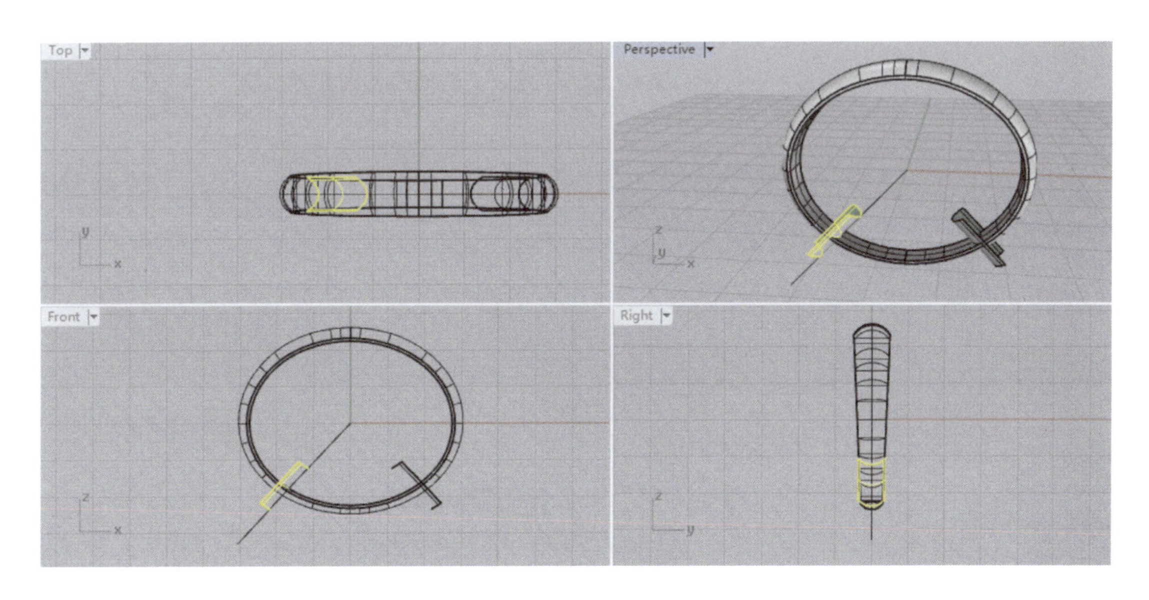

图 6-12-16　将延伸曲面垂直镜像

(16)画两条线段分别连接左右曲面上端边缘的两个端点,如图 6-12-17 所示。

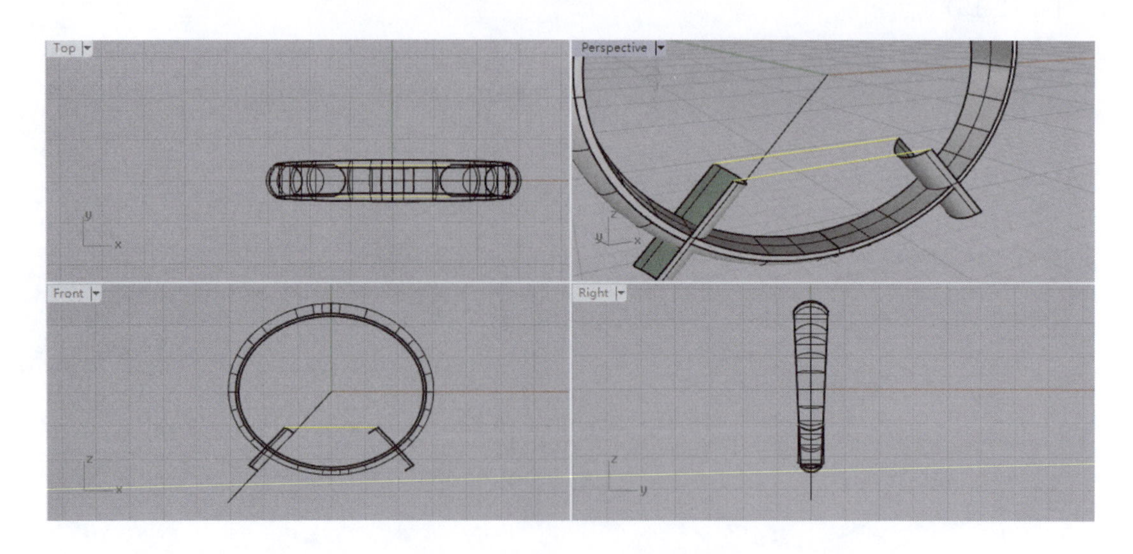

图 6-12-17　用线段连接曲面上端点

(17)用"双轨扫掠"命令完成上部曲面的制作(图 6-12-18)。

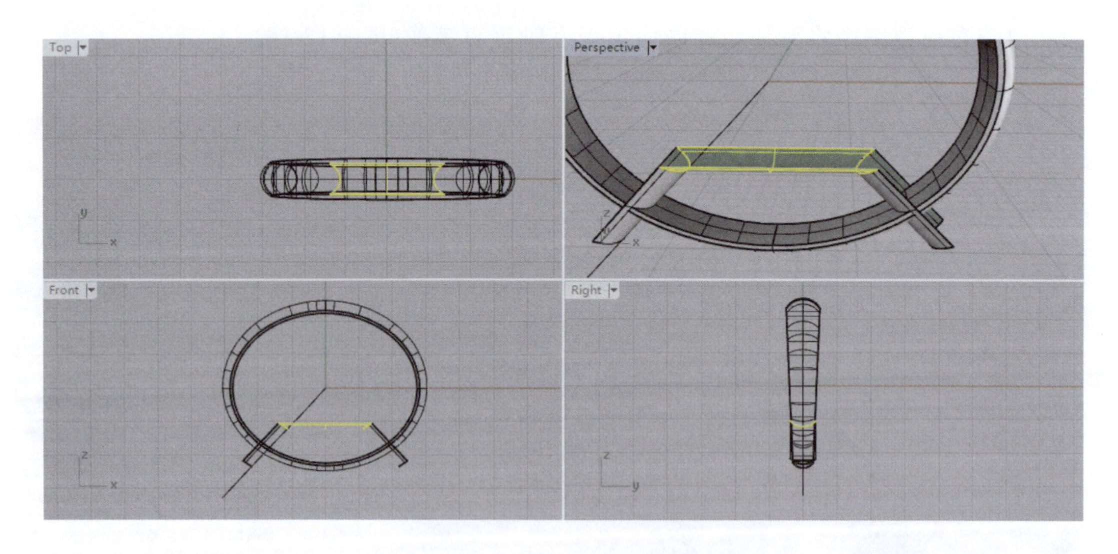

图 6-12-18　完成上部曲面的制作

(18)删除所有线条,将 3 个曲面组合后与手镯实体进行布尔差集运算,完成手镯的制作(图 6-12-19)。

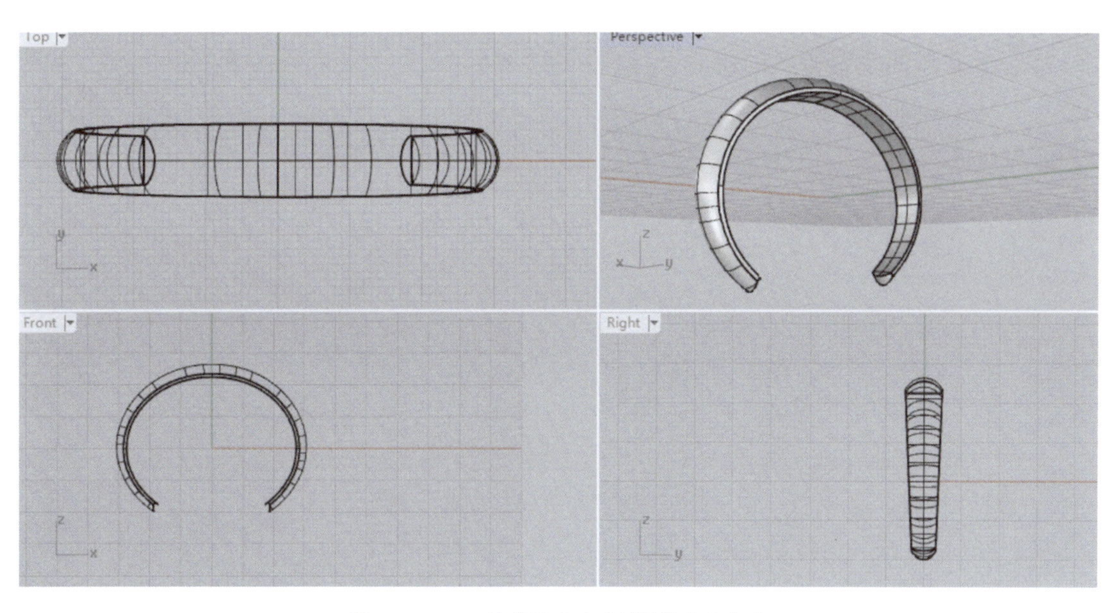

图 6-12-19　执行“布尔运算差集”命令

(19)原地复制手镯并隐藏，在前视图中，过原点作一条垂直线，选择手镯和直线，用“修剪”命令删除右侧半个手镯后，用“平面洞加盖”命令加盖成实体(图 6-12-20)。

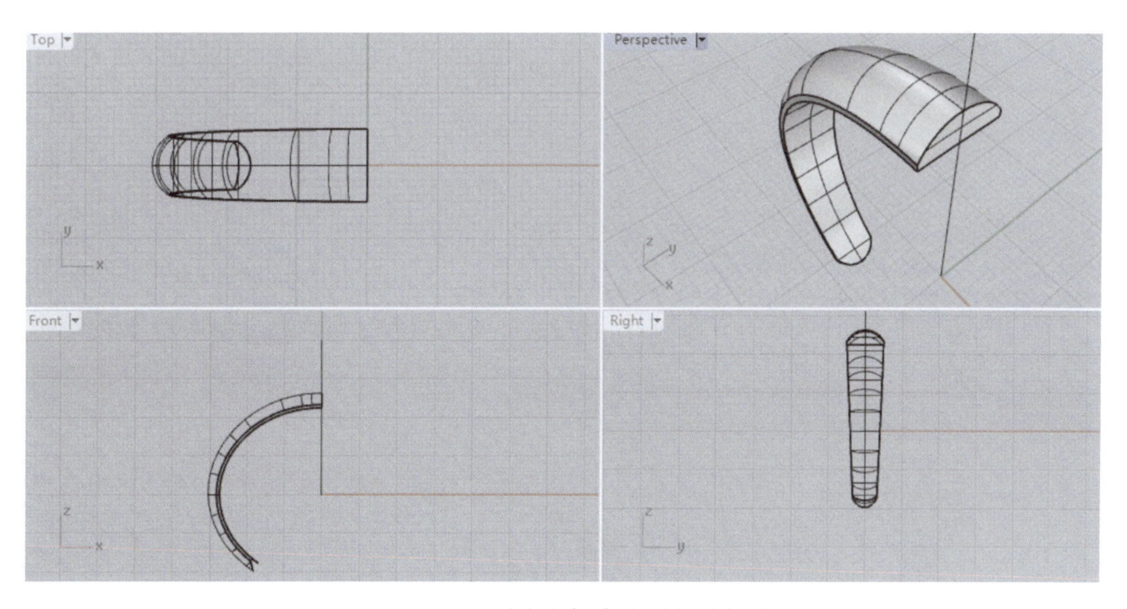

图 6-12-20　删除右侧半个手镯并加盖

(20)炸开半个手镯实体,使用“偏移曲面”命令将所有曲面(底面除外)向内侧偏移0.90mm,并将两个偏移后的曲面上色(图 6-12-21)。

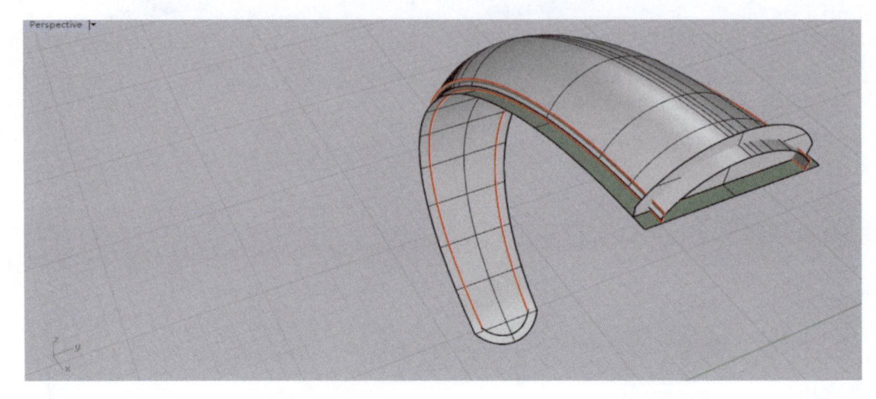

图 6-12-21　给偏移侧面上色

(21)选择左右两个偏移侧面,用“延伸曲面”命令延长上下边界使其超出外部偏移曲面(图 6-12-22)。

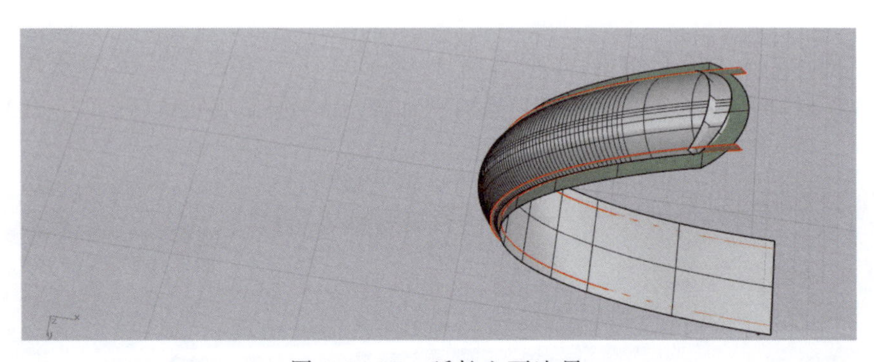

图 6-12-22　延长上下边界

(22)删除内表面,选择所有曲面,用“修剪”命令删除两个侧面和上端面的多余曲面部分(图 6-12-23)。

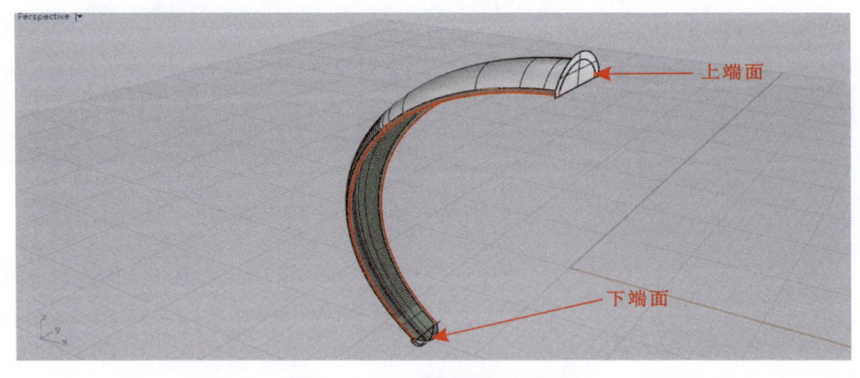

图 6-12-23　修剪多余曲面

(23)通过捕捉偏移侧面两个端点，用“曲面内插点曲线”命令沿下端面画一条曲线作为双轨扫掠的断面线(图 6-12-24)。

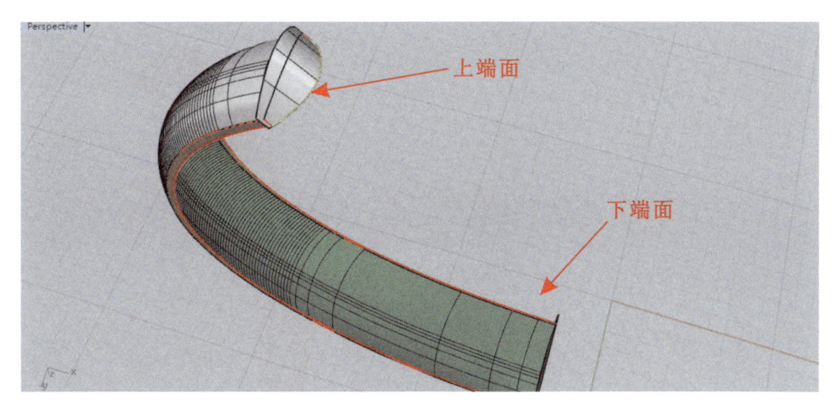

图 6-12-24 沿下端面画曲线作为双轨扫掠断面线

(24)删除上下两个偏移端面，画一线段连接偏移侧面两个端点(图 6-12-25)。

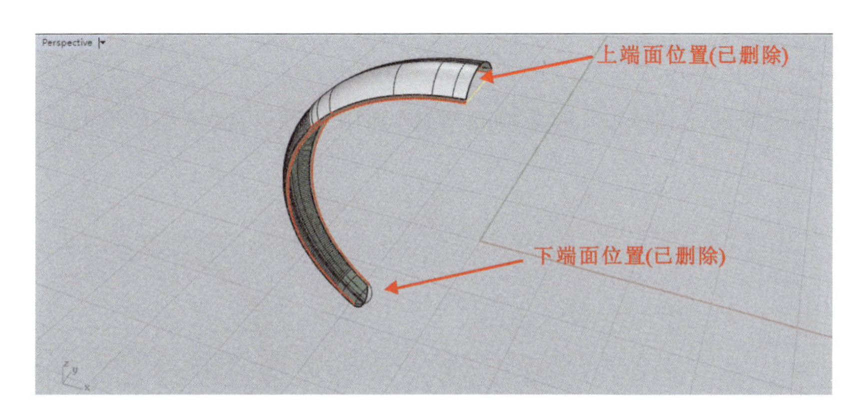

图 6-12-25 连接偏移侧面的两个端点

(25)利用“双轨扫掠”命令和步骤(24)中画的线段，重建内表面和下端面(图 6-12-26)。

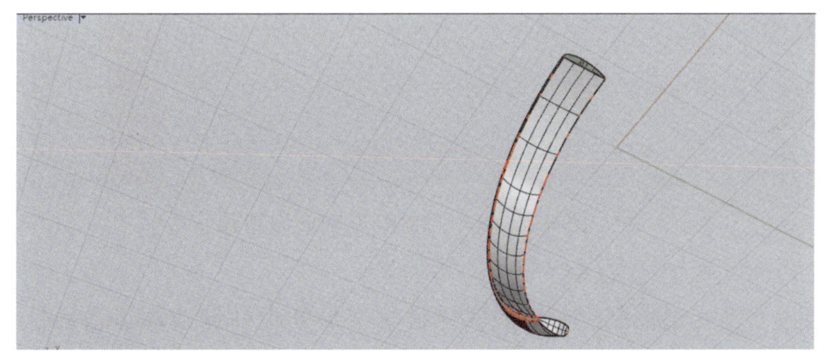

图 6-12-26 重建内表面和下端面

(26)将视图中的所有曲面组合后，再用“将平面洞加盖”命令加盖并上色，完成掏底实体的制作(图 6-12-27)。

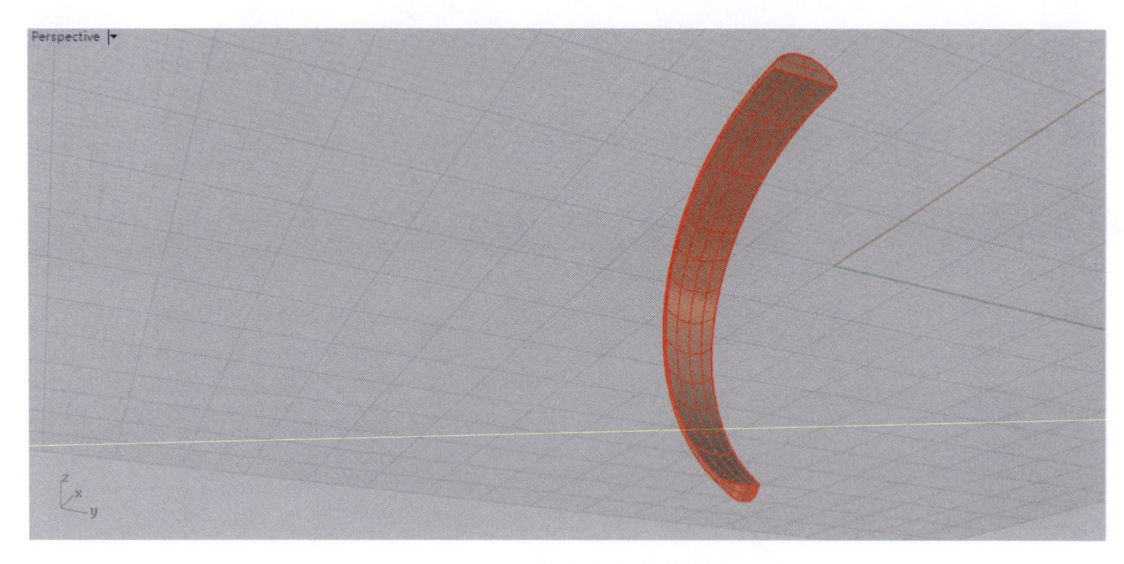

图 6-12-27　完成掏底实体制作

(27)显示隐藏的手镯实体，选择掏底实体，利用“变形控制器编辑”命令调出矩形变形编辑器(图 6-12-28)。

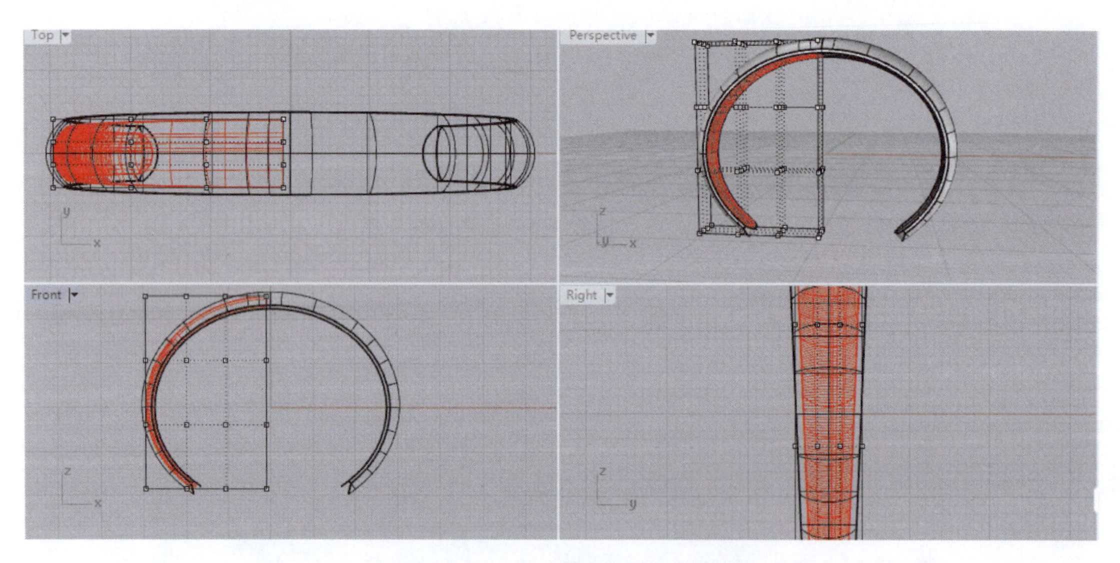

图 6-12-28　调出矩形变形编辑器

(28)通过移动变形控制点对掏底实体进行变形处理并调节到适当的位置(掏底实体边缘必须突出手镯内圈)(图 6-12-29)。

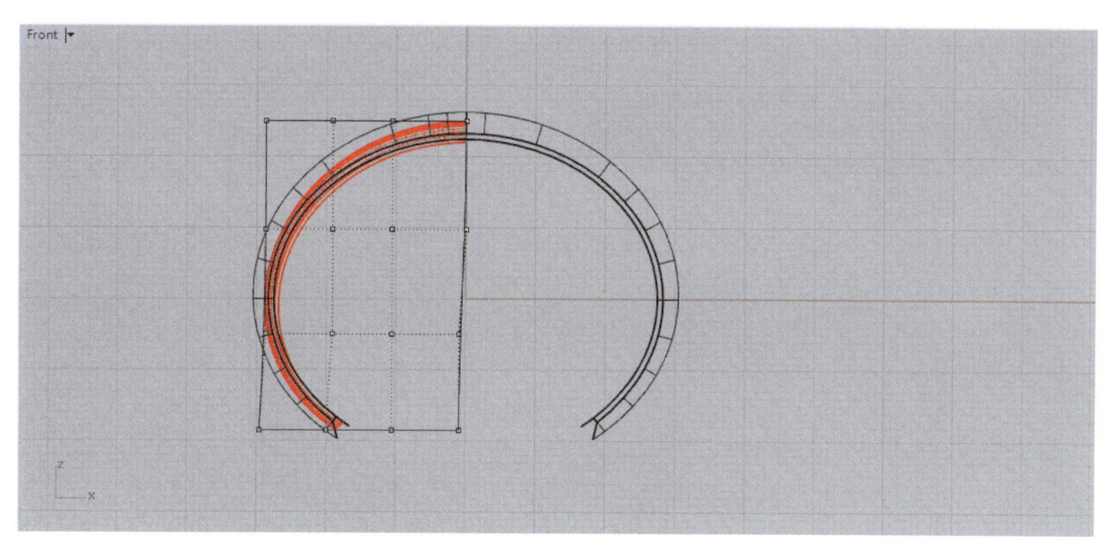

图 6-12-29 对掏底实体进行变形处理并调节

(29)在前视图中将上一步中的掏底实体(红色)关于 z 轴进行左右镜像(图 6-12-30)。

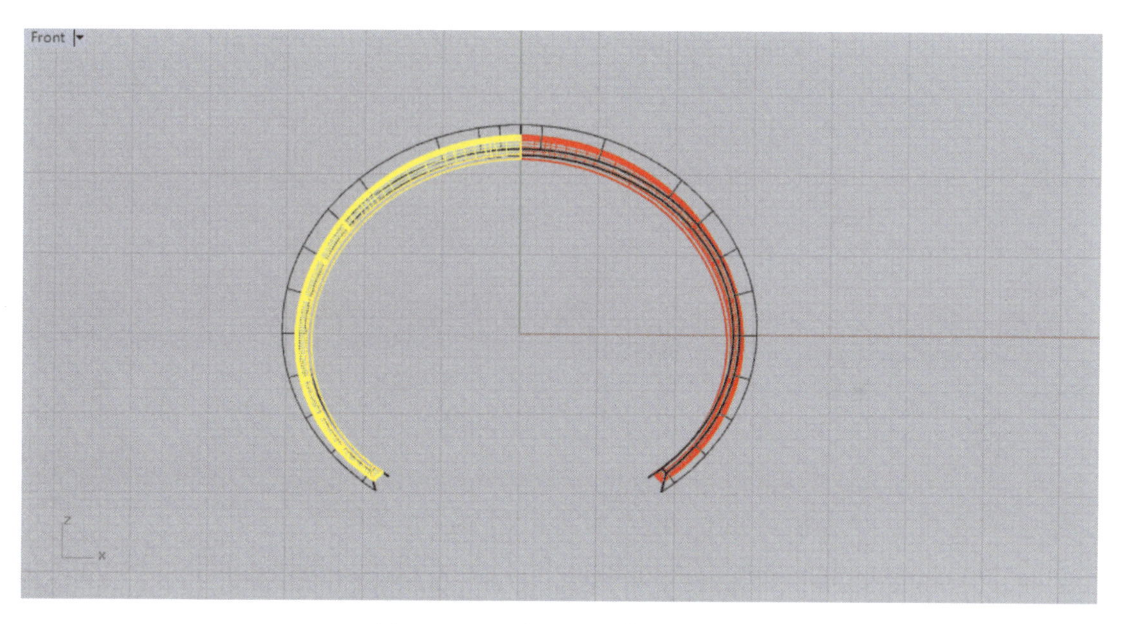

图 6-12-30 将掏底实体左右镜像

(30)将掏底实体与手镯进行布尔差集运算,完成手镯掏底(图 6-12-31)。

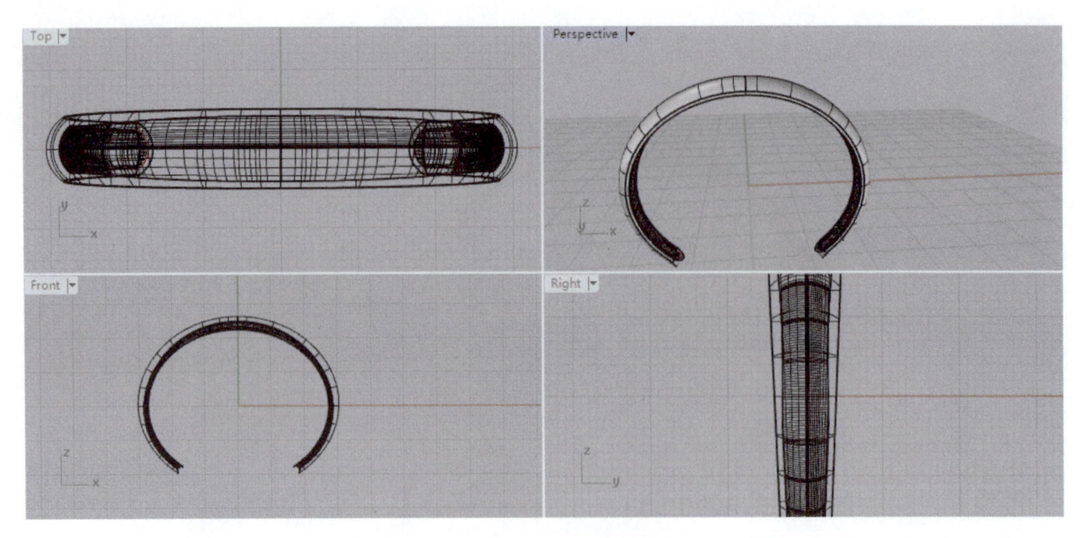

图 6-12-31　完成手镯掏底

(31)对掏底手镯上色后的效果如图 6-12-32 所示。

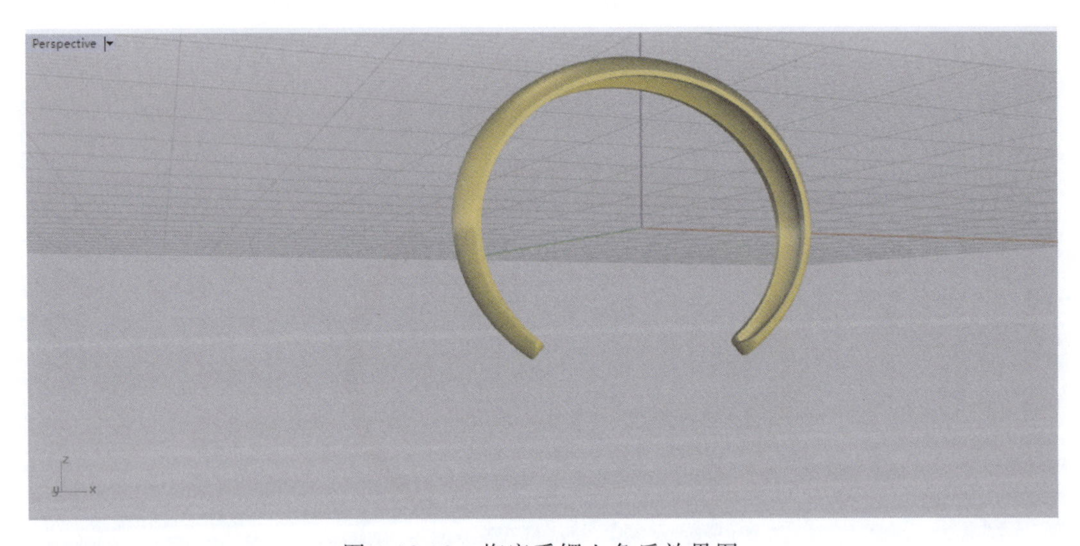

图 6-12-32　掏底手镯上色后效果图

案例小结

在步骤(18)进行布尔差集运算的过程中,组合曲面在用“分析方向”命令 分析方向时,箭头应向外侧,否则运算结果会导致戒圈删除而保留曲面;如果方向不对,可右击“分析方向”命令图标改变箭头方向。另外,掏底实体建模时,删除多余曲面要注意删除顺序,否则会增加许多工作量。

图书在版编目(CIP)数据

Rhino首饰建模案例训练/余娟,周玉阶,张荣红编著.—武汉:中国地质大学出版社,2020.7(2023.7重印)

ISBN 978-7-5625-4792-1

Ⅰ.①R… Ⅱ.①余…②周…③张… Ⅲ.①首饰-计算机辅助设计-应用软件

Ⅳ.①TS934.3-39

中国版本图书馆CIP数据核字(2020)第092031号

Rhino首饰建模案例训练		**余 娟 周玉阶 张荣红 编著**
责任编辑:张玉洁	选题策划:张 琰 张玉洁	责任校对:徐蕾蕾
出版发行:中国地质大学出版社(武汉市洪山区鲁磨路388号)		邮政编码:430074
电 话:(027)67883511 传真:(027)67883580		E-mail:cbb@cug.edu.cn
经 销:全国新华书店		http://cugp.cug.edu.cn
开本:787毫米×1092毫米 1/16		字数:404千字 印张:19.25
版次:2020年7月第1版		印次:2023年7月第2次印刷
印刷:湖北金港彩印有限公司		印数:2001—4000册
ISBN 978-7-5625-4792-1		定价:88.00元

如有印装质量问题请与印刷厂联系调换